"101 计划"核心教材
化学领域

化学生物学实验

顾　问　谭蔚泓

主　编　王　初　贾桂芳　邹　鹏

中国教育出版传媒集团

高等教育出版社·北京

内容提要

本书为化学"101计划"核心教材,汇编了与化学生物学紧密相关的实验范例,各实验中详细介绍了相关的化学生物学背景知识、实验设计原理、实验所需的仪器和材料、实验操作步骤、建议时长和实验安排,以便读者参考学习并进行操作实践。部分实验的实验背景和实验原理中包含相关领域的前沿研究进展,以帮助读者拓宽视野,了解学科发展的新趋势。为帮助读者深入理解实验内容,巩固背景知识,并做到"行""知"合一,每个实验都编入了思考题和参考文献,供读者思考和学习。

本书共收纳26个实验,分为基础实验和前沿实验两个部分,共三章,分别为"基础分子生化实验""基础细胞生物学实验"和"前沿综合化生实验"。第一章"基础分子生化实验"着重介绍质粒构建、细菌转化、蛋白表达纯化及蛋白质分子量质谱检测等基本的分子生物学和生物化学实验技术。第二章"基础细胞生物学实验"涵盖了细胞培养、细胞活力检测、细胞转染、定量PCR和免疫印迹等细胞实验技术。在前两章中分别设计了非天然氨基酸插入、生物正交点击化学等具有鲜明化学生物学特色的实验内容。第三章"前沿综合化生实验"包括参与化学"101计划"化学生物学实验课程建设的各高校提供的特色实验,涵盖基于活性的蛋白质组分析、蛋白相互作用捕捉、荧光探针、细胞递送、基因编辑、核酸适配体、蛋白酶活检测、核酸损伤和交联监测、抗菌化合物筛选等内容。前沿综合化生实验旨在进一步提升学生的实验技能,拓宽科学视野,培养解决复杂科学问题的能力,并激发其对化学生物学这一交叉学科的兴趣。

本书可作为高等学校化学、化学生物学、生物学、医学和前沿交叉类专业的实验课教材,也可供相关专业师生及科研人员参考使用。

图书在版编目(CIP)数据

化学生物学实验 / 王初,贾桂芳,邹鹏主编.

北京 :高等教育出版社,2025. 7. -- ISBN 978-7-04
-063146-3

Ⅰ. Q5-33

中国国家版本馆CIP数据核字第2024DR7365号

HUAXUE SHENGWUXUE SHIYAN

| 策划编辑 | 陈梦恬 | 责任编辑 | 陈梦恬 | 封面设计 | 王 洋 | 版式设计 | 徐艳妮 |
| 责任绘图 | 邓 超 | 责任校对 | 马鑫蕊 | 责任印制 | 赵义民 | | |

出版发行	高等教育出版社	网 址	http://www.hep.edu.cn
社 址	北京市西城区德外大街4号		http://www.hep.com.cn
邮政编码	100120	网上订购	http://www.hepmall.com.cn
印 刷	北京盛通印刷股份有限公司		http://www.hepmall.com
开 本	787 mm×1092 mm 1/16		http://www.hepmall.cn
印 张	22		
字 数	510千字	版 次	2025年7月第1版
购书热线	010-58581118	印 次	2025年7月第1次印刷
咨询电话	400-810-0598	定 价	78.00元

本书编委会

顾　问：谭蔚泓（中国科学院杭州医学研究所）

主　编：王　初（北京大学）

　　　　贾桂芳（北京大学）

　　　　邹　鹏（北京大学）

编　委：（按姓氏笔画排序）

马明明（中国科学技术大学）	王　初（北京大学）
孔令昊（北京大学）	冯天宇（北京大学）
冯欣欣（湖南大学）	吕占霞（北京大学）
向　宇（清华大学）	许　超（中国科学技术大学）
李　凤（北京化工大学）	李　坤（四川大学）
杨　柳（厦门大学）	吴丽娜（厦门大学）
吴钰周（华中科技大学）	吴　菲（北京师范大学）
邹　鹏（北京大学）	张　良（上海交通大学）
张保新（兰州大学）	赵子龙（湖南大学）
柯国梁（湖南大学）	贾桂芳（北京大学）
夏　炜（中山大学）	高　珍（北京大学）
黄　军（北京大学）	曹　婵（南开大学）
游常军（湖南大学）	谢　敏（武汉大学）
谢　然（南京大学）	谭镇枢（北京大学）

总　序

自 2023 年 4 月启动以来,化学"101 计划"以高质量化学学科人才培养体系构建和拔尖创新人才培养为目标,从化学学科全局视野系统性重构化学拔尖创新人才培养的核心知识框架,以核心课程建设(含理论课和实验课)推动化学专业课程体系改革,以教案、教材建设推动教学内容迭代,以数字化资源建设推动教学方式转变,以课堂观察、名师引领、研修培训推动课堂教学质量提升,着力建设一流核心课程体系和一流核心教材体系,培育高水平师资团队,探索构建具有中国特色的化学拔尖创新人才高质量自主培养体系。

教材是教师教学和学生学习的主要依据,是培根铸魂、启智增慧的核心载体,是践行拔尖创新人才自主培养的有力支撑,出版一套高水平核心教材是化学"101 计划"的重点任务之一。为此,化学"101 计划"汇聚国内化学领域具有丰富教学经验与顶尖学术水平的教师和专家团队,以普通化学、无机化学、有机化学、分析化学、物理化学、结构化学、高分子化学与物理、化学生物学、基础化学实验、合成化学实验、化学测量学实验和化学生物学实验 12 门核心课程的知识体系建设成果为基础,充分借鉴国内外先进课程与优秀教材建设经验,以学生的能力培养为导向,在纸质教材、电子教案、数字资源等方面进行了多角度、多层次的探索,着力构建"世界一流、中国特色、101 风格"的化学核心教材体系。

系列教材总体遵循思政元素的思想性、知识体系的系统性、学术案例的前沿性、能力培养的引导性和呈现方式的融合性五大原则。在知识内容的分类上,理论课程注重"守正",按照二级学科设置,实验课程突出"创新",促进二级学科的交叉;在知识内容的选择上,兼顾基础和前沿,注重提升内容的创新性、高阶性和挑战度,并选取有代表性的中国优秀科研成果作为案例,有机融入思政元素,挖掘知识的育人内涵;在编排设计上,融入现代教育理念和教学方法,探索内容铺排和呈现方式的创新,注重激发学生学习主动性,培养学生自主学习、分析和解决问题的综合能力。

系列教材采用适应专业知识快速更新的融合式编写模式,以边栏拓展阅读等形式将纸质教材与数字资源相链接,拓展教材内容;同时配套翻译国外优秀教材,与系列新编教材相辅相成;此外,配套出版电子教案集。这些探索和实践分别从"教什么"和"怎么教"两条逻辑,融合教学新理念、新内容和新方法,形成以纸质教材为核心、数字资源为辅助的新形态教材体系。

参与编写系列教材的编委和撰稿人主要是来自30所"化学拔尖学生培养计划2.0基地"获批高校从事教学和科研的教师、专家和学者,尽管工作任务繁重,但他们仍然抽出大量的宝贵时间,秉持严谨认真的科学态度和精益求精的工作精神,保质保量地完成了系列教材的编写工作。在此,我表示衷心的感谢。此外,多位院士和资深专家对系列教材的编写和审订提供了诸多宝贵意见和建议,对教材的质量进行了严格把关,感谢他们的悉心指导和支持。同时我也非常感谢各参与出版社的有关领导和编辑们在系列教材出版过程中的辛勤付出。

作为新时代化学领域首次有组织、系统性建设核心教材体系的集体探索,这套教材是所有指导专家、编委、撰稿人和编辑同仁们集体的智慧结晶和劳动成果,也是传递化学"101计划"改革理念和思路的重要载体,期盼能对广大读者有所裨益。"合抱之木,生于毫末;九层之台,起于累土。"系列教材的出版绝非终点,而是起点。真诚希望广大读者在使用过程中提出宝贵意见和建议,以便我们今后修订,使之不断完善,为我国化学拔尖创新人才培养提供启示与支撑。

化学"101计划"牵头人

中国科学院院士

2024年10月于中山大学

序

　　化学生物学作为一门新兴学科，犹如科学探索的浩瀚星空中一颗璀璨的新星，以其独特的魅力和无限的潜力，引领着科研人员上下求索。作为一门交叉学科，化学生物学将化学的精确与生物学的复杂巧妙融合，旨在通过分子层面的研究，揭示生命现象背后的化学机制，理解生命体系中的复杂过程。这一领域的研究不仅有助于我们更深入地认识生命的本质，还为疾病治疗、生物材料开发和合成生物学等前沿领域的研究提供了强有力的支持。自20世纪90年代兴起以来，化学生物学已经在诸多领域产生了累累硕果，且至今仍在蓬勃快速发展，突破了传统学科的研究壁垒，不但为基础研究提供了丰富的工具，也在医学诊疗中创造了诸多生机。因此，自从化学生物学学科在我国生根发芽，就受到了前沿学者和教育界专家的广泛重视和关注。迄今为止，国家自然科学基金委也以化学生物学为主题方向设置执行了两批次重大研究计划，为我国的化学生物学学科和人才梯队建设提供了重要保障。

　　然而，要追求理论的光芒，终归需要通过实践来一步一个脚印地检验与拓展，在化学生物学的研究中，实验技术便是连接理论与实践的桥梁。从基本的分子合成到复杂的细胞实验，从高通量筛选到生物信息学分析，每一项技术的掌握与应用都是科研人员必需的技能。在基础学科教育教学改革试点的"101计划"中，化学生物学是化学学科领域的核心课程之一。要实现对该课程的建设，需要对教材、教师和教法等进行全面改革和推进。在这样的背景之下，一本系统介绍和讲解化学生物学实验的教材，对于"101计划"的实施和推进具有深远的意义。在此，我很高兴看到这本《化学生物学实验》教材的面世。该教材由来自北京大学的王初、贾桂芳和邹鹏三位化学生物学年轻学者牵头带领国内众多所高校的优秀研究者和教师共同完成。大家凭借在各自岗位上长期的科学研究和教学实践经验，集思广益、群策群力，共同编写出了这本系统、全面和实用的教材。

　　我很欣慰地看到，本书涵盖了化学生物学从基础实验技能到前沿研究技术的广泛内容，无论是对化学生物学充满好奇的大学生，还是已经在该领域耕耘多年的科研人员，都应该能从本书中获得有益的启示和帮助。本书的内容结构清晰明了，分为基础实验和前沿实验两大部分，每个章节都围绕一个特定的实验技术或研究领域展开，兼具系统性、实用性和前沿性等优点。全书内容全面覆盖了化学生物学实验的主要领域和技术,形成了一个完整的知识体系;作为一本教材,本书不仅注重理论知识的介绍,更强调实验技术的实际操作,每个实验都提供了详细的步骤、注意事项和常见问题解答,使读者能够轻松上手,快速掌握实验技巧;最后,本书紧跟化学生物学领域的发展前沿,不仅拓宽了读者的视野,也为他们的研究工作提供了新的思路和方向。

　　感谢各位编者为本书所付出的努力,也衷心希望本书的出版能够进一步推动我国化学生物学学科的发展,提升基础实验教学质量,为我国化学生物学拔尖创新人才培养贡献更多的智慧和力量。

化学"101 计划"指导专家

中国科学院院士

2024 年 12 月于湖南长沙

前　言

　　化学生物学是一门化学、生物学与医学交叉的新兴学科，从出现至今仅有30多年历史，但在全球范围内蓬勃发展并已成为前沿交叉学科的典型代表。化学生物学以研究复杂生命体系的生物学问题为主要目标，尝试利用化学特色的技术与方法，设计、发展和操作新的分子工具，系统性地探索生物系统的结构、功能和相互作用，从而揭示生命系统的奥秘。化学生物学的发展为人们理解生物体系内分子的作用机制提供了全新的视角，并在药物开发、转化医学、生物技术开发等领域起到了极为重要的推动作用。

　　在化学生物学的研究中，实验占据着不可替代的核心地位，它不仅提供了理论模型的验证依据，也是开发新型药物、探索生命机制和实现产业转化的必要手段。由于化学生物学实验研究往往需要综合运用多个学科（包括合成化学、分子生物学和细胞生物学等）的知识和技术，因此除了学习基本的化学和生物学实验操作外，进行系统的化学生物学实验培训或开展化学生物学实验课程也逐渐成为近年来相关专业本科生培养方案的重要组成部分。目前，国内高校所开展的化学生物学实验课程在学时、教学内容和侧重方向等方面不一而足，这启发我们需要汇总和整理来自不同高校的实验内容，为国内高校化学生物学实验课程的开展提供可靠的、系统性的参考。因此，值此化学"101计划"开展之际，我们组织了多所高校的专家学者和优秀教师，参与此项工作。大家以自己多年来实验教学的内容为基础，根据教案和讲义对实验项目进行编写和润色；编者则对实验项目进行汇总、合并、删繁就简，编写了本书，以期待为化学生物学的教育事业做一点微薄的贡献。

　　在编写过程中，我们遵循由浅入深的原则，根据实验所涉及的研究领域，将实验内容分为"基础实验"和"前沿实验"两个部分。其中，基础实验部分包括8个实验，涵盖了分子生化实验和细胞生物学实验涉及的关键技能，例如分子克隆、蛋白表达纯化、细胞培养和点击化学反应等，该部分旨在让学生掌握化学生物学领域基本的实验技能，并通过实践夯实理论课程中所学的知识；前沿实验部分包括18个实验，均是参与本书建设的各高校提供的特色综合实验，例如基于活性的蛋白质组分析、蛋白相互作用捕捉、蛋白酶活检测、核酸损伤监测、荧光探针合成和评估等。汇总这些前沿实验是为了拓宽学生的科学视野，培养他们解决复杂科学问题的能力，激发他们对化学生物学这一交叉学科的兴趣,为未来的科研和职业发展奠定坚实的基础。在每个实验中,都详细介绍了相关的化学生物学背景知识、实验原理、实验所需的材料和仪器、实验操作步骤、建议时长和实验安排,以便任课教师和学生参考。此外,每个实验都编入了思考题和参考文献,供学生在完成实验操作后对前沿知识进行学习和深入思考。

本书是在各高校化学生物学实验教学成果的基础上汇总而成的,可作为高等学校化学、化学生物学、生物学和前沿交叉类专业的实验课教材,也可供相关专业师生及科研人员参考使用。考虑到化学生物学的迅速发展及编者的视野有限,本书所列举的实验内容并不能完全涵盖学科建设所需要的全部实验技能和研究方向,望读者包涵谅解。此外,考虑到实际教学场地、器材和学时因素的限制,本书中给出的实验内容仅作为授课参考,望读者酌情采用。

衷心感谢参与本书实验内容编写的各高校专家学者,是大家在教学中所积累的丰富经验和在编写过程中的辛勤付出成就了本书。还要感谢化学"101 计划"领导小组和秘书处,以及各位指导专家对本书建设的大力支持,特别感谢课程指导专家谭蔚泓院士、教材审阅专家刘磊教授和陈鹏教授在教材编写过程中提出的宝贵意见与建议。

由于受时间、编者水平所限,书中难免存在诸多不足,恳请广大读者批评指正,我们会不断改正修订,争取做得更好。

王 初

2024 年 7 月于北京大学

目 录

第一章
基础分子生化实验

　　基础分子生化实验模块在传统分子克隆、蛋白表达纯化的基础上，融合了非天然氨基酸插入蛋白表达和点击化学等经典化学生物学实验内容。以含非天然氨基酸的绿色荧光蛋白为主线，从分子克隆到蛋白表达，从蛋白质的变性聚丙烯酰胺凝胶电泳和蛋白质谱表征到点击化学标记的多色荧光凝胶成像，四个实验内容前后紧密连接、互为一体。本实验模块旨在通过实践操作，不仅使学生深入学习基础分子生物学实验操作方法，同时也让学生掌握化学生物学的基本实验技能。

　　本章包括以下四个实验:(1)克隆构建绿色荧光蛋白及突变体的表达质粒;(2)表达纯化含非天然氨基酸的绿色荧光蛋白;(3)分析表征含非天然氨基酸的绿色荧光蛋白;(4)化学标记含非天然氨基酸的绿色荧光蛋白。通过这些实验，学生将掌握基础分子生物学的实验技术，如基因克隆和突变、PCR、DNA 纯化与跑胶、蛋白表达与纯化、蛋白质的变性聚丙烯酰胺凝胶电泳等;同时还能熟练掌握化学生物学实验技能和基础理论，如含非天然氨基酸蛋白的表达与分析检测、点击化学等。

克隆构建绿色荧光蛋白及突变体的表达质粒

贾桂芳(北京大学)　许超(中国科学技术大学)

1. 实验目的

(1) 了解质粒的基本信息,掌握提取质粒的方法;

(2) 了解 PCR 扩增技术的原理及应用,学习其流程步骤;

(3) 掌握 PCR 产物的纯化方法与 DNA 浓度的测定方法;

(4) 了解限制酶的功能,掌握酶切反应的流程步骤;

(5) 学习琼脂糖凝胶的制作和 DNA 电泳的检测方法。

2. 实验背景

2.1 质粒

质粒(plasmid)是一种闭合环状的双链 DNA 分子,通常携带基因并且可以独立于染色体进行 DNA 的复制[1]。质粒最早在古细菌和真核生物中发现,但它们在细菌中同样起着很重要的生物学作用。质粒可以通过水平基因转移或结合,从一种细菌传递到另一种细菌,从而为宿主细菌带来一定的用途(例如对抗生素的抗性),因此质粒与宿主细胞存在共生关系。

与细菌染色体 DNA 一样,质粒 DNA 在细胞分裂时进行复制,每个子细胞至少接受质粒的一个拷贝。质粒在细胞内复制,一般分为两种类型:严密控制复制型和松弛控制复制型[1]。严密控制复制型的质粒只在细胞周期的一定阶段进行复制,染色体不复制时,质粒也不复制。每个细胞中只含一个或几个质粒分子,复制受到严格控制。而松弛控制复制型的质粒在整个细胞周期中随时可以复制,当染色体复制已经停止时,该质粒仍然能够继续复制,在一个细胞内有许多拷贝,一般在 20 个以上。在使用蛋白质合成抑制剂的情况下,由于缺少复制所需要的蛋白质,染色体与严密型质粒的复制都随之停止,但松弛型质粒不受细菌这些复制蛋白的影响,此时质粒 DNA 含量甚至可达到细胞 DNA 总量的 40%~50%。

2.2 分子克隆

在重组 DNA 技术领域中,人们最常使用的质粒已经根据研究和操作基因的用途进行了优化。大多数质粒都能够在大肠杆菌中复制并且相对较小(3000~6000 bp),非常适合进行操作。

质粒通常包括 DNA 复制起点、抗生素抗性基因和可插入外源 DNA 片段的区域。当质粒在大肠杆菌染色体外存在时,它会在细胞分裂时复制并进入相应的子细胞。质粒 DNA 也被称为克隆 DNA。这种产生多个相同拷贝的重组 DNA 分子的过程称为 DNA 克隆或分子克隆。分子克隆的过程使科学家们能够打破染色体的限制而对它们的基因进行研究,标志着分子遗传学的诞生。科学家们可以使用特别设计的质粒(通常称为载体)轻松研究和操纵基因。

2.3　质粒元件

质粒有多种类型,而且大小不同,功能也有很大差异。质粒至少需要包含细菌复制起点、抗生素抗性基因和至少一个独特的限制酶识别位点等元件。这些元件允许质粒在细菌内繁殖,同时可以对不携带质粒的细菌进行筛选。限制酶识别位点可帮助将待研究的 DNA 片段克隆到质粒中。

表 1–1 给出了一些常见的质粒元件。

表 1–1　一些常见的质粒元件

名称	功能
复制起点(origin of replication,ORI)	通过募集细菌转录机制引导质粒复制的 DNA 序列。ORI 对于质粒被细菌复制(扩增)的能力至关重要,这是质粒易于使用的重要特征
抗生素抗性基因(antibiotic resistance gene)	每种细菌可以含有单个质粒的多个拷贝,除了它们自己的基因组 DNA 之外,还可以在细胞分裂时复制这些质粒。为了确保质粒 DNA 在细菌群体中稳定存在,质粒中应该包括抗生素抗性基因,如氨苄青霉素抗性基因,允许含有该质粒的细菌在氨苄青霉素存在下存活,而没有该质粒的细菌则不能存活
多克隆位点(multiple cloning site,MCS)	含有多个限制酶识别位点的 DNA 短片段,可通过限制酶消化和连接插入 DNA。在表达质粒中,MCS 通常位于启动子的下游,当基因插入 MCS 中时,其表达将由启动子驱动。MCS 中的限制性识别位点是独特的
插入片段(insert)	插入片段是指克隆到 MCS 中的基因、启动子及其他 DNA 片段。插入片段通常是希望使用特定质粒进行研究的遗传元件
启动子区域(promoter region)	用于驱动插入片段的转录。启动子被设计用于在特定生物或生物组中启动转录机制。如果用于人细胞的质粒,启动子将是人或哺乳动物启动子序列。启动子的强度对于控制插入物表达水平也很重要(即强启动子导致高表达,而较弱的启动子导致低/内源水平表达)
报告基因(selectable marker)	报告基因用于筛选已成功摄取质粒并表达目的基因的细胞。通常会有一两个特定蛋白基因被用作报告基因,如常见的绿色荧光蛋白(copGFP)、嘌呤霉素(Puro)、乳糖操纵子(Lacz)等。与抗性基因不同,报告基因并不是在大肠杆菌扩增质粒的过程中起作用,而是在质粒转入表达体系后起作用,以显示过表达或是敲除的基因是否正常运作
引物结合位点(primer binding site)	短的单链 DNA 序列,用作 PCR 扩增或质粒 DNA 测序的起始点。可以使用引物来验证插入序列或质粒的其他区域

2.4　质粒的类型

元件的组合通常决定了质粒的类型。以下是一些常见的质粒类型。

（1）克隆载体——用于促进 DNA 片段的克隆。克隆质粒通常非常简单,仅含有抗性基因、复制起点和 MCS。它们很小且经过优化,以促进最初阶段克隆 DNA 片段的扩增。例如,商业化 pUC 系列和 pBluescript 系列的质粒都属于克隆载体,用于基因片段的克隆与扩增。

（2）表达载体——用于基因表达和基因研究。表达载体必须含有启动子序列、终止子序列和插入的基因。启动子区域是通过转录从插入 DNA 片段产生 RNA 所必需的。新合成的 RNA 上的终止子序列表示转录过程停止。表达载体还可以包含增强子序列,用于增加蛋白质或 RNA 的表达量。表达载体可以驱动各种细胞类型(哺乳动物、酵母、细菌等)中的表达,主要取决于使用哪种启动子来启动转录。例如,商业化 pET 系列和 pcDNA 系列载体分别用于在原核和真核中表达目标基因。

（3）基因敲低载体——用于降低内源基因的表达,通常通过表达靶向目的基因的 mRNA 的 shRNA 来实现。这些质粒具有可以驱动短 RNA 表达的启动子。例如,基于 RNAi 干扰的 shRNA 载体 pLKO.1 用于表达 siRNA,pMIR 系列用于表达 miRNA,以及基于 CRISPR 干扰的 dCas9 载体用于基因敲除。

（4）报告载体——用于研究遗传元件的功能,这些质粒含有报告基因(如荧光素酶),用于指示遗传元件的活性。例如,商业化 pGL3 系列载体为荧光素酶报告基因载体。

（5）病毒载体——用于有效地将遗传物质传递到靶细胞中,这些质粒是经修饰的病毒基因组,可以用来制造病毒颗粒,如慢病毒、逆转录病毒或腺病毒颗粒,实现高效感染靶细胞。例如,商业化 pLenti 系列载体为慢病毒载体。

2.5　pEl-28a 载体简介

目前,体外重组蛋白质表达系统主要有细菌表达系统、杆状病毒表达系统及哺乳动物细胞表达系统。其中大肠杆菌由于具有生长速度快、代谢途径和代谢机制较清楚及遗传操作简单等优点,已成为最常用的代谢工程改造的宿主菌。pET 系列载体已经成为在大肠杆菌中重组蛋白质表达的首选载体,这类载体是利用大肠杆菌 T7 噬菌体转录系统表达蛋白质的载体。T7 噬菌体基因编码的 T7RNA 聚合酶不但可以选择性激活 T7 噬菌体启动子的转录,而且合成 mRNA 的速率比大肠杆菌 RNA 聚合酶快 5 倍左右。当大肠杆菌中同时存在 T7 RNA 聚合酶和 T7 噬菌体启动子的情形下,宿主本身基因转录竞争不过 T7 表达系统,几乎所有细胞资源都被用于表达目的蛋白质,诱导表达后的目的蛋白质最高可以占到细胞总蛋白的 50% 以上。由于大肠杆菌自身不含 T7 RNA 聚合酶,在将外源 T7 RNA 聚合酶引入宿主菌后,目的基因上游 T7 启动子转录激活将严格受到 T7 RNA 聚合酶调控。理想情况下,目的基因在非诱导状态完全处于沉默状态而不转录,从而避免了目的基因毒性对宿主细胞以及质粒稳定性的影响。

本次实验所用的质粒载体为 pET-28a,属于表达质粒,该质粒载体的图谱如图 1-1 所示。pET-28a 质粒载体带有一个 N 端的 His/Thrombin 蛋白标签,同时含有一个可以选择的

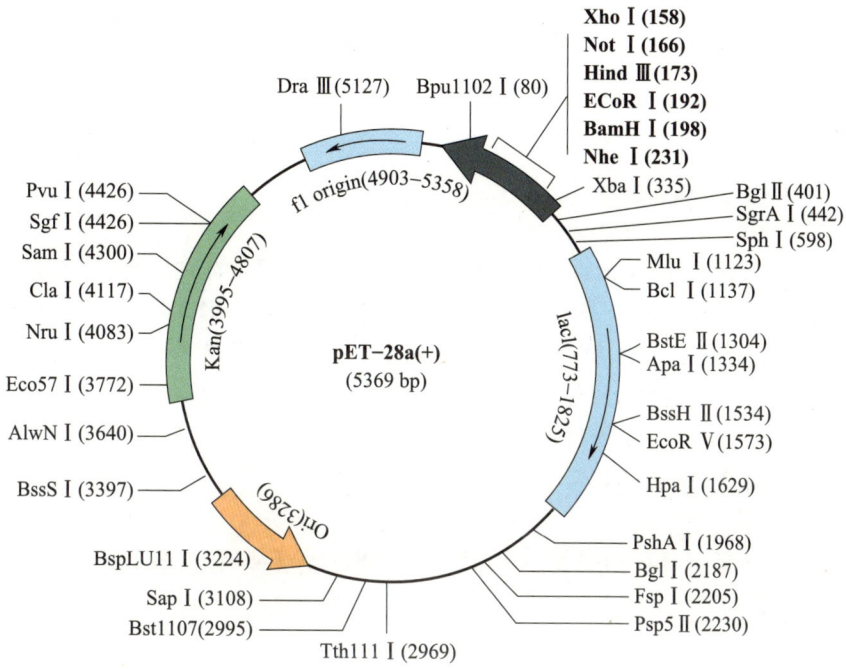

图 1-1　pET-28a 质粒载体的图谱示意图

C 端 His 标签。在 T7 启动子的作用下,包含蛋白编码序列的 RNA 能够产生,并启动下游蛋白表达。RNA 转录能够在 T7 终止子的作用下终止。

本实验中所用 pET-28a 质粒载体含有不同核酸内切酶酶切位点,需要用双酶切将载体切开后,将绿色荧光蛋白 GFP 的 cDNA 序列(约 720 bp)克隆到 pET-28a 质粒载体上 BamH I 和 Hind Ⅲ 酶切位点之间(图 1-2)。选用 BamH I 和 Hind Ⅲ 的原因是目的基因(GFP)序列中不含有这两个内切酶的酶切位点,且构建后表达的重组蛋白质所携带来自载体的残基数量最少。

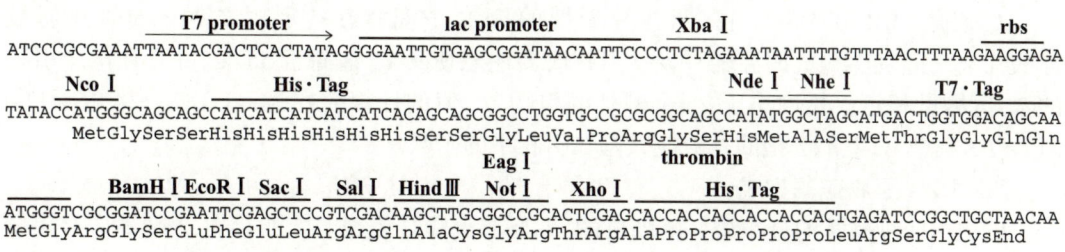

图 1-2　目的基因插入 pET-28a 质粒载体中常用核酸内切酶的酶切位点

本实验中重组 GFP 蛋白质可以在大肠杆菌系统中正确折叠,并表达成为可溶蛋白质[2]。有些情况下特定蛋白质单独不能表达成为可溶蛋白质,需要其配体存在以稳定结构,这时可以考虑使用共表达载体,如 pET Duet 等。

3. 实验原理

3.1　PCR 的概念

聚合酶链式反应(polymerase chain reaction, PCR)是模拟体内 DNA 复制过程,对特定 DNA 序列进行大量扩增的一种技术[6]。PCR 反应是以 4 种 dNTP(dATP、dTTP、dCTP 和 dGTP)为底物,在引物引导及 DNA 聚合酶的催化作用下,以单链 DNA 为模板,从引物的 3' 末端开始进行互补链的延伸,多次反复地扩增,使特定 DNA 序列以指数形式增加。

3.2　PCR 的反应体系

PCR 的反应体系主要包括引物、DNA 聚合酶、dNTP、缓冲液、模板 DNA 和 Mg^{2+} [1]。

3.2.1　引物

引物是两段分别与待扩增靶 DNA 序列两端互补的寡核苷酸片段,两引物间的距离决定了扩增片段的长度,引物的 5' 端决定了扩增产物的末端位置。PCR 产物的特异性取决于引物与模板 DNA 之间互补的程度。引物设计有三条基本原则:(1)引物与模板 DNA 的序列要紧密互补;(2)引物之间及引物内部要避免形成稳定的二聚体或发卡结构;(3)引物不能在模板的非目的位点引发 DNA 聚合反应。引物设计一般考虑以下几个方面。

3.2.1.1　引物长度

PCR 反应的特异性一般通过引物长度和退火温度来控制。引物的长度一般为 15~30 bp,常用的是 18~27 bp,最佳为 20~24 bp。引物过短会造成 DNA 的熔解温度(melting temperature, T_m)过低,在酶反应温度时不能与模板很好地配对;引物过长又会造成 T_m 过高,超过酶反应的最适温度,还会导致其延伸温度大于 74 ℃,不适于 Taq DNA 聚合酶进行反应。

T_m 值是 PCR 引物设计中一个非常重要的参数,它是指在一定盐浓度下,50% 的寡核苷酸互补双链发生解链的温度。设计引物时要注意使其 T_m 值高于 55 ℃,并且让两个引物的 T_m 值尽量相近。长度小于 25 个碱基的引物,T_m 值的计算公式为:$T_m(℃) = 4(G+C) + 2(A+T)$,其中 G、C、A、T 指的是对应碱基在引物中的个数。

3.2.1.2　引物碱基构成

引物中四种碱基的分布最好是随机的,不要有聚嘌呤或聚嘧啶的存在,3'端不应有超过 3 个连续的 G 或 C,因为这样会使引物在(G+C)富集序列区错误引发。两个引物中(G+C)的百分含量应尽量相似,在已知扩增片段序列时,(G+C)的百分含量宜接近于待扩增片段,一般以 40%~60% 为佳,过高或过低都不利于引发反应。

3.2.1.3　引物二级结构

引物应避免内部形成明显的二级结构,尤其是发卡结构。引物自身形成的二级结构(包括二聚体、发卡结构、引物间二聚体等)会影响引物和模板的结合,从而影响扩增效率。特别是在引物的 3' 末端,要尽量避免出现这些二级结构。

3.2.1.4　引物 3′ 末端序列

DNA 聚合酶的功能是在引物的 3′ 末端添加单核苷酸,因此引物 3′ 末端的 5~6 个碱基与目标 DNA 的配对必须精确和严格,这样才能保证目标基因的有效扩增。

引物 3′ 末端的稳定性由引物 3′ 末端的碱基组成决定,一般考虑 3′ 末端 5 个碱基的 ΔG 值。ΔG 值是指 DNA 双链形成所需的自由能,该值反映了双链结构内部碱基对的相对稳定性,应当选用 3′ 末端 ΔG 值较低(绝对值不超过 9)的引物。ΔG 值较低,则 3′ 末端稳定性高,扩增效率更高。引物 3′ 末端的 ΔG 值过高,容易在错配位点形成双链结构并引发 DNA 聚合反应。

此外,若是扩增编码区域,引物 3′ 末端不要终止于密码子的第 3 位,因密码子的第 3 位易发生简并,会影响扩增特异性与效率。应当避免在引物的 3′ 末端使用碱基 A,末位碱基为 A 的错配率明显高于其他 3 个碱基。

3.2.1.5　引物 5′ 末端序列

引物的 5′ 末端限定了 PCR 产物的长度,它对扩增的特异性影响不大。根据实验需要,可以对 5′ 末端进行修饰而不会影响扩增的特异性。引物 5′ 末端修饰包括:加酶切位点;标记生物素、荧光、地高辛、Eu^{3+} 等。

3.2.1.6　引物的特异性

两条引物之间应避免有同源序列,尤其是连续 6 个以上相同碱基的寡核苷酸片段,否则两条引物会相互竞争模板的同一位点;同样,引物与待扩增目标 DNA 或样品 DNA 的其他序列也不能存在 6 个以上碱基的同源序列,否则,引物就会与其他位点结合,使特异性扩增减少,非特异性扩增增加。

3.2.1.7　引物设计中加入保护碱基

分子克隆实验中,直接暴露在末端的酶切位点不容易被限制性核酸内切酶切开,因此在设计 PCR 引物时,人为地在酶切位点序列的 5′ 末端外侧添加额外的碱基序列,即保护碱基,用来提高酶切的活性。

3.2.2　DNA 聚合酶

DNA 聚合酶具有三种功能:一是 5′→3′ 的聚合作用,以 DNA 为模板,将 dNTP 按照 Waston-Crick 碱基互补配对逐个加到引物的 3′ 末端合成新的 DNA 链。二是 3′→5′ 外切酶活性,能识别和消除错配的引物末端,与复制过程中的校正功能有关。三是 5′→3′ 外切酶活性,它能从 5′ 末端水解核苷酸,还能经过几个核苷酸起作用,切除错配的核苷酸。Taq DNA 聚合酶是一种热稳定 DNA 聚合酶,是从水生噬热杆菌(*Thermus aquaticus*)中分离得到的。在体外实验中,Taq DNA 聚合酶的出错率为 10^{-5}~10^{-4}。Taq DNA 聚合酶具有多个特点:耐高温,高特异性,在热变性时不会被钝化,一般扩增的 PCR 产物长度可达 2.0 kb。

3.2.3　dNTP

dNTP 的质量与浓度和 PCR 扩增效率有密切关系。在 PCR 反应中,dNTP 应为 50~200 mmol/L,4 种 dNTP 的浓度要相等。dNTP 能与 Mg^{2+} 结合,使游离的 Mg^{2+} 浓度降低。

3.2.4　模板 DNA

模板 DNA 的量与纯化程度,是 PCR 成功与否的关键环节之一。特别是以基因组 DNA

作为模板时,DNA 提取过程中未去除干净的蛋白质、糖类、脂类、酚类及各种离子等杂质,都会干扰 PCR 扩增反应,影响产物的质量和数量。模板 DNA 量过高或过低都会影响 PCR 实验的结果。

3.2.5 Mg^{2+}

在 PCR 反应中,各种 dNTP 浓度为 200 mmol/L 时,Mg^{2+} 的浓度最好为 1.5~2.0 mmol/L。Mg^{2+} 浓度过高,反应特异性降低,出现非特异扩增;Mg^{2+} 浓度过低,会降低 Taq DNA 聚合酶的活性,使反应产物减少。

3.3 PCR 反应流程

PCR 循环过程包括三部分:模板 DNA 的变性、模板 DNA 与引物的退火、引物的延伸[1]。

3.3.1 模板 DNA 的变性

模板 DNA 加热到 90~95 ℃时,双螺旋结构的氢键断裂,双链解开成为单链,以便它与引物结合。变性温度低则变性不完全,DNA 双链会很快复性,因而产量减少;变性温度也不能过高,而且时间应尽量缩短,以保持 Taq DNA 聚合酶的活性。

3.3.2 模板 DNA 与引物的退火

将反应混合物温度降低至 37~65 ℃时,寡核苷酸引物与单链模板杂交,形成 DNA 模板–引物复合物,即复性。退火温度决定 PCR 产物的特异性与产量。退火温度高,特异性强,但温度过高引物不能与模板牢固结合,DNA 扩增效率下降;退火温度低,产量高,但过低可造成引物与模板的错配,非特异性产物增加。退火所需要的温度和时间取决于引物与靶序列的同源性程度及寡核苷酸的碱基组成。一般实验中退火温度(annealing temperature)T_a 比扩增引物的解链温度 T_m 低 5 ℃,可按公式进行计算:

$$T_a(℃) = T_m - 5 = 4(G+C) + 2(A+T) - 5$$

在反应体系中引物的浓度远高于模板 DNA 的浓度,并且引物的长度显著短于模板的长度,因此在退火时,引物与模板中的互补序列的配对速度比模板之间重新配对成双链的速度要快得多。退火时间一般为 0.5~1 min。

3.3.3 引物的延伸

DNA 模板–引物复合物在 Taq DNA 聚合酶的作用下,以 dNTP 为反应原料,靶序列为模板,按碱基配对与半保留复制原理,合成一条与模板 DNA 链互补的新链。引物延伸温度的选择取决于 DNA 聚合酶的最适温度,一般为 70~75 ℃。延伸所需要的时间取决于模板 DNA 的长度。一般在 72 ℃条件下,Taq DNA 聚合酶催化的合成速率为 40~60 个碱基/s,其速度取决于缓冲液的组成、pH、盐浓度与 DNA 模板的性质。

PCR 的三个反应步骤反复进行,使 DNA 扩增量呈指数上升。反应最终的 DNA 扩增量可用 $Y=(1+X)^n$ 计算。Y 代表 DNA 片段扩增后的拷贝数,X 表示平均每次的扩增效率,n 代表循环次数,平均扩增效率 X 的理论值为 100%。反应初期,目的 DNA 片段的增加呈指数形式,随着 PCR 产物的逐渐积累,被扩增的 DNA 片段不再呈指数增加,而进入线性增长期或静止期,即出现"停滞效应",这种效应又称"平台效应"。

PCR 扩增产物可分为长产物片段和短产物片段两部分。引物如果跟原始 DNA 模板结合,从 3′末端开始扩增延伸,其产物的 5′末端是固定的,3′末端则没有固定的止点,长短不一,这就是"长产物片段"。当引物以新合成的 DNA 链(即"长产物片段")为模板扩增时,模板的 5′末端序列是固定位置的,即新合成延伸链的 3′末端是固定的,使新合成 DNA 链的起点和止点都限定在引物扩增序列以内,形成长短一致的"短产物片段"。由于新合成的 DNA 链在下一个循环反应中可以作为引物结合扩增的模板,"短产物片段"按指数倍数增加;而初始 DNA 模板的量是固定的,"长产物片段"只按算术倍数增加,在最终 PCR 产物中的含量几乎可以忽略不计。

一般 PCR 反应包括上述变性、退火、延伸三个温度点。但在扩增某些较短目标序列(长度为 100~300 bp)时,可采用二温度点法,即把退火与延伸温度合二为一。

3.3.4 循环次数

PCR 循环次数一般为 25~40。循环次数过多,非特异性背景严重;循环反应的次数太少,则产率偏低。

3.4 PCR 反应特点

3.4.1 强特异性

PCR 反应特异性的决定因素有如下 4 方面:
(1)引物与模板 DNA 特异性的结合;
(2)碱基配对原则;
(3)Taq DNA 聚合酶合成反应的忠实性;
(4)目标基因序列的特异性与保守性。

3.4.2 高灵敏度

在以基因组 DNA 为模板进行 PCR 扩增时,其灵敏度可达到百万分之一。

3.4.3 快速简便

PCR 反应可在 PCR 仪上进行,一般在 2~4 h 完成。若采用特殊 PCR 仪(如实时荧光定量 PCR 仪),则可全程监测 PCR 反应的结果,耗时更短。

3.5 定点突变[1,7-10]

定点突变(site directed mutagenesis)是指通过聚合酶链式反应(PCR)等方法向目的 DNA 片段(可以是基因组,也可以是质粒)中引入所需变化,包括碱基的添加和删除、点突变(单点、多点)等。定点突变能迅速、高效地提高 DNA 所表达的目的蛋白的性状及表征,是基因研究工作中一种非常有用的手段。

3.5.1　一步法定点突变原理

一步法定点突变是以环形质粒 DNA 作为模板,在高保真聚合酶作用下,使用两条寡核苷酸链引导 DNA 合成。两条寡核苷酸链内均含有预定突变位点,并且两者在质粒 DNA 上的结合序列彼此反向互补。经过多轮 PCR 热循环过程,双链质粒 DNA 的全长均以线性形式扩增,产生携带目的突变的扩增产物,最终获得 DNA 双链带交错缺口的突变质粒。

如图 1-3 所示,黄绿所示为作为模板的质粒 DNA,来源于大肠杆菌;红蓝所示为经过高保真酶扩增而得到的具有缺口的质粒,其 DNA 链的磷酸二酯键并未闭合,此类质粒应归类于开放式–环形质粒,拓扑结构与闭合环形质粒有所差异。通常讲述的质粒为闭合环形,如从某个菌株提取的质粒或经过限制酶切后又经连接酶(T4 DNA ligase 或 Taq DNA ligase)构建而成的质粒。非闭合环形质粒同样也能被大肠杆菌细胞吸收,断裂的缺口可在质粒进入感受态细胞内后被修补。

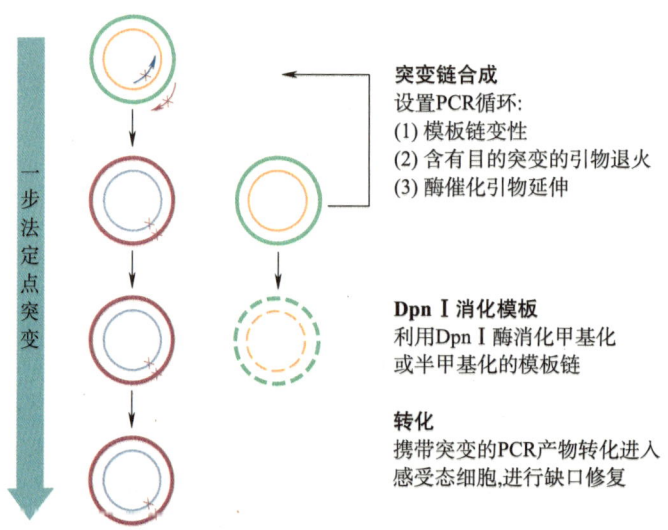

突变链合成
设置PCR循环:
(1) 模板链变性
(2) 含有目的突变的引物退火
(3) 酶催化引物延伸

Dpn Ⅰ 消化模板
利用Dpn Ⅰ 酶消化甲基化
或半甲基化的模板链

转化
携带突变的PCR产物转化进入
感受态细胞,进行缺口修复

一步法定点突变

图 1-3　一步法定点突变的基本原理

扩增反应使用了一定量的模板 DNA,闭合环形质粒的转化效率远比开环质粒高,如果不做任何处理,野生型质粒模板转化子将带来高背景,所以需要额外的步骤以消化降解质粒模板 DNA。由于来自大肠杆菌的模板质粒含有 DNA 甲基化修饰,可以使用 Dpn Ⅰ 对其进行消化。Dpn Ⅰ 特异消化含有甲基化 DNA(5′–Gm6ATC–3′)的质粒模板,对不含修饰的 PCR 扩增产物则不能消化。未被消化的携带突变的 PCR 产物可通过转化进入大肠杆菌感受态细胞,并通过缺口修复形成完整的质粒,可通过抗生素抗性筛选获得携带目的突变的菌株。

该方法成功的关键在于携带突变位点的引物设计及选择热稳定性高的高保真 DNA 聚合酶。

3.5.2　一步法定点突变的引物设计原则

本实验将编码特定赖氨酸残基的三个碱基突变为终止密码子 TAG,为下一步利用非天然氨基酸特异的氨酰 tRNA 合成酶实现内源表达含特定翻译后修饰的蛋白质做准备。突变引物设计原则如下:

除所需要引入的突变位点外,其余序列与质粒模板完全匹配。上下游引物之间最好不要完全配对,因为这对引物存在于同一个 PCR 反应中,完全配对极易形成引物二聚体,而不是与模板质粒结合,这就要求两条引物间配对区域的 T_m 值要小。因此可设计一对引物,各自在突变位点上游有约 15 nt 与模板互补,在突变位点下游有约 30 nt 与模板互补,这样,上下游引物与模板间有约 45 bp 的互补区域,上下游引物间有约 30 bp 的互补区域,互补区域中间位置为突变核苷酸,而上下游引物的 3′区域有约 15 nt 的长度不配对。

3.5.3　一步法定点突变的 PCR 实验设计

在质粒能够正常扩增的前提下,应尽量减少质粒模板使用量(如 20~50 ng),以免模板消化不完全而对后期转化实验产生干扰。由于质粒长度通常达几千 bp,因此应尽量减少循环数控制反应时长,以确保能够维持 DNA 聚合酶的高保真性。建议变性、退火和延伸三个步骤的循环数不多于 25。

3.6　限制酶

分子生物学实验中,基因的重组与分离涉及一系列的酶促反应。许多种酶在基因克隆实验中有着广泛的用途。限制性核酸内切酶是可以识别并附着特定的脱氧核苷酸序列,并将每条链特定部位的两个脱氧核糖核苷酸之间的磷酸二酯键进行切割的一类酶,简称限制酶[1]。多种细菌能合成限制酶,这是它们保护自己,降解外来 DNA 分子的重要手段。限制酶在细菌中广泛分布,几乎在所有细菌的属、种中都发现至少一种限制酶,多者在一属中就有几十种。每一种限制酶能识别 DNA 分子中由 4~6 个核苷酸组成的特定序列。而细菌细胞内的 DNA 则由于相应序列上的 A 或 C 碱基的甲基化而不被攻击,可是外源 DNA 一旦进入细胞立即被识别,双股 DNA 螺旋都被切断。限制酶是体外剪切基因片段的重要工具,所以常常与核酸聚合酶、连接酶及末端修饰酶等一起称为工具酶。限制性核酸内切酶不仅是 DNA 重组中重要的工具,而且还可以用于基因组酶切图谱的鉴定。BamH I 与 Hind III 都属于限制性核酸内切酶,可以切断环形质粒。

3.6.1　限制性核酸内切酶的分类

按照限制酶的组成、与修饰酶活性关系及切断核酸的情况不同,限制性核酸内切酶可分为三类:

第一类(I 型)限制性内切酶识别专一的核苷酸顺序,并在识别点附近的一些核苷酸上切割 DNA 分子中的双链,但是切割的核苷酸顺序没有专一性,是随机的。这类限制性内切酶在 DNA 重组技术或基因工程中用处不大,无法用于分析 DNA 结构或克隆基因。

第二类(II 型)限制性内切酶识别专一的核苷酸顺序,并在该顺序内的固定位置上切割双链。这类限制性内切酶的识别与切割的核苷酸序列都是专一的,因此这类限制性内切酶是 DNA 重组技术中最常用的工具酶之一,其识别的核苷酸序列最常见的是 4 个或 6 个核苷酸,II 型限制性内切酶的识别顺序是一个回文对称顺序,即有一个中心对称轴,从中轴朝两个方向“读”都完全相同。这种酶的切割可以有两种方式:

黏性末端:交错切割,结果形成两条单链末端,这种末端的核苷酸顺序是互补的,可形成氢键,所以称为黏性末端。如 EcoR I 的识别序列为 5′…GAATTC…3′ 双链(图 1-4),垂直线表示中心对称轴,从任何一条链的 5′末端"读"核苷顺序都是 GAATTC,这就是回文顺序(palindrome)。切割后生成两个片段,各含一个序列为 5′ AATT 3′ 的单链末端。两条单链序列互补,其断裂的磷酸二酯键可通过 DNA 连接酶的作用而"黏合"。

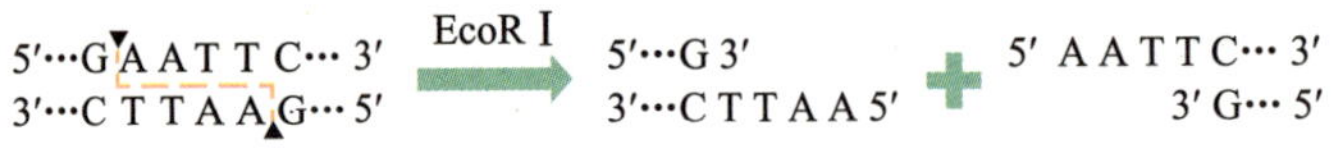

$$5′…G\overset{\blacktriangledown}{A}ATTC…3′ \quad \xrightarrow{\text{EcoR I}} \quad 5′…G\ 3′ \quad + \quad 5′\ AATTC…3′$$
$$3′…CTTA\overset{\blacktriangle}{G}…5′ \qquad\qquad 3′…CTTAA\ 5′ \qquad 3′\ G…5′$$

图 1-4　EcoR I 识别及酶切的核苷酸序列

平头末端:有的 II 型在同一位置上切割双链,产生平头末端。例如 EcoR V 的识别序列为 5′…GATATC…3′,切割后形成两个平端片段,这种末端同样可以通过 DNA 连接酶连接起来(图 1-5)。

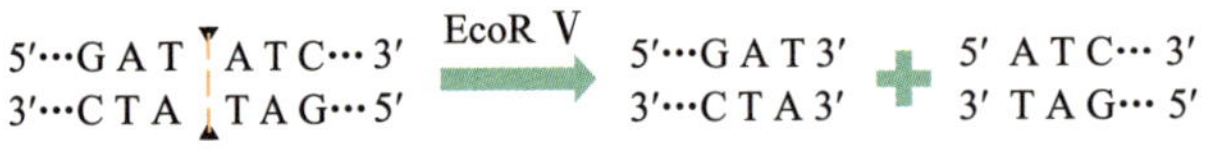

$$5′…GAT\ |\ ATC…3′ \quad \xrightarrow{\text{EcoR V}} \quad 5′…GAT\ 3′ \quad + \quad 5′\ ATC…3′$$
$$3′…CTA\ |\ TAG…5′ \qquad\qquad 3′…CTA\ 3′ \qquad 3′\ TAG…5′$$

图 1-5　EcoR V 识别及酶切的核苷酸序列

第三类(III 型)限制性内切酶也有专一的识别序列,但不是对称的回文顺序,在与识别序列间隔几个核苷酸对的固定位置上切割双链,但间隔的核苷酸对不是特异性的。因此,这种限制性内切酶切割后产生的一定长度 DNA 片段,具有各种单链末端,不能应用于基因克隆。

3.6.2　限制性核酸内切酶的命名

每种核酸内切酶是根据所属微生物的类、种以及菌株来命名的。如 Hind III 代表从细菌流感嗜血杆菌(Haemophilus influenzae,Hin)d 株中分离出四种酶中的第三种。

3.7　琼脂糖凝胶电泳原理

琼脂糖(agarose)凝胶电泳是分离、鉴定 DNA 与 RNA 分子混合物的常用方法。这种电泳方法以琼脂糖凝胶作为支持物,利用 DNA 分子在泳动时的电荷效应和分子筛效应,达到分离混合物的目的[1]。DNA 分子在高于其等电点的溶液中带负电荷,在电场中向阳极移动。在一定的电场强度下,DNA 分子的迁移速度取决于分子筛效应,即分子本身的大小和构型是主要的影响因素。DNA 分子的迁移速度与其分子量成反比。不同构型的 DNA 分子的迁移速度不同。

核酸分子是两性解离分子,在 pH=3.5 条件下碱基上的氨基解离,而三个磷酸基团中只有一个磷酸解离,所以分子带正电荷,在电场中向负极泳动;而在 pH=8.0~8.3 时,碱基几乎不解离,而磷酸基团解离,所以核酸分子带负电荷,在电场中向正极泳动。不同的核酸分子的电荷密度大致相同,因此对泳动速度影响不大。在中性或碱性时,单链 DNA 与等长的双链 DNA 的泳动率大致相同。

3.8　影响核酸分子泳动率的主要因素

3.8.1　样品的物理性状

核酸的物理性状即分子的大小、电荷数、颗粒形状和空间构型。一般而言,电荷密度越大,泳动率越大。但是不同核酸分子的电荷密度大致相同,所以对泳动率的影响不明显。

对线形分子来说,分子量的常用对数与泳动率成反比。用 DNA 标准样品电泳并测定其泳动率,然后绘制 DNA 分子长度(bp)的负对数–泳动距离的标准曲线图,可以用于测定未知分子的长度。

DNA 分子的空间构型对泳动率的影响很大。例如,对质粒来说,泳动率的大小顺序为超螺旋 DNA> 线性 DNA> 开环 DNA。但是由于琼脂糖浓度、电场强度、离子强度和溴化乙锭(ethidium bromide,EB)等的影响,可能出现相反的情况。

3.8.2　支持物介质

核酸电泳通常使用琼脂糖凝胶和聚丙烯酰胺凝胶两种介质。琼脂糖是一种聚合链线性分子,含有不同浓度的琼脂糖的凝胶构成的分子筛的网孔大小不同,适于分离不同大小范围的核酸分子。聚丙烯酰胺凝胶由丙烯酰胺(Acr)在 N,N,N',N'–四甲基乙二胺(TEMED)和过硫酸铵(APS)的作用下聚合形成长链,并通过交联剂甲叉双丙烯酰胺(Bis)交叉连接而成,其网孔的大小由 Acr 与 Bis 的相对比例决定。

琼脂糖凝胶适合分离长度在 100 bp 至 60 kb 的 DNA 分子,而聚丙烯酰胺凝胶对于小片段(5~500 bp)的分离效果最好。选择不同浓度的凝胶,可以分离不同大小范围的 DNA 分子。

3.8.3　电场强度

电场强度越大,带电颗粒的泳动速度越快。但凝胶的有效分离范围随着电压增大而减小,所以电泳时一般采用低电压,不超过 4 V/cm。而对于大片段核酸的电泳,甚至用 0.5~1.0 V/cm 电泳过夜。进行高压电泳时,只能使用聚丙烯酰胺凝胶。

3.8.4　缓冲液

核酸电泳常采用 TAE、TBE、TPE 三种缓冲液系统,它们各有利弊。TAE 价格低廉,但缓冲能力弱,必须进行两极缓冲液的循环。TPE 在进行 DNA 回收时,会造成磷酸盐的污染,影响后续反应。所以多采用 TBE 缓冲液。

在缓冲液中加入 EDTA,可以螯合二价离子,抑制 DNase 的活性,保护 DNA。缓冲液常偏碱性或中性,此时核酸分子带负电荷,向正极移动。

3.9　DNA 的凝胶成像

在凝胶中加入少量 EB,其分子可插入 DNA 的碱基之间,形成一种络合物,在紫外光照射下呈橘红色荧光,因此可对 DNA 进行检测。由于 EB 具有强致癌作用,现已逐渐改用替代染料,如 GelSafe(本实验中所用的 DNA 染料)、SYBR Green 和 Goldview 等。

3.10 PCR 扩增产物与载体的酶切

限制性内切酶能特异性地结合于一段被称为限制性酶识别序列的 DNA 序列之内或其附近的特异性位点上,并切割双链 DNA。分子克隆实验中最常用的是 II 型酶,且是那些识别 4 个或 6 个碱基对的限制性内切酶。II 型限制性内切酶的识别顺序是一个回文对称顺序。切割后得到的是带黏性末端或平头末端的线性 DNA。

3.11 PCR 扩增产物与载体的连接

本实验介绍了目的基因片段与载体连接的操作步骤,有助于学会 DNA 片段的体外连接技术。DNA 连接酶催化双链 DNA 分子中相邻碱基的 5′–P 末端与 3′–OH 间形成 3′,5′–磷酸二酯键。一个 DNA 片段的 5′–P 末端与另一个 3′–OH 末端相互靠近,在 Mg^{2+}、ATP 存在的缓冲液体系中被 DNA 连接酶催化,可以连接形成重组分子。常用的 DNA 连接酶是 T4 DNA 连接酶,其作用底物是双链 DNA 分子或 DNA–RNA 杂交分子等,可以连接黏性末端与平头末端。

3.12 感受态细胞制备

体外连接的 DNA 分子必须尽快转化进入感受态的寄主细胞(大肠杆菌)中,否则会很容易降解。重组质粒只有转染后,才能充分利用寄主细胞进行扩增。感受态就是细菌吸收转化因子的生理状态,只有发展为感受态的细胞才能稳定摄取外来的 DNA 分子。受体细胞经过一些特殊方法(如电击法、$CaCl_2$ 等化学试剂法)的处理后,细胞膜的通透性发生变化,成为能容许带有外源 DNA 的载体分子进入的感受态细胞。$CaCl_2$ 法是目前常用的感受态细胞制备方法,简便易行,且其转化效率完全可以满足一般实验的要求。当制备的感受态细胞暂时不用时,可加入占总体积 15% 的无菌甘油于 −80 ℃下保存(半年),因此 $CaCl_2$ 法的使用更广泛。

3.13 遗传转化与挑取单克隆

当细菌处于 0 ℃的低渗溶液时,细胞膨胀成球形。加入质粒 DNA 后 , 在 $CaCl_2$ 存在时,DNA 会以羟基磷酸钙复合物的形式沉积于细胞表面。经过短暂的热激处理(42 ℃,不超过 1 min),细胞得以吸收一部分 DNA 复合物,从而实现转化。由于转化效率比较低,一般将细菌培养在含有抗生素的培养板上,利用抗生素筛选的方式将未转化的细菌除掉,只有转化成功的细菌会表达质粒上带有的抗性基因,并在培养体系中存活繁殖。挑取单克隆于携带抗生素的 LB 培养基中,37 ℃振荡过夜培养,用于碱裂解法抽提质粒。

3.14 质粒抽提

碱裂解法是一种应用广泛的制备质粒 DNA 的方法,碱变性抽提质粒 DNA 基于染色体

DNA 与质粒 DNA 的变性与复性的差异而达到分离的目的。在 pH 高达 12 的碱性条件下，宿主染色体 DNA 的氢键断裂，双螺旋解开而变性，质粒 DNA 的大部分氢键也发生断裂，但超螺旋共价闭合环状的两条互补链不会完全分离。当以 pH 4.8 左右的 NaAc/KAc 高盐缓冲液将 pH 调节至中性时，变性的质粒 DNA 可以恢复原来的构型而在溶液中存在；而染色体 DNA 不能复性而形成缠连的网状结构，离心后与蛋白质–SDS 复合物、不稳定的大分子 RNA 一起形成沉淀而被除去。综上所述，在细胞裂解后，由于宿主基因组 DNA 与质粒 DNA 的结构存在差异，通过调节溶液 pH 进行变复性，可以滤除基因组 DNA 而保留含有目的基因的质粒 DNA。而上清液中的质粒 DNA 可以进一步通过吸附柱进行亲和纯化，利用乙醇或乙醇/异丙醇混合溶液多次清洗去除杂质，最后使用 TE 缓冲液从柱上洗脱。

目前，商业化的质粒抽提试剂盒一般都是根据该原理设计的，依照试剂盒操作说明书用质粒抽提试剂盒抽提质粒，通过测序鉴定出正确转化子。

3.15　测序结果分析

以上海生工测序结果为例，测序结果以不同颜色峰图表示不同碱基，峰图以 PDF 文件显示；AB1 文件是原始峰图，需要在公司网站下载专用软件打开；测序结果 seq 文件用 word 打开即可。使用 CLUSTALW 网站提供的序列比对程序，选择比对类型为 DNA，将测序结果 DNA 序列与目的基因序列进行比对即可。

对于突变质粒测序结果分析，可在 CLUSTALW 网站中分别输入野生型 GFP 基因序列与突变质粒测序结果，通过序列比对确认质粒第 15 位赖氨酸已突变为 TAA 终止密码子。

4. 实验操作

4.1　仪器耗材与试剂

4.1.1　仪器

- 移液器
- 台式离心机
- NanoDrop 仪
- PCR 仪
- 微型离心机
- 电泳仪
- 制胶装置
- 水平电泳槽
- 微波炉
- 凝胶成像仪
- 高压蒸汽消毒器（灭菌锅）

- 恒温摇床
- 超净工作台
- 紫外分光光度计
- 制冰机

4.1.2　常规耗材

- 离心管（1.5 mL）
- 离心管（10 mL）
- 离心管架
- PCR 管
- 移液器吸头
- 手套
- 大肠杆菌 DH5α 菌株
- 100 mL 三角瓶
- 碎冰块若干

4.1.3　试剂

- 细菌悬浮液
- 高纯度质粒小提试剂盒
- Taq DNA 聚合酶（Mg^{2+} plus Buffer, with dNTP）
- PCR 引物（保护碱基用小写字母表示）

GFP 正向引物（GFP-F）：cgcGGATCCAGTAAAGGAGAAGAACTTTTC

GFP 反向引物（GFP-R）：cccAAGCTTTTATTTGTATAGTTCATCCATG

- Q5 超保真 PCR 试剂盒（内含 Q5 反应缓冲液、dNTPS、Q5 DNA 聚合酶）
- 携带赖氨酸残基突变为终止密码子的 PCR 引物

正向引物（GFP-K26X-F，突变为赖氨酸的密码子用小写字母表示）：

　　　　GATGTTAATGGGCACtagTTCTCTGTCAGTGGAGAGGGTGAAGGTGAT

反向引物（GFP-K26X-R）：

　　　　TCCACTGACAGAGAActaGTGCCCATTAACATCACCATCTAATTCAAC

- Dpn I 内切酶
- 限制性内切酶 BamH I 和 Hind III
- 琼脂糖 M5 HiPure Agarose
- 50×TAE 缓冲液
- 10×DNA 上样缓冲液
- GelSafe 核酸染料（10000× 水溶液）
- Trans8K DNA Marker
- PCR 产物快速回收试剂盒（EasyPure® PCR Purification Kit）
- MilliQ 水
- T4 DNA 连接酶

- 高压灭菌过的 LB 液体培养基
- *E.coli* DH5α 感受态细胞
- 无抗性 LB 培养基平板
- 卡那霉素抗性 LB 培养基平板

4.2　实验步骤

实验基本操作流程见图 1-6。

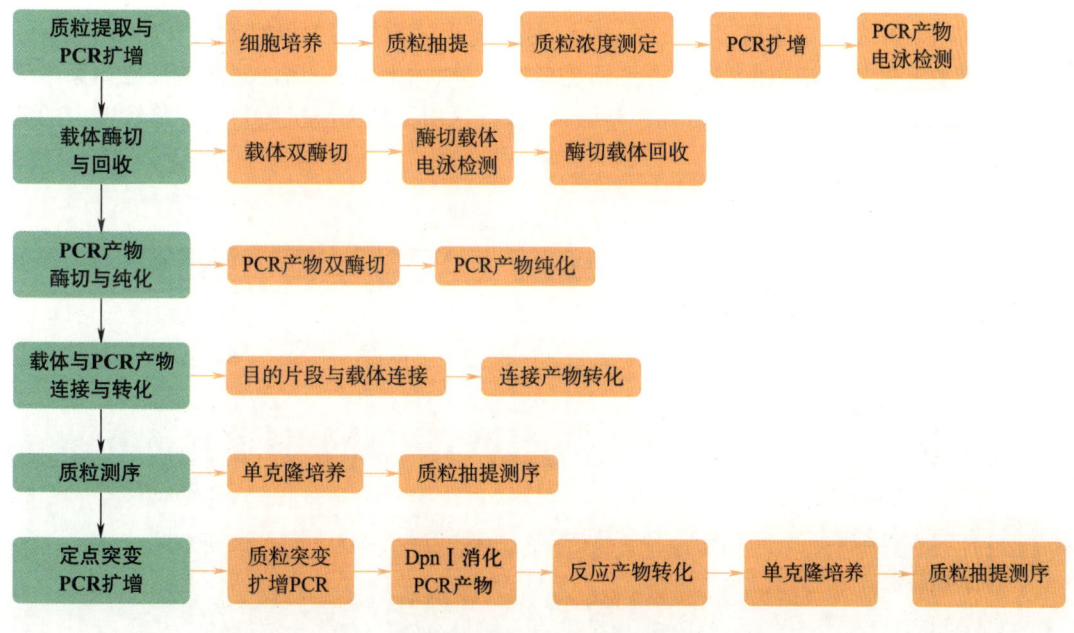

图 1-6　目的基因片段的克隆及定点突变流程图

4.2.1　质粒的提取及浓度测定（用时 1 h）

（1）在装有 1 mL 细菌悬浮液的离心管盖上做好标记，10000×g 离心 1 min 收集菌体沉淀，尽量吸弃上清液。

（2）向上述离心管中加入 250 μL P1，使用移液器吹打几次**充分混匀**，悬浮菌体沉淀。

（3）向上述离心管中加入 250 μL P2，**温和地**上下颠倒溶液 8~10 次，充分混匀使菌体裂解，此时溶液应变得清亮黏稠。裂解时间不应超过 2 min。

（4）向上述离心管中加入 350 μL P3，**立即**温和地上下颠倒 8~10 次，充分混匀，此时应出现白色絮状沉淀。10000×g 离心 10 min。

（5）在吸附柱（FastPure DNA Mini Columns）管盖上做好标记。吸取步骤（4）中所得上清液约 750 μL，移取至已备好的吸附柱中，**避免沉淀进入吸附柱**。

（6）10000×g 离心 30 s，倒掉收集管中的废液，将吸附柱重新放回收集管中。

（7）向吸附柱中加入 500 μL PW1，10000×g 离心 30 s，倒掉收集管中的废液，将吸附柱重新放回收集管中。

（8）向吸附柱中加入 600 μL PW2，10000×g 离心 30 s，倒掉收集管中的废液。（重复该步骤一次。）

（9）将一个 1.5 mL 离心管的盖子剪掉，把吸附柱置于其中。向吸附膜的**中间**部位加入 40 μL EB，室温放置 2 min。10000×g 离心 1 min，将洗脱液转移至一个新的 1.5 mL 离心管中，收集质粒 DNA。

（10）使用 NanoDrop 仪测定质粒的浓度及 A_{260}/A_{280}、A_{260}/A_{230} 的值，分析质粒 DNA 的提取效果。

4.2.2　PCR 扩增

（1）配制 PCR 反应体系（用时 20 min）。取适量上述质粒用 MilliQ 水稀释到 10 ng/μL。在 PCR 管盖上做好标记，加入表 1-2 中所需各种成分（冰上配置，**请注意所有反应体系中酶均在最后加入**）。使用移液器吹打几次将液体混匀，再用微型离心机短暂离心将管壁上的液体收集到管底。

表 1-2　PCR 反应体系

成分	添加体积/μL	终浓度
质粒模板（10 ng/μL）	1	0.2 ng/μL
正向引物（10 μmol/L）	2	0.4 μmol/L
反向引物（10 μmol/L）	2	0.4 μmol/L
10×Taq	5	1×
dNTPs（10 mmol/L）	1	0.2 mmol/L
Taq DNA 聚合酶	1	2.5 units
无核酸酶水	38	—
总体积	50	—

（2）运行 PCR 反应程序（用时 1.5 h）。将加好试剂的 PCR 反应管放入 PCR 仪中，根据表 1-3 设置 PCR 反应程序，运行 PCR 反应。

表 1-3　PCR 反应程序

		温度/℃	时间
预变性		95	3 min
扩增（30 循环）	变性	95	20 s
	退火	55	20 s
	延伸	72	1 min
终延伸		72	5 min
保存		4	∞

4.2.3　质粒酶切（用时 1 h）

（1）质粒单酶切。将一 PCR 管盖上做好标记，取 500 ng 纯化好的质粒置于其中，加入

2 μL 10×Cutsmart 和 1 μL BamH Ⅰ酶,加 MilliQ 水至终体积为 20 μL。使用移液器吹打几次将液体混匀,再用微型离心机短暂离心将管壁上的液体收集到管底。置于 PCR 仪中 37 ℃酶切 1 h。

（2）质粒双酶切。将一 PCR 管盖上做好标记,取 500 ng 纯化好的质粒置于其中,加入 2 μL 10×Cutsmart、1 μL BamH Ⅰ酶与 1 μL Hind Ⅲ酶。加 MilliQ 水至终体积为 20 μL。使用移液器吹打几次将液体混匀,再用微型离心机短暂离心将管壁上的液体收集到管底。置于 PCR 仪中 37 ℃酶切 1 h。

4.2.4　制备琼脂糖凝胶（用时 0.5 h）

（1）1×TAE 缓冲液的配制:取 20 mL 的 50×TAE 缓冲液加入 1 L 试剂瓶中,加 MilliQ 水至终体积为 1 L。

（2）用天平称量 1.0 g 的琼脂糖置于锥形瓶中（**尽量不要沾到瓶壁上**）,加入 100 mL 1×TAE 缓冲液（**不要振荡混匀**）。

（3）置于微波炉内进行加热,其间可取出进行振荡混匀。加热至琼脂糖完全溶解,溶液变澄清为止。

（4）安装水平制胶槽,待琼脂糖溶液温度稍微降低（5 min 以内均可）,倒入制胶槽,插上梳子。

（5）待琼脂糖凝胶完全凝固后,小心拔去梳子,即可进行上样。

4.2.5　制备电泳样品（用时 20 min）

4 个样品包括:提取的质粒、单酶切的质粒、双酶切的质粒及 PCR 产物。

取 4 个 PCR 管,分别标记样品名称。依次放入样品（质粒及酶切质粒加入 300 ng,PCR 产物加入 3 μL）、2 μL 10×DNA 上样缓冲液、2 μL 10×GelSafe 核酸染料,加 MilliQ 水至终体积为 20 μL,使用移液器吹打几次将液体混匀。

每个小组取 22.5 μL Marker,加入 2.5 μL 10×GelSafe 核酸染料,使用移液器吹打几次将液体混匀。

4.2.6　琼脂糖凝胶电泳与凝胶成像（用时 1 h）

（1）将制作的琼脂糖凝胶连同胶槽放入水平电泳槽。

（2）倒入 1×TAE 缓冲液,使液面少许超出胶面,缓冲液没过凝胶孔。

（3）将 10 μL Marker（已加入 10×GelSafe 核酸染料）及 10 μL 制备好的 DNA 样品依次加入加样孔内,加样顺序为:提取的质粒、单酶切的质粒、双酶切的质粒、PCR 产物。

（4）盖上电泳槽盖并通电,进行 120 V 恒压电泳,使 DNA 向阳极方向移动,电泳 30 min。

（5）在凝胶成像仪上成像,标出 Marker 中各个条带的大小（图 1-7）,分析 PCR 产物长度是否正确以及环形质粒与线性质粒的位置区别。

4.2.7　PCR 产物纯化（用时 0.5 h）

试剂盒采用硅胶柱纯化技术,可高效地去除各种核苷酸、引物、引物二聚体、盐分子和酶等杂质。

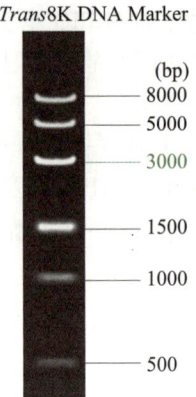

图 1-7　*Trans*8K DNA Marker 条带组成示意图
[1.0% TAE 琼脂糖凝胶,GelStain 染色(上样量 5 μL)]

（1）剩余的 47 μL PCR 产物中加入 250 μL 结合缓冲液,颠倒或涡旋混匀。用微型离心机短暂离心将管壁上液体收集到管底。

（2）将 PCR 纯化柱套在收集管中,在管盖上做好标记。将混合液转移至柱子中,$10000 \times g$ 离心 1 min。

（3）倒弃滤液,把柱子套回收集管中。加入 650 μL 洗涤缓冲液至柱子中,$10000 \times g$ 离心 1 min。

（4）倒弃滤液,把柱子套回收集管中。$10000 \times g$ 离心 2 min。

（5）把柱子套在新的 1.5 mL 离心管中,在管盖上做好标记。加入 30 μL EB2 至柱子膜中央,室温静置 1 min。$10000 \times g$ 离心 1 min。丢弃柱子,收集纯化好的 DNA。

（6）使用 NanoDrop 仪测定 DNA 的浓度以及 A_{260}/A_{280}、A_{260}/A_{230} 的值,分析 PCR 产物的纯化效果。将剩余样品置于 -20 ℃冰箱保存。

4.2.8　目的片段 PCR 扩增产物与载体的连接（用时 50 min）

将一 PCR 管盖上做好标记,加入 50 ng 双酶切后回收的载体,200 ng 双酶切后回收的 PCR 产物,加入 2 μL 10×DNA 连接缓冲液和 1 μLT4 DNA 连接酶,加入 MilliQ 水至终体积为 20 μL。使用移液器吹打几次将液体混匀,再用微型离心机短暂离心将管壁上的液体收集到管底。置于 PCR 仪中 25 ℃反应 0.5 h。将反应后产物从 PCR 仪中取出,置于 -20 ℃冰箱保存。

4.2.9　转化（用时 1.5 h）

（1）取出在 -80 ℃下保存的 DH5α 感受态细胞,冰浴中化冻,复苏细胞。

（2）将 10 μL 连接产物加入 200 μL DH5α 感受态细胞中,轻轻拨动管底混匀,冰上静置 30 min。

（3）将加有连接产物的 DH5α 感受态细胞在 42 ℃水浴中静置 90 s,立刻放回冰上放置 2 min。

（4）在细胞中加入 0.6 mL LB 无抗性培养基(超净工作台操作)。

（5）盖紧管盖，置于 37 ℃摇床中 200 rpm/h 培养 1 h。

（6）室温下，2500×g 离心 3 min 使菌体沉降。

（7）用移液器吸走上清液，留下约 100 μL 液体，轻轻吹打重悬菌体（超净工作台操作）。

（8）将菌液涂布到有卡那霉素抗性的平板上，使菌液均匀分布于整个平板（超净工作台操作）。倒置培养皿，放入培养箱；如果涂布时菌液未干，可以让培养皿朝上培养，至菌液消失，再翻转培养皿。

4.2.10 挑单克隆，提取质粒送测序（前一天用时 10 min；次日用时 1 h）

（1）从连接产物转化的 E.coli DH5α 菌平板上挑取两个单菌落（**超净工作台操作**），接种于 3 mL LB 液体培养中，37 ℃下振荡培养生长过夜（约 16 h）。

（2）对两管 3 mL 细菌悬浮液，各取 1 mL 分置于两个 1.5 mL 离心管中，在盖上做好标记，避免来自不同单菌落的菌液交叉污染。10000×g 离心 1 min 收集菌体沉淀，尽量吸弃上清液，重复三次收集所有菌体沉淀。

（3）向上述两个离心管中分别加入 250 μL P1，使用移液器吹打几次充分混匀，悬浮菌体沉淀。

（4）向上述两个离心管中分别加入 250 μL P2，温和地上下颠倒溶液 8~10 次，充分混匀使菌体裂解，此时溶液应变得清亮黏稠。裂解时间不应超过 2 min。

（5）向上述两个离心管中分别加入 350 μL P3，立即温和地上下颠倒溶液 8~10 次，充分混匀，此时应出现白色絮状沉淀。10000×g 离心 10 min。

（6）取两个吸附柱（FastPure DNA Mini Columns），并在管盖上做好标记。将步骤（5）中两个离心管中的上清液约 750 μL，分别移取至已备好的两个吸附柱中，避免沉淀进入吸附柱。同时注意不要混合来自不同离心管的液体。

（7）10000×g 离心 30 s，倒掉两个收集管中的废液，将吸附柱重新放回收集管中。

（8）向两个吸附柱中分别加入 500 μL PW1，10000×g 离心 30 s，倒掉收集管中的废液，将吸附柱重新放回收集管中。

（9）向两个吸附柱中分别加入 600 μL PW2，10000×g 离心 30 s，倒掉收集管中的废液。（重复该步骤一次。）

（10）取两个 1.5 mL 离心管，将盖子剪掉，把吸附柱置于其中。向吸附膜的中间部位加入 40 μL EB，室温放置 2 min。10000×g 离心 1 min，将两个管中的洗脱液分别转移至两个新的 1.5 mL 离心管中，收集质粒 DNA。

（11）使用 NanoDrop 仪分别测定两管质粒的浓度以及 A_{260}/A_{280}、A_{260}/A_{230} 的值，分析质粒 DNA 的提取效果。

（12）根据所测浓度，在两管中各取 600 ng 质粒至灭过菌的两个 PCR 管中，用 MilliQ 水稀释至 10 μL，盖上管盖并在管盖上做好标记，将两个质粒样品送测序。

4.2.11 质粒定点突变 PCR 扩增

（1）配制质粒突变 PCR 反应体系（用时 0.5 h）。

取适量野生型质粒模板用 MilliQ 水稀释至 20 ng/μL。在 PCR 管盖上做好标记，加入表 1-4 中所需各种成分（冰上配置，请注意所有反应体系中酶均在最后加入）。使用移液器吹打几次将液体混匀,再用微型离心机短暂离心将管壁上的液体收集到管底。

表 1-4   PCR 反应体系

成分	添加体积/μL	终浓度
质粒模板(20 ng/μL)	1	0.4 ng/μL
正向引物(10 μmol/L)	2.5	0.5 μmol/L
反向引物(10 μmol/L)	2.5	0.5 μmol/L
5×Q5 反应缓冲液	10	1×
dNTPs(10 mmol/L)	1	0.2 mmol/L
Q5 Hot Start High-Fidelity DNA 聚合酶	0.5	1 U
无核酸酶水	32.5	—
总体积	50	—

(2)运行质粒突变 PCR 反应程序(用时 2.5 h)。

将加好试剂的 PCR 反应管放入 PCR 仪中,根据表 1-5 设置 PCR 反应程序,运行 PCR 反应。

表 1-5   质粒定点突变扩增 PCR 反应程序

		温度/℃	时间
预变性		95	3 min
扩增(25 循环)	变性	95	20 s
	退火	55	20 s
	延伸	72	30 s/kb
终延伸		72	10 min
保存		4	∞

4.2.12   突变扩增 PCR 产物纯化(同 4.2.7,用时 1 h)

4.2.13   Dpn I 内切酶消化 PCR 产物(用时 1 h)

将一 PCR 管盖上做好标记,将回收后的 PCR 产物置于其中,加入 3 μL 10× Cutsmart 和 1 μL Dpn I 内切酶,加 MilliQ 水至终体积为 30 μL。使用移液器吹打几次将液体混匀,再用微型离心机短暂离心将管壁上的液体收集到管底。置于 PCR 仪中 37 ℃下酶切 1 h。

4.2.14   反应后产物转化感受态细胞(用时 1.5 h)

将 30 μL 反应产物全部用于转化 200 μL DH5α 感受态细胞,步骤同 4.2.9。

4.2.15　挑取单克隆,抽质粒送测序以确认质粒携带目的突变(前一天用时 10 min;次日用时 1 h)

4.3　实验学时建议表

4.3.1　8 学时实验用时建议表

时间	步骤
10:10—10:50	讲解实验背景和原理
10:50—11:30	质粒的提取
11:30—11:50	质粒浓度测定
11:50—12:10	配制 PCR 反应体系和质粒酶切体系
12:10—13:40	运行 PCR 反应程序和质粒酶切程序
12:10—13:00	午饭
13:00—13:30	配制 1×TAE 缓冲液,制作琼脂糖凝胶
13:40—14:00	制备电泳样品
14:00—15:00	上样、进行电泳
14:10—14:40	PCR 产物纯化
14:40—15:10	纯化后 PCR 产物浓度测定
15:10—16:00	凝胶成像及结果分析

4.3.2　完整实验用时建议表

时间	步骤
(第一天)	
10:10—10:50	讲解实验背景和原理
10:50—11:30	质粒的提取
11:30—11:50	质粒浓度测定
11:50—12:10	配制 PCR 反应体系和质粒酶切体系
12:10—13:40	运行 PCR 反应程序和质粒酶切程序
12:10—13:00	午饭
13:00—13:30	配制 1×TAE 缓冲液,制作琼脂糖凝胶
13:40—14:00	制备电泳样品
14:00—15:00	上样、进行电泳
14:10—14:40	PCR 产物的纯化
14:40—15:10	纯化后 PCR 产物浓度测定
15:10—16:00	凝胶成像及结果分析

续表

时间	步骤
（第二天）	
15:00—15:30	讲解实验背景和原理
15:20—15:30	测定回收后的载体及 PRC 产物浓度
15:30—15:40	配制载体与 PCR 产物连接反应体系
15:40—16:10	连接反应 25 ℃,0.5 h
16:10—16:20（选做）	从 DH5α 菌平板上挑取单克隆过夜培养
（第三天）	
08:30—08:40（选做）	将菌液按 1:30 转接于 20 mL LB 中
08:40—10:40（选做）	每 20 min 测一次 OD_{600},直至 0.3~0.4
10:40—10:55（选做）	取 5 mL 菌液,冰上放置 10 min
10:55—11:05（选做）	4 ℃,2500×g 离心 10 min
11:05—11:10（选做）	弃上清液,2.5 mL 0.1 mol/L $CaCl_2$ 悬浮细胞
11:10—11:40（选做）	冰浴 30 min
11:40—11:50（选做）	4 ℃,2500×g 离心 10 min
11:50—12:00（选做）	弃上清液,1 mL 0.1 mol/L $CaCl_2$ 悬浮细胞
	将感受态细胞以 200 μL/管分装
14:30—15:00	讲解实验背景和原理
15:00—15:10	取出感受态细胞,冰浴中化冻
15:10—15:15	将连接产物加入感受态细胞中
15:15—15:30	冰上静置 15 min
15:30—15:35	42 ℃水浴中静置 90 s,冰上放置 2 min
15:35—16:20	加入 LB 培养基后,37 ℃培养 45 min
16:20—16:25	2500×g 离心 5 min
16:25—16:30	涂平板后,放入 37 ℃培养箱
（第四天）	
16:10—16:20（选做）	连接转化的平板上挑取单克隆过夜培养
（第五天）	
10:10—10:50	讲解实验背景和原理
10:50—11:50	质粒的提取、浓度测定及送测序
（第六天）	
10:00—10:30	讲解实验背景和原理
10:30—11:00	配制突变 PCR 反应体系
11:00—13:30	运行突变扩增 PCR 反应程序
12:00—13:30	午饭
13:30—14:30	PCR 产物纯化
14:30—15:30	Dpn I 消化 PCR 产物
15:30—17:00	反应后产物转化感受态细胞
16:10—16:20（选做）	突变 PCR 转化平板上挑取单克隆培养

续表

时间	步骤
（第七天）	
10：10—10：50	讲解实验背景和原理
10：50—11：50	质粒的提取，浓度测定及送测序

5. 思考题

（1）什么是黏性末端和平末端？本实验中使用的限制性内切酶 BamH Ⅰ 与 Hind Ⅲ 分别识别什么样的核苷酸序列，会产生什么样的末端产物（请绘图表示）？

（2）A_{280}、A_{260} 及 A_{230} 分别代表什么？如何通过 A_{260}/A_{280}、A_{260}/A_{230} 的值分析核酸产物的纯度？

（3）本实验中所设计的 PCR 引物的 T_m 值分别是多少？PCR 反应中所设置的退火温度一般应该比 T_m 小多少合适，为什么？降低或升高退火温度对 PCR 反应有何影响？

（4）简述 PCR 程序中每一步骤的作用。

（5）请根据本实验中使用的试剂盒货号查询其使用说明，并分别简述试剂盒中每个试剂的作用。

（6）为什么配制反应体系时一般要求酶在最后一步加入？如不这样做可能导致什么后果？

（7）简述设计引物时保护碱基的作用，对于特定的核酸内切酶如何选择保护碱基？

（8）连接产物转化感受态细胞后，过夜培养的菌平板上没有出现生长的菌落，可能原因是什么？可以考虑在哪些方面进行优化？

（9）除测序以外，还有哪些方法可以鉴定连接产物转化后生长的菌落中含有目的基因片段？

（10）为什么需要用 Dpn Ⅰ 酶消化突变 PCR 扩增产物，省略这一步会有什么影响？

6. 参考文献

实验二

表达纯化含非天然氨基酸的绿色荧光蛋白

张良（上海交通大学）　曹婵（南开大学）

1. 实验目的

（1）了解外源蛋白表达的基本原理；
（2）掌握大肠杆菌培养及诱导表达的方法；
（3）掌握非天然氨基酸的定点插入原理和步骤；
（4）学习蛋白质纯化的原理和流程步骤；
（5）掌握蛋白质浓度的测定方法。

2. 实验背景

2.1 重组蛋白表达技术的诞生

重组蛋白（recombinant protein）表达技术是指将含编码目的蛋白质的外源基因导入宿主细胞实现目的蛋白表达的技术。1977 年，美国科学家 Herbert W. Boyer 及合作者在 Science 杂志上首次报道其在大肠杆菌（*Escherichia coli*，*E. coli*）中导入含生长抑素 Hormone Somatostatin 的外源质粒，并成功实现了具有生物活性生长抑素的分离纯化，该工作奠定了重组蛋白表达技术的基础，也开启了生物技术时代[1]。1978 年，由 Herbert W. Boyer 联合创立的 Genentech 公司宣布在大肠杆菌中成功表达人胰岛素，首次实现了重组蛋白表达技术的产业化，并于 1982 年成为首个被美国食品药品监督管理局（FDA）批准上市的重组蛋白药物。

2.2 重组蛋白表达系统

经过近 50 年的发展，大肠杆菌由于其表达量高、易于操作、生长周期短的显著优点，依然是重组蛋白表达的首选。但是对于含多个二硫键或需通过翻译后修饰才具有活性的蛋白，大肠杆菌已无法满足需求。目前，重组蛋白表达系统已经扩展到大肠杆菌、毕赤酵母、哺乳动物细胞、杆状病毒感染的昆虫细胞等多种宿主细胞，另外对于宿主细胞毒性较大的蛋白质可以采用无细胞翻译体系。表 2-1 给出一些常用的表达系统及其优缺点对比。

表 2-1　一些常用的表达系统及其优缺点对比

表达系统	大肠杆菌	酵母细胞	哺乳动物细胞	杆状病毒感染的昆虫细胞	无细胞翻译体系
常用细胞系	*E.coli* BL21（DE3）	酿酒酵母，毕赤酵母	HEK-293，CHO	Sf9,Sf21,High Five	—
产率	高	高	低/中	高	低
倍增时间	短（约 20 min）	较长（1.5~3 h）	长（约 20 h）	长（约 20 h）	—
翻译后修饰	无	缺少部分翻译后修饰类型，常见修饰类型为高甘露糖型修饰	存在多种翻译后修饰类型，如 *N*-糖基化、*O*-糖基化、磷酸化、甲基化、酰化等	缺少部分翻译后修饰类型，常见修饰类型为高甘露糖型修饰	取决于无细胞系统的提取物种
蛋白质折叠	部分蛋白折叠正确率较低，如含多个半胱氨酸或分子量较大的蛋白质	折叠正确率较高	折叠正确率较高	折叠正确率较高	取决于无细胞系统的提取物种
膜蛋白表达	适用于原核膜蛋白表达	适用于低丰度膜蛋白表达	膜蛋白表达困难	适用于真核膜蛋白表达	适用于去污剂存在下的膜蛋白表达
环境支持	摇床、超净工作台	摇床、超净工作台	二氧化碳摇床、培养箱、组织培养超净工作台、细胞培养室	二氧化碳摇床、培养箱、组织培养超净工作台、细胞培养室	不需特殊设备
成本	低	低	高	高	高

2.3　重组蛋白表达载体

不同的表达系统对表达载体的需求也不同,而表达载体中的启动子是蛋白质表达的发动机,如何高效地启动与调控启动子是蛋白质表达的核心问题。该部分以大肠杆菌、毕赤酵母、昆虫细胞、哺乳动物细胞为例对不同类型的表达载体进行简要说明(图 2-1)。

2.3.1　大肠杆菌——pET 表达载体

目前常用的大肠杆菌表达载体大多选择基于噬菌体 T7 RNA 聚合酶转录的载体。T7 RNA 聚合酶是催化 RNA 合成最简单的酶之一,分子量约为 99 kDa。1970 年 Michael Chamberlin 等人首次将该聚合酶从噬菌体 T7 感染的大肠杆菌细胞中进行纯化分离和编码基因鉴定[2]。1979 年,Margaret Rosa 发现 T7 RNA 聚合酶只有识别 T7 噬菌体 DNA 中的特定序列 5′-TAATACGACTCACTATA-3′ 之后才可以转录位于该序列下游的 DNA,这一特定

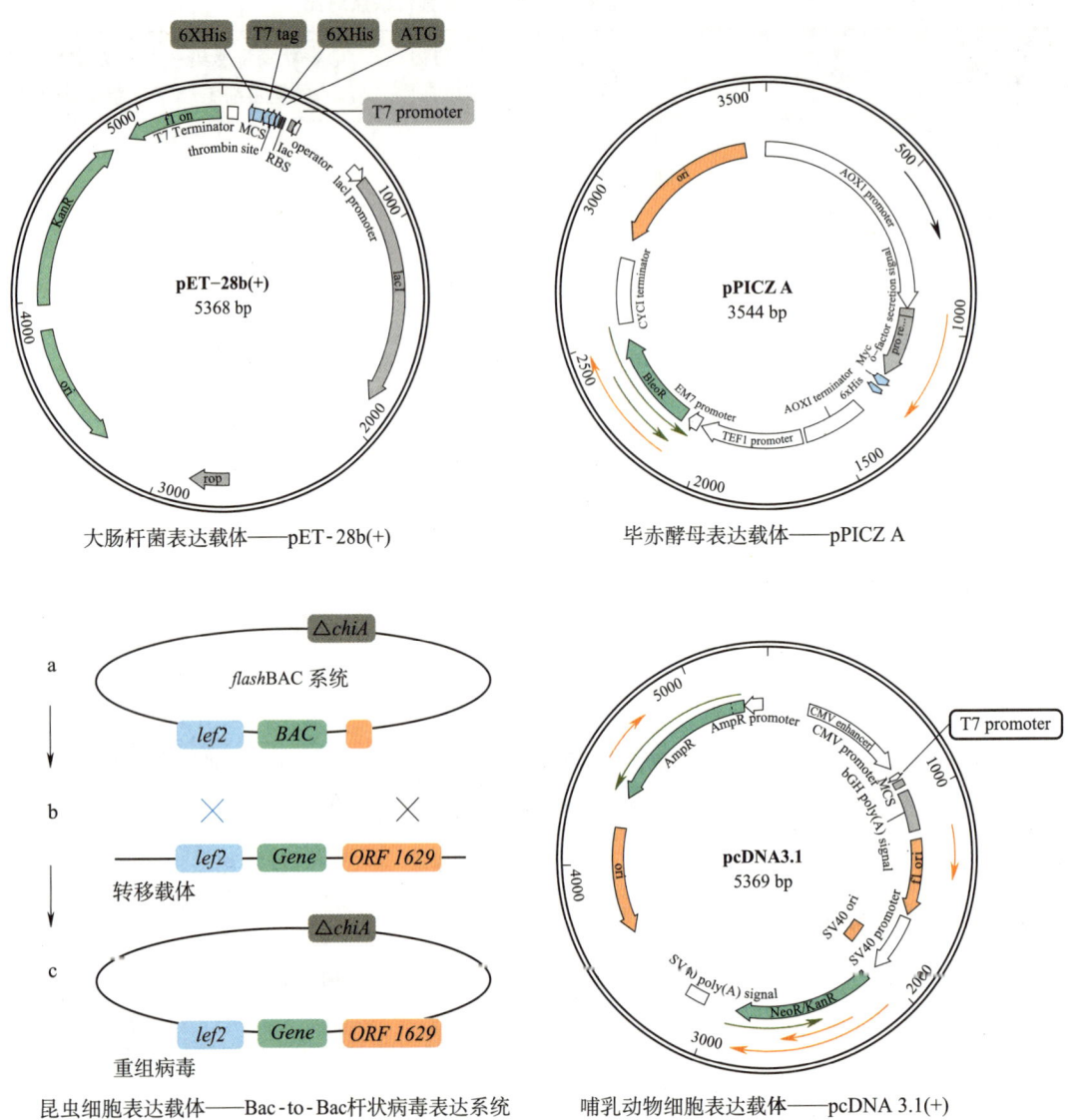

图 2-1　重组蛋白表达常用载体

序列即 T7 启动子[3]。1985—1991 年,F.William Studier 等人在 pBR322 质粒的基础上进一步改造,插入编码阻遏蛋白的 *lacI* 调节基因、T7 启动子、*lac* 操纵基因(*lacO*)、T7 转录终止序列等,实现了目的基因在大肠杆菌中高表达的严格调控,即当前常用的大肠杆菌表达载体 pET(plasmid for Expression by T7 RNA polymerase,pET)。

2.3.2　毕赤酵母——pPICZ 表达载体

毕赤酵母系统常用的表达载体大多含有基于甲醇诱导的 AOX1 启动子。1985 年,James Cregg 等人将毕赤酵母菌株通过基因工程改造使其成为以甲醇为唯一碳源的甲基营养型酵母。同年,毕赤酵母中由甲醇调控表达的甲醇氧化酶 AOX1(alcohol oxidase 1,AOX1)编码基因被鉴定。1987 年,James Cregg 等人在 pBR322 质粒基础上插入 AOX1 启动子、目的基因和 AOX1 转录终止序列,这些序列与毕赤酵母基因组中 AOX1 属于同源片段,可在同源重组中将目的基因整合到酵母基因组中实现高表达。该载体便是当前常用的毕赤酵母 pPICZ 系列表达载体的前身。

2.3.3　昆虫细胞——Bac-to-Bac 杆状病毒表达系统

Bac-to-Bac 杆状病毒表达系统是目前常用的昆虫细胞表达方法。1983 年,Gale Smith 等人将含外源目的基因的转移载体与病毒基因组体外重组后转染至昆虫细胞,首次实现了外源基因在昆虫细胞中的表达,但是杆状病毒基因组过大(134 kb),降低了重组成功率。1993 年,Verne Luckow 等人发展了 Bac-to-Bac 杆状病毒表达系统,将病毒基因组改造为可在大肠杆菌中高效复制的杆状病毒穿梭载体 Bacmid,将含外源目的基因的转移载体与 Bacmid 在大肠杆菌中重组,筛选出重组成功的克隆,进行 DNA 提取转染昆虫细胞,从而进行外源目的基因表达。

2.3.4　哺乳动物细胞——pcDNA 3.1 表达载体

pcDNA 3.1 表达载体是常用于哺乳动物细胞系中外源蛋白瞬时表达的非病毒载体,其启动子为组成型启动子 CMV。CMV 启动子是 1985 年由 Michael Boshart 等人从巨细胞病毒(Cytomegalovirus,CMV)中发现。在 pcDNA3.1 的 CMV 启动子上游存在一个 CMV 增强子,它能进一步刺激邻近基因的转录。研究表明,CMV 增强子几乎没有细胞类型或物种偏好,活性是 SV40 增强子的数倍。在大部分细胞系中,CMV 增强子-启动子是目前公认的真核基因表达最有效启动子。

总之,表达载体和宿主细胞的选择是实现外源蛋白表达的重要环节,在选择之前,需要对表达载体信息、目的蛋白性质及宿主细胞表达机制做到充分理解。

2.4　融合蛋白标签

在重组蛋白表达时,往往会在目的蛋白的 N 端或 C 端引入融合蛋白标签,以便后续纯化和研究。引入融合蛋白标签的目的主要有以下 6 种(表 2-2):(1)促进目的蛋白表达;(2)促进目的蛋白折叠;(3)防止目的蛋白或肽段降解;(4)标记目的蛋白便于检测或功能研究;(5)便于目的蛋白分离与纯化;(6)便于目的蛋白定向表达。

表 2-2　用于分离纯化的部分融合蛋白标签

融合蛋白标签	6x His	GST	MBP	Strep	SUMO	FLAG
中文名称	组氨酸标签	谷胱甘肽巯基转移酶标签	麦芽糖结合蛋白标签	链霉亲和素结合标签	小分子泛素样修饰蛋白标签	—
残基数量	6	211	390	8	100	8
分子量	0.84 kDa	26 kDa	44.4 kDa	1.06 kDa	11.5 kDa	1.01 kDa

续表

引入用途	分离纯化、蛋白监测及功能研究	促溶、防降解分离纯化	促溶、防降解、分离纯化	分离纯化	促溶、防降解分离纯化	分离纯化及功能研究
亲和配体	金属离子	谷胱甘肽	麦芽糖、糊精	链霉亲和素	金属离子	anti-Flag 抗体
洗脱方法	高浓度咪唑	高浓度谷胱甘肽	高浓度麦芽糖	高浓度脱硫生物素	高浓度咪唑	3x Flag 多肽
去除方法	TEV 等酶切位点插入	位点特异性蛋白酶切除	位点特异性蛋白酶切除	TEV 等酶切位点插入	位点特异性蛋白酶切除	位点特异性蛋白酶切除
成本	低	低	低	高	低	高

2.5 非天然氨基酸

蛋白质通常由 20 种标准氨基酸组成,它们通过不同功能基团参与生命活动。然而,这些功能基团在数量和种类上是有限的,不足以满足化学、生物科学研究对蛋白质结构和功能的多样化需求。为了扩增蛋白质的功能性,研究者们将非天然氨基酸(unnatural amino acids,UAAs)引入蛋白质中,这些非天然氨基酸拥有独特的功能基团和化学性质,常用作蛋白质探针,以研究或调控其参与的生命过程[4]。通过遗传密码扩展技术,可以将其掺入蛋白质中,为活细胞内的蛋白质操纵提供强大的工具集。在大肠杆菌中引入非天然氨基酸的过程涉及三个关键步骤(图 2-2):

首先,设计并合成具有特定功能的非天然氨基酸。这些非天然氨基酸可以通过多种方法引入蛋白质中,其中一种常用的方法是利用生物正交策略。其中叠氮化物是一种广泛使用的生物正交手柄,如 Staudinger 连接、铜催化叠氮化物-炔环加成(CuAAC)、菌株促进叠氮化物-炔环加成(SPAAC)及 1,3-偶极环加成等。例如,2016 年,陈鹏课题组开发了一种多功能非天然氨基酸 N^{ε}-p-叠氮基苄氧基羰基赖氨酸(N^{ε}-p-azidobenzyloxycarbonyl lysine,PABK)。PABK 不仅可以作为生物正交连接手柄、红外探针和光亲和试剂,还可以通过应变促进的 1,3-偶极环加成反应进行化学脱保护,这为细胞内蛋白质的生物正交裂解激活提供了一种新策略[5]。

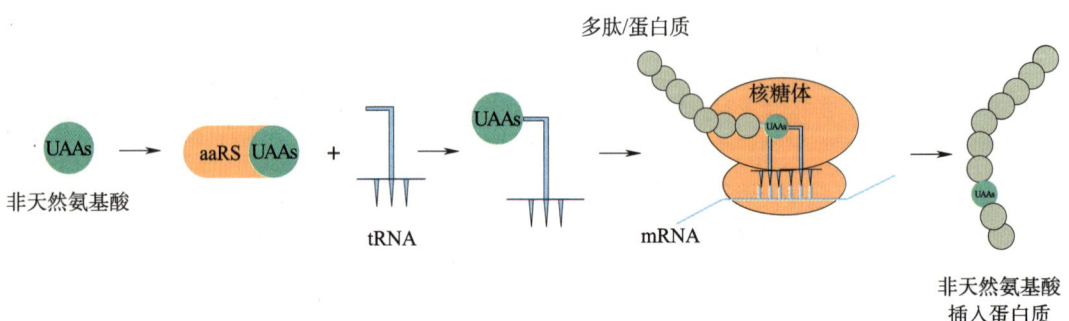

图 2-2 非天然氨基酸插入示意图

其次,通过筛选或分子设计,构建一个与非天然氨基酸专一结合的氨基酰-tRNA 合成酶(aminoacyl-tRNA synthetase,aaRS),以及相应的转运 RNA(tRNA),这种 tRNA 能够识别 mRNA 上的非标准密码子(如琥珀密码子 UAG)。这对正交的 tRNA 和 aaRS 系统允许在蛋白质合成过程中特异性地将非天然氨基酸嵌入蛋白质中。

最后,构建含有这些正交系统基因的质粒,并将其转化到大肠杆菌中。在蛋白质表达过程中,非天然氨基酸被添加到培养基中以供蛋白质合成使用。大肠杆菌将非天然氨基酸通过特异的 tRNA 和 aaRS 系统嵌入蛋白质链中,这通常是在 mRNA 上预先设定的特定位置。通过适当的筛选和表达条件,可以选择出成功嵌入非天然氨基酸的蛋白质,并随后通过常规的蛋白质纯化方法进行分离和纯化。最终,获得的蛋白质可以通过质谱分析等技术进行验证,确认非天然氨基酸的正确插入。这项技术为蛋白质工程和功能研究提供了一种强大的工具,使得科学家能够在分子层面上探索和创造新的蛋白质功能。

3.　实验原理

3.1　总体策略

重组蛋白的表达纯化主要包括如图 2-3 所示的步骤。

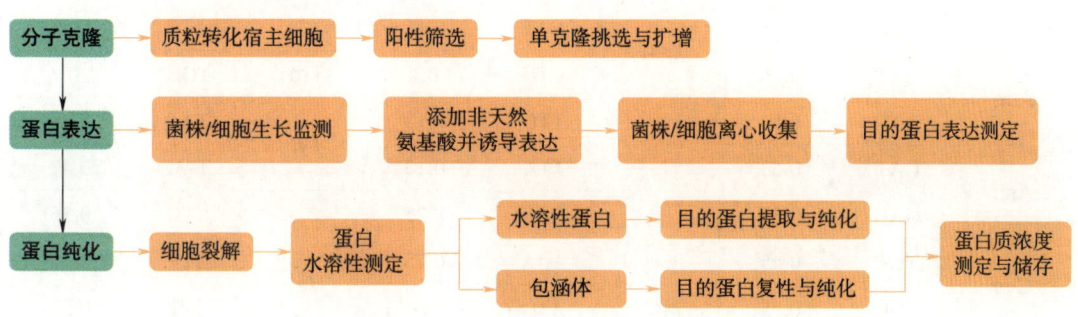

图 2-3　重组蛋白表达纯化的总体策略

3.2　大肠杆菌重组蛋白表达系统

3.2.1　表达菌株的选择

大肠杆菌(*E. coli*)是人和动物肠道中的正常栖居菌,1885 年由 Theodor Escherich 发现并命名。由于其遗传背景清晰,易于基因工程操作,生长速度快,生产成本低,常作为重组蛋白表达菌株,且一般是胞质蛋白酶缺陷的大肠杆菌表达菌株,以达到降低蛋白降解的目的。*E.coli* BL21(DE3)是最常见的表达菌株,其中"BL21"指该菌株 Lon 和 OmpT 蛋白酶缺陷,"DE3"指该菌株是 DE3 溶原性菌株,包含 T7 RNA 聚合酶编码基因,适用于含 T7 启动子的表达载体。

3.2.2　密码子偏好性

不同物种蛋白翻译过程使用同义密码子的频率不一致,该现象称为密码子偏好性。尤其是在外源蛋白表达时,通常会根据宿主的密码子偏好进行相应的密码子优化,将宿主基因组中使用高频率的密码子替换为供体密码子,从而提高翻译速率,利于蛋白表达量的提升。表 2-3 给出了大肠杆菌的密码子及使用频率。

表 2-3　大肠杆菌的密码子及其使用频率(来自 kazusa 数据库)

氨基酸	密码子	频率	氨基酸	密码子	频率	氨基酸	密码子	频率
Ala	GCG	0.34	Glu	GAG	0.32	Ser	AGT	0.15
	GCA	0.22		GAA	0.68		AGC	0.26
	GCT	0.17	His	CAT	0.57		TCG	0.15
	GCC	0.27		CAC	0.43		TCA	0.13
Arg	CGG	0.1	Ile	ATA	0.09		TCT	0.16
	CGA	0.07		ATT	0.5		TCC	0.15
	CGT	0.37		ATC	0.41	Thr	ACG	0.26
	CGC	0.38	Leu	CTG	0.49		ACA	0.14
	AGG	0.03		CTA	0.04		ACT	0.18
	AGA	0.05		CTT	0.11		ACC	0.42
Asn	AAT	0.46		CTC	0.1	Trp	TGG	1
	AAC	0.54		TTG	0.13	Tyr	TAT	0.58
Λεp	GAT	0.63		TTA	0.13		TAC	0.42
	GAC	0.37	Lys	AAG	0.25	Val	GTG	0.36
Cys	TGT	0.45		AAA	0.75		GTA	0.16
	TGC	0.55	Met	ATG	1		GTT	0.27
Gln	CAG	0.66	Phe	TTT	0.57		GTC	0.21
	CAA	0.34		TTC	0.43	Stop	TGA	0.3
Gly	GGG	0.15	Pro	CCG	0.51		TAG	0.08
	GGA	0.12		CCA	0.2		TAA	0.62
	GGT	0.34		CCT	0.17			
	GGC	0.39		CCC	0.12			

3.2.3　菌体的生长监测方法

大肠杆菌的生长情况一般通过分光光度计法进行测定,其理论依据为光吸收的基本定理——朗伯-比尔定律。它将菌悬液看作溶液,将每一个菌体理想化成均一粒子状,这种溶液会吸收一定波长的光,在一定浓度范围内,在 600 nm 波长下,光密度(optical density,OD)

值与菌体的细胞密度成正比。据估计，1 mL OD$_{600}$ = 1 的大肠杆菌菌液约含 $8×10^8$ 个菌体。

3.3 外源蛋白表达

3.3.1 IPTG 诱导

早在 1961 年，法国科学家 Francois Jacob 和 Jacques Monod 便发现一系列异乳糖结构类似物均可在不同程度上调控 *E.coli* 中的乳糖启动子诱导目的基因的表达，其中蛋白表达上调最明显的诱导剂是异丙基-β-D-硫代半乳糖苷 IPTG（isopropyl-β-D-thiogalactoside，IPTG），这也是目前为止使用最广泛的蛋白表达诱导剂之一[6]。1966 年，哈佛大学的 Walter Gilbert 等人成功分离出乳糖操纵子阻遏蛋白，并验证了其与 IPTG 的强结合力[7]。1978 年，哈佛大学的 Philip J. Farabaugh 获得了编码乳糖操纵子阻遏蛋白的基因 *lacI* 的 DNA 序列，证实乳糖操纵子阻遏蛋白是一个分子量约 154 kDa 的具有四个相同亚基的复合物[8]。1996 年，Mitchell Lewis 等人解析了乳糖操纵子阻遏蛋白与 IPTG 诱导剂及与 *lac* 操纵基因（*lacO*）结合的复合物晶体结构[9]。至此，经过多年的探索，IPTG 诱导目的蛋白表达的分子机制基本清晰。

以 pET 系列表达载体为例，外源蛋白的表达主要由 *lacI* 调节基因、T7 启动子、*lac* 操纵基因（*lacO*）调控（图 2-4）。在无诱导剂时，由 *lacI* 编码的阻遏蛋白结合 *lac* 操纵基因（*lacO*），阻碍 T7 RNA 聚合酶识别 T7 启动子，抑制转录启动。有诱导剂时，IPTG 结合阻遏蛋白造成该蛋白的变构效应，使其不再结合 *lac* 操纵基因（*lacO*），从而 T7 RNA 聚合酶结合 T7 启动子，转录启动，目的基因开始表达。IPTG 的最佳工作浓度一般依经验而定，大多在 0.01~2 mmol/L。

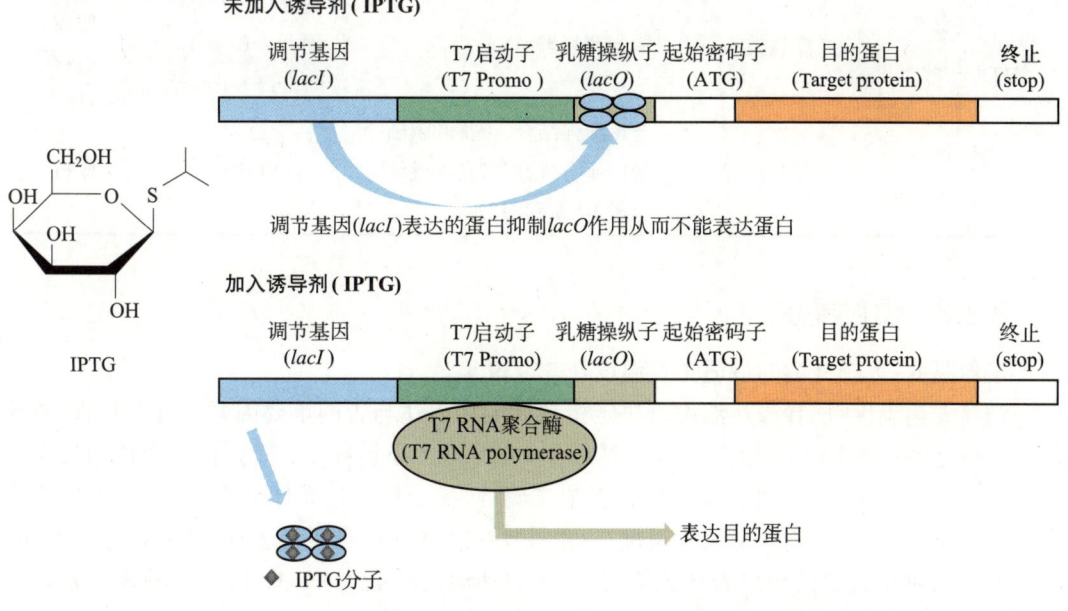

图 2-4 IPTG 分子结构及诱导目的蛋白表达的分子机制示意图

3.3.2 抗生素

抗生素抗性基因（antibiotics resistance genes，ARGs）是一种已知序列和功能的基因，起特异性标记的作用。抗生素抗性基因的存在使得细菌能够对抗生素产生耐药性，在抗生素存在的环境中也可以生长繁殖，现已成为分子生物学广泛使用的正筛工具。在分子克隆中，它是重组 DNA 载体的重要标记，用来检验转化成功与否。如果抗性基因成功导入并表达，那么该生物就具有相应的抗性，据此判断目的基因表达载体是否成功导入细胞内（表2-4）。

表 2-4 大肠杆菌正向筛选常用抗生素介绍

抗生素	分类	作用机制	工作浓度 μg/mL	表达元件
氨苄青霉素（Ampicillin）	β-内酰胺类	抑制细胞壁合成	100	原核
卡那霉素（Kanamycin）	氨基糖苷类	结合 30S 核糖体亚基，致使错误翻译	100	原核
氯霉素（Chloramphenicol）	N/A	与 50S 核糖体亚基结合，阻断转肽酰酶的作用	5~20	原核
壮观霉素（Spectinomycin）	氨基糖苷类	与 30S 核糖体亚基结合，抑制蛋白质的合成	7.5~20	原核
四环素（Tetracycline）	四环素类	与 30S 核糖体亚基结合，抑制蛋白质的合成（延伸过程）	10	原核
博来霉素（Zeocin/Blemycin）	糖肽类	嵌入和裂解 DNA	大肠杆菌:25~50 酵母:50~300 细胞:50~1000	原核 真核
链霉素（Streptomycin）	氨基糖苷类	与核酸强结合，干扰和阻断蛋白质合成，同时允许继续合成 RNA 和 DNA	20~50	原核

3.3.3 温度要求

培养温度：大肠杆菌的最适生长温度在 37~39 ℃。

诱导表达温度：诱导表达温度是决定蛋白质成功表达与否的重要因素。对于 IPTG 诱导表达的稳定水溶性蛋白，一般在 37 ℃下诱导 3~4 h 或 30 ℃下诱导 6 h，是蛋白质表达的最大产量期。但是对于不稳定的蛋白质（如含多个二硫键，易于形成包涵体的蛋白质）或者毒性较大的蛋白质，一般会采用降低诱导温度（一般在 15~25 ℃）和增加表达时间（一般在 8~18 h）的策略。而对于温度诱导型表达载体，其诱导表达温度一般为 42 ℃，但是这种表达方式不适用于热不稳定性蛋白质。

3.3.4　非天然氨基酸 PABK 插入的蛋白表达

非天然氨基酸 N^{ε}-p-叠氮基苄氧基羰基赖氨酸（PABK）是一种具有多重功能的非天然氨基酸，它不仅是连接手柄和光交联剂，还是一种用于活细胞中蛋白质化学脱笼的赖氨酸类似物（图2-5）。在引入此类非天然氨基酸的蛋白表达研究中，通常需要共转染两种质粒：（1）tRNA 及其相应氨基酸酰化酶表达质粒（如 pSupAR-Mb-DiZPK-RS 质粒）。这种质粒能表达一种特异性 tRNA，该 tRNA 能识别 mRNA 上的非标准密码子（如琥珀密码子 UAG）。同时，这类质粒还表达一种氨基酸酰化酶（如吡咯赖氨酸合成酶 PylRS），该酶专门识别并激活目标非天然氨基酸如 PABK，并将其有效装载到相应的 tRNA 上。（2）目的蛋白表达质粒（如 pET28-GFP-N150TAG-His$_6$）。这种质粒包含目的蛋白的编码基因，并在特定位置引入了非标准密码子，这允许在蛋白质的特定位点精确插入非天然氨基酸 PABK。

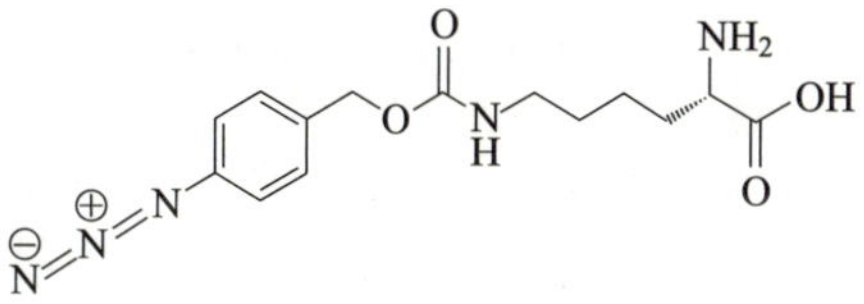

图 2-5　PABK 化学结构式

非天然氨基酸插入蛋白质是一个复杂的生物化学过程，其效率受到多种因素的影响，包括：（1）非天然氨基酸的化学性质。非天然氨基酸大小、电荷、疏水性等化学属性影响其在细胞内的稳定性，以及其被特异性 tRNA 和氨基酸酰化酶系统正确识别和装载的能力。（2）tRNA 和氨基酸酰化酶的特异性与效率。使用的 tRNA 及其对应的氨基酸酰化酶必须具有高度的特异性和效率。这些分子的亲和力、选择性和催化效率直接影响非天然氨基酸的装载率和正确插入。（3）非天然氨基酸的内源性竞争。在细胞内，非天然氨基酸需要与天然氨基酸竞争同一装载系统，其供应浓度和细胞内浓度直接影响插入的效率。优化这些因素通常需要对其分子机制进行深入理解和详细的实验设计，以确保非天然氨基酸能够有效且准确地插入目的蛋白中。

鉴定非天然氨基酸插入效率的主要分析手段是质谱分析，通过测量蛋白质或肽段的分子量，可以确定非天然氨基酸是否已被正确地插入预定位置。此外，Western Blot、免疫荧光染色等也是验证非天然氨基酸插入的常用手段。

3.4　大肠杆菌细胞提取物

3.4.1　裂解方法

大肠杆菌的裂解方法主要有超声裂解、酶裂解和高压破碎，其中最常用的是超声裂解和高压破碎。超声裂解法是通过一台配备有微型超声探头的超声装置，将探头插入至菌体悬浮液中，探头发出高频脉冲声波将细胞壁及细胞膜进行破坏。但是，高频率的振动会产生热量，导致蛋白过热变性，因此，在超声裂解过程中要将样品时刻置于冰浴中。高压破碎法是通过一台配备有循环冷却水系统的高压装置，将菌体悬浮液流入该装置后，通过对悬浮液反复施加较高压力，使细胞破碎。该方法同样会产生热量，导致蛋白质过热变性，因此配备的循环冷却水系统可保持悬浮液处于低温状态，尽可能避免蛋白质变性。

3.4.2　蛋白酶抑制剂

在细胞裂解过程中，释放出的目的蛋白容易被蛋白酶降解，如丝氨酸蛋白酶、半胱氨酸蛋白酶、金属蛋白酶、天冬氨酸蛋白酶等，因此一般需要在裂解液中加入蛋白酶抑制剂。常见的蛋白酶抑制剂包括 PMSF、EDTA、抑肽素等（表 2-5）。

表 2-5　常见的蛋白酶抑制剂

蛋白酶类型	常见抑制剂
丝氨酸蛋白酶 （Serine protease）	PMSF，Benzamidine，Leupeptin，Aprotinin，Pefabloc
半胱氨酸蛋白酶 （Cysteine protease）	PMSF，Leupeptin，E-64
金属蛋白酶 （Metalloprotease）	EDTA，Phophoramidon，Bestatin
天冬氨酸蛋白酶 （Aspartic protease）	Pepstatin

3.4.3　还原剂

由于大肠杆菌细胞胞质是还原环境，在细胞裂解过程中，目的蛋白接触溶液或空气中氧气容易被氧化。因此，如果目的蛋白含半胱氨酸，往往需要加入还原剂保持其还原状态。常用的还原剂包括巯基乙醇（β-mercaptoethanol，BME）、二硫苏糖醇（dithiothreitol，DTT）和三（2-羧基乙基）磷盐酸盐（Tris（2-carboxyethyl）phosphine hydrochloride，TCEP-HCl）。

3.5　目的蛋白纯化

常用的蛋白质纯化方法包括等电点沉淀法、硫酸铵沉淀法、亲和层析法、离子交换层析法、高效液相色谱（high performance liquid chromatography，HPLC）及快速蛋白质液相色谱（fast protein liquid chromatography，FPLC）等，这些方法各有优势，可根据目的蛋白的性质单独或联合应用。

固定化金属离子亲和色谱法（immobilized metal ion affinity chromatography，IMAC）是目前广泛应用的蛋白质纯化手段，该想法最早由 Jerker Porath 等人于 1975 年提出，将金属离子引入色谱介质，通过蛋白质组氨酸或半胱氨酸与金属离子的螯合达到纯化蛋白的目的[10]。后人在此基础上进一步优化，目前常用的方法是在表达载体中引入 6 x His-或 9 x His-融合蛋白标签，在色谱介质中引入可螯合镍离子（Ni^{2+}）的 NTA（nitrilotriacetic acid），当细胞提取物上清液与 Ni-NTA 色谱介质共孵育时，只有含 His-融合标签的蛋白质可结合 Ni-NTA 色谱介质，从而达到特异性吸附的目的（图 2-6）。随后，可利用与 Ni-NTA 色谱介质结合更强的高浓度咪唑，将目的蛋白洗脱下来。

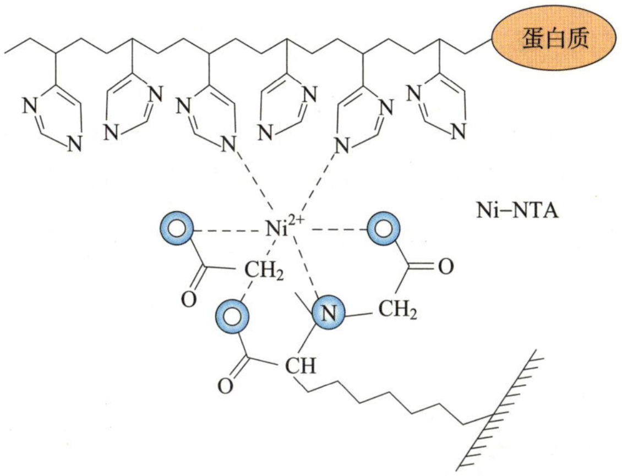

图 2-6　IMAC 蛋白纯化原理

3.6　蛋白质的浓度测定

蛋白质定量方法主要包括 BCA（bicinchoninic acid）法、考马斯亮蓝法（又称 Bradford 法）和 A_{280} 紫外吸收法（表 2-6）。紫外吸收法是目前应用比较普遍的方法，在蛋白质分子中，酪氨酸、苯丙氨酸和色氨酸残基的苯环含有共轭双键，使蛋白质具有吸收紫外光的性质，其中酪氨酸和色氨酸对蛋白质在 280 nm 波长处的吸光度具有显著贡献。根据这一特征，人们可以根据蛋白质的氨基酸序列计算出该蛋白在 280 nm 波长处的摩尔吸光系数，即浓度为 1 mol/L 的蛋白质在光程为 1 cm 时的吸光度值（ε）。根据实际测定的该蛋白质吸光度值 A_{280} 和摩尔吸光系数 ε，可计算出蛋白质的实际浓度。

表 2-6　蛋白质浓度测定方法（部分）

方法	原理	优缺点
BCA	碱性环境下蛋白质与二价铜离子络合，并将二价铜离子还原为一价铜离子，BCA 与一价铜离子结合形成稳定的蓝紫色复合物。该复合物在 562 nm 处有较高的吸光度值，并与蛋白质浓度成正比	BCA 蛋白质测定方法灵敏度高，操作简单，试剂及其形成的颜色复合物稳定性俱佳。但要求体系中的还原剂及金属螯合剂含量要低
Bradford	带负电荷的考马斯亮蓝染料与蛋白质中碱性氨基酸相互作用。考马斯亮蓝在溶液中显红色，吸收峰在 465 nm 处；当与蛋白质结合后，其显蓝色，在 595 nm 处有吸收峰。595 nm 处的吸光度值与蛋白质的浓度成正比	该反应简单快速，在室温下即可反应。但考马斯亮蓝染料对非蛋白质也很敏感，特别是洗涤剂，会造成一定误差
A_{280}	蛋白质中的酪氨酸和色氨酸残基在 280 nm 处有紫外吸收	该方法检测快速，灵敏度高。但该方法对含色素或核酸等污染的蛋白质，测定误差较大，并且不适用于在 280 nm 处无紫外吸收的蛋白质

3.7 蛋白质的储存

蛋白质储存的要求是无菌、低温、避免过度振荡和避免过度浓缩。低温下蛋白质分子热运动较低,分子内部的成键不易断裂,蛋白酶的活性低,更容易保证蛋白质的稳定性,长期保存的温度建议为 –80 ℃。

4. 实验操作

4.1 仪器耗材与试剂

4.1.1 仪器

- 移液器(10 μL、200 μL 和 1000 μL)
- 涡旋振荡器
- 超声波细胞裂解仪
- 高速冷冻离心机(配备 50 mL 和 500 mL 转子)
- 酶标仪
- 紫外分光光度计
- 超净台(选用)
- pH 计(选用)
- 液体抽滤器(选用)
- 磁力搅拌器(选用)
- 恒温培养箱(选用)
- 恒温水浴锅(选用)
- 恒温振荡器(摇床,选用)
- 高压破碎仪(选用)
- 快速蛋白质液相色谱(选用)
- 桌面微型离心机(选用)
- 天平(选用)

4.1.2 常规耗材

- 无菌离心管(1.5 mL、50 mL)
- 高速离心管(50 mL,圆底)
- 离心瓶(500 mL)
- 注射器(10 mL)
- 烧杯(250 mL)
- 锥形瓶(100 mL、500 mL)

- 培养皿（10 cm）
- 透明 96 孔板
- 重力柱
- Ni-NTA 琼脂糖纯化树脂
- 无菌移液器吸头（10 μL、200 μL 和 1000 μL）
- 一次性塑料滴管（10 mL）
- 镊子
- 金属勺
- 一次性塑料比色皿（1 mL）
- 手套
- 保鲜膜
- 碎冰块若干
- Ni-NTA 预装柱（选用）

4.1.3　试剂

- 蛋白纯化缓冲液

（1）Lysis 缓冲液——20 mmol/L Tris，pH 8.0，500 mmol/L NaCl 和 10 mmol/L 咪唑。

（2）Elution 缓冲液（EB）——20 mmol/L Tris，pH 8.0，500 mmol/L NaCl 和 500 mmol/L 咪唑。

- Bradford 蛋白浓度测定试剂盒
- *E. coli* BL21 感受态细胞
- 表达质粒
- 高压灭菌过的 LB 液体培养基
- 20% 阿拉伯糖溶液
- 100 mmol/L PABK 溶液
- 1 mol/L IPTG 溶液
- 1000× 卡那霉素溶液
- 1000× 氯霉素溶液
- BSA 标准溶液（表 2-7）

表 2-7　BSA 标准溶液配制表

离心管编号	1	2	3	4	5	6
1 mg/mL BSA 溶液/μL	0	200	400	600	800	1000
Lysis 缓冲液/μL	1000	800	600	400	200	0
BSA 溶液终浓度/（mg/mL）	0	0.2	0.4	0.6	0.8	1

4.2 实验步骤

实验基本操作流程见图 2-7。

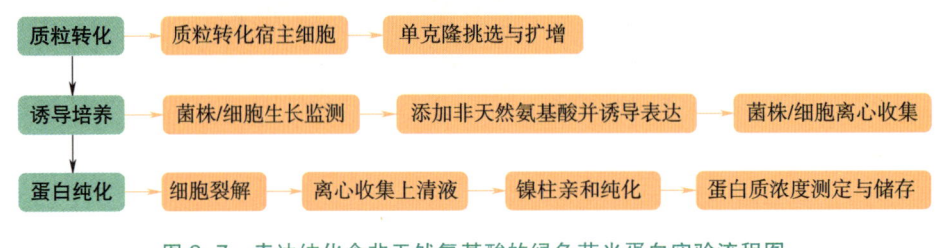

图 2-7　表达纯化含非天然氨基酸的绿色荧光蛋白实验流程图

4.2.1 表达质粒的转化（用时 1.5 h）

（1）从 -80 ℃冰箱取 *E. coli* BL21 感受态细胞（50 μL/支），冰浴化冻，复苏细胞。

（2）将 1 μL pSupAR-Mb-DiZPK-RS 质粒与 1 μL pET28-GFP-N150TAG-His6 质粒混合后加入 50 μL 化冻后的感受态细胞中，轻轻拨动管底混匀，冰上静置 15 min（**超净台操作**）。

（3）将加有表达质粒的感受态细胞在 42 ℃水浴中静置 90 s（热激），**立刻放回冰上放置 2 min**。

（4）在细胞中加入 0.6 mL LB **无抗性**培养基（**超净台操作**）。

（5）盖紧管盖，置于 37 ℃摇床中 200 r/min 培养 45 min。

（6）室温下，用桌面微型离心机 1500×g 离心 3 min，使菌体沉降（注意配平）。

（7）用移液器吸走上清液，留下约 100 μL，轻轻吹打，重悬菌体（**超净台操作**）。

（8）将菌液涂布到卡那霉素/氯霉素双抗平板上，使菌液均匀分布于整个平板，且液体被平板吸收（**超净台操作**）。

（9）**倒置培养皿**，做好标记，放入 37 ℃恒温培养箱，静置过夜。

（10）次日早晨，由助教将培养皿取出，包裹保鲜膜，在 4 ℃冰箱中储存。

4.2.2 挑单克隆菌落和接种（第二天，用时 0.5 h）

用 2.5 μL 吸头点触平板上生长良好的单个菌落（**超净台操作**），接种于含有 10 mL 高压灭菌过 LB 液体培养基的锥形瓶中，依次加入 10 μL 卡那霉素和 10 μL 氯霉素，置于 37 ℃恒温振荡器（摇床）中，220 r/min 振荡培养过夜（约 16 h）。

4.2.3 含非天然氨基酸 PABK 绿色荧光蛋白的表达（第三天，用时 1.0 h）

（1）将过夜培养的 10 mL 菌液加入含有 500 mL 高压灭菌过 LB 液体培养基的锥形瓶中，并依次加入 500 μL 卡那霉素和 500 μL 氯霉素（**超净台操作**），置于 37 ℃恒温振荡器（摇床）中，220 r/min 振荡培养 3.5 h。

（2）从锥形瓶中用移液器取出 1 mL 菌液至塑料比色皿中（**超净台操作**），用紫外分光光度计测量 600 nm 下菌液吸光度,确保吸光度达到 0.6。如未达到,则继续培养菌液直至吸光度达到 0.6。

（3）依次往菌液中加入 500 μL IPTG、500 μL PABK 和 500 μL 阿拉伯糖溶液,置于 25 ℃恒温振荡器(摇床)中培养过夜,诱导蛋白表达。

4.2.4　收菌(第四天,用时 1.0 h)

（1）将过夜培养的 500 mL 菌液移至 500 mL 离心瓶中,用天平配平。

（2）将离心瓶置于高速冷冻离心机 500 mL 转子中,$1500 \times g$、4 ℃离心 15 min。

（3）小心倒掉上清液,将菌团用金属勺移至 50 mL 离心管中,$1500 \times g$、4 ℃离心 15 min。在离心管上做好标记,–80 ℃冰箱中储存。

4.2.5　含非天然氨基酸 PABK 绿色荧光蛋白纯化和浓度测定(第五天,用时 6.0 h)

（1）菌团化冻(用时 1.0 h)。从 –80 ℃冰箱中取出冻存菌团,加入 30 mL Lysis 缓冲液(LB),置冰上化冻,每隔 10 min 将离心管置于涡旋振荡器上反复涡旋混匀至无块状物。如后续实验选用高压破碎仪,则需打开循环冷却水系统,将管路预冷至 4 ℃。

（2）裂解细菌(用时 40 min)。将菌液超声或高压破碎。

超声破碎:用少量 Lysis 缓冲液冲洗超声金属探头,将含有菌液的 50 mL 离心管插入装有冰水混合物的 250 mL 烧杯中,并将超声探头插入菌液中部,设置超声破碎参数为:功率 300 W,超声时间 10 s,间隔时间 10 s,超声 25 min。

高压破碎(选用):打开预冷的高压破碎仪,将 50 mL Lysis 缓冲液加入高压破碎仪的物料杯中使其流过并润洗管路。设置压力参数为:800 bar,将菌液倒入物料杯,并在管路末端用插在装有冰水混合物烧杯中的 50 mL 离心管收集破碎后的菌液。

（3）配平离心管(用时 20 min)。将破碎后的菌液倒入 50 mL 高速离心管(圆底)中,并配平。

（4）高速离心(用时 1.0 h)。将配平的离心管放于高速冷冻离心机的 50 mL 转子中,设置离心温度 4 ℃,转速 $16000 \times g$,离心 1 h 使菌体沉降。

（5）准备 Ni-NTA 亲和色谱柱(用时 20 min)。

重力柱:将 Ni-NTA 琼脂糖纯化树脂在瓶中颠倒混匀后,立即吸取 5 mL 加入至重力柱套管中,打开套管下端流速开关,等待液体完全滴出后,加入 10 mL Lysis 缓冲液洗涤,重复三次。关闭套管流速开关,加入 2 mL Lysis 缓冲液浸泡待用。

预装柱:用 10 mL 注射器吸取 10 mL Lysis 缓冲液,缓慢将 Lysis 缓冲液注入 5 mL Ni-NTA 预装柱中,使流速保持在每秒 2 滴,重复三次后待用。

（6）上样(用时 20 min)。

重力柱:将离心后的菌液上清液缓慢倒入准备好的重力柱中,过程中避免扬起沉淀。用滴管缓慢吹吸菌液 5 次,使 Ni-NTA 琼脂糖纯化树脂悬浮并与菌液上清液充分混匀,静置 10 min。

预装柱(选用):将离心后的菌液上清液缓慢倒入空的 50 mL 离心管中,过程中避免扬起沉淀物。用 10 mL 注射器吸取菌液,缓慢注入准备好的预装柱中,使流速保持在每秒 1 滴,用 50 mL 离心管接穿过菌液。重复两次后待用。

（7）纯化（用时 80 min）。

重力柱：打开套管下端流速开关，使液体从重力柱中缓慢滴出（1 滴/s）。等液体完全滴出后，关闭流速开关并迅速加入 10 mL Lysis 缓冲液，用滴管缓慢吹吸溶液 5 次使 Ni-NTA 琼脂糖纯化树脂悬浮，静置 5 min。打开流速开关，使液体滴出（2 滴/s）。重复三次。关闭流速开关并迅速向重力柱中加入 5 mL Elution 缓冲液，搅动液体使 Ni-NTA 琼脂糖纯化树脂悬浮，静置 5 min。在重力柱下方依次放置接取样品的 1.5 mL 离心管。打开流速开关，使液体缓慢滴出（1 滴/s），同时及时更换离心管依次收集流分并标记管号（如 1、2、3 等）。该流分即为目的蛋白样品，观察液体颜色，并放于冰上保存。

预装柱（选用）：打开快速蛋白质液相色谱，将 A 泵吸头放入 500 mL Lysis 缓冲液中，B 泵吸头放入 200 mL Elution 缓冲液中。设置 A 泵的流速为 3 mL/min，10 min，冲洗系统，同时往样品接收器上依次放置接取样品的 1.5 mL 离心管。将预装柱接入液相色谱，设置 A 泵的流速 3 mL/min，15 min，观察计算机屏幕上 280 nm 下紫外吸收峰曲线的变化。待曲线呈现直线后，设置 B 泵的流速 3 mL/min，15 min，同时开启样品接收器收集流分并标记管号（如 1、2、3 等）。该流分即为目的蛋白样品，观察液体颜色，并放于冰上保存。设置 A 泵的流速 3 mL/min，10 min，冲洗系统和预装柱。从液相色谱上取下预装柱。

（8）蛋白质浓度测定及结果分析（用时 1.0 h）。

将考马斯亮蓝染色液在使用前放置于室温并温和颠倒混匀。取 5 μL 蛋白质样品至 1.5 mL 离心管，加入 45 μL Lysis 缓冲液，混匀，从 7 号开始编号（1~6 号为 BSA 标准溶液）。

酶标仪测定：用移液器吸取 200 μL 考马斯亮蓝染色液分别加入透明 96 孔板的孔中（至少 7 个孔）。分别按顺序加入 5 μL 配置好的 BSA 标准溶液（1~6 孔）和蛋白质稀释样品（第 7 孔开始），混匀，室温静置 5 min 后，用酶标仪测定 595 nm 处吸光度值，记录读数。

紫外分光光度计测定（选用）：用移液器吸取 1 mL 考马斯亮蓝染色液分别加入至少 7 根一次性塑料比色皿中。分别按顺序加入 25 μL 配置好的 BSA 标准溶液和蛋白质稀释样品（第 7 根比色皿开始），混匀，室温静置 5 min，用紫外分光光度计测定 595 nm 吸光度值，记录读数。绘制标准曲线，计算蛋白质浓度，进行结果分析。

4.3　实验学时建议表

4.3.1　8 学时实验用时建议表

10:00—10:10	取出菌团,加入裂解液,冰上化冻
10:10—10:40	讲解实验背景和原理
10:40—11:20	裂解细菌
11:20—11:30	配平离心管
11:30—12:30	离心、午饭
12:30—12:40	准备亲和色谱柱
12:40—13:00	上样
13:00—14:00	纯化

续表

14:00—14:30	电泳样品制备、电泳准备
14:30—14:40	电泳上样
14:40—15:20	电泳
15:20—16:00	染色、脱色及结果分析

4.3.2 完整实验用时建议表

时间	步骤
（第一天，选做实验）	
18:00—18:10	取出感受态细胞，冰浴化冻
18:10—18:15	将表达质粒加入感受态细胞中
18:15—18:30	冰上静置 15 min
18:30—18:35	42 ℃热激，冰上放置 2 min
18:35—19:20	加入 LB 培养基后，37 ℃培养 45 min
19:20—19:25	4000 r/min，离心 5 min
19:25—19:30	涂平板，37 ℃培养箱静置培养过夜
（第二天，选做实验）	
18:00—18:15	从平板上挑取单克隆至 10mL LB 的锥形瓶中
18:15—18:30	加入卡那霉素，37 ℃摇床中振荡培养过夜
（第三天，选做实验）	
10:00—10:30	菌液扩大培养至 500 mL
14:00—14:15	紫外分光光度计测量 600 nm 吸光度值
14:15—14:30	加入 IPTG 溶液、PABK 溶液和阿拉伯糖溶液，在 25 ℃下诱导表达过夜
（第四天，选做实验）	
10:00—10:15	将 500 mL 菌液移至离心瓶中，配平
10:15—10:30	4000 r/min，4 ℃离心 15 min
10:30—11:00	倒除上清液，将菌团移至离心管，冻存
（第五天）	
10:00—10:10	取出菌团，加入裂解液，冰上化冻
10:10—10:40	讲解实验背景和原理
10:40—11:20	裂解细菌
11:20—11:30	配平离心管
11:30—12:30	离心、午饭
12:30—12:40	准备亲和色谱柱

续表

时间	步骤
12:40—13:00	上样
13:00—14:00	纯化
14:00—14:30	电泳样品制备、电泳准备
14:30—14:40	电泳上样
14:40—15:20	电泳
15:20—16:00	染色、脱色及结果分析

5. 思考题

（1）蛋白质的真核表达和原核表达各有什么优缺点？
（2）简述蛋白表达量与诱导温度之间的关系。
（3）简述蛋白表达量与 IPTG 浓度之间的关系。
（4）简述蛋白质纯化过程中添加还原剂的主要作用。
（5）简述 BSA 法测定蛋白质浓度的基本原理。
（6）如何保证非天然氨基酸插入绿色荧光蛋白特定位点？请简单说明其原理。
（7）举例说明非天然氨基酸探针在医药领域的应用。
（8）简述基因密码子拓展技术的原理与意义。

6. 参考文献

分析表征含非天然氨基酸的绿色荧光蛋白

吴丽娜(厦门大学) 李凤(北京化工大学)

1. 实验目的

（1）掌握 SDS-PAGE 法分离蛋白质的基本原理和操作技术；

（2）掌握 SDS-PAGE 垂直电泳法测定蛋白质分子量的基本原理和技术，并确定非天然氨基酸 PABK 插入的绿色荧光蛋白的正确表达；

（3）了解质谱技术的基本原理和分类，以及基质辅助激光解吸附电离飞行时间质谱的基本原理；

（4）以非天然氨基酸 PABK 插入的绿色荧光蛋白为研究对象，掌握质谱分析技术鉴定蛋白的基本流程和主要步骤；

（5）掌握质谱的软件分析方法。

2. 实验背景

2.1 蛋白质电泳分析技术

电泳技术是利用带电离子在电场中差异迁移的性质对化合物，如：蛋白质、多肽、核酸或无机离子进行分离的一种方法。影响分子迁移的因素主要有电场、固体支持物和带电分子本身的性质。分子迁移的速率与它所带的净电荷和电场成正比，与分子大小和周围介质的黏度成反比。

蛋白质电泳技术利用电场的作用，使带电荷的蛋白质在凝胶或其他分离介质中朝着与其电荷相反的电极移动，从而实现蛋白质的有效分离。这种分离过程基于蛋白质的大小、形状和电荷特性，使得不同蛋白质能够在凝胶中形成可识别的带状图谱。蛋白质电泳广泛应用于生物学研究、临床诊断和生物技术等领域。通过分析蛋白质的迁移模式和带状图谱，研究人员能够获取关于蛋白质分子结构和含量的重要信息。此外，蛋白质电泳也是检测蛋白质表达水平和验证生物学实验结果的关键工具之一。

2.2 蛋白质电泳分析技术的发展历程

蛋白质电泳分析技术的发展可以追溯至 20 世纪初。1909 年，Michaelis 首次将胶体离子在电场中的迁移现象称为电泳。他通过在 U 形管中使用不同 pH 的溶液，测定了转化酶和过氧化氢酶的电泳移动及等电点。1937 年，瑞典 Uppsala 大学的 Tiselius 对电泳仪器进行了改进，创造了 Tiselius 电泳仪，并提出了研究蛋白质移动的界面电泳方法。这是首次尝试用电泳方法分离蛋白质，并首次证明了血清由白蛋白及 α、β、γ 球蛋白组成。由于 Tiselius 在电泳技术方面的开拓性贡献，他获得了 1948 年的诺贝尔化学奖。同年，Wieland 和 Fischer 重新发展了以滤纸作为支持介质的电泳方法，用于氨基酸的分离研究。

1950 年，Durrum 使用纸电泳分离各种蛋白质，开创了利用各种固体物质（如各种滤纸、醋酸纤维素薄膜、琼脂凝胶、淀粉凝胶等）作为支持介质的区带电泳方法。1959 年，Ramond 和 Weintraub 使用人工合成的凝胶作为支持介质，创建了聚丙烯酰胺凝胶电泳（polyacryamide gel electrophoresis，PAGE），为蛋白质分离提供了更高的分辨率和可控性，标志着近代电泳的新时代的开启。

20 世纪 70 年代是蛋白质电泳技术发展的重要时期。SDS-PAGE 技术的引入彻底改变了蛋白质电泳，通过使用十二烷基硫酸钠（sodium dodecyl sulfate，SDS）成功消除了电荷的影响，使蛋白质仅受到大小的制约，实现了更为准确的分离[1]。同时，等电聚焦（isoelectric focusing，IEF）技术的运用使得蛋白质的等电聚焦分离成为可能，进一步提高了分离效率。20 世纪 80 年代，蛋白质印迹电泳和双向电泳等技术涌现，为研究者提供了更加精确的蛋白质定位和鉴定手段。进入 90 年代，二维凝胶电泳技术的兴起，将等电聚焦与 SDS-PAGE 相结合，实现了更高维度的蛋白质分析，为研究者提供了更全面的蛋白质图谱[2]。

进入 21 世纪，蛋白质电泳技术的分辨率实现飞跃式提升，如蛋白质毛细管电泳和蛋白质芯片技术，这些技术的引入不仅提高了蛋白质分析的效率，同时为高通量研究提供了新的可能性。蛋白质电泳分析技术的发展见证了科学技术的持续创新，为解析生命奥秘提供了更为精密和深刻的工具。

2.3　蛋白质电泳分析技术的分类

蛋白质的活性与蛋白质的天然构象密切相关，而蛋白质的天然构象是影响蛋白质分子在凝胶电泳系统中泳动速度的关键因素之一。非变性电泳保持蛋白质的天然构象和生物活性，适用于研究蛋白质的天然状态。相反，变性电泳通过引入变性剂排除了蛋白质天然构象对电泳分析的影响，提供了更为准确和可控的蛋白质分离手段，特别适用于蛋白质的定量和精细分析。

2.3.1　蛋白质的非变性电泳

非变性电泳是在电泳过程中保持蛋白质的天然构象和生物学活性的同时，深入探究其大小、形状和电荷等重要特性的技术。其中，非变性聚丙烯酰胺凝胶电泳（native PAGE）是这一技术中的重要方法，允许蛋白质在非变性条件下迁移，避免了变性剂的应用。聚丙烯酰胺凝胶是由丙烯酰胺（acrylamide，Acr）和交联剂 N,N-亚甲基双丙烯酰胺（N, N'-methylenebisacrylamide，Bis）在加速剂四甲基乙二胺（N,N,N',N'-tetramethylethyl-enediamine，TEMED）和催化剂过硫酸铵（ammonium persulfate，AP）的作用下聚合交联而成的三维网状结构的凝胶聚合物（图 3-1）。以此凝胶作为支持介质的电泳称为 PAGE 凝胶电泳。凝胶孔径的大小与凝胶浓度（T）和交联度有关（C），二者的计算公式如下：

$$T = \frac{m_{Acr}(g) + m_{Bls}(g)}{V(mL)} \times 100\%$$

$$C = \frac{m_{Bls}(g)}{m_{Acr}(g) + m_{Bls}(g)} \times 100\%$$

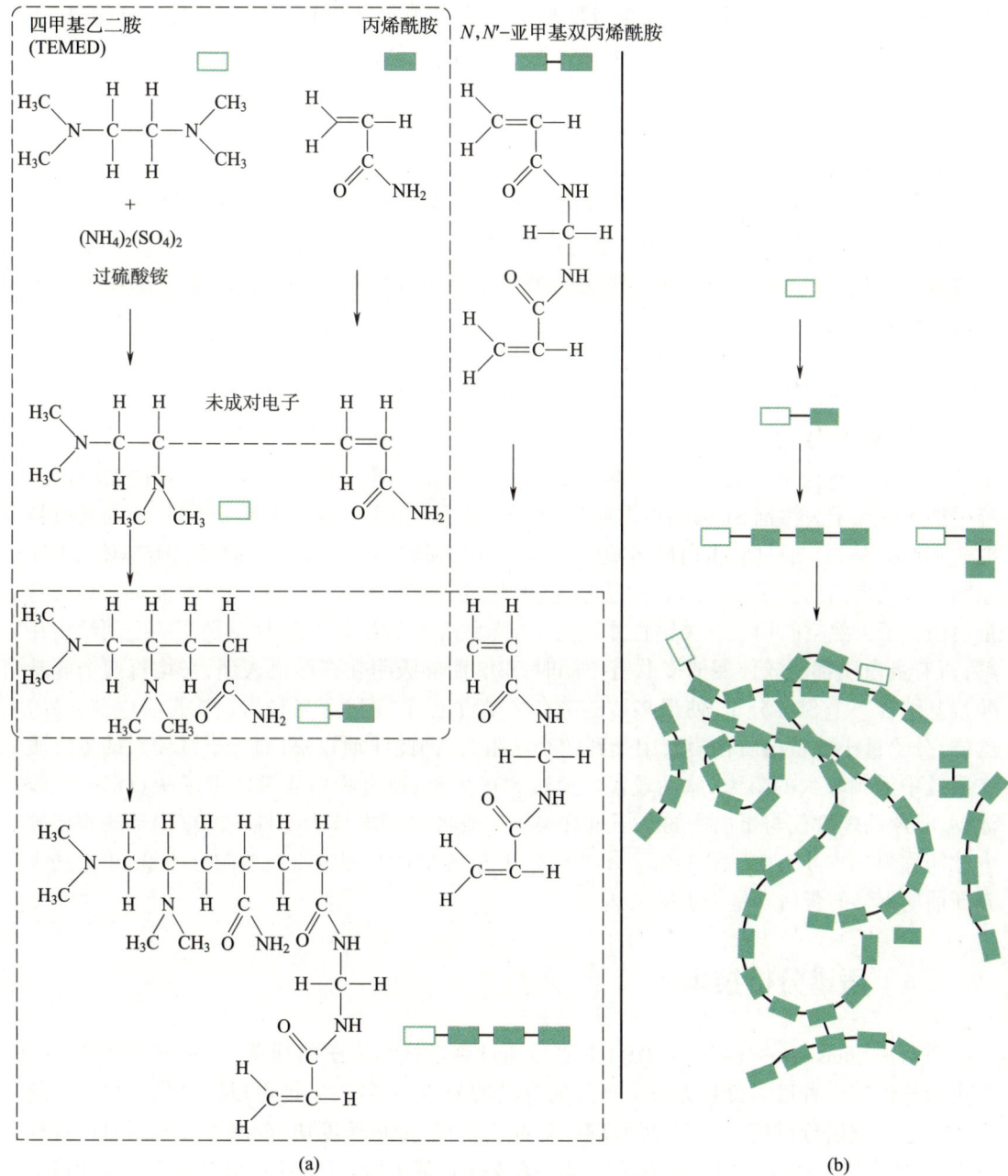

(a) 丙烯酰胺、N, N'-亚甲基双丙烯酰胺 (Bis) 和引发剂 (过氧硫酸盐和 TEMED) 的化学式；
(b) 生长的聚丙烯酰胺链

图 3-1　丙烯酰胺的聚合反应

调节 T 和 C 可以得到不同孔径大小的凝胶。当 C 保持不变时，凝胶的有效孔径随着 T 的增大而减小；当 T 保持不变，C 为 4% 时，有效孔径最小，当 C 大于 5% 时，由于凝胶变脆不适合用于电泳实验，常用的凝胶交联度为 2.6% 和 3%。聚丙烯酰胺凝胶电泳通过分子筛效应和电荷效应对生物大分子（则如 DNA 和蛋白质）进行分离。

聚丙烯酰胺凝胶机械强度高、化学稳定性好、对 pH 和温度变化稳定、非特异吸附和电渗小、分辨灵敏度高、凝胶透明无紫外吸收易于染色观察且与其他方法，如：免疫印迹、质谱鉴定、蛋白测序等兼容性好，已经成为蛋白质分离、纯度分析、分子量鉴定的主要支持介质。

PAGE 具有电泳和分子筛的双重作用。在实验设计中，通过合理选择样品制备条件、电泳缓冲液和凝胶类型，以确保蛋白质在凝胶中以天然状态均匀迁移。如果分析对象是酶，则在电泳过程中和结束后，该酶仍然具有催化相应化学反应的活性；如果分析的是载脂蛋白，则在非变性电泳的过程中，载脂蛋白始终都具有与脂类物质结合的能力。非变性电泳技术广泛用于酶活性分析、蛋白质复合物形成研究及对蛋白质天然状态下结构的深入探讨。

2.3.2   蛋白质的变性聚丙烯酰胺凝胶电泳（SDS-PAGE）

在非变性电泳的情况下，蛋白质在聚丙烯酰胺凝胶中的泳动受到它所带净电荷以及分子的大小和天然构象三重因素的影响。1967 年，Shapiro 等人发现，如果在丙烯酰胺凝胶系统中加入阴离子去污剂 SDS，则蛋白质分子的电泳迁移率主要取决于其分子量，而与其所带电荷和形状无关。通过向蛋白质溶液中加入 SDS 和还原剂（β-巯基乙醇或二硫苏糖醇），还原剂能够将蛋白质分子中的二硫键还原，使多肽组分分解成单个亚单位；SDS 能够破坏维持蛋白质分子天然空间构象的关键性作用力，如疏水相互作用和氢键，使蛋白质的空间结构瓦解，所有蛋白质都变成伸展的多肽链。同时，SDS 能够吸附在多肽链表面，平均每两个氨基酸残基结合一个 SDS 分子，使得多肽链带有大量负电荷，消除了各种蛋白质自身电荷差异。这样，分子量小的蛋白质在凝胶中受到较小的阻力，因此泳动较快；而分子量较大的蛋白质在凝胶中受到较大的阻力，泳动较慢。通过 SDS 处理，所有蛋白质都实现了从负极向正极泳动，且泳动速度仅与蛋白质的分子量有关。一般将用 SDS 作为变性剂的聚丙烯酰胺凝胶电泳简称为 SDS-PAGE[3]（图 3-2）。本实验采用 SDS-PAGE 测定蛋白质的分子量，用于初步判断前期克隆的蛋白质是否正确表达。

2.4   质谱分析技术

质谱法（mass spectrometry，MS）主要是通过测定样品离子的质荷比，实现对样品定性和定量分析的一种谱学分析方法。通过对样品的分离和鉴定，质谱可以提供化合物丰富的结构信息。质谱分析技术具有灵敏度高、样品用量少、分析速度快、分离和分析同时进行等特点，在化合物检测与鉴定方面表现突出。图 3-3 是某多肽的质谱图，根据质荷比可知该多肽的分子量为 2847.3。

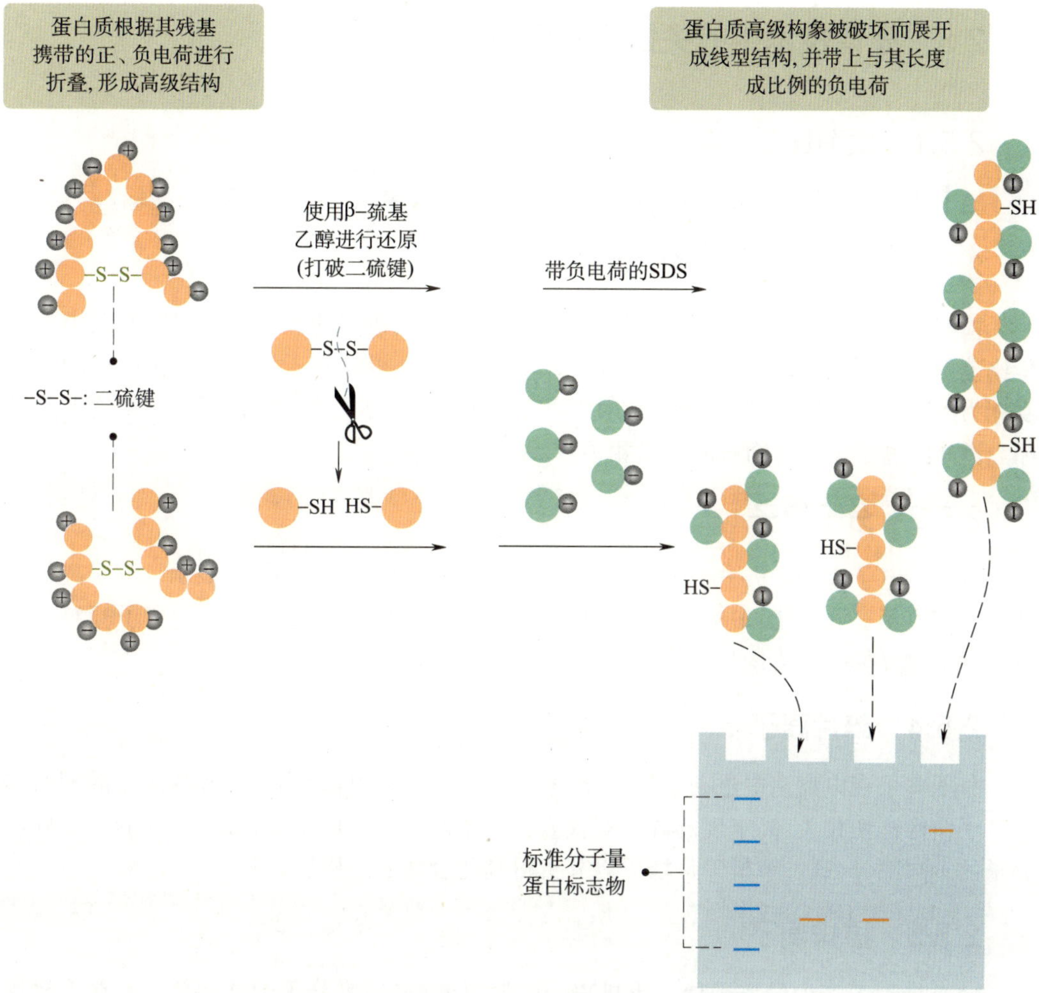

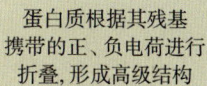

图 3-2 SDS-PAGE 的原理及示意图

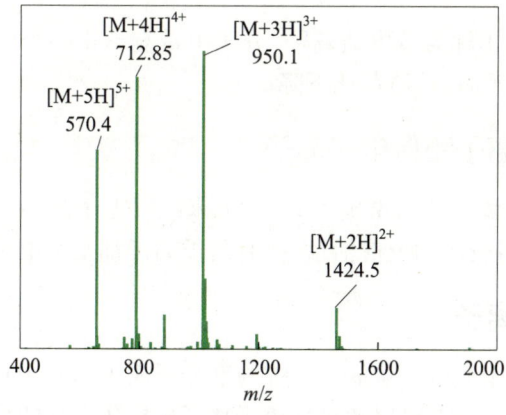

图 3-3 某多肽的质谱图

2.5　质谱技术中的关键概念和术语

2.5.1　质荷比

离子的质量与所带电荷的比值称为质荷比,用 m/z 表示,为质谱图的横坐标。

2.5.2　离子丰度、离子相对丰度和基峰

检测器检测到的离子信号强度称为离子丰度,为质谱图的纵坐标。以质谱图中指定质荷比范围内最强的离子峰为100%,称为基峰,其他离子峰相较于该峰归一化所得的离子强度称为离子相对丰度,因此基峰的相对丰度为100%。标准质谱图以离子相对丰度值为纵坐标。谱峰的离子丰度与物质的含量相关。

2.5.3　分子离子

分子被电子束轰击失去一个电子形成的离子称为分子离子,用 M^+ 表示。分子离子是一个游离基离子。在质谱图中与分子离子相对应的峰称为分子离子峰,分子离子峰对应的质荷比就是化合物的分子量。

2.5.4　碎片离子

分子离子在电离室中进一步发生断裂生成的离子称为碎片离子。碎片离子的相对丰度与分子结构密切相关,高丰度的碎片峰代表分子中易于裂解的部分,几个主要的碎片峰代表分子的不同部分,通过解析碎片峰可以分析得到化合物的结构。

2.5.5　重排离子

经重排裂解产生的离子称为重排离子,其结构并非原来分子的结构单元。在重排反应中,化学键的断裂和生成同时发生,并丢失中性分子或碎片。

2.5.6　多电荷离子和单电荷离子

只带一个电荷的离子称为单电荷离子,分子中带有不止一个电荷的离子称为多电荷离子。当离子为多电荷离子时,其质荷比下降。

2.5.7　奇电子离子和偶电子离子

具有未配对电子的离子称为奇电子离子,无未配对电子的离子称为偶电子离子。奇电子离子也是自由基,具有较高的反应活性,所有分子离子都是奇电子离子。

2.5.8　准分子离子

比分子量多或少1个质量单位的离子称为准分子离子,如 $(M+H)^+$、$(M-H)^+$,其不含未配对的电子,结构上比较稳定,可以通过准分子离子确定化合物的分子量。

2.5.9　母离子和子离子

任何离子进一步裂解产生了某离子,则前者称为母离子,后者称为子离子。

2.5.10　质量歧视效应

质谱仪器中一些部件,如质量分析器、离子检测器等,对不同质量的离子产生偏差响应的现象,与所测离子的质量数相关,会影响同位素的测定精度。

2.6　质谱仪的组成

第一台质谱仪是由英国科学家 Francis William Aston 于 1919 年制成的。Aston 利用这台设备发现了多种元素同位素和核素,研究了 53 个非放射性元素,并首次证明了原子质量亏损,为此荣获 1922 年诺贝尔化学奖。

通常,质谱仪由五部分组成,进样系统、离子源、质量分析器、检测器和真空系统(图 3-4)。其基本原理是:首先,样品在离子源中发生电离,形成不同质荷比的带电离子;经过加速电场的作用形成离子束,进入质量分析器中,并在电场或磁场的作用下发生分离;经检测器检测并记录形成样品的质谱图,即按顺序记录各种质荷比离子相对丰度的谱图。

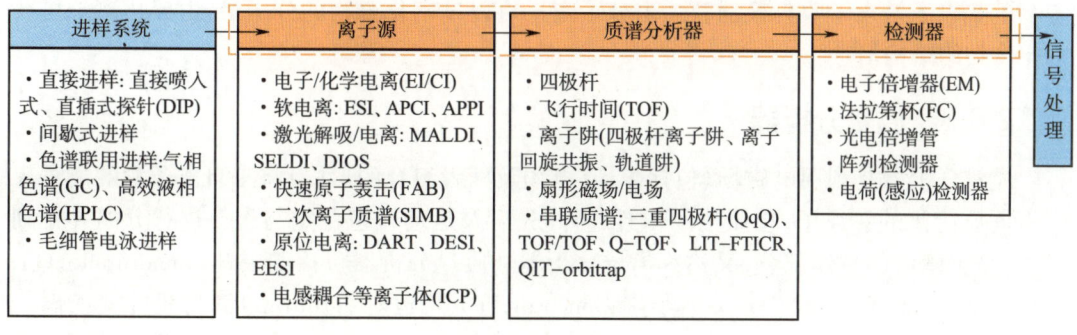

图 3-4　质谱仪的基本组成部分及其类型

2.6.1　进样系统

进样系统按照电离方式的需要,将样品送入离子源的适当部位。质谱通常在高真空条件下进行数据测试,而待分析的样品处于常压环境中,因此需在不破坏系统真空的情况下将样品导入离子源,达到无损、安全、快速和便捷的目的。

进样方式一般有四种:

(1)直接进样:是指在室温和常压下,将样品通过可调的喷口装置以中性流的形式导入离子源。直接进样分为直接喷入式和直插式探针进样。直接喷入式进样是指带有样品的流动相通过高压或加热的方式,从一个针尖喷口喷出生成带电液滴;直插式探针进样是指将样品置于探针杆顶端的小坩埚中,通过真空闭锁装置导入样品并加热汽化,适用于单组分、高沸点液体和固体样品。

（2）间歇式进样：注入的样品（10~100 μg）经过贮样器，通过抽真空和加热的方式，得到样品蒸气分子，随后在压力作用下，通过分子漏隙渗透进入高真空离子源。该方法适用于气体、液体和中等蒸气压的固体样品进样。

（3）色谱联用进样：利用气相色谱和高效液相色谱的分离能力，将多组分样品分离成单一组分，再通过接口导入质谱分析，适用于复杂多组分样品的测试。

（4）毛细管电泳进样：利用毛细管电泳技术将多组分的样品进行分离，并通过毛细管的尖端获得稳定的电子雾流。由于毛细管电泳需要高离子强度、挥发性低的缓冲液，而质谱需要低的盐浓度获得高效离子化，因此毛细管末端与质谱间的接口是测定的关键因素，目前有同轴液体鞘流、无鞘接口和液体连接三种类型。

2.6.2　离子源

离子源用于使样品分子电离生成离子，并使其汇聚成具有一定能量和几何形状的离子束。由于待测样品的多样性和分析测试的要求，不同物质的电离方法和原理各不相同。常用的电离方法包括电子电离、化学电离、软电离、激光解吸/电离、原子轰击、二次电离、电感耦合等离子体等。以常见的电子电离为例，其作用原理是，气态样品分子在电离室中受到由灯丝发出的高速电子轰击后，失去电子变为正离子（分子离子），在受到进一步轰击后发生化学键断裂或结构重排形成碎片离子（正离子）或重排离子。在排斥极上施加正电压，带正电荷的阳离子被排挤出离子化室而形成离子束，离子束经过加速极加速后进入质量分析器。多余的热电子被电子收集极捕获。由分子离子可以确定化合物的分子量，由碎片离子可获得化合物的结构信息。

2.6.3　质量分析器

质量分析器是利用电磁场（包括磁场、电场及两者组合的形式）将来自离子源的离子束中不同质荷比的正离子，按照空间位置、时间先后及运动轨道稳定与否等进行分离并排列成谱，是质谱仪的主体部分，又称为离子分析器。质量分析器包括四极杆（quadrupole，Q）、飞行时间（time of flight，TOF）、离子阱（ion trap，IT）、轨道阱（orbitrap）和傅里叶变换离子回旋共振（Fourier transform ion cyclotron resonance，FTICR）等类型。为提高质量分析器的分辨率、灵敏度和质量范围等性能，在实际应用中常将多种质量分析器串联使用，也称为串联质谱仪，如三重四极杆由多个四极杆质量分析器串联而成，此外还包括飞行时间串联质谱（TOF/TOF-MS）、四极杆飞行时间串联质谱（Q-TOF-MS）、四极离子阱轨道阱串联质谱（QIT-orbitrap-MS）等。

2.6.4　检测器

检测器用于按质荷比大小接受、检测和记录被分离后的离子信号。检测器早期以电子倍增器为主要类型，近些年也发展了光电倍增器、法拉第杯、阵列检测器和电荷检测器等。以光电倍增器为例，检测器的主要工作原理是，一定能量的离子轰击阴极导致电子发射，电子在电场的作用下依次轰击下一级电极，放大了检测信号。电子倍增器的放大倍数一般为 10^5~10^8。信号增益与倍增器电压呈正相关，提高电压可以提高检测器的灵敏性，但电压增大会削弱倍增器的寿命，因此在保证灵敏性满足要求的条件下，使用较低的电压。此外，电子倍增器存在质量歧视效应,随着使用时间增加,增益会逐渐减小。

由检测器获得的电信号经过计算器处理后会得到质谱图等分子信息。

2.6.5 真空系统

真空系统对于质谱仪来说是必需的,这是为了保证离子源中灯丝的正常工作,保证离子在离子源和分析器中正常进行,也是为了削弱不必要的离子碰撞、散射效应、复合反应和离子–分子反应,减少本底与记忆效应。真空系统的真空度通常控制在 10^{-3} Pa 以下,才能保证离子源和分析器的正常运行。真空系统一般由机械真空泵和扩散泵(或涡轮分子泵)组成。扩散泵的优点是性能可靠、耐用,但存在开机慢、停机至再次正常启动时间长等问题;涡轮分子泵可直接与离子源或分析器相连,抽出的气体再由机械真空泵排出,具有启动快的优点,但使用寿命比扩散泵短。

2.7 质谱的分类

质谱仪的种类众多,根据离子源的不同,可分为电喷雾(electrosprayionization,ESI)和基质辅助激光解吸附质谱技术(matrix assisted laser desorption/ionization,MALDI)等。根据检测器,可分为三重四极杆、离子阱和飞行时间检测器等。此外,质谱仪还可与其他设备联用以满足不同的应用,如与色谱联用的气相色谱–质谱联用仪(gas chromatography-MS,GC-MS)、液相色谱–质谱联用仪(liquid chromatography-MS,LC-MS)。不同类型的质谱仪在应用上有各自的优缺点,也有一定互补性,对样品制备的要求也有所不同,需根据实际需求选择合适的质谱仪。

2.7.1 电喷雾质谱(ESI-MS)

电喷雾电离可将溶液中的分析物转变为带电荷的气相离子,其形成原理是,喷雾器顶端施加一个电场给微滴提供净电荷,在高压电场下,液滴表面产生高的电应力,使表面被破坏产生微滴;随着溶剂蒸发,液滴体积逐渐减小,不断分裂成更小体积的液滴,最终带电荷的分析物以气相的形式进入质谱分析器进行检测。ESI 可以产生多电荷离子及多电荷母离子的子离子,每个均有准确的 m/z 值,这样可产生比单电荷离子的子离子更多的结构信息。此外,ESI 的离子化效率较高,适用于极性较大、热不稳定化合物的检测[4]。

2.7.2 基质辅助激光解吸附电离–飞行时间质谱(MALDI-TOF-MS)

传统的质谱技术主要用于分析小分子物质,而于 20 世纪 80 年代出现的 MALDI-TOF[5] 打破了传统质谱技术在生物大分子检测上的局限性,是质谱发展历史中的革命性变革,标志着生物质谱迈向了新的发展时代。

MALDI 的基本原理是,将分析物分散在基质分子中形成晶体,当用激光照射晶体时,由于基质分子吸收激光辐射的能量,导致能量蓄积并迅速产热,从而使基质晶体升华,致使基质和分析物膨胀并进入气相,这种电离方式也称为"软电离"。由于 MALDI 产生的质谱多为单电荷离子,因此质谱图中的离子与蛋白(或多肽)的质量成一一对应关系。MALDI 产生的离子常用 TOF 检测器检测,检测分子的质量数与飞行管的长度呈正相关,因此理论上,只要飞行管的长度足够,可检测分子的质量数是不受限制的。
因此,MALDI-TOF 质谱适合对蛋白质、多肽、核
酸和多糖等生物大分子进行分析测定,该质谱
技术已广泛应用于生物化学领域。图 3-5 为某
蛋白质的 MALDI-TOF 质谱图,显示其质荷比
为 3053.488。

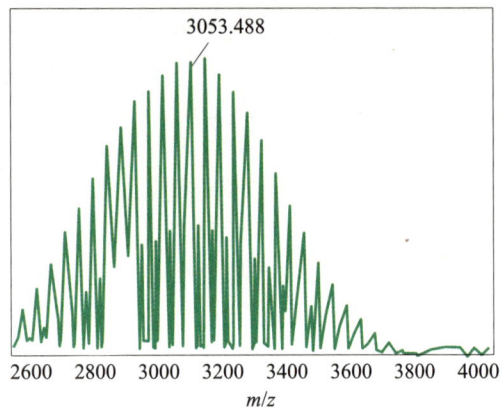

2.7.3 高效液相色谱–质谱联用（HPLC–MS）

高效液相色谱–质谱联用（high performance
liquid chromatography–MS,HPLC–MS）技术是
利用液相色谱的分离能力和质谱的高效检测

图 3-5　某蛋白质的 MALDI-TOF 质谱图

能力相结合的一种方法。将待测物质溶解在溶剂中,然后注入高效液相色谱柱中,利用与色
谱柱固定相间相对亲和力的差异,实现样品成分的有效分离,随后样品进入质谱仪,待测物
质离子化后转成电信号经计算机数据处理后,根据质谱峰进行分析[6]。该技术同时具有液
相色谱优异的分离能力与质谱高灵敏度、高选择性的检测能力。

2.7.4 串联质谱（MS/MS）

串联质谱（MS/MS）是通过对选定某个质荷比母离子反应产物进一步断裂,并分析子离
子产物结构的分析方法,涉及不止一种类型的质谱仪,通常称为 MS/MS 技术。该方法可有效
提高样品检测的特异性,或混合样品的分离能力。串联质谱通常利用样品的前体离子和二级
质谱图中的碎片离子信息对样品进行鉴定,可选择扫描范围内响应较强的几个前体离子,或
者所有前体离子采集二级质谱图,后一种模式更适合于低丰度化合物的分析。目前串联质谱
主要有子离子扫描、母离子扫描、中性丢失扫描和多反应监测四种数据采集方式。

3. 实验原理

3.1 聚丙烯酰胺凝胶电泳

3.1.1 分子量测定

SDS-PAGE 是最常用的蛋白质定性分析电泳方法,特别适用于蛋白质纯度检测和分子
量的测定。本实验中,采用 SDS-PAGE 来观察克隆蛋白的表达情况,并测定该蛋白质的分
子量,从而初步判断克隆蛋白是否正确表达。

SDS-蛋白质复合物在水溶液中呈棒状或长椭球体状,其流体力学和光学性质表明,不
同蛋白质的 SDS 复合物短轴长度相同,约为 18 Å,而长轴则随蛋白质的分子量（M_r）成正比
变化。由于蛋白质的迁移率与其净电荷量（q）成正比,与蛋白质在溶液中的摩尔系数（f）成
反比（f 由介质的黏滞性、蛋白质分子的大小和形状决定）,而不同的 SDS-蛋白质复合物都带

有相同密度的负电荷,并具有相同形状。因此,在一定浓度的凝胶中,由于分子筛效应,则电泳迁移率成为蛋白质分子量的函数。当蛋白质分子量在 15~200 kDa 时,蛋白质的相对迁移率和分子量的对数呈线性关系,符合直线方程式:

$$\lg M_r = -bX + k$$

式中:M_r 为蛋白质的分子量;X 为 SDS-蛋白质复合物的相对迁移率;k、b 均为常数。通过将已知分子量的标准蛋白质的相对迁移率与相对分子质量对数作图,可获得一条标准曲线。只要在相同条件下对未知蛋白质进行电泳,根据其电泳迁移率即可在标准曲线上求得其分子量。大多数蛋白质或其亚基的分子量都可以通过 SDS-PAGE 分析获得,但是,也有少数蛋白质由于其结构特性,影响 SDS 与蛋白质的结合,在电泳中表现出异常行为,例如糖蛋白和组蛋白,这类蛋白需要结合其他检测方法,例如沉降法、凝胶过滤法进行分析。

SDS-PAGE 测定蛋白质的分子量可以采用圆盘电泳和垂直板电泳、连续系统和不连续系统。连续电泳是采用凝胶浓度、缓冲液成分和 pH 都恒定的凝胶进行电泳,主要应用于 pH 敏感生物大分子的分离。由于样品无法堆积成狭窄的条带,所以分离效果一般,分辨率较低。不连续电泳的凝胶浓度是不同的,包含了浓度较低的浓缩胶和浓度较高的分离胶。浓缩胶的孔径较大,分子筛作用小,样品在浓缩胶和分离胶的界面处堆积形成一条狭窄的带。所有的蛋白质从同一起点进入分离胶,由于分离胶浓度变大,孔径变小,在分子筛作用下,蛋白质按照分子量的大小进行分离,蛋白质的分离效率大大提高。本实验采用垂直板不连续系统。分离胶浓度与蛋白质分子量间的线性关系见表 3-1。

表 3-1　分离胶浓度与蛋白质分子量间的线性关系

分离胶浓度/%	线性分离范围/kDa	分离胶浓度/%	线性分离范围/kDa
6	50~150	12	10~60
8	30~90	15	0.01~0.04
10	20~80		

3.1.2　SDS-PAGE 中的浓缩效应

在样品上样并接通两极电流后(电泳槽的上方为负极,下方为正极),在凝胶中形成移动界面并带动凝胶中所含 SDS 负电荷的多肽复合物向正极推进。样品首先通过高度多孔性的浓缩胶,其作用是将需要分离的蛋白质混合物聚集在浓缩胶和分离胶的分界线上。主要由 Tris-Gly 电泳缓冲液的甘氨酸分子和具备牵引作用的来自 Tris-HCl 电泳凝胶缓冲液的氯离子发挥作用。电泳启动时,甘氨酸分子和氯离子开始通过凝胶向正极迁移。由于甘氨酸分子在浓缩胶中以两性离子的形式存在,其电泳迁移速率非常慢。氯离子比甘氨酸分子迁移得更快,产生了不平衡的正反离子区域,从而在氯离子和甘氨酸离子之间形成了很大的电压梯度。在浓缩胶运动中,由于交联度小,孔径大,Pro^- 受阻小样品分子在氯化物和甘氨酸之间迁移。在甘氨酸分子(迁移速率最慢)和氯离子(迁移速率最快)之间存在样本混合物中的所有蛋白质,迁移顺序为(pH 6.8)$Cl^- > Pro^- > Gly^-$。样品逐渐被压缩成非常薄而清晰的蛋白质层累积在分界线上,在分离胶表面聚集成一条很薄的区带,产生浓缩效应(图 3-6),然后,在大约同一时间进入分离凝胶,无论蛋白质的大小如何。

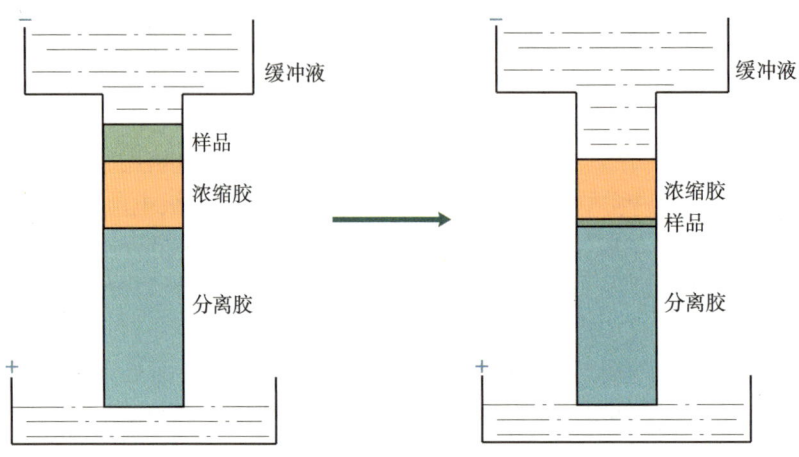

蛋白质分子在甘氨酸离子和氯离子中间迁移,逐渐被压缩

蛋白质分子被压缩成一条非常薄而纤细的条带,利于后续检测

图 3-6 浓缩胶的浓缩效应

3.1.3 SDS-PAGE 中的分子筛效应

蛋白质进入分离胶后,pH 增大,孔径急剧减小。此时 Pro^-,Cl^-,甘氨酸离子在 pH 8.8 的溶液中,Cl^- 完全电离而很快向正极迁移;甘氨酸分子不再以两性离子的形式存在,电离度加大很快跃过蛋白质。同时,由于凝胶浓度的升高,蛋白质的泳动受到影响,迁移率急剧下降,迁移顺序为(pH 8.8)$Cl^->Gly^->Protein^-$。在分离胶中,高电压梯度不复存在,蛋白质便处于一个较均一的 pH 和电压梯度环境中,按其分子的大小移动。由于分离胶孔径小,形成一个整体的筛状结构,对大分子具有较大的阻力,而对小分子阻力较小,产生分子筛效应(图 3-7)。换言之,在分离胶中,蛋白质通过分子筛效应导致迁移率的差异,最终按照分子量大小彼此分离。

3.1.4 电泳样品的制备

蛋白质样品的制备情况直接影响蛋白质的分离和分子量的计算。蛋白质样品的制备是使蛋白质链内和链间的氢键、二硫键断裂,蛋白质充分变性并与 SDS 结合。影响样品制备质量的因素如下。

(1)样品缓冲液的离子浓度。缓冲液中离子的浓度影响 SDS 的分散状态,在低离子浓度的溶液中,SDS 具有较高的单体浓度,有利于 SDS 与蛋白质的结合。如果样品中含有高浓度的盐离子,需要先用低离子强度的缓冲液对样品进行透析,去除大量的盐离子后再进行样品的制备。

(2)温度。加入缓冲液后的样品需要在 100 ℃煮沸 2~5 min,彻底破坏蛋白质的三维结构,使蛋白质伸展为线性的一级结构。煮沸处理后的样品离心去掉不溶性的颗粒,防止电泳时条带拖尾。

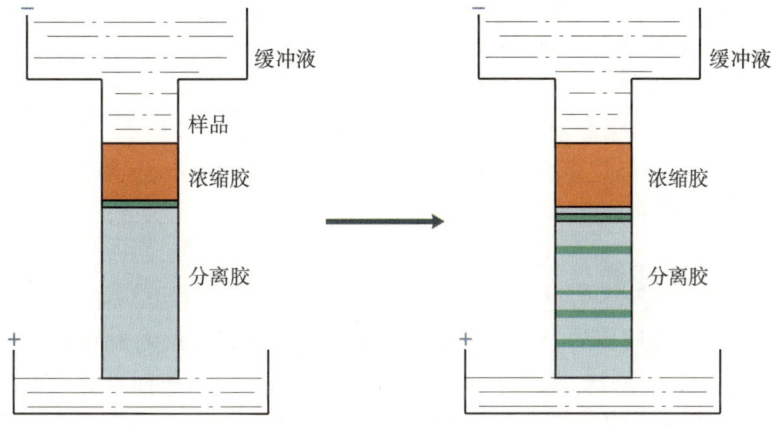

图 3-7　分离胶的分子筛效应

（3）还原剂。样品缓冲液中需要加入还原剂断裂链内和链间的二硫键,只有蛋白质分子内的二硫键彻底还原后,SDS 才能定量结合到蛋白质分子上并形成棒状或椭球体结构。二硫键断链不充分会影响蛋白质的相对迁移率,导致分子量的计算不准确。常用的还原剂有 β-巯基乙醇和二硫苏糖醇。

（4）蛋白质的浓度。蛋白质样品的浓度选择与染色方法的灵敏度相关。电泳分析时,蛋白质上样的浓度遵循尽可能最小的原则,这是由于低浓度蛋白质形成的细窄条带提高了电泳分离蛋白质的分辨率,迁移率的测算更加准确,更容易获得迁移率与蛋白质分子量之间的线性关系。同时可以减轻拖尾,显示更多含量低的蛋白质成分。

此外,样品处理液中通常还含有溴酚蓝染料,用于监控整个电泳过程。另外,为增大溶液密度,以确保样品在加样时能够快速沉入样品凹槽底部,样品处理液中还添加适量的蔗糖或甘油。

3.1.5　缓冲液系统

SDS-PAGE 缓冲液系统包含样品缓冲液、凝胶缓冲液和电极缓冲液,三种缓冲液可以选择同一类型或不同类型的缓冲液系统。由于样品缓冲液和凝胶缓冲液影响蛋白质的稳定性和溶解性,通常选用相同类型的缓冲液。样品缓冲液的离子强度应低于凝胶缓冲液,但 SDS 的浓度高于凝胶缓冲液。电极缓冲液影响电泳的速率,常用的缓冲液系统有 Tris-甘氨酸缓冲液、Tris-HEPES 缓冲液、磷酸缓冲液、咪唑缓冲液等。

3.1.6　标准蛋白

标准蛋白是由一系列纯化的不同分子量蛋白质组成的混合物;在电泳时,不同蛋白质的相对迁移率和蛋白质分子量的对数之间具有很好的线性关系。商售的标准蛋白主要有肌凝蛋白（194 kDa）、RNA 聚合酶（160 kDa）、β-半乳糖苷酶（116 kDa）、磷酸化酶 B（94 kDa）、牛血清白蛋白（68 kDa）、卵清蛋白（43 kDa）、RNA 聚合酶（38 kDa）、碳酸酐酶（30 kDa）、胰蛋白酶原（24.5 kDa）、乳球蛋白（17.5 kDa）、溶菌酶（14.5 kDa）等，分子量范围有 10~260 kDa、3~200 kDa 和 10~180 kDa 等。在进行蛋白质分子量测定时，需要将标准蛋白与待测样品在分离或混合状态下进行电泳，根据标准蛋白相对迁移率和分子量之间的关系，计算未知蛋白的分子量。

预染标准蛋白也称彩虹 Marker，是将可以共价结合到蛋白质或多肽氨基残基的染料标记到不同分子量的蛋白质上，在电泳中，实时显示蛋白质的分离情况。常规的蓝色染料有瑞马唑或超树脂，橙色染料有丹酰氯、磺胺、邻苯二醛和 MDPF（2-甲氧基-2,4-二苯-3〔2H〕-呋喃酮）。染料预标记蛋白质后，蛋白质的分子量增加很小，且可以与 SDS 电泳兼容，不干扰蛋白质的分离过程。

3.1.7　染色与成像

SDS-PAGE 分离蛋白质后，可通过染色的方法对蛋白质进行分析和鉴定。常用的染色方法有考马斯亮蓝法、银染法、荧光染色法、负染法等。近年来，蛋白凝胶染色方法向着即时可视的方向发展，出现了快速蛋白染色剂，这种染色剂只染蛋白，不染凝胶，因此不需要脱色，染色时间大大缩短，15 min 之内即可观察到蛋白。

考马斯亮蓝法最初在澳大利亚被用于脱落羊毛的染色，染色剂需要有机溶剂如甲醇、乙醇和乙酸。考马斯亮蓝法检测的灵敏度较低，仅为 10~100 ng/条带，但由于染色过程简单、无毒性、对比度高等优点，目前仍然是最常用的染色方法。

银染法可以利用银离子（Ag^+）和蛋白质结合后，沉积在蛋白条带处，再将银离子还原为金属银，实现蛋白条带显色。银染法灵敏度高，检测限为 0.1~1 ng/条带。缺点是步骤多、操作过程复杂、染色过程不易控制且在染液中使用甲醛，无法用于后续的质谱检测。

荧光染色法是采用荧光染料对凝胶中的蛋白进行染色，检测灵敏度为 1~10 ng/条带。荧光染色后，需要通过具有荧光成像模块的凝胶成像系统进行成像，蛋白条带的荧光可以保持数小时。

负染法是对凝胶进行染色，蛋白条带呈现透明色，例如凝胶铜染色法和咪唑锌染色法。负染法检测灵敏度为 200~500 ng/条带，仅适用于高浓度蛋白质。

凝胶成像时利用凝胶成像仪对不同染色后的蛋白质、多肽凝胶和核酸凝胶进行观察和图像采集，并通过仪器自带软件对条带自动进行分子量的定量计算和样本含量的半定量分析。

3.2　蛋白的质谱检测

随着电喷雾（ESI）、快原子轰击（fast atom bombardment，FAB）和基质辅助激光解吸附（MALDI）等"软电离"技术的出现，生物质谱技术快速发展，可以实现对高极性、难挥发和热不稳定的生物样品的测定，这为蛋白组学领域中蛋白质的鉴定、序列分析和翻译后修饰检测、疾病标志物诊断等提供了重要的研究手段[7]。

采用质谱方法鉴定蛋白，主要借助测定的质荷比确定样品离子的精确质量数，并将其与理论推测的质量数做比较,即可得出蛋白质的序列信息。目前,鉴定蛋白质通常需要将一级质谱和二级质谱结合串联使用。一级质谱直接测定样品离子的质量数,二极质谱会选择特定的一级质谱离子作为母离子,在质量分析器中使母离子进一步断裂,通过测定断裂后的离子质量数确定母离子的组成和序列[8]。

目前应用于蛋白质样品分析的质谱仪主要包括基质辅助激光解吸附电离 – 飞行时间质谱仪(MALDI–TOF)、基质辅助激光解吸附电离 – 离子阱质谱仪(MALDI–IT)、电喷雾 – 四极杆 – 飞行时间质谱仪(ESI–Q–TOF)、电喷雾 – 三重四极杆 – 飞行时间质谱仪(ESI–T–Q–TOF)、电喷雾 – 四极离子阱质谱仪(ESI–Q–IT)、傅里叶回旋共振质谱仪(FT–MS)等。其中 MALDI–TOF 具有结构简单、质量精度高(约 20 ppm)、快速和高通量、测量分子量范围大(约 200 kDa)的优点,以及一级、二级质谱高灵敏度(飞摩尔级别)和高分辨率(约 20000)的能力,因此本实验以此为例,进行蛋白样品的质谱检测实验。

3.3　基于凝胶分离的蛋白质谱检测

通常在进行蛋白质谱检测之前,需要将蛋白质样品进行预处理,包括蛋白质的提取和酶解,得到可用于质谱上机的肽段混合物。凝胶电泳是质谱分析中常用的分离方法之一,通过凝胶电泳分离得到目标蛋白质后,采用质谱分析蛋白质样品。基于凝胶分离的蛋白质谱检测主要经过提取→酶解→除盐浓缩→点靶→上机→数据分析六个关键步骤,最终实现对未知蛋白质或已知蛋白质的鉴定。

3.3.1　提取

在采用 SDS–PAGE 分析分离蛋白质的过程中,会对蛋白质进行染色处理,因此在凝胶电泳后提取蛋白质,需要对凝胶进行脱色处理,并使用乙腈干燥凝胶。由于干燥后的凝胶易在含有蛋白酶的缓冲液中溶胀,有利于蛋白酶渗透到凝胶中,因此需用乙腈对凝胶进行脱水处理,并且将凝胶切成尽量小的胶块,提高后续凝胶内的酶解速率。

3.3.2　酶解

蛋白质酶解是为了在已知的氨基酸位置断裂,产生一系列特定长度和质量数的肽段。蛋白质一般具有复杂的空间结构,因此在酶解前,需要加入二硫苏糖醇(dithiothreitol,DTT)或三(2– 甲酰乙基)膦盐酸盐[tris(2–carboxyethyl)phosphine hydrochloride,TCEP]等还原剂,打开二硫键,并加入碘乙酰胺(iodoacetamide,IAA)或氯乙酰胺(2–chloroacetamide,CAA)等烷基化试剂封闭游离的巯基,从而破坏蛋白质的二级结构,提高酶解效率。

在凝胶分离后常用胰蛋白酶(胰酶)进行酶解处理,胰酶可特异性识别并剪切赖氨酸和精氨酸的 C 端肽键,并通过赖氨酸和精氨酸侧链使肽段带正电荷,有利于质谱检测中肽段的离子化。此外,为了提高胶块中的蛋白质酶解效率,可结合超声处理。

蛋白质酶解后,需要使用乙腈/甲酸混合液作为萃取液(也称为提取洗脱液),从胶块中萃取得到蛋白质水解的肽段,并采用多次萃取的方式提高肽段的溶出效率。

3.3.3　除盐浓缩

由于蛋白质样品的预处理通常在含盐的缓冲液环境中进行,而质谱检测受到盐的影响较大。一方面,不可挥发性盐结晶后会滞留在喷雾针附近,易造成喷雾针堵塞,难以清洗,损耗质谱仪的寿命;另一方面,盐离子进入质谱后会干扰目标蛋白质的离子化,影响质谱检测结果,因此需要对肽段进行除盐处理。

常用的除盐方式是使用色谱柱。色谱柱可以结合酶解后的肽段,而盐离子物质和其他杂质会在流动过程中被洗脱下来,达到分离和纯化的目的,同时还能对肽段起到进一步浓缩的作用。对于较多量样品可以采用固相萃取柱(solid phase extraction column,SPE),对于微量样品可使用 ZipTip 柱。ZipTip 是一种 10 μL 的微量色谱柱,可填充不同类型的树脂:(1)C_{18},用于多肽、蛋白质(<50 kDa)、寡核苷酸样品的除盐和浓缩;(2)C_4,用于分子量范围在 20~100 kDa 的蛋白质的除盐和浓缩;(3)强阳离子交换树脂(strong cation exchange resin,SCX),用于样品中去垢剂的去除及浓缩。表 3-2 给出了 MALDI-TOF 质谱对多种物质可容忍的最高浓度,需在上机测样前判断这些物质的浓度是否满足要求。

表 3-2　MALDI-TOF 质谱对多种物质可容忍的最高浓度

物质	可容忍的最高浓度
尿素(urea)	0.5 mol/L
盐酸胍(guanidine-HCl)	0.5 mol/L
甘油(glycerol)	1%
碱金属盐(alkali metal salts)	0.02 mol/L
三羟甲基氨基甲烷缓冲液(Tris buffer)	0.05 mol/L
NH_4HCO_3	0.05 mol/L
磷酸盐缓冲液(phosphate buffer)	0.01 mol/L
表面活性剂(SDS、CHAPS、PEG、Triton 等)	需去除

若无法即刻进行后续的质谱检测,可考虑将脱盐处理后的肽段通过真空离心浓缩仪干燥,置于 4 ℃或 -20 ℃短期保存。

3.3.4　点靶

为提高多肽样品在质谱分析中的电离效率,需要将脱盐纯化的多肽样品与基质混合,然后点在 MALDI 样品靶上。基质是与待测样品共结晶并吸收激光能量以防止激光直接照射破坏待测样品的一种物质,在质谱分析中必不可少。待测样品分散在基质中,基质可有效吸收一定波长脉冲激光的能量,并均匀地传输到样品中,使样品瞬间蒸发并电离。此外,大量基质有效分散了待测样品,减少了待测样品之间的分子相互作用。常用基质包括 α-氰基-4-羟基肉桂酸(α-cyano-4-hydroxycinnamic acid,CHCA)、2,5-二羟基苯甲酸(2,5-dihydroxy benzoic acid,DHB)、芥子酸(sinapic acid,SA),其中 CHCA 主要用于 20 kDa 以下的蛋白质,DHB 和 SA 可用于 20 kDa 以上的蛋白质。

3.3.5　上机

将上述酶解得到的肽段进行质谱上机操作,首先得到一级质谱。随后,从一级质谱解离的离子中选取具有代表性的、信号强的母离子,与惰性气体经过第二次碰撞活化,诱导产生分解产物(二级子离子),可获得肽段信息更为全面的二级质谱。

3.3.6　数据分析

由于不同蛋白所含的氨基酸序列不同、酶解后所产生的肽段也不尽相同,其质量信息像人的指纹一样对应着特定的蛋白质,因此将蛋白质经专一酶切水解后得到的肽段混合物的质谱图称为指纹谱(peptide mass fingerprint,PMF),也称为肽质量指纹谱。在数据分析步骤中,将所得肽段的指纹谱与理论推测的谱图(或数据库谱图)进行匹配,可判断出肽段的氨基酸组成,进而根据肽段分析得到蛋白质的氨基酸序列。

采用指纹谱鉴定的方法简单、便捷,但其缺点在于无法精准鉴定分子量相近的多肽,不能分析翻译后修饰位点的多肽,且受到数据库的限制,无法鉴定数据库不完整的物种的蛋白质。因此,结合一级质谱和二级质谱的分析,可提高蛋白质鉴定的准确度,实现难分离的蛋白质或者混合蛋白质样品的鉴定,同时该分析方法对仪器的要求更为严格。

4.　实验操作

4.1　仪器耗材与试剂

4.1.1　仪器

- 移液器
- 台式离心机
- 微型离心机
- 电泳仪
- 垂直板电泳槽
- 直流稳压电源
- 微量进样器
- 恒温金属浴
- 凝胶成像仪
- 质谱分析仪
- 恒温水浴锅/恒温混匀仪
- 超声破碎仪
- 旋涡振荡器
- 真空离心浓缩仪

4.1.2　常规耗材

- 离心管（0.5 mL、1.5 mL）
- PCR 管
- 玻璃板
- ZipTip C_{18} 柱
- 切胶刀
- 移液器吸头
- 手套

4.1.3　试剂

- 细菌悬浮液——提前诱导表达的细菌
- 异丙基硫代半乳糖苷（isopropyl β-D-thiogalactoside，IPTG）
- SDS-PAGE 电泳预制胶：浓缩胶 4%，分离胶 15%
- 蛋白质加样缓冲液［货号 P1015-10 mL，储存在 -20 ℃冰箱中］。
- 蛋白质标准分子量样品 Marker（货号 C600523，储存在 -20 ℃冰箱中）
- Tris-Glycine-SDS 电泳缓冲液（粉剂）［货号 B040131-0010，实验前一天配制 1× 缓冲液（5 L），室温保存］
- 考马斯亮蓝染色液（量取 450 mL 甲醇、450 mL 水、100 mL 冰乙酸，混合后溶解 2.5 g 考马斯亮蓝 R250，Whatman 1 号滤纸过滤，室温保存）
- 考马斯亮蓝脱色液（量取 300 mL 甲醇、100 mL 醋酸，加水定容至 1 L，室温保存）
- 100% 乙腈
- 三氟乙酸（trifluoroacetic acid，TFA）
- 10% TFA（取 1 μL TFA 加入 9 μL 水中，制备得到 10% TFA）
- 0.1% TFA（取 1 μL 10% TFA 加入 99 μL 水中，制备得到 0.1% TFA）
- 0.025 mol/L DTT（取 0.0154 g DTT 溶于 4 mL 水中）
- 0.055 mol/L IAA（取 0.0203 g IAA 溶于 2 mL 水中）
- 5 mg/mL CHCA（取 5 mg CHCA 溶于 1 mL 水中）
- 胰蛋白酶（简称胰酶）（制备 50 ng/μL 胰酶，可置于 4 ℃冰箱中保存）
- 凝胶脱色液（取 0.0158 g NH_4HCO_3 溶于 1.4 mL 水中，再加入 600 μL 100% 乙腈，制备得到含 0.1 mol/L NH_4HCO_3、30% 乙腈的凝胶脱色液）
- 凝胶洗脱液（取 300 μL 100% 乙腈加入 200 μL 水中，在其中加入 5 μL 10% TFA，制备得到含 60% 乙腈、0.1% TFA 的凝胶洗脱液）
- ZipTip 柱洗脱液（取 250 μL 100% 乙腈加入 250 μL 水中，在其中加入 5 μL 10% TFA，制备得到含 50% 乙腈、0.1% TFA 的柱洗脱液）
- 校正样品［(1~3)×10^{-6} mol/L Cal Mix 标准样品，30% 乙腈，0.01% TFA］
- 超纯水（电阻率要求≥18 MΩ·cm）

质谱实验所用的试剂均为 HPLC 级别；所用的水均为超纯水。

4.2　实验步骤

本实验基本操作流程见图 3-8。

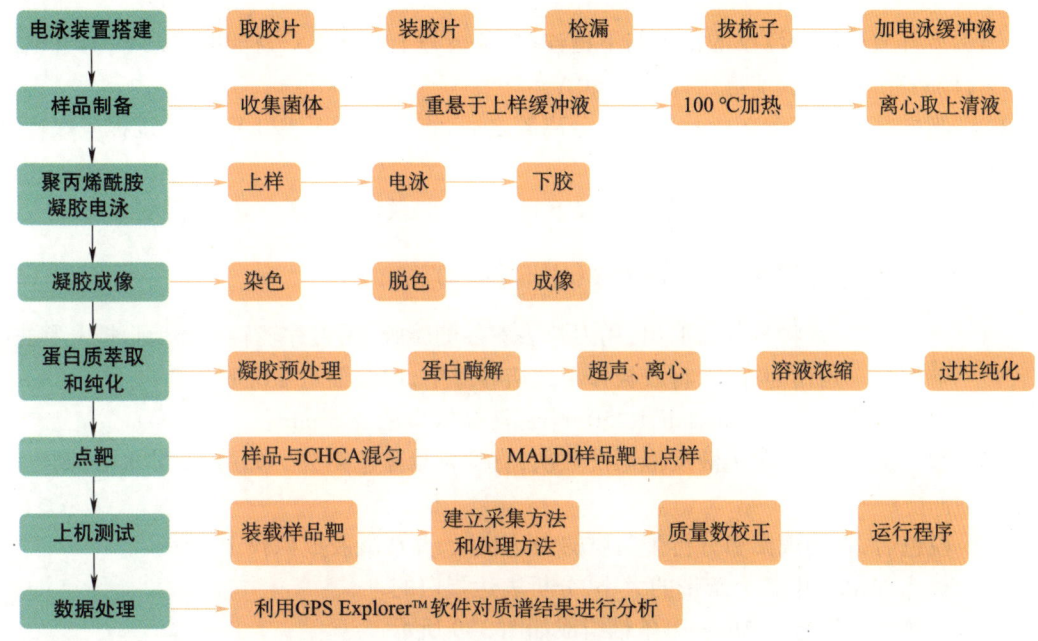

图 3-8　凝胶电泳分析与质谱检测实验流程图

4.2.1　安装垂直板电泳槽（用时约 20 min）

（1）**取胶片**。沿拆封口打开小包装,小心取出预制胶片。

（2）**装胶片**。将预制胶装入电泳槽中,并检漏。

（3）**拔梳子**。双手平稳缓慢地将梳子拔出。

（4）**加电泳缓冲液**。电泳槽中加入 1×Tris-Glycine-SDS 电泳缓冲液,内槽加满电泳液,外槽液加到距板下沿 1 cm 处。

4.2.2　样品的处理（用时约 20 min）

（1）取 1 mL IPTG 诱导好的菌液于 1.5 mL 离心管中,10000×g 离心 1 min,弃上清液,收集菌体。

（2）用 75 μL 超纯水悬浮菌体,加入 25 μL 4× 蛋白质加样缓冲液,100 ℃金属浴加热 5 min。

（3）取 12 μL 标准蛋白质溶液于离心管中,100 ℃金属浴加热 5 min。

（4）12000×g 离心 5 min,将上清液转移到另一干净离心管中。

4.2.3　加样（用时约 5 min）

取 10 μL 裂解好的样品,通过微量进样器小心地将样品加到凝胶凹形样品槽底部,由于蛋白质加样缓冲液中含有比例较大的蔗糖或甘油,因此样品会自动沉降在凝胶凹形槽中。待所有凹形样品槽内都加到了样品,即可开始电泳。在每板的其中一个样品槽中加 10 μL 蛋白质标准分子量样品 Marker。

4.2.4　电泳(用时约 90 min)

(1)将直流稳压电泳仪的正极与下槽连接,负极与上槽连接(方向切勿接错),打开电泳仪开关,样品进入分离胶前电压控制在 80 V。

(2)当样品中的溴酚蓝指示剂到达分离胶之后,将电压调至 120 V,电泳过程应保持电压稳定。

(3)当溴酚蓝指示剂迁移至距离凝胶下缘 1 cm 时,关电源,停止电泳,需 1~2 h。

4.2.5　染色、脱色和凝胶成像(用时约 30 min)

(1)电泳结束后,将预制胶取出,用刀片去除一侧凝胶;用刀片轻轻将玻璃板撬开移去;在胶板一端切小三角作为标记,将胶板移至大培养皿中,用蒸馏水漂洗胶片 3 次。

(2)用考马斯亮蓝(Coomassie R250)染色液摇床染色 3~5 min。

(3)倾去染色液,用脱色液浸泡漂洗数次,直到背景蓝色褪去。如用 50 ℃水浴,则可缩短脱色时间。

(4)脱色后,直接观察和分析蛋白质的表达状况,并在凝胶成像仪上成像。

(5)标出 Marker 中各个条带的大小,分析表达蛋白的大小是否正确。标准蛋白(Marker)条带组成如图 3-9 所示(12% SDS-PAGE 分离、考马斯亮蓝染色,上样量 10 μL)。

(由于实验所用的是高表达质粒载体,目的基因获得高表达,其表达产物通常是工程菌中含量最多的蛋白质,在电泳图谱上呈现最大、染色最深的区带便是目的蛋白带,即绿色荧光蛋白带;根据标准蛋白质的分子量还可以估算目的蛋白的分子量。)

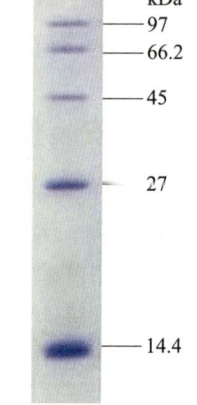

图 3-9　标准蛋白(Marker)条带

4.2.6　含蛋白质样品的凝胶预处理(用时约 40 min)

(1)切胶:用切胶刀将含目标蛋白条带的胶块切割下来,置于 1.5 mL 离心管(1)中,在管盖和管身上标记好组别编号和日期。胶块在完全包裹目标条带的情况下尽可能地小,条带宽度约为 2 mm。若不进行后续步骤,该胶块在短时间内可放入 -80 ℃冰箱保存。

(2)凝胶脱色:向离心管(1)中加入 100 μL 新鲜配制的凝胶脱色液,温和振荡至颜色脱尽,时间约为 15 min。(如颜色较深,可加热至 37 ℃。)

(3)凝胶干燥:将离心管(1)离心 12000×g,1 min,弃除上清液,加入 100 μL 100% 乙腈,温和振荡 5 min 后吸弃,室温放置约 5 min 至乙腈挥发完全,真空干燥 5 min。该步骤需在通风橱内完成,由于乙腈危害身体健康,应格外小心。

4.2.7　蛋白质酶解（用时 2 h）

（1）蛋白质二硫键断开：向离心管（1）中加入 100 μL 0.025 mol/L DTT 溶液，放置于 55 ℃，孵育 45 min。DTT 用于还原二硫键，该步骤完成后要立即加入 IAA，否则二硫键会再次形成。

（2）凝胶干燥：向离心管（1）中加入 100 μL 100% 乙腈润洗，后吸干，再加入 100 μL 100% 乙腈，室温浸泡 10 min，吸去乙腈，用真空离心浓缩仪脱水干燥胶块。

（3）蛋白巯基封闭：向离心管（1）中加入 100 μL 0.055 mol/L IAA 溶液，避光反应 30 min。IAA 可以封闭自由巯基，防止二硫键再次形成。

（4）凝胶干燥：向离心管（1）中加入 100 μL 100% 乙腈润洗，后吸干，再加入 100 μL 100% 乙腈，室温浸泡 10 min，吸去乙腈，用真空离心浓缩仪脱水干燥胶块。

（5）蛋白酶解：向离心管（1）中加入 5 μL 50 ng/μL 胰酶，没过胶块，置于 37 ℃恒温箱中，孵育 12~16 h。注意，避免胰酶沾染在皮肤上。

（6）酶解终止：向离心管（1）中加入 1 μL 10% TFA 溶液，终止酶解反应，低速离心，使胶块与溶液分离，吸出上清液转移至新的 1.5 mL 离心管（2）中。（可提前准备蛋白酶解样品用于后续的萃取纯化。）

4.2.8　蛋白质萃取和纯化（用时 1 h）

（1）向离心管（1）加入 100 μL 凝胶洗脱液，超声 15 min，以便于肽段更充分地析出，随后 12000×g 离心 1 min，吸出管内溶液加入离心管（2）中，此步骤重复 3 次。

（2）溶液浓缩：将离心管（2）置于真空离心浓缩仪中，对溶液进行浓缩，浓缩至约 10 μL，不要干燥完全。

（3）酶解产物纯化：使用 ZipTip C$_{18}$ 柱纯化浓缩样品。

① 用 10 μL 100% 乙腈润湿 ZipTip 柱 3 次；

② 用 10 μL 0.1% TFA 平衡 ZipTip 柱 3 次；

③ 将浓缩的样品吸入 ZipTip 柱中（约 10 μL），反复吹打 5~6 次，再将液体打出；

④ 用 10 μL 0.1% TFA 洗涤 3 次清除杂质；

⑤ 用 ZipTip 柱洗脱液（约 1 μL）洗脱样品，反复吹打 5~6 次，收集得到纯化后的样品。

4.2.9　点靶、上机测试（用时 10 min）

（1）将纯化后的样品与 1 μL 5 mg/mL CHCA 混匀，并点到清洁干燥的 MALDI 样品靶上。

（2）开机：打开质谱仪的电源及真空泵的电源，开机约 24 h 后达到质谱工作所需的真空度。注意，质谱仪不能反复开关机，以避免减少使用寿命。原则上在保证正常供电的基础上，始终保持开机状态。

（3）打开软件，建立 Spot Set，用于存储方法和数据，根据样品选择 Template，一般分为机械自带的 384 靶和用户自定义靶。

（4）装载样品靶，将样品靶装载至样品仓内，点击 Load Plate。

（5）建立采集方法 Acquisition Method 和处理方法 Processing Method，设置参数为：一级质谱激光总击打次数为 1000 次，二级质谱激光总击打次数为 2000~5000 次，碰撞能量为 2 kV，CID off。

（6）质量数校正：利用 Cal Mix 标准样品进行质量数校正。对于一级质谱，样品数量较少时，采用单标准样品点校正；对于整靶样品，采用批量标准样品点校正。对于二级质谱，只能做单标准样品点校正。

（7）设置一级质谱和二级质谱的关联文件：通过 Interpretation 设置关联方法，从一级质谱中自动选择母离子做二级质谱，一般选择 10 个母离子。

（8）运行程序，获取质谱图。

4.2.10　数据分析（用时约 40 min）

利用 GPS Explorer™ 软件对质谱结果进行分析。

（1）打开软件，点击 Sample Set，进入样品设置窗口。

（2）在 GPS Explorer™ Software Projects 栏目下新建 New Project，在 New Project 下新建 New Sample 名称。

（3）在 Sample Set 对话框中，设置 Workflow 为 Gel-based。

（4）在 Spot Set List 对话框中，点击 "Select Spot Sets"，选择左侧目录中选择待分析的 Spot Set 文件，点击 "Add"，保存设置。

（5）在 Analysis 栏目中选择 Combined［MS+MS/MS］。

（6）在 Orig. From Analysis Spot Sets 右侧点击 "Analysis Setting"，进入分析设置页面，设置一级质谱和二级质谱筛选条件。在一级质谱筛选条件中，依据胰酶消化得到的肽段的分子量为 800~4000 Da，设置质量数筛选条件；在二级质谱筛选条件中，质量数可设置为一个氨基酸残基数到母离子减去一个氨基酸分子数，即 60 Da 到母离子减去 20 Da。

（7）设置数据库搜索条件，在 Taxonomy 中选择物种分类，Enzyme 选定 Trypsin（胰酶），点击 "Submit Job" 提交按钮，开始进行数据库搜索，可通过 Job Manager 窗口监测任务进行状态。

（8）在 Results 窗口中，点击靶上相应点，即可查看该点的数据库搜索结果，点击相应的样品点可获得对应的肽段信息，其中红色的峰线代表与数据库匹配的肽段峰。

（9）在工具栏中点击 "DB result" 按钮，可查看 Mascot 搜索结果，依据匹配结果给出可信性统计分析，当 $p < 0.5$ 时会给出一个得分，得分越高代表搜索结果越可靠。

（10）在 Index 下点击搜索得到的相应基因的 Accession 链接，可查看一级质谱的序列覆盖率。

（11）进入 Report 窗口，生成 PDF 结果报告。

4.3　实验学时建议表

4.3.1　8 学时实验用时建议表

时间	步骤
10:10—10:50	讲解实验背景和原理
10:50—11:10	凝胶电泳装置的搭建和检漏

时间	步骤
11:10—11:30	制备电泳样品
11:30—13:00	上样、进行电泳
11:50—13:00	午饭
13:00—13:10	下胶、染色
13:10—13:30	脱色、凝胶成像
13:00—15:00	利用预先准备的蛋白质样品,进行酶解
13:30—14:10	含蛋白质样品的凝胶预处理
14:10—15:10	蛋白质萃取和纯化
15:10—15:20	点靶,上机测试
15:20—16:00	数据分析

4.3.2　完整实验用时建议表

时间	步骤
第一天:蛋白质表达监测——SDS-PAGE	
10:10—10:50	讲解实验背景和原理
10:50—11:30	制胶装置的搭建和检漏
11:30—11:50	分离胶的配制和灌注
11:50—12:10	分离胶的凝固
11:50—13:00	午饭
13:00—13:20	浓缩胶的配制和灌注
13:20—13:50	制备电泳样品
13:50—15:20	上样、进行电泳
15:20—15:30	下胶、染色
15:30—15:40	脱色
15:40—16:00	凝胶成像及结果分析
第二天:蛋白质酶解到质谱分析	
10:10—10:50	讲解实验背景和原理
10:50—11:30	含蛋白质样品的凝胶预处理
11:30—13:00	**午饭**
13:00—16:00	蛋白质酶解、纯化和萃取
16:00—16:10	点靶
16:10—16:20	上机测试
16:20—16:50	数据分析

5. 思考题

（1）是否所有的蛋白质用 SDS-PAGE 方法测定得到的分子量都是可靠的？

（2）为什么要在样品中加少许溴酚蓝和一定浓度的蔗糖溶液？蔗糖及溴酚蓝的作用分别是什么？

（3）如果接反了电泳仪的电极连接方向，会发生什么现象？不加封闭液会产生什么样的结果？

（4）试比较连续电泳与不连续电泳的异同。

（5）影响 SDS-PAGE 电泳分离的因素有哪些？

（6）质谱样品的制备应注意哪些问题？

（7）提高质谱鉴定蛋白的准确度可以从哪些因素考虑？

（8）一级质谱和二级质谱的优缺点是什么？如何在实际应用中选择一级质谱或二级质谱？

（9）基质在质谱分析方法中的作用是什么？如何选择合适的基质？

（10）质谱方法中的基质效应是什么？基质效应可能会产生哪些结果？消除基质效应的主要措施包括哪些？

6. 参考文献

化学标记含非天然氨基酸的绿色荧光蛋白

向宇(清华大学) 吴钰周(华中科技大学)

1. 实验目的

（1）了解含有非天然氨基酸蛋白质的应用；
（2）了解点击化学的基本概念及分类；
（3）掌握通过点击化学偶联荧光分子的方法与原理；
（4）了解荧光共振能量转移的概念、原理及应用；
（5）理解并运用点击化学反应效率的计算公式。

2. 实验背景

2.1 含有非天然氨基酸蛋白质的应用

通过引入非天然氨基酸(unnatural amino acid, UAA)，可以赋予蛋白质在自然界中所不具备的新性质，包括引入特殊光信号和磁信号报告基团(荧光、IR、NMR 等)、特定反应活性的基团(生物正交反应、氧化还原反应活性等)、光操纵性质的基团(光交联、光异构、光保护等)等[1]。

含有荧光基团的 UAA 是重要的分子工具。相较于使用荧光蛋白作为标签，荧光 UAA 标记对蛋白质结构的扰动更小。荧光 UAA 的荧光基团对其所处的环境十分敏感，所以荧光 UAA 还可用于蛋白构象变化、折叠以及生物分子相互作用的研究。Schultz 课题组将 5-羟基色氨酸引入哺乳动物细胞，掺入 5-羟基色氨酸的蛋白质在 334 nm 有强的荧光发射峰，与野生型有着明显的差别[2]。该课题组将另一种非天然氨基酸 Anap 应用于酵母和哺乳动物细胞中，Anap 的荧光发射峰位于 495 nm 处，因此可用于被标记蛋白的荧光成像。除荧光 UAA 外，具有振动光谱(红外、拉曼)活性的 UAA 也是一类对结构和环境变化敏感的探针，如 Schultz 课题组将对氰基苯丙氨酸引入肌红蛋白探测金属离子和配体的结合[3]。另一种基于酪氨酸的非天然氨基酸——对叠氮基苯丙氨酸，在 2100 cm^{-1} 处有明显的吸收，且对电荷环境十分敏感。这种具有特殊光学性质的 UAA 被编码引入视网膜紫质中，用以研究不同的视网膜紫质突变中特定氨基酸残基周围环境的变化。

光交联是研究蛋白质-蛋白质相互作用及蛋白质-核酸相互作用的重要手段，在蛋白质中编码引入带有光交联基团的 UAA，可以有效检测生物大分子间瞬时不稳定的相互作用。例如，含有二氮丙啶(diazirine)基团的吡咯赖氨酸的光交联探针 DiZPK 被用于研究肠道细菌耐酸机理中 HdeA 与其他分子伴侣的相互作用[4]，而对苯甲酰苯丙氨酸（p-benzoylphenylalanine）则被用于研究介导细胞外信号转导的 Grb2 蛋白与受体表皮生长因子 EGF 的相互作用[5]。

在蛋白质中引入生物正交基团是编码 UAA 技术的另一重要途径。叠氮与炔基的［3+2］环加成反应是一类研究和应用都相当广泛的生物正交反应，因此，研究者们设计了一系列含有叠氮基团或炔键的非天然氨基酸。例如，含有叠氮基团的吡咯赖氨酸非天然氨基酸 ACPK 就被用于研究肠道细菌 Shigella 的分泌蛋白 OspF[6]。

2.2　点击化学

2022 年诺贝尔化学奖颁发给了 Carolyn R. Bertozzi、Morten Meldal 和 Karl B.Sharpless 三位化学家，以表彰他们为点击化学（click chemistry）和生物正交化学（bioorthogonal chemistry）的发展做出的突出贡献。点击化学的概念由 Sharpless 首先提出，点击化学反应被用于快速且高效率地连接有机小分子或生物分子。

点击化学的主旨是通过小单元的拼接来快速、可靠地完成广泛底物分子的化学合成[7]。它尤其强调开辟以碳−杂原子键（C—X—C）合成为基础的组合化学新方法，并借助这些反应（点击化学反应）简单高效地获得分子多样性。经过近二十年的发展，点击化学在有机合成方面有着突出的贡献，更是在药物研发和生物医用材料合成等诸多领域中成为最吸引人的合成理念之一。点击化学在组织再生、药物输送、材料表面修饰、实现聚合物功能化等方面都有诸多应用。

点击化学具有以下特点：
（1）模块化，参与反应的只有一对点击化学反应官能团（如叠氮和炔）；
（2）产率高；
（3）副产物无害；
（4）反应有很强的立体选择性；
（5）反应条件简单；
（6）原料和反应试剂易得；
（7）合成反应快速；
（8）不使用溶剂或在良性溶剂中进行，最好是水；
（9）产物易通过结晶和蒸馏分离，无须柱色谱分离；
（10）产物对氧气和水不敏感；
（11）反应需要高的热力学驱动力（>84 kJ/mol）；
（12）符合原子经济原则。

点击化学反应主要有 4 种类型，分别为环加成反应、亲核开环反应、非醇醛的羰基化学、碳碳多键的加成反应。点击化学的代表反应有 Staudinger 连接反应[8]、铜催化的叠氮−炔烃环加成反应（CuAAC）[9]、环张力诱导的叠氮−炔烃环加成反应（SPAAC）[10]、四嗪−反式环辛烯之间逆电子需求的 Diels-Alder 反应（inverse-electron-demand Diels-Alder reaction, iEDDA）[11]、醛/酮−羟胺缩合反应[12]及半胱氨酸−CBT 缩合反应[13]等。其中，应用最为广泛的是叠氮−炔烃环加成反应。而在该反应体系中，最经典的当属一价铜离子催化的叠氮和端炔基之间的 Huisgen 环加成反应（CuAAC 反应），它被广泛应用于化合物的偶联和修饰中,可以有效地构建结构复杂的杂环化合物,在材料科学以及药物分子设计等方面都有着广泛的应用。

2.3　荧光共振能量转移

荧光共振能量转移(fluorescence resonance energy transfer,FRET)是较早发展起来的一种荧光分析方法[14]。随着绿色荧光蛋白应用技术的发展,FRET 已经成为检测生物大分子纳米级距离和距离变化的有力工具,在生物大分子相互作用分析、细胞生理研究、免疫分析等方面有着广泛的应用。

荧光共振能量转移是距离很近的两个荧光分子间产生的一种能量转移现象。当供体(donor)荧光分子的发射光谱与受体(acceptor)荧光分子的吸收光谱重叠,并且两个分子的距离在 10 nm 以内时,就会发生非辐射能量转移,即 FRET,使得供体的荧光强度比它单独存在时要低得多(荧光猝灭),而受体发射的荧光却大大增强(敏化荧光)。本实验中,将绿色荧光蛋白与荧光分子偶联,在偶联物中,二者的荧光性质和空间距离均满足 FRET 产生的要求,因此,对绿色荧光蛋白进行激发则可以使荧光分子发射的荧光敏化。

2.4　多色荧光凝胶成像系统简介

多色荧光凝胶成像系统是一种用于生物学领域的仪器,同时兼顾化学发光和荧光成像两项功能;支持多种荧光标记抗体检测,可在一张印迹膜上同时检测多达三种蛋白质;具有红、绿、蓝、双近红外共 5 个荧光检测通道,用于蛋白胶、核酸胶等多种成像(图 4-1)。本实验中,需在两个通道下对含有两种荧光标记的蛋白质进行检测对比。

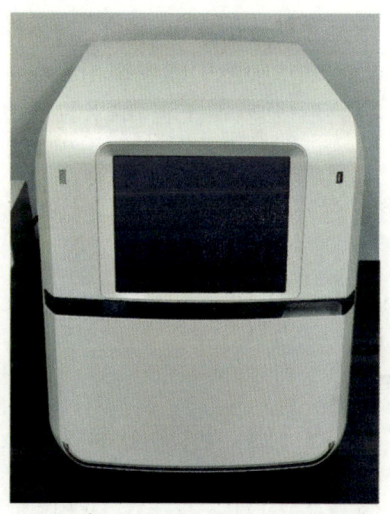

图 4-1　多色荧光凝胶成像仪

 3.　实验原理

3.1　点击化学分类及原理

3.1.1　Cu(Ⅰ)催化的叠氮-炔点击化学反应[Copper(Ⅰ)-catalyzed azide-alkyne cycloaddition,CuAAC]

一价铜催化的叠氮-炔烃环化加成反应在 2002 年被 Sharpless 组和 Medal 组分别独立报道,该反应是点击化学的第一个经典之作。叠氮和端炔在绝大多数化学条件下保持稳定,但在一价铜催化条件下却可高效专一地转化为 1,3-取代的三氮唑(图 4-2)。与其结构一

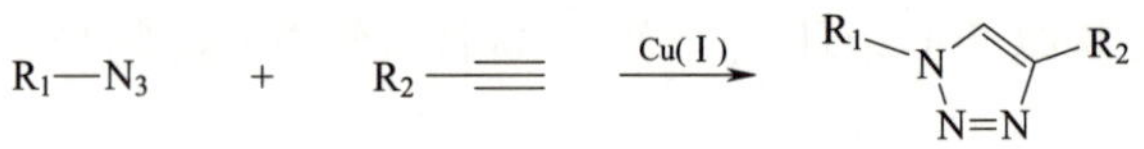

$$R_1\!\!-\!\!N_3 \quad + \quad R_2\!\!-\!\!\equiv \quad \xrightarrow{\text{Cu(I)}} \quad$$

图 4-2 Cu(I)催化的叠氮-炔点击化学反应

致的基团在自然界中尚未被发现,但条件温和、产率高、化学选择性强且不受水氧干扰等特点成为该反应的突出优势。然而,由于铜离子会对生物体系产生有害影响,因此该反应在生物体系(如细胞、活体)中的应用有较大的局限性。

3.1.2 环张力促进的叠氮-炔点击化学反应(strain-promoted azide-alkyne cycloaddition,SPAAC)

Bertozzi 等人于 2004 年开发了应变促进叠氮-炔烃的环化加成反应,不需要使用金属催化剂、还原剂或稳定配体。环辛炔衍生物(如 OCT、BCN、DBCO、DIBO 和 DIFO)存在较强的分子内环应变力,它们与叠氮反应后形成稳定的三唑(图 4-3),环张力消失而额外释放的焓显著加速了反应,使之在无铜催化时也可发生。尽管 SPAAC 的反应动力学比 CuAAC 慢,但它在活细胞中的生物相容性优势显著。迄今为止,SPAAC 已被广泛应用于杂化和嵌段聚合物形成、代谢工程、纳米粒子功能化、寡核苷酸标记等领域。

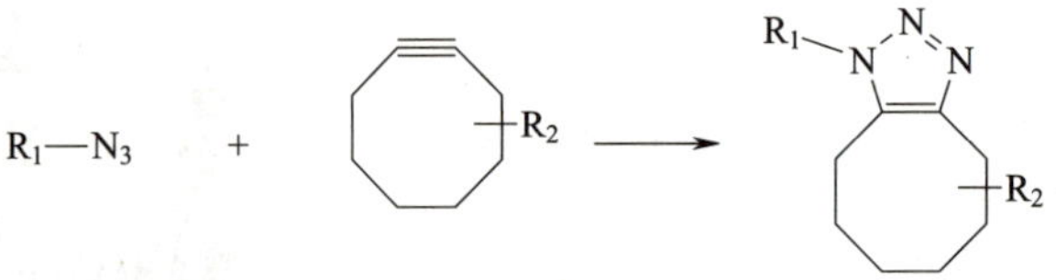

$$R_1\!\!-\!\!N_3 \quad + \quad$$

图 4-3 无铜催化的叠氮-炔烃环化加成反应

3.1.3 四嗪和烯烃(反式环辛烯)之间的连接(Tetrazine-trans-cyclooctene ligation,Tz–TCO ligation)

反式环辛烯 TCO 的 iEDDA,在生理条件下具有无须催化剂、反应速率快和生物相容性好的特点。反式环辛烯被广泛应用于生物和材料科学的研究中,尤其是靶向医学成像或预靶向治疗方法和相关的试剂盒。四嗪(tetrazine)是一类含有反应性四嗪基团的点击化学标记试剂,含有四个氮原子的六元杂环,有三种异构体:1,2,3,4-四嗪、1,2,4,5-四嗪、1,2,3,5-四嗪。四嗪试剂与反式环辛烯在逆电子需求 Diels–Alder 反应和逆 Diels–Alder 反应中具有高反应性,这是在标记活细胞、分子成像和其他生物偶联应用中可以低浓度发生偶联的超快速反应。

3.2 荧光分子

荧光分子是指吸收某一波长的激发光后能发射出另一波长发射光的分子。它们大多是含有苯环或杂环并含有共轭双键的化合物。荧光分子可以单独使用,也可以组合成复合荧光体系使用。由于荧光分析的灵敏度高、操作方便、无毒性,荧光分子逐渐取代放射性同位素作为生物检测标记,并被广泛应用于荧光免疫分析、荧光探针传感、细胞荧光染色等。例如,特异性的 DNA 染色就被用于染色体分析、细胞周期、细胞凋亡等相关研究。

目前,用于荧光标记剂的荧光分子越来越多,主要有以下五种。

（1）荧光素类荧光分子,包括异硫氰酸荧光素（FITC）、羟基荧光素（FAM）、四氯荧光素（TET）等分子及其类似物,这是一类具有多个苯环的化合物。应用最广泛的是 FITC,在 488 nm 处由氩离子激光激发,发射 525 nm 的蓝绿色荧光。FITC 能够与各种抗体蛋白结合,并在碱性溶液中稳定呈现蓝绿色荧光。

（2）罗丹明类荧光分子,包括红色罗丹明（RBITC）、四甲基罗丹明（TAMRA）、罗丹明 B（TRITC）等。TRITC 在 550 nm 处被激发可发射出 570 nm 的黄色荧光。

（3）Cy 系列荧光分子（菁染料）,通常由两个杂环体系组成,包括 Cy2、Cy3、Cy3B、Cy3.5、Cy5、Cy5.5、Cy7 及其类似物。

（4）Alexa 系列荧光分子,它是由 Molecular Probes 开发的系列荧光分子。其激发光和发射光光谱覆盖大部分可见光和部分红外光谱区域,应用广泛,以高亮度、稳定性、仪器兼容性、多种颜色、pH 不敏感及水溶性为主要特点。Alexa 系列荧光分子包括 Alexa Fluor 350、405、430、488、532、546、555、568、594、610、633、647、680、700、750。目前市面上 Alexa 系列染料应用非常广泛,且逐渐替代传统的荧光分子,如 Alexa Fluor 488 可替代 FITC、Cy2；Alexa Fluor 555 可替代 Cy3、TAMRA；Alexa Fluor 633 可替代 APC、Cy5 等。

（5）蛋白类型荧光分子,包括藻红蛋白（PE）、藻蓝蛋白（PC）、别藻蓝蛋白（APC）、多甲藻黄素–叶绿素蛋白（preCP）等,它们大多是在蓝藻中发现的蛋白质。这类荧光分子可以与 Cy 系列分子偶联形成复合荧光分子体系,用于抗体标记。如市面上常见的有 PE–Cy3/Cy5/Cy7、APC–Cy7、PerCP–Cy5.5 等。

3.3 荧光共振能量转移（FRET）

3.3.1 原理

受激发后的荧光团（供体）将受激发的静能转移到一个光吸收分子（受体）。这种能量的转移是非放射性的,其主要原因是供体和受体之间的偶极–偶极相互作用。通过双偶极反应,一个处于激发态的供体以非激发方式将能量传递给旁边的受体。这一理论基于将被激发荧光分子看成振荡偶极子,能够和有同一振荡频率的另一个偶极子发生能量交换。

FRET 效应将供体激发态能量转移到受体激发态,使供体荧光强度降低,而受体可以发射更强于本身的特征荧光（敏化荧光）,也可以不发荧光（荧光猝灭）,同时也伴随着荧光寿命的相应缩短或延长。能量转移的效率和供体的发射光谱与受体的吸收光谱的重叠程度、供体与受体的跃迁偶极的相对取向、供体与受体之间的距离等因素有关。作为共振能量转移供、受体对,荧光物质必须满足以下条件:

（1）受体、供体的吸收光谱（或激发光谱）要足够分开；

（2）供体的发射光谱与受体的吸收光谱（或激发光谱）存在至少部分重叠。

以两种荧光蛋白 CFP 和 YFP 之间的 FRET 效应为例（图 4-4）,CFP（供体）受到激发,但是大多数能量不会产生 CFP 的青绿色荧光,而是被转移到 YFP（受体）从而产生 YFP 的黄色荧光。

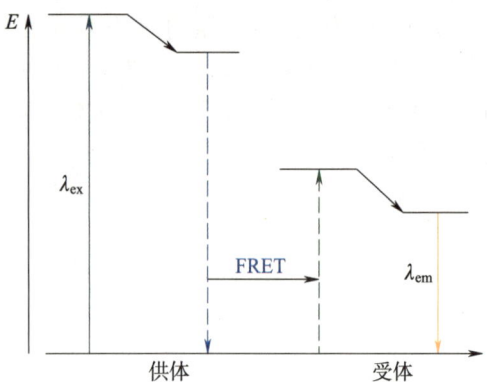

图 4-4   CFP/YFP FRET 能量图

3.3.2   荧光共振能量转移应用要求

在生命科学领域,FRET 技术是检测生物大分子纳米级距离和距离变化的有力工具,可用于检测某一细胞中两个蛋白质分子是否存在直接的相互作用。正如前述,当供体的发射光谱与受体的吸收光谱重叠,并且两个探针的距离在 10 nm 范围以内时,就会产生 FRET 现象。在生物体内,如果两个蛋白质分子的距离在 10 nm 之内,一般认为这两个蛋白质分子存在直接相互作用。

3.4   铜催化的点击化学偶联带有炔基的荧光基团 Cy3

由于本实验是在细胞外,且要求快速反应完成,因此我们采用 Cu（Ⅰ）催化的叠氮-炔烃环加成反应方式在绿色荧光蛋白上偶联荧光分子 Cy3（图 4-5）。Cy3 自身可被 550 nm 激光激发,发射波长在 570 nm 的橙色荧光。GFP 与 Cy3 充分接近则可发生 FRET,在多色荧光凝胶成像系统中可观察到,较之原来的 GFP 发出的绿色荧光,标记 Cy3 的 GFP 可发出增强的橙黄色荧光。

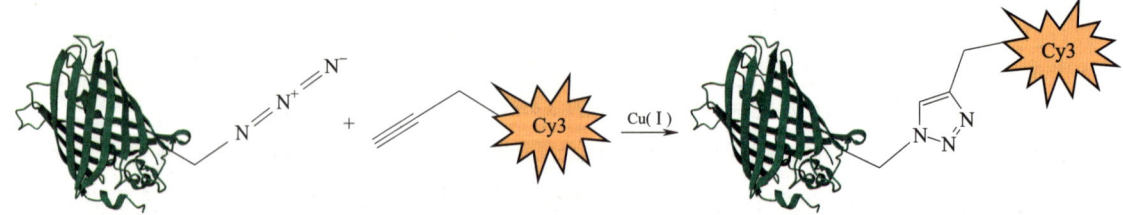

图 4-5   绿色荧光蛋白偶联荧光分子 Cy3 示意图

3.5   铜催化的点击化学反应体系

本实验中,铜催化的点击化学反应体系主要包括:纯化后的含有非天然氨基酸 PABK 的绿色荧光蛋白、NTA 缓冲液（20 mmol/L 磷酸钠,500 mmol/L NaCl,pH 7.4）、Cy3-alkyne、三（3-羟丙基三氮基甲基）胺（Tris［（1-（3-hydroxypropyl）-1H-1,2,3-triazol-4-yl］methyl） amine，THPTA）（10 mmol/L）、CuSO$_4$溶液（10 mmol/L）和抗坏血酸钠（Vc）。

3.5.1　CuSO$_4$

铜（Ⅰ）是 CuAAC 反应的最佳催化剂。常规的催化系统包括使用五水硫酸铜和还原剂如抗坏血酸钠或金属铜。使用这种催化系统的主要优点是成本低、对水介质的耐受性好、反应时间短。

3.5.2　THPTA

THPTA 溶于水，是第一代点击化学反应催化剂配体。THPTA 和 Cu$^+$ 络合，大大提高了 Cu$^+$ 在溶液中的稳定性，从而降低了铜离子用量，提高了反应效率。另外，THPTA 中的三唑（triazole）结构具有抗氧化作用，保护反应物免受 Cu^{2+} 氧化破坏。THPTA 大大简化了 CuAAC 点击化学反应，从而让点击化学标记反应可以在水溶液中、在低浓度条件下、在生理环境中快速高效地进行。

3.5.3　抗坏血酸钠

其作用为还原二价铜得到一价铜，与不同的铜（Ⅱ）盐结合使用。还原剂会将铜（Ⅱ）状态还原成铜（Ⅰ）状态，并协助在反应介质中保持相当高的催化物种水平。反应中会加入稍微过量的抗坏血酸钠，防止氧化偶联产物的生成。

3.6　点击化学反应效率计算

点击化学反应完成后，为测定其反应效率，分别取相同浓度的样品于紫外–可见分光光度计中测定其吸收光谱，并记录其在 395 nm 及 550 nm 处的吸光度。根据以上数据计算点击化学反应效率，计算公式：

$$A_\lambda \times \varepsilon_{395} / \left[(A_{395} - f \times A_\lambda) \times \varepsilon_\lambda \right]$$

式中 A_λ 是荧光分子在其最大吸收波长 λ 处的吸光度；A_{395} 是绿色荧光蛋白在 395 nm 的吸光度；ε_λ 是荧光分子在波长 λ 处的摩尔吸光系数，ε_{395} 是荧光分子在 395 nm 处的摩尔吸光系数，以 L·mmol^{-1}·cm^{-1} 为单位。公式以荧光分子在 395 nm 处的吸收进行校正。系数 f 是染料在 395 nm 和最大可见吸收波长 λ 的吸光度比值。

3.7　蛋白质的凝胶成像

将待分析的样品在凝胶上进行电泳分离后，通过不同的电泳迁移率将目标分子从混合物中分离开来，再将凝胶暴露在特定荧光激发光或可见光下，使目标分子产生荧光或发生显色反应，进而进行可视化的成像检测。

4. 实验操作

4.1　仪器试剂

4.1.1　仪器

- 移液器
- 台式离心机
- 分析天平
- 微型离心机
- 凝胶电泳仪
- 制胶装置
- 垂直电泳槽
- 紫外分光光度计
- 荧光光谱仪
- 多色荧光凝胶成像仪
- 培养箱

4.1.2　常规耗材

- 离心管（1.5 mL）
- 移液器吸头
- 超滤管（MWCO 10 kD）
- 手套
- 口罩

4.1.3　试剂

- 氯化钠
- 二水合磷酸二氢钠
- 氢氧化钠
- THPTA［三（3-羟丙基三氮基甲基）胺］
- 五水硫酸铜
- DMSO
- 抗坏血酸钠
- Cy3-alkyne
- TEMED
- SDS
- 过硫酸铵

- 30% 丙烯酰胺混合溶液
- Tris-HCl
- Tris
- 甘氨酸
- 绿色荧光蛋白溶液（2 mg/mL）
- Cy3-alkyne 母液（1 mmol/L）
- THPTA 溶液（10 mmol/L）
- 抗坏血酸钠溶液（2 mmol/L）
- $CuSO_4$ 溶液（10 mmol/L）
- 5× 蛋白质上样缓冲液
- RealBand 三色预染蛋白 Marker
- NTA 缓冲液
- SDS-PAGE 电泳缓冲液
- SDS-PAGE 胶
- MilliQ 水

4.2　实验步骤

本实验基本操作流程见图 4-6。

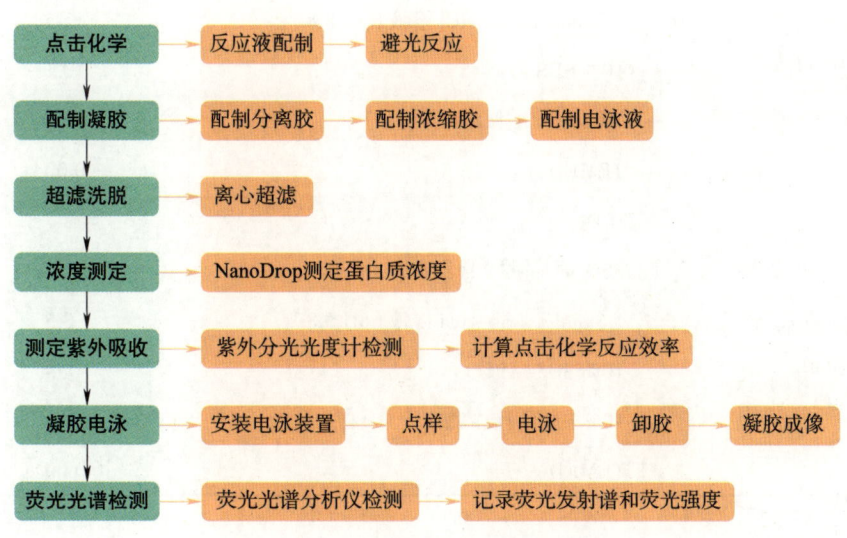

图 4-6　荧光标记及相关检测流程图

4.2.1　点击化学反应（用时 30 min）

取 4 个 1.5 mL EP 管，按表 4-1 依次加入试剂和小磁子，室温下避光反应 2 h。反应进行的同时，可以开始准备 SDS-PAGE 凝胶电泳溶液并制胶。

表 4-1   点击化学反应剂量表   单位:μL

	1	2	3	4
绿色荧光蛋白溶液	130	130	130	130
NTA 缓冲液	70	40	30	20
Cy3-alkyne 母液(1 mmol/L)	0	20	20	20
THPTA 溶液(10 mmol/L)	0	0	0	10
CuSO₄ 溶液(10 mmol/L)	0	0	10	10
抗坏血酸钠溶液(2 mmol/L)	0	10	10	10

注:① 建议将 THPTA 和 $CuSO_4$ 溶液预先混合均匀后再加入反应体系。
　　② 抗坏血酸钠溶液现用现配,并在最后加入。

4.2.2　制备 SDS-PAGE 凝胶及电泳缓冲液(用时约 1 h)

配制 SDS-PAGE 凝胶时可参考《分子克隆》手册的配方(表 4-2)。

表 4-2   SDS-PAGE 凝胶配方表

	组分名称	用量/mL
分离胶(12%) 10 mL	H₂O	3.3
	30% 丙烯酰胺混合溶液	4.0
	1.5 mol/L Tris-HCl 溶液(pH 8.8)	2.5
	10% SDS 溶液	0.1
	10% 过硫酸铵溶液	0.1
	TEMED	0.004
浓缩胶(5%) 4 mL	H₂O	2.7
	30% 丙烯酰胺混合溶液	0.67
	1.5 mol/L Tris-HCl 溶液(pH 6.8)	0.5
	10% SDS 溶液	0.04
	10% 过硫酸铵溶液	0.04
	TEMED	0.004

注:过硫酸铵溶液现用现配。

（1）找出配套的胶板,用擦镜纸擦干净,并固定在配胶器上,随后用去离子水试漏。

（2）若胶板不漏水,就进行分离胶的配制。按照表 4-2 配方依次将各组分加到干净的离心管中混匀,开始灌胶,沿着胶板边缘轻轻灌下,防止产生气泡。

（3）用水或乙醇将分离胶压平(用水灌满,同时加水时要缓慢加入,防止把胶吹起)。

（4）待分离胶与水中间形成明显的横线,即分离胶凝固,开始进行浓缩胶的配制,并将分离胶上层的水倒掉,用滤纸吸干水分(尽量不要把滤纸插入)。

（5）灌浓缩胶，并插入梳子。

（6）把制胶器倒过来，胶不会往外流，或可以明显看出梳子中两个齿之间的胶面明显凹下去，说明浓缩胶凝固。

（7）等待期间可配制电泳缓冲液，按照配方进行配制：Tris 碱 15.1 g、甘氨酸 94.0 g、SDS 5.0 g，加 dH$_2$O 定容至 1000 mL。

4.2.3 超滤洗脱（用时 30 min）

反应结束后将本实验 4.2.1 中的反应体系转移至 10 kDa 超滤管中，置于离心机，并补加 NTA0 溶液至 1 mL，8000 × g 离心，重复该操作 4 次以上，以除去体系中过量的 Cy3-alkyne、THPTA 及 CuSO$_4$ 等杂质。因蛋白质样品已标记上荧光抗体，整个步骤须注意避光。

4.2.4 蛋白浓度测定（用时 30 min）

使用 NanoDrop 仪测定上述反应体系中蛋白质的浓度及 A_{260}/A_{280} 的值。

4.2.5 测定紫外吸收并计算点击化学反应效率（用时约 30 min）

将上述未标记及标记后的绿色荧光蛋白分别放入紫外分光光度计中，用于稀释样品的液体加入 UVette 比色皿中，在 395 nm 和 550 nm 两个波长下进行调零。记录其吸收光谱曲线和峰值，按照公式计算其点击化学反应效率。Cy3 标记后的标记率（α）的计算公式为

$$\alpha = A_{550} \times 27 / \left[(A_{395} - f \times A_{550}) \times 150 \right]$$

4.2.6 SDS-PAGE 凝胶电泳（用时 2 h）

共 4 个样品，为表 4-1 中的 4 个反应体系。

（1）取 4 个 1.5 mL EP 管，标记样品名称后，分别加入 16 μL 样品（样品蛋白质浓度过低时需要浓缩）和 4 μL 5× 上样缓冲液，使用移液器吹打几次将液体混匀，置于金属浴 100 ℃加热 5 min，使蛋白变性。

（2）每个小组取 5 μL 蛋白 Marker，同时准备上样。

（3）将 4.2.2 步骤中凝固的胶板装入电泳槽内，并在电泳槽内加入 SDS-PAGE 电泳缓冲液，把胶浸泡一段时间（防止梳子与胶相连，或胶因湿度不够而萎缩）。

（4）调胶：拔掉 SDS 胶上的梳子，并用小针调整齿的位置（使它们都平行）。

（5）点样：用 20 μL 小吸头，吸 12 μL 煮过的样品，对准胶孔点样，注意不要把样品点在外面。同时上样 5 μL 蛋白 marker。

（6）电泳：电泳仪正负极接好，打开电源。浓缩胶：电压 80 V；分离胶：电压 120 V。

（7）卸胶：等胶内的所有的蓝色都跑出去，电泳停止，一般时间为 2 h 左右。把胶板从电泳仪上卸下，用刀片把胶板撬开，割除浓缩胶部分。因蛋白质样品已标记上荧光分子，整个步骤须注意避光。

4.2.7 凝胶成像及结果分析（用时 30 min）

（1）取出蛋白胶后，置于多色荧光凝胶成像仪中，绿色荧光蛋白 GFP 本身可在紫外光下发出绿色荧光，在该蛋白上偶联荧光染料 Cy3，由于 FRET 效应，可进一步发射出增强的

橙黄色荧光,因此可将标记上的蛋白条带与未标记的蛋白条带进行检测对比。

（2）插入 PABK 的 GFP 蛋白与荧光分子 Cy3 的连接产物还可以进一步通过 ESI–MS 确定其正确性(选作)。

4.2.8　荧光光谱检测(用时约 30 min)

将步骤 4.2.3 中的蛋白样品分别稀释 1~3 倍,放入荧光光谱分析仪中,选择激发波长为 488 nm 的激光,并调整合适的激发光强度,记录不同样品的荧光发射谱及荧光强度,讨论荧光共振能量转移对于样品荧光光谱的影响。

4.3　实验学时建议表

时间	步骤
10:00—10:30	准备工作(讲解实验背景和原理等)
10:30—11:00	配制点击化学反应体系
11:00—12:00	配制 SDS–PAGE 凝胶及电泳缓冲液
12:00—13:00	**午饭**
13:00—13:30	反应后进行超滤洗脱
13:30—14:00	蛋白质浓度测定
14:00—14:30	测定紫外吸收并计算点击化学反应效率
14:30—16:30	蛋白凝胶电泳
16:30—17:00	凝胶成像及结果分析
17:00—17:30	荧光光谱检测

5. 思考题

（1）查阅文献了解点击化学的基本原理及进展。

（2）影响点击化学反应效率的因素有哪些?

（3）荧光共振能量转移发生的条件是什么?

（4）抗坏血酸钠为什么要最后加入且要现配现用?

（5）制备 SDS–PAGE 凝胶时为什么过硫酸铵溶液要现配现用? 其作用是什么?

（6）蛋白质上样前为何要加热变性? 其作用是什么?

（7）测定荧光光谱时,如何选择激发光波长和激发光强度? 能否用荧光光谱计算点击化学的反应效率? 为什么?

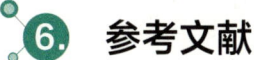

6. 参考文献

第二章
基础细胞生物学实验

　　基础细胞生物学实验模块旨在通过实践操作,使学生深入掌握利用化学工具和技术探究生物分子在细胞中功能的方法。一方面,化学生物学为细胞生物学研究提供了关键技术手段,例如通过荧光探针标记细胞内分子,实现对细胞内动态过程的实时观察,或通过化学探针标记和检测特定的蛋白质或核酸,解析细胞信号传导和代谢途径。另一方面,细胞生物学实验为化学生物学的工具和方法提供了丰富的应用场景。例如,通过在活细胞环境中进行实验,可以揭示化学分子在细胞内的作用机制,并评估化学探针、分子标记和小分子药物的特异性、稳定性及功能。

　　本章包括以下四个实验:(1)细胞培养与免疫荧光成像;(2)细胞中基因表达的定量检测;(3)细胞活力和药物毒性检测;(4)点击化学与细胞成像。通过这些实验,学生将掌握基本的细胞生物学实验技术,如细胞培养、显微观察、细胞计数与染色、蛋白质和核酸的提取与分析等。此外,实验课程还旨在培养学生的科学思维、实验设计与分析能力,深化学生对化学生物学理论的理解与应用,为未来的科研和专业发展奠定坚实的基础。

细胞培养与免疫荧光成像

杨柳(厦门大学) 吴菲(北京师范大学)

1. 实验目的

（1）了解细胞实验基本操作，建立无菌操作意识，掌握细胞培养、传代和计数的基本流程及方法；

（2）了解几种细胞染色的常见方法及优缺点；

（3）掌握免疫荧光技术的基本原理，抗原-抗体相互作用的特异性和不同类型的荧光染色剂及其在实验中的应用；

（4）掌握荧光显微镜的基本原理和操作技巧；

（5）应用所学知识，设计多荧光通道的免疫荧光染色实验，解决特定的细胞生物学问题。

2. 实验背景

2.1 细胞研究概述

细胞（cell）是一切生命活动的基本单位。即使是非细胞生物，也必须依赖宿主细胞得以生存和繁衍。所有生理、病理相关科学问题的探索都可以在细胞水平进行。因此，细胞研究是生命科学的基础。

细胞研究的起始可追溯至 17 世纪，光学显微镜的发明使细胞被观察发现。此后百余年间，人们发现不同物种、不同组织都是由细胞构成的。19 世纪，德国植物学家施莱登和动物学家施旺在此基础上提出了"细胞学说"，与后来的达尔文生物进化论和孟德尔遗传学一起成为现代生物学的三大基石。进入 20 世纪后，伴随细胞染色、光学成像、电子显微镜成像、X 射线衍射、离心分离、生化分析、分子生物学工程等技术的飞速发展，细胞研究迈入了更加微观的层面。一方面，各种亚细胞超微结构相继被发现，如线粒体、核糖体、溶酶体、高尔基体、内质网、细胞骨架等，奠定了细胞精细结构与对应功能研究的基础。另一方面，细胞遗传信息传递的"中心法则（central dogma）"的确立，以及针对细胞化学组成的研究，如细胞中蛋白酶活性、脱氧核糖核酸（deoxyribonucleic acid，DNA）含量的测定，对认识和理解细胞活动与功能的分子基础有重要的促进作用。

当前，针对细胞的化学修饰、调控方法和工具被不断推陈出新，如获得 2008 年诺贝尔化学奖的绿色荧光蛋白（green fluorescent protein，GFP）、获得 2022 年诺贝尔化学奖的点击化学(click chemistry)和生物正交化学(bioorthogonal chemistry),极大地推动了细胞化学生物学的发展。这一前沿交叉领域的兴起,也为生命科学基础研究和疾病治疗带来了新的机遇。

2.2　细胞的类型与结构

细胞种类繁多,形态各异,但在结构和功能上具有多方面共性特征,主要包括:(1)都具有选择性透过的质膜结构,用以维持细胞内环境稳态;(2)都能通过质膜调节物质传输与外部环境进行物质和能量交换;(3)都能够进行新陈代谢;(4)都利用核酸储存遗传信息,并遵循"中心法则"传递遗传信息;(5)都能够自我复制、增殖及遗传。

根据结构复杂程度,细胞可以分为原核细胞(prokaryotic cell)和真核细胞(eukaryotic cell)。原核细胞是构成细菌、古生菌、支原体、衣原体等原核生物的基本单位。其胞体较小(1~10 μm),一般包括最外层的细胞壁、细胞膜、细胞质以及环状 DNA 集中分布的拟核、核糖体、中间体等无膜结构。细菌细胞还具有鞭毛结构,可进行细胞泳动。值得注意的是,原核细胞中不含细胞核、线粒体、高尔基体、内质网等有膜细胞器,也不具有细胞骨架结构。相较之下,真核细胞的胞体普遍较大(10~100 μm),进化程度更高,包含细胞膜、细胞质、细胞核三大结构,其中植物细胞在细胞膜外还具有一层纤维素组成的细胞壁。真核细胞通过各种膜相结构和无膜结构实现了内部不同功能的区域划分,保证其中的酶能够更加高效地发挥作用。例如,真核细胞能够利用线粒体所封闭的三羧酸循环代谢通路进行高效的有氧能量代谢和三磷酸腺苷(adenosine triphosphate,ATP)合成。此外,真核细胞内的微管、微丝等细胞骨架不仅能对细胞形态起到支撑维持作用,还能通过动态变化实现细胞变形、运动、产力、通信等功能。

2.3　细胞功能活动的分子基础

细胞是由蛋白质、核酸等生物大分子和水、无机盐、糖类、脂类等生物小分子组成的、高度异质性的集合体。

蛋白质是细胞内各项功能活动的直接执行者,具体负责:构建细胞骨架等多种细胞结构(结构蛋白);催化胞内生化反应(蛋白酶);调节细胞代谢(调节蛋白);运输代谢物质(转运蛋白);识别、接收并传递信号(受体蛋白);免疫响应(抗体蛋白)……蛋白质的胞内表达与细胞类型、状态密切相关,其中特异性高表达的蛋白质常作为生物标志物(biomarker),既能用于细胞鉴定、标记、定量/定性评估及分选,也能作为分子靶标实现细胞靶向操控,如靶向肿瘤细胞的药物递送和杀伤。蛋白质的结构与活性受细胞内部微环境、翻译后修饰(post-translational modifications,PTMs)、金属离子、小分子激动剂/抑制剂、分子伴侣(chaperone)及其他生物大分子的调控,进而影响细胞活动。因此,蛋白质的化学修饰和功能调节一直是细胞化学生物学研究的重点。

核酸负责编码生命活动的全部信息,这些信息基于核苷酸碱基互补配对原则、以不同碱基对排列组合的方式被储存在 DNA 分子中,并通过 DNA 自我复制传递至子代细胞。核糖核酸(ribonucleic acid,RNA)分子是介导"中心法则"的关键,一方面负责 DNA 编码遗传信息的转录(transcription),另一方面与核糖体共同将其翻译(translation)成氨基酸多肽链,后者进一步折叠形成蛋白质。当前,科学家们已经可以利用基因编辑或 RNA 技术操控蛋白质的表达合成,实现下游细胞功能的精准调控。

2.4   细胞的增殖

细胞增殖(cell proliferation)是通过细胞生长和分裂使其数目增加、并将复制的遗传物质平均分配至子代细胞的过程。原核细胞通过二分裂(binary fission)实现细胞增殖。对于真核细胞,有丝分裂(mitosis)是主要的增殖方式。一个完整的细胞增殖周期分为间期(interphase)和分裂期(mitotic phase,又称 M 期)。

间期分为三个阶段:(1)DNA 合成前期(G_1 期),即前一次分裂完成到 DNA 开始合成的阶段,其间将大量合成蛋白质、RNA、脂类及糖类等物质,使细胞质体积增大、细胞生长;(2)DNA 合成期(S 期),即从 DNA 开始复制到 DNA 复制结束的阶段,其间完成 DNA 的复制、组蛋白和非组蛋白的合成以及核小体的组装,确保每条染色质都具有两条 DNA 分子(两条染色单体);(3)DNA 合成后期(G_2 期),即从 DNA 复制结束到有丝分裂开始之前的阶段,继续合成 RNA 和特殊调节蛋白,储备能量物质,为有丝分裂做准备。细胞的 G_1 期和 G_2 期均存在限制点(restriction point,又称 R 点),是开启或关闭细胞增殖周期的“阀门”,受细胞生长环境(如培养基)各种物理、化学因子的调控。

细胞进行有丝分裂的 M 期,也分为四个阶段:(1)前期(prophase),染色质凝聚成染色体,中心粒向细胞两极移动,细胞分裂极确定,伴随核仁消失与核膜解体;(2)中期(metaphase),有丝分裂器形成,染色体在细胞中央排布,赤道板形成;(3)后期(anaphase),染色体纵裂,成对的染色单体分离并向细胞两极移动;(4)末期(telophase),染色体与核膜小泡融合形成两个新的细胞核,胞质分裂形成两个子代细胞,象征有丝分裂的结束。

不同类型细胞的增殖周期时间差异很大,尤其是 G_1 期,短至几分钟,长至数十年;S 期和 G_2 期一般为若干小时;M 期时间最短,通常为 1 h 左右。

2.5   细胞坏死与凋亡

细胞死亡形式分为坏死(necrosis)和凋亡(apoptosis)。细胞坏死是一种环境剧变、外界侵扰或疾病引起的被动性、急性细胞死亡,主要表现为膜通透性增高,细胞水肿,线粒体等细胞器肿胀破裂,内部酶释放引起细胞自溶,胞质内容物溢出,诱发一系列炎症反应。

细胞凋亡是细胞在特定时间或条件范围内,由基因控制的主动性、程序性死亡(programmed cell death)。细胞凋亡会经历早期的细胞膜特化结构改变或消失,细胞体积变小,细胞核聚集,染色质凝集,到晚期的细胞核裂解,凋亡小体形成,直至细胞解体,凋亡小体被巨噬细胞吞噬消化。

细胞凋亡是生命体定期清除损伤、衰老、病理、无用细胞的机制,在生命的各个阶段都发挥着关键作用,如确保机体的正常发育和免疫防御等。细胞凋亡过程的异常或失控,也会导致机体内环境稳态失衡,与多种疾病的发生发展密切相关。随着科学家们对细胞程序性死亡机制的认识不断深入,相应的细胞凋亡调控研究受到越来越多的关注,已然成为当前细胞化学生物学的最热门领域之一。

2.6　细胞骨架的定义、组成与功能

2.6.1　细胞骨架的基本概念

早在 1903 年,Nikolai K.Koltsov 就提出了一个观点,细胞的形状是由一种他称之为细胞骨架(cytoskeleton)的小管(tubules)网络所决定的。细胞骨架最初被视为真核细胞独有的一种凝胶状物质,仅有助于固定细胞器的位置。随后的大量研究表明,细胞骨架是一种在细菌和古细菌中也存在的,由相互连接的蛋白丝组成的复杂而动态的网络结构,构成它们的基本单元非常保守。真核生物的细胞骨架从细胞核延伸到细胞膜,主要包含三种成分:微丝(microfilaments)、微管(microtubules)和中间丝(intermediate filaments),它们都能够根据细胞的需求迅速生长或解体。

细胞骨架的主要功能是通过建立与细胞外结缔组织(connective tissue)或其他细胞的关联,赋予细胞形状和机械抗形变性,进而稳定整个组织。细胞骨架的动态重组还可以使细胞实现定向迁移和运动。此外,它参与许多细胞信号通路,如通过内吞作用(endocytosis)参与对胞外物质的摄取;在分裂期间驱动染色体分离和细胞质的分裂;作为支架调控细胞内容物的空间分布;以及通过驱动内囊泡(vesicles)和细胞器运动来参与细胞的物质运输等。此外,它还可以形成鞭毛(flagella)、纤毛(cilia)、肋板脚突(lamellipodia)和伪足小体(podosomes)等特化的结构。细胞骨架的结构、功能和动态行为在不同生物和细胞类型上可能存在很大差异。甚至在一个细胞内,细胞骨架的特性也可能因与之结合蛋白的改变而发生变化。

2.6.2　微丝与细胞运动

微丝由被称为肌动蛋白(actin)的球状蛋白组装形成的两条链相互缠绕而成,因此微丝也被称为肌动蛋白丝(actin filament)或纤维状肌动蛋白(fibrous actin,F-actin)。通过和肌球蛋白(myosin)结合,微丝可以产生细胞收缩和其他基本运动所需的力。许多胞外刺激或细胞生长调控信号通过一组特殊的微丝结合蛋白(microfilament binding protein,MBP)来影响微丝特征,并使它们能够在需要时快速做出变化,即微丝必须在细胞的一个区域完全分解并在其他地方重新组装。与从细胞中心体延伸出的微管不同,微丝通常在质膜附近成核并在细胞边缘处丰度最高,这些位置的微丝被认为是细胞皮质(cell cortex)的一部分,负责调节细胞的形状和运动。因此,微丝也在各种细胞表面突起(如片状伪足和丝状伪足)的发生发展中发挥着关键作用。

2.6.3　微管及其功能

微管蛋白(tubulin)是由两个非常相似的球蛋白亚基(α-微管蛋白和β-微管蛋白)结合而成的异二聚体。α/β-微管蛋白二聚体可以纵向排列形成原纤丝(protofilament),后者进而横向组装形成中空的管状结构——微管。它由微管组织中心成核和生长,负责该功能的包括在许多动物细胞中心发现的中心体(centrosome)和位于纤毛和鞭毛基部的基体(basal bodies)等细胞器。微管在许多细胞过程中发挥着重要作用,如构成纤毛和鞭毛的内

部结构,提供细胞内运输平台并参与囊泡分泌和细胞内大分子物质的运输,作为纺锤体的主要成分负责有丝分裂或减数分裂后期染色体的分离等。

2.6.4　中间丝

中间丝的直径介乎于较小的微丝(7 nm)和微管(25 nm)之间,其提供的稳定结构框架在维持细胞形态和完整性上发挥着重要作用。中间丝的组成成分比微丝和微管复杂得多,它由角蛋白(keratins)、波形蛋白(vimentins)、神经纤维(neurofilaments)和层粘连蛋白(laminins)等多种蛋白构成,并在不同分化的细胞中有不同的表达模式,如上皮细胞中特异性高表达角蛋白,其可以为皮肤、头发和指甲等组织提供机械强度。这些不同种类的中间丝分子中部都有一段非常保守的螺旋杆状区域,但其头部和尾部高度变化。和其他细胞骨架一样,中间丝的组装和去组装同样是配合细胞功能变化的动态过程。三种细胞骨架示意图见图 5-1[1]。

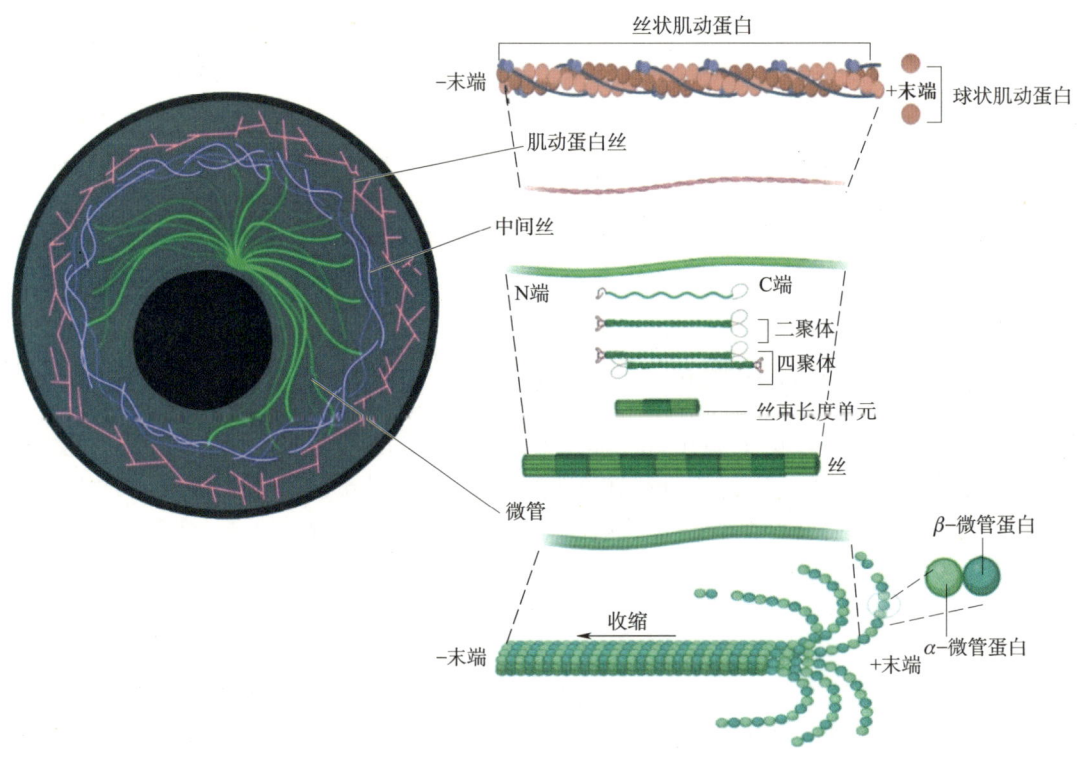

图 5-1　细胞骨架的构成与组装示意图

2.7　细胞骨架与肿瘤

细胞骨架在肿瘤生物学中扮演着重要的角色,其变化与肿瘤的发生、发展和治疗反应密切相关。利用先进细胞生物学技术对肿瘤细胞骨架进行成像,深入研究细胞骨架的调控与组装、去组装机制,可以更好地理解肿瘤的病理生理过程,为开发靶向细胞骨架的治疗策略提供科学依据,主要有以下四个方面的原因。

(1)细胞骨架与细胞形态和结构的关系:细胞骨架是维持细胞形态和结构稳定性的关键组成部分。在正常细胞中,细胞骨架的有序排列有助于维持细胞的正常形态。在肿瘤细胞中,细胞骨架的结构和功能经常发生变化,导致细胞形态的异常,这与肿瘤细胞的代谢与功能异常密切相关。

(2)细胞迁移和侵袭:肿瘤的发展与细胞的迁移和侵袭密切相关。细胞骨架在调控细胞的迁移和侵袭过程中发挥着重要作用。研究细胞骨架的变化有助于理解肿瘤细胞是如何穿过组织障碍、侵入血管或迁移到其他部位的。

(3)细胞分裂和染色体稳定性:细胞骨架与细胞分裂和染色体的分离密切相关。在肿瘤中,细胞骨架的异常可能导致细胞分裂的异常,造成染色体分配的紊乱,从而促进肿瘤的发生。

(4)信号传导调控:细胞骨架通过参与多个信号通路来调控细胞的增殖、黏附和迁移等重要生物学过程。在肿瘤中这些信号通路的异常激活或抑制与细胞骨架的改变密切相关。

2.8　染色的概念与研究历史

染色(staining)是显微镜中一种用于增强显微图像对比度的关键技术,它的历史是近几百年来人类认识疾病、诊断疾病的历史。早期病理学家和医生的染色技术来源于 17 岁的少年科学家 Leeuwenhoek,他使用茜草、靛蓝和藏红花等物质对组织进行染色并使用基本的显微镜进行研究,对组织学与病理学的发展发挥了重要作用。这些早期研究者还描绘了植物与动物细胞结构的详细区别。

19 世纪的科学家学会使用各种化学物质在染色前固定细胞以保持组织的自然形态,如使用易得的化学物(重铬酸钾、酒精和氯化汞等)来处理硬化细胞组织,并开发了彩色染色剂(三色染色剂和硝酸银染色剂等);1858 年,Joseph Von Gerlach 使用胭脂红(carmine)与明胶(gelatin)的混合物对小脑细胞进行染色,被认为是显微染色的里程碑;1875 年,丹麦科学家 Hans Christian Gram 发明了革兰氏染色法(Gram staining)以区分细菌种类,这些染色方法至今仍被广泛使用。在这一时期,许多医疗中心聘请内科医生、病理学家和外科医生来处理手术问题,新的制片方法(如石蜡浸润染色技术等)被设计出来。

20 世纪以来,染色技术有了更大的进步,免疫组织化学技术与荧光原位杂交技术的开发与应用使得人们可以将目光聚焦于某一蛋白质、某条核酸链;更多高特异性、更亮丽的染料和标记物的出现使得人们对细胞和组织的染色更加清晰和精确;全自动染色设备的引入也使得染色变得更加快速和标准化。而应用数字图像处理和分析技术为标志的数字病理学,则直接改变了人们对组织切片的观察方式,使得医生能够通过计算机屏幕上的数字图像进行远程查看、分析和共享组织切片,从而促进了医学诊断和研究的协作。这些技术的进步使得对生物样品的分析更加精细和全面,为医学、病理学和生物学等领域的研究提供了更多工具和可能性。下面就列举一些目前常用的染色方法。

2.9　常用的染色方法及染料选择

根据染色原理（即染色剂与细胞组分之间的相互作用）不同，细胞染色方法可分为简单染色法、差异染色法、特殊染色法三种类型。下面介绍这些类型与其子类型的原理、特点和应用。

2.9.1　简单染色法

简单染色法一般使用某种单一染料，使所有细胞以相同方式上色。染料结合到带负电荷的细胞组分，如核酸和细胞壁。简单染色法主要用来揭示细菌细胞的形态和排列，而对真核细胞的作用有限，因为它们具有更为复杂和多样的结构，需要更特异和高效的染料。一些简单染色的例子包括亚甲蓝（methylene blue，MB）、结晶紫（crystal violet，CV）和番红（safranine）。简单染色法易于操作、迅速且成本低。它不需要复杂的设备或程序，即可提供有关细胞形状和大小的总体情况。但简单染色不能区分不同类型的细胞或细胞结构，也不能提供有关细胞功能或活动的详细信息。

2.9.2　差异染色法

差异染色法使用两种或更多的染料，根据它们的化学或结构特性区分不同类型的细胞或细胞结构。其中革兰氏染色可区分革兰氏阳性和阴性细菌，而抗酸染色（acid-fast staining）可识别具有蜡质物质的细菌（如结核分枝杆菌）。真核细胞常用的差异染色法是HE染色法（H&E staining）和吉姆染色法（Giemsa staining）。HE染色法是一种广泛用于组织切片和细胞爬片的染色方法，其中包含两种染色液：苏木精（hematoxylin）和伊红（eosin）。苏木精染色液使细胞核变蓝，而伊红染色液使细胞质和其他结构呈粉红或红色。吉姆则是一种包括天青色素（azure）、伊红（eosin）和亚甲蓝等多种成分的混合染料，它不但可以区分不同类型的血细胞（如红细胞、白细胞和血小板），还可以鉴别血液中的其他生物（如疟原虫、锥虫等）。图5-2给出了研究人员分别对纤维软骨层组织进行HE和番红染色的结果[2]。

苏木精和伊红染色技术　　　　　　　　　　番红染色技术

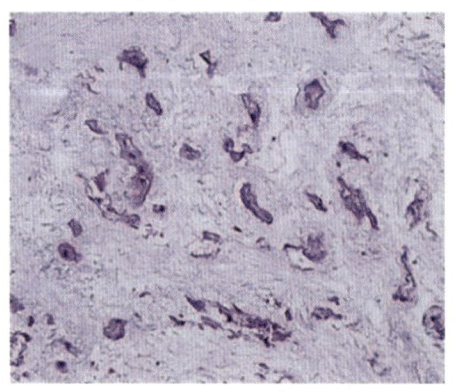 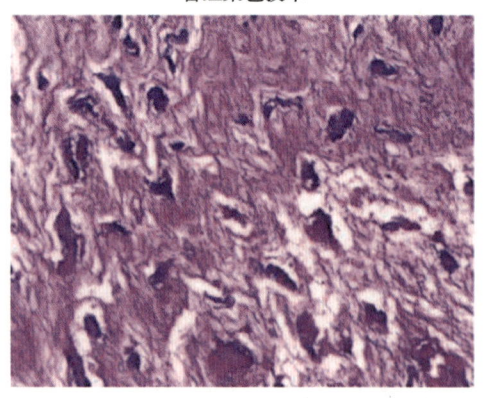

图5-2　差异染色法区分核质区域

2.9.3　特殊染色法

特殊染色是一种使用特定染料或技术突出显示某些细胞结构或特征的染色类型,这些结构或特征在简单染色或差异染色中不容易观察到。一些针对原核细胞特殊染色的例子包括芽孢染色(endospore staining)、荚膜染色(capsule staining)和鞭毛染色(flagella staining)等。对真核细胞的特殊染色法包括免疫组织化学染色(immunohistochemistry staining)、荧光染色(fluorescence staining)、福尔根染色(Feulgen staining)、PAS 染色(periodic acid-schiff staining)和透射电子显微镜染色等。特殊染色相较于简单或差异染色,可以提供更具体的细胞结构信息。它可以突出显示其他染料难以染色的特定细胞组分或特征,还可以在不同条件下或随时间变化下监测细胞组分的变化和相互作用。表 5-1 给出了几种真核细胞特殊染色法及其特点和应用范围。

表 5-1　几种真核细胞特殊染色法及其特点和应用范围

染色方法	染色特点和应用范围
免疫组织化学染色	免疫组织化学染色是一种使用抗体检测细胞中特定蛋白质或抗原的方法。这些抗体通常与荧光素、酶、金属离子或同位素等显色剂偶联,当它们结合到目标抗原时产生可见信号。该方法可以识别细胞中特定分子的表达和定位
荧光染色	荧光染色是一种使用荧光染料或探针的方法,当受到另一波长光激发时,它们会发出特定波长的光。荧光染色可用于标记 DNA、RNA、蛋白质、脂质或细胞器等不同组分,并监测它们的动态和相互作用。荧光染色还可以与 IHC 结合,以提高检测的特异性和敏感性
福尔根染色	福尔根染色是一种专门染色细胞核和线粒体中 DNA 的方法。该染料与 DNA 中去氧糖核苷酸的醛基反应,产生品红色。福尔根染色可用于细胞中 DNA 的定量并识别细胞周期的不同阶段
PAS 染色	PAS 染色,又称过碘酸-雪夫染色,一般用来显示细胞中存在糖原或多糖类物质(如糖蛋白、糖胺聚糖、糖脂、黏蛋白等)。染料中的过碘酸能使细胞内多糖的乙二醇基氧化为二醛基,其与雪夫试剂中的无色品红结合后呈现紫红色
透射电子显微镜染色	使用透射电子显微镜(transmission electron microscopy,TEM)前,通常使用重金属盐或化合物对样品进行染色,以增强对比度更易于观察。透射电子显微镜染色可以分为两大类型,正显微镜染色(positive staining)和负显微镜染色(negative staining)——分别用来揭示细胞内部和外部的形态结构

2.9.4　荧光染色法

需要额外说明的是,特殊染色法中诸如福尔根染色和 PAS 染色等方法均不涉及荧光染料,而是通过化学反应使特定的细胞结构或分子发生颜色变化,以便在常规显微镜下进行观察。但荧光染色法都涉及荧光染料或荧光标记,只有在配有激发光模块的荧光显微镜的观察下,才能做到对样品的可视化。荧光染色提供了更高的灵敏度和特异性,使人们可以通过荧光显微镜观察和分析标记的生物分子,如细胞器、蛋白质、核酸等。以下是一些常见荧光染色的原理及适用对象:

（1）DAPI——即 4′,6-二脒基-2-苯基吲哚（4′,6-diamidino-2-phenylindole），因其可与 DNA 中富含腺嘌呤-胸腺嘧啶的区域强烈结合的特性，常被用作细胞爬片或组织切片的核染色。与双股 DNA 结合的 DAPI 染剂在 358 nm 处有一个最大激发波长，并在 461 nm 处有一个最大发射波长。

（2）鬼笔环肽（phalloidin）——属于一类称为鬼笔毒素（phallotoxins）的毒素，存在于鹅膏菌（Amanita phalloides）中。它能够紧密地选择性结合丝状肌动蛋白（F-actin）。偶联了荧光素（fluorescein）、罗丹明（rhodamine）或 Alexa Fluor 等发光基团的鬼笔环肽被普遍用于观察和研究微丝结构和细胞膜的形态。

（3）JC-10——一种阳离子亲脂性细胞染料，常被用来检测线粒体膜电位变化。在正常细胞中，JC-10 集中在线粒体基质中，形成红色荧光聚集体。然而，在凋亡和坏死细胞中，JC-10 从线粒体中扩散出来并转变为单体形式，将细胞染色为绿色荧光。该特性是由于线粒体膜极化时 JC-10 的发射光从 520 nm（单体形式）转变为 570 nm（聚集体形式）[3]。

（4）Di 染料——属于长链二烷基碳菁类染料，因其独特的结构使其具有极强亲脂性，可与脂溶性生物结构结合，在一定浓度下可以对细胞膜染色。常见的 Di 染料包括 DiO、DiI、DiD、DiR，被激发后均具有很高的猝灭系数和激发态寿命，在特定细胞的组织定位示踪中起到了极大作用。

（5）免疫荧光染色技术（immunofluorescence）——一种利用免疫学技术，通过使用荧光标记的抗体来检测和定位特定蛋白质在细胞或组织中的表达情况的染色方法。

 3. 实验原理

3.1 细胞培养技术

细胞培养（cell culture）是人工创造与体内相似的环境（无菌、适宜温度、酸碱度和一定营养条件等），使细胞在体外生存、生长、繁殖并维持主要结构和功能的一种技术。细胞培养方式分为原代培养和传代培养。原代培养（primary culture）是指从机体组织直接分离细胞并立即接种于培养基中培养。传代培养（secondary culture）是指将细胞从一个培养瓶中取出、按一定体积比转移至另一个含有新鲜培养基的培养瓶中进行培养。

细胞培养技术的优势在于：（1）使得长时间观察并研究活细胞形态及活动变为可能；（2）细胞类型、状态、生存环境参数、调控因素可控；（3）可提供大量、生物学形状相似、重复性好的实验对象；（4）打破整体动物研究对技术的限制，多种分析调控技术可在活细胞水平被用于生命科学基础研究。

3.1.1 细胞的贴壁培养

根据细胞生长方式，细胞培养又分为贴壁细胞培养和悬浮细胞培养。绝大多数细胞必须通过自身分泌的细胞外基质和携带的黏附因子附着在固相支撑表面才能生长，即黏附型细胞。相较于悬浮细胞，贴壁细胞更容易维持良好的形态，增殖更快，且能通过细胞间接触形成信号传递网络。

体外贴壁培养时,黏附型细胞一般会呈现四种主要形态:成纤维型、上皮型、游走型、多形型。成纤维型细胞呈梭形或不规则三角形,胞质向外伸出若干突起,中央有卵圆形核,放射状排列,旋涡状生长。上皮型细胞呈扁平不规则多角形,中央有圆形核,细胞间紧密相连成单层膜。游走型细胞呈活跃游走或变形运动,胞质多有突起,分散生长难以成片。多形型细胞泛指无稳定形态和确定活动规律的细胞,如神经细胞。黏附型细胞的形态在细胞培养过程中可能发生改变。以人宫颈癌细胞(又称 HeLa 细胞)为例,标准培养基中呈上皮型,培养基变酸或变碱时转变为成纤维型;细胞密度低时呈成纤维型,密度高时呈上皮型。

贴壁培养的正常细胞一旦互相接触,就会停止分裂增殖,不再进入 S 期,这种现象称为细胞的接触抑制(contact inhibition)。此时就必须利用消化液对细胞进行脱黏附处理,重新分散后分皿/瓶继续传代培养。

3.1.2　细胞计数

培养的细胞在一般条件下要求有一定的密度才能生长良好,所以要进行细胞计数。细胞计数法通过吸取一定体积的细胞,使其悬浮于血细胞计数板上,然后计数血细胞计数板上四角大方格中的细胞数,再通过以下公式换算,得到细胞密度:

$$每毫升细胞数 = (四大格细胞数之和/4) \times 10^4$$

3.1.3　培养基

细胞培养中发挥关键作用的无疑是培养基,既提供细胞生存的适宜环境,也为细胞生长和增殖提供营养物质。培养基必须满足四个基本条件:(1)培养基必须含有活细胞所需要的全部营养物质;(2)培养基必须含有非毒性缓冲盐,使得 pH 维持在 7.0~7.2;(3)培养基渗透压必须与胞质渗透压一致;(4)培养基必须是无菌环境。培养基的基本营养成分包括高纯水、氨基酸(合成蛋白质)、糖类(能量供给)、无机盐(渗透压平衡)、微量元素和维生素(代谢调节)、促生长因子(依细胞种类而定)。此外,培养基中还可能添加抗生素、pH 指示剂等,使用时工作温度为 37 ℃(动物细胞),工作氛围为 95% 空气加 5% 二氧化碳的混合气体环境。常用的细胞培养基有血清、DMEM(高糖型、低糖型)、RPMI 1640 等。

3.1.4　缓冲液

细胞培养及相关实验操作常涉及细胞的洗涤,所用洗涤液基本为磷酸缓冲盐溶液。最常用的是磷酸盐缓冲的等渗生理盐溶液(phosphate buffered saline,PBS),由 Na_2HPO_4、KH_2PO_4、NaCl 和 KCl 组成。其中,由 Na_2HPO_4 和 KH_2PO_4 构成的缓冲离子对负责维持溶液 pH 的稳定,NaCl 和 KCl 则是维持等渗性的主要无机盐。杜氏磷酸盐缓冲液(Dulbecco's PBS,DPBS)在普通 PBS 的基础上加入了 Ca^{2+}、Mg^{2+},更加贴近细胞内无机盐组成。有些缓冲液中还会加入葡萄糖(如 Hanks 缓冲液),可用于若干小时的动植物细胞短期培养。

3.1.5　消化液

细胞–细胞、细胞–基底间联结通过蛋白质形成,因此细胞的脱黏附、分散处理依靠消化液来降解这些蛋白联结。胰蛋白酶溶液是最常用的消化液,其中的胰蛋白酶能够特异性地切割多肽链上赖氨酸或精氨酸残基的羧基侧,瓦解蛋白质结构,使细胞离散。其工作浓度为

0.25%,需使用不含 Ca^{2+}、Mg^{2+} 及血清(抑制胰酶活性)的 PBS 缓冲液等配制。

3.2　抗原抗体反应的基本原理

本实验将针对细胞爬片上的微丝、微管和细胞核进行染色,并在荧光显微镜下同时对以上三种细胞成分进行成像(虽然细胞核不属于细胞骨架,但在染色时通常会额外标记细胞核从而定位细胞),以期观察到它们不同的定位及形态差异。将分别应用:

(1)DAPI 染色剂对细胞核进行染色;

(2)鬼笔环肽染色剂对肌动蛋白进行染色;

(3)免疫荧光染色技术对微管蛋白进行染色。

前两种染色剂之前已做介绍,在这里不再赘述,下面主要对免疫荧光技术做进一步说明。该技术允许人们可视化生物样品(如细胞或组织)中特定分子的存在和位置,其基本原理是免疫系统的两个关键成分——抗原和抗体之间的分子识别。抗原是任何能够触发免疫的物质,而抗体是能够高度特异性结合到抗原的蛋白质。通过将荧光分子连接到抗体上,人们可以使用发射和检测不同波长的特殊显微镜来观察表明免疫反应的荧光信号。

3.2.1　抗原的定义

抗原是任何能够被抗体识别和结合的物质的通用术语。抗原可以具有不同的化学结构和大小,如蛋白质、多糖、脂质、核酸或其他分子。抗原可以来自外源,如细菌、病毒或毒素,也可以来自自身,如自身抗原或肿瘤抗原。抗原通常具有多个抗原决定簇,或称为抗原表位,这些是与抗体的抗原结合位点相互作用的特定区域。

3.2.2　抗体的结构

抗体是由一类免疫细胞(B 淋巴细胞)产生的蛋白质分子。抗体具有一个 Y 形结构,由四条多肽链组成:两条相同的重链和两条相同的轻链。这些链通过二硫键连接。Y 形的两臂被称为 Fab 区域,其中包含抗原结合位点。每个抗原结合位点由六个高变区域组成,分别来自重链和轻链的三个。这些区域形成与抗原的抗原决定簇互补的形状和电荷,从而决定了抗体的特异性。

3.2.3　抗原−抗体结合

抗原−抗体结合是抗原和抗体之间形成复合物的过程。结合基于分子识别的原理,即抗体的抗原结合位点与抗原的抗原表位具有高度的结构和化学相容性。抗体能特异性地识别相应的抗原并与之结合。这种结合在体外也能发生,这种特性就是许多免疫检测方法的基础。

3.3　免疫荧光染色基本方法

荧光基团是一种在受到较短波长光的激发时可以发射特定颜色光的分子。被荧光基团吸收的光称为激发光,荧光染料发射的光称为荧光。激发波长和发射波长之间的差异称为斯托克斯位移(Stokes shift),通常在 20~60 nm。

　　荧光基团可以直接结合到识别感兴趣的抗原的一级抗体上,也可以连接到识别一级抗体的二级抗体上,在后文染色方法部分有更详细的介绍。荧光基团与抗体直接结合通常通过化学偶联实现,这种偶联方式主要基于荧光基团与抗体中的特定官能团,如氨基(amine-based)、巯基(sulfhydryl-based)和糖基(carbohydrate-based)的共价结合。除了化学偶联,荧光基团(如荧光素)还可以通过生物素–链霉亲和素系统等其他方式与抗体结合。

3.3.1　直接染色法

　　直接染色法是免疫荧光染色的最简单和最快速的方法。它只涉及一个步骤:将样品与直接结合到感兴趣抗原的荧光标记的初级抗体一起孵育。这种方法的优势在于减少了步骤和试剂的数量,避免了二级抗体引起的交叉反应或背景。这种方法的缺点是与间接染色法相比敏感性和特异性较低,以及限制了荧光标签的选择和多通道成像的可能性。直接染色法原理如图 5-3 所示[4]。

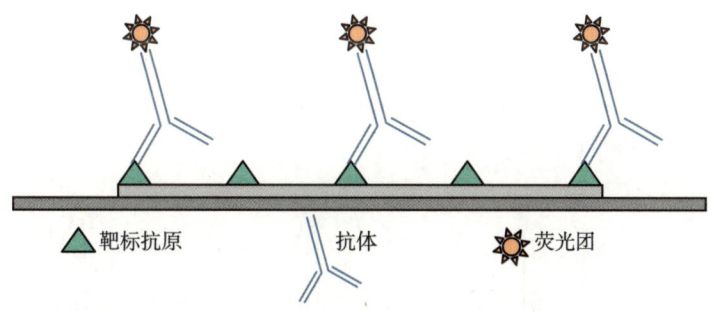

△ 靶标抗原　　　　Y 抗体　　　　※ 荧光团

图 5-3　直接染色法原理

3.3.2　间接染色法

　　间接染色法是免疫荧光染色中最常见的方法。本实验就是通过该方法对微管蛋白(tubulin)进行染色的,样品参与两个步骤:先与可以结合到感兴趣抗原的未标记的一抗(primary antibody)一起孵育,然后与可以结合到一抗的荧光标记的二抗(secondary antibody)一起孵育。随着免疫荧光技术的发展,目前市面上的二抗可以识别各种种属来源的一抗,包括小鼠、兔子、大鼠等;二抗荧光可以覆盖从紫外到远红外的整个光谱,主要类型见表 5-2。

表 5-2　偶联二抗的常见荧光基团

荧光基团	激发波长/nm	发射波长/nm
DyLight™ 405	400	421
Brilliant Violet 421™	407	421
Aminomethylcoumarin,简写 AMCA	350	450
Brilliant Violet 480™	436	478
Cyanine,简写 Cy™2	492	510
Alexa Fluor® 488	493	519

续表

荧光基团	激发波长/nm	发射波长/nm
Fluorescein,简写 FITC/DTAF	492	520
Indocarbocyanine,简写 Cy™3	550	570
R-Phycoerythrin,简写 R-PE	488	580
Rhodamine Red™-X,简写 RRX	570	590
Alexa Fluor® 594	591	614
Allophycocyanin,简写 APC	650	660
Alexa Fluor® 647	651	667
Indodicarbocyanine,简写 Cy™5	650	670
Peridinin-Chlorophyll-Protein,简写 PerCP	488	675
Alexa Fluor® 680	684	702
Alexa Fluor® 790	792	803

这种方法的优势在于增加了染色的敏感性和特异性,并允许使用各种荧光标签和多通道成像的可能性。其缺点是需要更多的步骤和试剂,并可能引入二抗引起的交叉反应或背景。间接染色法原理如图 5-4 所示[4]。

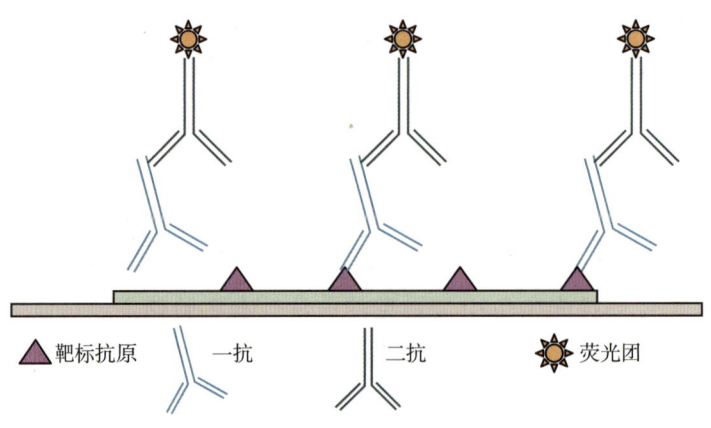

▲ 靶标抗原   一抗   二抗   ✷ 荧光团

图 5-4   间接染色法原理

3.3.3　补体染色法

补体染色法是间接染色法的一种改进方法,这种方法可以利用补体系统进一步增强荧光信号。

3.4　免疫荧光实验操作步骤

3.4.1　样品制备

在进行免疫荧光染色之前,需要准备含有感兴趣抗原的样品。样品可以是组织切片或细胞样品,样品制备的方法根据样品的类型和性质而有所不同。对组织切片的免疫荧光染色属于免疫组织化学的范畴,指的是在组织特异性背景下检查蛋白质或其他分子的存在;而对细胞样品的免疫荧光染色重点则是分析细胞内过程或结构,是免疫细胞化学(immunocytochemistry,ICC)的一种方法。

（1）冰冻组织切片制备。

冰冻组织切片是通过在液氮或干冰中冷冻组织,然后使用冷冻切片机切割薄片(通常为5~10 μm)来制备的。冰冻组织切片可以保留组织的原始结构和抗原性,但它们容易受损和降解。因此,它们需要在低温(-80 ℃)下存储,并尽快进行处理。

（2）石蜡包埋组织切片制备。

石蜡包埋组织切片是通过福尔马林固定组织,乙醇脱水,然后嵌入石蜡中制备的。然后,使用切片机切割薄片(通常为4~6 μm),并装在玻璃片上。石蜡包埋组织切片比冰冻组织切片更稳定耐用,但需要进行抗原修复以恢复组织的抗原性。

（3）贴壁细胞样品制备。

贴壁细胞样品首先需要消化并重悬细胞,转入事先放进载玻片的培养皿中培养并等待其贴壁。细胞在载玻片上黏附、铺展所得到的样品通常叫细胞爬片。贴壁细胞样品易于处理和操作,但可能会失去一些三维结构和形态。

（4）悬浮细胞样品制备。

悬浮细胞样品是通过消化、离心细胞并在适当的缓冲液中重悬,然后涂抹在明胶或多聚赖氨酸处理过的载玻片上来制备的。悬浮细胞样品比黏附性细胞样品更难处理和操作,但它们可保留更多的三维结构和形态。

3.4.2　样品处理

在准备样品后需要处理样品使其适用于免疫荧光染色。样品处理的方法包括细胞固定、抗原修复(样品类型为组织切片时选做)、细胞封闭和细胞渗透。

（1）细胞固定（cell fixation）

细胞固定是一种保留细胞结构与形态,稳定细胞并防止其在免疫荧光染色过程中发生降解或移动的步骤。一般常用醛类(如4% 多聚甲醛 PFA)、醇类(如甲醇、乙醇)和酮类(如丙酮)等化学固定剂来进行细胞固定。它们可以在蛋白质的氨基之间形成广泛的共价键。其中醛类固定剂的使用最为广泛。

（2）抗原修复（antigen retrieval）

大部分的组织样品在染色前都要进行抗原修复,这是由于固定和切片前包埋过程中产生了亚甲基桥使蛋白间互相交联从而屏蔽了抗体结合位点,需要利用抗原修复使得抗原重新暴露出来。抗原修复可以通过热修复法或酶解法来进行,常见的用于热介导修复的缓冲液有以下三种:柠檬酸钠缓冲液(10 mmol/L 柠檬酸钠,0.05% Tween 20,pH 6.0)、EDTA 缓冲液(1 mmol/L EDTA,pH 8.0),以及 Tris-EDTA 缓冲液(10 mmol/L 三羟甲基氨基甲烷,1 mmol/L EDTA,0.05% Tween 20,pH 9.0),通过将组织切片浸泡于缓冲液中,并使用蒸煮锅、压力锅或微波炉保持缓冲液数分钟的沸腾状态,以达到较好的抗原修复效果;有些实验室则使用60 ℃的水浴槽过夜孵育组织切片。而酶解法有时会破坏切片形态,因此需要对酶的种类、浓度和处理时间进行测试。适用的酶会在抗体数据表上有所说明,如未说明,则用胰蛋白酶 37 ℃处理组织切片 10~20 min 可修复甲醛固定后的多种抗原。

（3）细胞封闭（cell blocking）

封闭样品是在应用抗体进行孵育之前,样品准备过程中的关键步骤。封闭样品意味着在样品表面覆盖牛血清白蛋白(BSA)等蛋白来防止抗体以非特异性方式结合到样品上,后者可能会导致荧光图像中的假阳性信号或背景噪音。封闭样品还可以减少免疫荧光染色所需的抗体量,从而节省成本。

（4）细胞渗透（cell permeabilization）

这涉及用温和的表面活性剂(如 Triton X-100)处理细胞来使得细胞膜通透性增加,有助于抗体、探针或标记物等更容易地进入细胞,暴露抗体作用靶点,增强信号并减少免疫荧光染色的背景,从而确保检测效果。

3.4.3　抗体的选择

抗体的选择与制备是免疫荧光染色成功的关键步骤。抗体的选择需兼顾种属来源匹配、抗体类型兼容性(IgG/IgY)及多靶标染色的特异性控制,具体原则如下:

（1）一抗与二抗的种属及抗体类型必须严格匹配:二抗通过识别一抗的 Fc 段(恒定区)发挥作用,由于哺乳动物来源的一抗 IgG 和鸟类来源的 IgY 的 Fc 段结构差异显著,因此需同时满足种属来源匹配和抗体类型匹配。若使用小鼠 IgG 型一抗,必须选择抗小鼠 IgG 的二抗。若匹配类型错误,如使用抗 IgG 的二抗检测鸡 IgY 一抗,或使用抗兔 IgG 的二抗检测小鼠 IgG 一抗,会因 Fc 段结构不兼容导致信号完全丢失。简言之,抗体类型(IgG/IgY)决定结合可行性,种属来源决定结合特异性,二者缺一不可。

（2）单靶标染色需规避内源性干扰:当检测单一蛋白时,优先选择与样本种属不同的一抗来源。例如,研究小鼠组织中的蛋白时,应选用兔、山羊等非鼠源的一抗(如兔抗蛋白 X IgG),并搭配抗兔 IgG 二抗。此举可避免二抗与样本中内源性免疫球蛋白(如小鼠自身 IgG)发生交叉反应,从而降低背景信号。

（3）多靶标染色依赖差异化抗体组合:同时检测两种及以上蛋白时,需采用不同种属来源或不同抗体类型的一抗,并搭配光谱不重叠的荧光二抗。例如,检测蛋白 A 和蛋白 B 时,可组合兔 IgG 型一抗(蛋白 A)与鸡 IgY 型一抗(蛋白 B),分别使用 AF488 标记的抗兔 IgG二抗和 AF555 标记的抗鸡 IgY 二抗。这种策略既能通过种属 /Ig 类型差异避免二抗交叉反应,又能通过荧光通道分离(如 488 nm vs 555 nm)实现信号精准区分。

3.4.4　抗体的准备

抗体的准备需根据制造商的说明书或实验方案进行稀释、存储和处理:抗体应在 PBS或 TBS 等缓冲液中稀释,并加入封闭剂(如 1%~5% BSA)以减少非特异性结合;同时需添加渗透剂(如 0.1%~0.5% Triton X-100)以增强抗体穿透性。渗透剂浓度过低(<0.1%)会导致细胞膜通透不足并造成核内蛋白检出率下降,而浓度过高(>0.5%)则可能破坏细胞结构。通常对致密组织(例如脑组织)切片进行抗体孵育时,可酌情将 Triton X-100 的浓度提升至0.3%~0.5%,贴壁细胞样品的渗透剂浓度通常保持在 0.1%~0.3%。抗体的最佳稀释度应通过梯度实验确定,该实验涉及测试抗体的不同浓度,并选择产生最佳信噪比的浓度。抗体应存储在适当的温度(通常为 4 ℃或 -20 ℃)下,偶联荧光素的二抗还应注意光线保护防止淬灭。抗体母液应及时加入适当比例甘油,防止反复冻融降低其活性和稳定性。

3.4.5　封片

封片是指在制备好的细胞或组织玻片上加一层透明封片液,用于保护样品、提高样品的光学透明度,并提供一个适宜的环境以确保细胞或组织的稳定性。常见的封片液(如Fluoromount-G)还含有防猝灭剂,可以显著减缓荧光信号的衰减,使得样品的荧光信号更加持久。封片的具体目的包括:

(1)固定细胞或组织:封片可以固定细胞或组织,防止它们在染色和观察过程中移动或损坏,这对于稳定免疫荧光染色的结果至关重要;

(2)提高光学质量:封片液通常具有与镜片和细胞/组织相近的折射率,有助于提高图像的清晰度和对比度;

(3)保护样品:封片形成一个保护层,可以防止样品受到外部环境的影响,如空气中的灰尘或湿气;

(4)创造适宜的观察环境:封片液可以提供一个适宜的环境,维持细胞的湿润状态,保持其生理活性,以确保在显微镜下获得准确的结果。

3.5　荧光显微镜

荧光显微镜的使用是免疫荧光染色的最后一步。荧光显微镜是一种可以将样品中荧光标记的抗体或抗原发出的荧光信号可视化的特殊类型的显微镜。荧光显微镜至少应由如下四部分组成。

(1)激发光源,它提供特定波长的光来激发样品中的荧光分子;

(2)滤光系统,将激发光和发射光分开,只允许特定波长的荧光通过;

(3)目镜和物镜,用于收集和聚焦样品中的荧光;

(4)图像处理软件,显示和分析荧光图像。

使用荧光物质标记细胞中的特定成分或结构,不仅图像与对比度增强,而且由于许多荧光显微镜的光源使用短波长的紫外光,大大提高了分辨率。但当所观察的荧光标本稍厚时,普通荧光显微镜不仅接收焦平面上的光量,而且来自焦平面上方或下方的散射荧光也被物镜接收,这些来自焦平面以外的荧光使观察到的图像反差和分辨率大大降低(即焦平面以外的荧光结构模糊、发虚,原因是大多数生物学标本是层次区别的重叠结构)。普通荧光显微镜的光路图如图5-5所示[5]。

随着显微成像技术的快速发展,一些显著提高光学分辨率和视觉对比度的成像方法被开发出来,如共聚焦显微成像技术(confocal microscopy)。从一个点光源发射的探测光通过透镜聚焦到被观测物体上,如果物体恰在焦点上,那么反射光通过原透镜应当汇聚回到光源,这就是所谓的共聚焦;通过在光路中设置小尺寸的光栏(通常称为针孔),仅允许焦平面的反射光进入探测器,阻止非焦平面的散射光进入探测器,可以实现超高分辨率成像。

商业化的共聚焦显微镜分为三类:共聚焦激光扫描显微镜(confocal laser scanning microscope)、可编程序阵列显微镜(programmable array microscopes)和转盘共聚焦显微镜(spinning-disk confocal microscopes)。其中共聚焦激光扫描显微镜使用最为广泛,相较于一般共聚焦显微

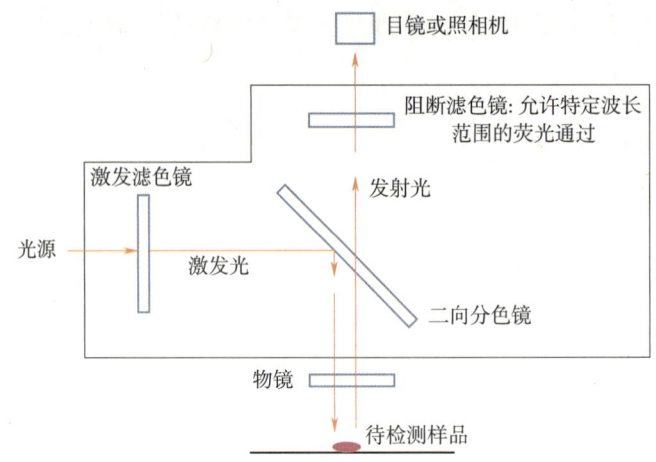

图 5-5　普通荧光显微镜的光路图

镜,还可以通过以下方法实现对整个样品进行 3D 成像:

（1）移动样品和物镜的相对位置,就可以以无损方式得到一系列沿高度方向上的光切面图像堆栈。

（2）分析水平图像上单个像素位置在高度上的亮度变化曲线,就可以得到当前像素位置的物体高度值。综合整个视场内所有像素位置的高度信息就可以形成测试面积上的高度分布云图。

共聚焦扫描显微镜的光路图如图 5-6 所示[6]。

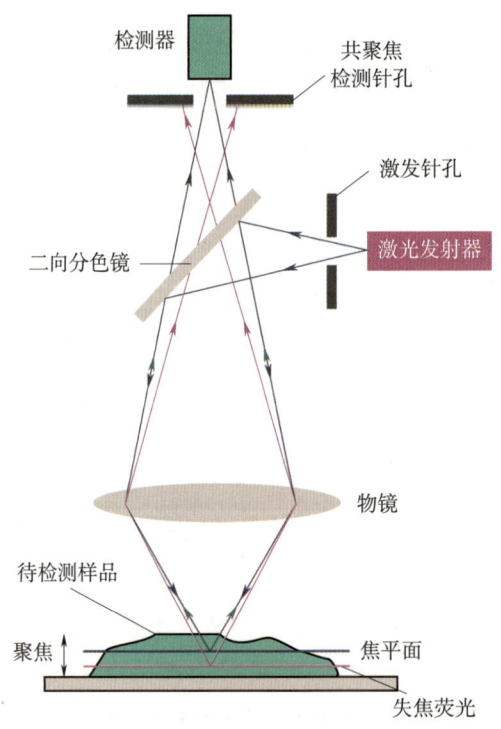

图 5-6　共聚焦扫描显微镜的光路图

3.6　影响细胞骨架染色的因素

3.6.1　细胞状态

本实验针对贴壁细胞样品进行染色,细胞重悬后通过附着于圆形载玻片表面并铺展。在这一过程中细胞骨架不断组装成熟,参与调控细胞与基质之间的黏附,并最终为细胞提供结构支持,决定了细胞的形状与稳定性。但反过来讲,细胞骨架的组织和构象也与细胞种类和状态息息相关。实验室中培养的绝大多数哺乳动物细胞可根据其形态分为四个基本类别,即上皮细胞(epithelial-like cells)、淋巴细胞(lymphoblast-like cells)、成纤维细胞(fibroblastic 或 fibroblast like cells)和神经元细胞(neuronal cells)。其中成纤维细胞,如小鼠胚胎成纤维细胞(mouse embryo fibroblasts,MEF),具有细长的形状,往往双极或多极生长且细胞铺展能力较强。其细胞骨架(如微丝)相较于其他种类的细胞更加粗壮完整,是观察细胞骨架的最适对象。

对于体外培养的永生细胞系,其形态和增殖会随着细胞传代的次数增加而逐渐变差,一般来说,冻存后复苏的细胞称为第一代,针对它们的细胞形态学实验要在十代以内完成。

3.6.2　荧光物质的兼容性

荧光物质应根据其激发和发射光谱、亮度、光稳定性及与显微镜和滤光片的兼容性进行选择。荧光物质还应该相互兼容,避免多个信号检测的重叠或猝灭效应。

3.6.3　洗涤

洗涤步骤对于减少背景噪声、提高信噪比非常重要。封闭时间不得少于 20 min;在一抗孵育完成、二抗孵育之前和二抗孵育完成后、封片之前,应使用洗涤溶液(通常为加入适当比例渗透剂的磷酸缓冲液)至少漂洗 3 次,每次至少 5 min,以确保去除任何多余或未结合的抗体。在洗涤过程中,动作要轻柔,固定后的细胞比较脆弱,如果太过剧烈,很容易把细胞吹洗掉;另外切忌干片,防止背景过高。

3.7　免疫荧光技术优势

3.7.1　高特异性和高灵敏度

免疫荧光技术可以检测低表达水平或复杂环境中的分子,因为它依赖于抗体与其抗原的特异性结合。荧光信号可以通过使用间接染色法和补体法进行放大。

3.7.2　多色标记能力

通过一抗和二抗的合理选择与分配,免疫荧光可以使不同荧光染料标记同一样本中的多个目标,实现对它们的分布和相互作用的同时可视化和分析。

3.7.3   动态观察活细胞

免疫荧光技术可以应用于活细胞,无须固定或渗透化,这可能改变细胞的结构和功能。这使得能够实时研究分子的动态变化。

3.7.4   高分辨率成像

免疫荧光技术可以与先进的显微技术结合,如光激活定位显微技术(PALM)和随机光学重构显微技术(STORM)等。通过获得标记分子的超高分辨率图像,揭示其精细结构和亚细胞定位。

3.8   光学显微镜成像技术

光学显微镜由光学组件和机械组件构成,其中光学组件包括物镜、目镜、照明灯,机械组件包括镜臂、镜座、镜筒、载物台、调焦装置等。光学显微镜利用物镜、目镜等一系列凸透镜以及彼此间距对通过的光束进行放大。当光束通过载玻片样本时,样本上不同区域对光的滞留时间和吸收波长不同,造成明暗反差和颜色区别,以显示细胞结构。

细胞能否被清晰观察到,取决于显微镜的放大倍数和分辨率。分辨率是显微镜能够分辨的两个质点之间的最小距离,因而是显微镜最重要的性能参数,代表了对细胞精细结构的成像能力。显微镜的分辨率用 D 值表示,可通过以下关系式获得:

$$D = \frac{0.61\lambda}{N\sin(\alpha/2)}$$

由此可见,决定显微镜分辨率高低的因素包括光源波长(λ)、物镜镜口角(α)和介质折射率(N)。D 值越小,显微镜的分辨率越高。可见光照明的显微镜分辨率极限值约为 200 nm。

3.8.1   相衬成像原理

明场成像时,由于细胞在大多数情况下都是无色透明的,普通光学显微镜很难将其与背景清楚区分开,更难观察细胞的细微结构和变化。相衬成像利用光波通过细胞时发生的相位变化(振幅和波长变化很小)来反映细胞微细结构的不同。具体而言,入射光中的一部分光线遇到尺寸与其波长相近的细胞结构会发生衍射,另一部分光线以直线光通过细胞,与衍射光发生干涉现象并在像平面上成像。相称显微镜(又称为相差显微镜)将这种相位差转换为振幅差,表现为人眼可辨识的明暗反差。

3.8.2   倒置显微镜

倒置显微镜的物镜在载物台下方,入射光源在载物台上方。这样设计的好处在于避免物镜与样品的接触(尤其是无法用盖玻片的情况),而且采用长工作距离,适用于液基样品的观察,如培养皿中的活细胞样品。不仅如此,倒置显微镜标配可推拉的相衬环板和相衬物镜,能够实现未染色透明活细胞的相衬成像。

4. 实验操作

4.1　仪器、耗材与试剂

4.1.1　仪器

- 移液器
- 电动移液器
- 摇床
- 台式离心机
- 吸泵
- 生物安全柜
- 细胞培养箱
- 血细胞计数器
- 倒置显微镜
- 荧光显微镜

4.1.2　常规耗材

- 离心管（1.5 mL、15 mL）
- 移液器吸头
- 手套
- 细胞培养皿
- 盖玻片
- 血清管

4.1.3　试剂

- 贴壁细胞
- 细胞培养基
- 缓冲液
- 消化液
- 细胞爬片
- 多聚甲醛溶液
- PBST（phosphate buffered saline with Tween）
- 3% BSA
- Tubulin 蛋白抗体
- 二抗工作液
- Fluoromount-G 溶液

4.2   实验步骤

本实验基本操作流程如图 5-7 和图 5-8 所示。

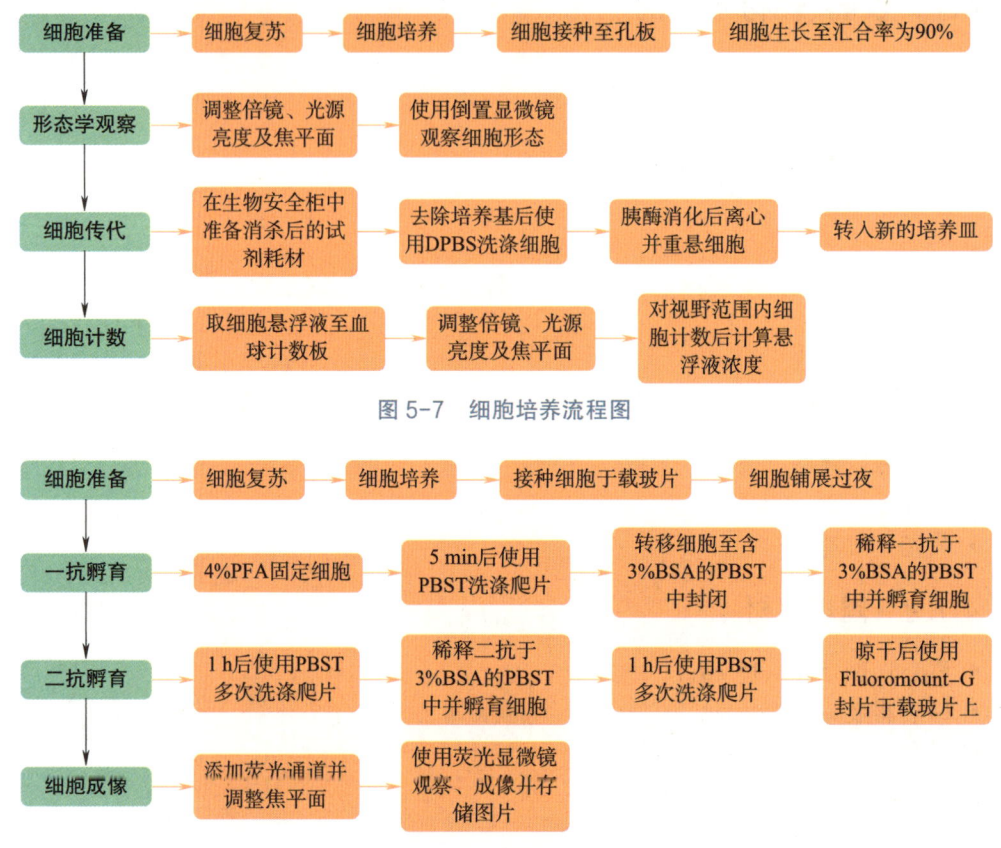

图 5-7   细胞培养流程图

图 5-8   细胞染色流程图

4.2.1   HeLa 细胞形态的明场成像观察（用时约 20 min）

（1）用 75% 酒精喷洒戴着手套的双手,消杀后打开细胞培养箱的仓门,拿出细胞培养皿。

（2）将细胞培养皿放置在显微镜的载物台上,调整目镜焦距、亮度和粗细准焦螺旋,在 4 倍物镜下找到细胞的清晰视野,细胞边界清晰。

（3）在 4 倍物镜下观察细胞形态后,在 10 倍、20 倍和 40 倍的物镜视野下分别对显微镜微调,找到合适的细胞视野,观察少数细胞的具体形态,进行细胞形态的绘制。

（4）拉起生物安全柜的玻璃,在外部向操作台面喷洒 75% 酒精,同时对双手进行消杀。将双手伸入生物安全柜中,用台面的厨房纸擦拭台面。

（5）用 75% 酒精分别喷洒耗材——包括 15 mL 离心管（1 支）、血清管（4 支）、血细胞计数器、盖玻片、细胞培养皿（一个）。将上述耗材拿入生物安全柜后,将同样操作消杀后的试剂（提前分装好的 DMEM 培养基、T-E 和 DPBS）拿入生物安全柜。用台面内的厨房纸擦拭相应耗材和试剂。

（6）将试剂和耗材分区域整理好，再次擦拭台面。

4.2.2　HeLa 细胞的传代培养（用时约 30 min）

（1）将血清管安装在电动移液器上，去除血清管的外包装，用右手控制电动移液器。左手拿起细胞培养皿，呈 15°~30° 倾斜，并打开培养皿盖。用电动移液器吸除培养皿中的培养基，打入废液桶中。盖好培养基盖，将细胞培养皿置于操作台面。拆除血清管，装入外包装，置于操作台边缘。

（2）安装新的血清管于电动移液器中，吸入 DPBS，用与吸除培养基相同的操作将 DPBS 缓慢打入细胞培养皿中。

（3）缓慢晃动细胞培养皿，保证 DPBS 对培养皿底部完整浸润和清洗。用电动移液器将培养皿中的 DPBS 吸除。盖好培养基盖，将细胞培养皿置于操作台面。拆除血清管，装入外包装，置于操作台边缘。

（4）用 1 mL 移液器和吸头向无溶液的细胞培养皿中加入 3 mL T-E 溶液。缓慢晃动细胞培养皿，保证胰酶溶液对培养皿底部完整浸润。打掉移液器吸头，归位悬挂。

（5）将装有 T-E 溶液的细胞培养皿拿出生物安全柜，用 75% 的酒精喷洒细胞培养皿表面和双手，打开细胞培养箱仓门，快速放入细胞。

（6）在细胞培养箱中孵育 3~5 min 后，将装有 T-E 的细胞培养皿取出，轻轻敲击培养皿边缘，伴随缓慢晃动，将消化的细胞去贴壁。将培养皿放置在显微镜载物台上，用 4 倍物镜再次观察皿中各处细胞，确认细胞消化完成。

（7）将细胞培养皿和双手用 75% 酒精消杀后，置于生物安全柜中，擦拭干净表面酒精。安装新的血清管于电动移液器，吸入 6~7 mL DMEM 培养基，混入培养皿中和胰酶。

（8）将培养皿中的细胞溶液混合均匀后，用血清管和电动移动器转移至 15 mL 离心管中。

（9）将装有细胞溶液的 15 mL 离心管放入离心机中，装入配平的离心管后，以 $300 \times g$ 的转速离心 5 min。

（10）从离心机中取出离心后的离心管，确认离心管底部有白色的细胞团后，用 75% 酒精消杀离心管表面，转移至生物安全柜中。

（11）用移液器将细胞团上的溶液小心、多次吸除。更换吸头，用 3~5 mL 溶液缓慢、小心吹打细胞团，不要残留任何细胞团，确保使其分散均匀。盖上离心管盖，置于离心管架备用。

（12）在新的细胞培养皿中加入 10 mL 新鲜 DMEM 培养基，并混入 1 mL 细胞分散液。迅速轻晃培养皿，使细胞在培养基中分散均匀。

（13）在细胞培养皿盖上写下细胞系名称（HeLa）、操作人和操作日期后，消杀，转移至细胞培养箱中。

4.2.3　细胞计数（用时约 20 min）

（1）血细胞计数板准备及细胞悬浮液准备。

用 75% 酒精喷洒细胞计数板和盖玻片进行清理，放置在一旁晾干。晾干期间，将分散过的细胞溶液再次轻轻吹打，保证细胞溶液混合均匀。取出 10 μL 细胞悬浮液，加入至 5~10 mL DMEM 培养基，混合均匀。

（2）血细胞计数器加样。

将晾干的盖玻片轻轻覆盖至血细胞计数器上。用移液器将 10 μL 稀释后的细胞悬浮液滴加到计数池的边缘。此时液滴将在虹吸的作用下进入盖玻片下方的计数池，切勿移动盖玻片。将计数板静置几分钟使细胞扩散、沉降。

（3）细胞计数。

将血细胞计数板置于显微镜载物台上，用 4 倍物镜调整视野，使计数池中心方块区域位于视野中央，而后调整为 10 倍物镜。在 100 倍显微下，移动计数板将视野对准计数板的中央大方块，该方块四周有一圈 3 条平行线包围，中间有密集的网格。水平和竖直的密集网络将整个方块分割为四个象限，分别为左上、右上、左下和右下。分别计数上述四个象限中的细胞个数（为降低计数误差，最好将细胞浓度调整为 20~50 个/大方格），求取平均值。

计数原则为："数上不数下，数左不数右"。如果有多个细胞没有吹散而成团存在，此时只可记为一个细胞。如果团块很多，则需重新吹打甚至重新取样消化直至绝大多数细胞为单个细胞。

细胞浓度计算方法：每个大方格的容积为 10^{-4} mL，因此在计算每毫升液体中的细胞数时需乘以 10^4。此时，每毫升样品中活细胞的个数 = 每个大方格中细胞的平均数 × 活细胞比率 × 细胞稀释倍数 × 10^4。

4.2.4　一抗孵育（用时约 70 min）

（1）实验前在普通显微镜下观察细胞存活与铺展状态，离开培养箱且状态良好的细胞应尽快固定。

（2）提前准备合适大小的 Parafilm 封口膜，使之紧贴湿盒凹槽内，使用移液器在封口膜中央滴入 30 μL 多聚甲醛溶液，由于表面张力，封口膜上的液滴都呈黄豆状。

（3）使用医用尖嘴弯镊从培养皿中取出生长有小鼠成纤维细胞的玻片（此时细胞黏附的一面在上），将细胞倒置扣在多聚甲醛溶液形成的液滴上，使得细胞与多聚甲醛溶液充分接触，室温等待 5 min。封闭操作如图 5-9 所示。

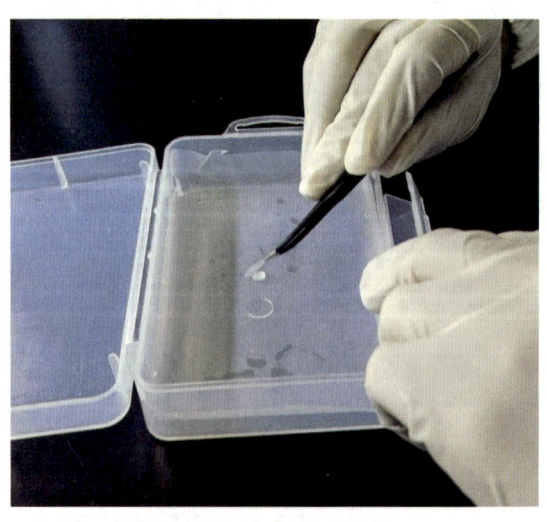

图 5-9　封闭操作示意图

（4）使用医用尖嘴弯镊将细胞小心翻转（细胞黏附的一面在上），放入事先加入 1 mL PBST 的 3.5 cm 培养皿中，置于摇床上充分洗涤爬片表面的固定剂。

（5）将湿盒内的封口膜洗净后，使用移液器滴入 30 μL 含 3% BSA 的 PBST，使用医用尖嘴弯镊将细胞爬片再次翻转倒扣于液滴上（细胞黏附的一面在下），室温封闭 30 min。

（6）封闭后的细胞爬片可以不用洗涤直接孵育抗体，使用移液器在正在封闭的细胞爬片旁边滴入 30 μL 稀释后的 Tubulin 蛋白抗体；

（7）封闭时间结束后使用医用尖嘴弯镊将细胞爬片平移至抗体所在的液滴上（细胞黏附的一面在下），室温孵育 1 h。

4.2.5　二抗孵育（用时约 90 min）

（1）一抗孵育完成后使用医用尖嘴弯镊将细胞小心翻转（细胞黏附的一面在上），放入事先加入 1 mL PBST 的 3.5 cm 培养皿中，置于摇床上充分洗涤爬片表面多余的一抗。

（2）每 5 min 使用吸泵将 3.5 cm 培养皿中的 PBST 全部吸干（注意不要接触到玻片），然后重新沿侧壁小心加入 1 mL PBST 置于摇床上洗涤，至少漂洗 3 次。

（3）将湿盒内的封口膜再次洗净后，使用移液器在其中心滴加 30 μL 含有荧光二抗、DAPI 和鬼笔环肽染色剂的二抗工作液，使用医用尖嘴弯镊将细胞爬片翻转扣在液滴上（细胞黏附的一面在下），室温避光孵育 1 h。

（4）二抗孵育完成后使用医用尖嘴弯镊将细胞小心翻转（细胞黏附的一面在上），放入事先加入 1 mL PBST 的 3.5 cm 培养皿中，取锡箔纸将培养皿包裹严密，置于摇床上充分洗涤爬片表面多余的二抗。

（5）每 5 min 使用吸泵将 3.5 cm 培养皿中的 PBST 全部吸干，然后重新沿侧壁加入 1 mL PBST 置于摇床上洗涤，至少漂洗 3 次。

（6）将载玻片磨砂面朝上置于实验台上，用马克笔在磨砂处记录染色对象与荧光通道等信息，使用医用尖嘴弯镊将细胞爬片从 PBST 中取出，细胞黏附的一面朝上斜立于载玻片边缘处，充分晾干载玻片上的水分以便于制片的长久保存。此操作如图 5-10 所示。

（7）滴加 3 μL Fluoromount-G 溶液于载玻片中央，使用医用尖嘴弯镊将细胞爬片翻转（细胞黏附的一面在下），小心将其覆盖在 Fluoromount-G 液滴上，室温等待载玻片边缘溢出的 Fluoromount-G 晾干；

（8）在载玻片边缘涂抹少许指甲油防止载玻片运动，室温等待其晾干，成片如图 5-11 所示。

4.2.6　显微成像与结果分析（用时约 45 min）

（1）将样品正确安置在共聚焦扫描显微镜载物台上，取绿豆大小的镜油滴在载玻片上（正置显微镜）或油镜上（倒置显微镜）。

（2）在计算机软件上依次添加 405、488 和 647 三种荧光通道，分别用于观察细胞核、微管和微丝结构，先将激发光设为 493 nm 用于激发 488，以期在可见光范围内在目镜下寻找正确的焦平面。

（3）在软件中分别调节每种激发光的电压与激光强度使它们的发射光强趋于一致，利用软件或手柄调节 XY 轴，选取合适视野范围进行观察拍摄。最终拍摄效果如图 5-12 所示[7]。

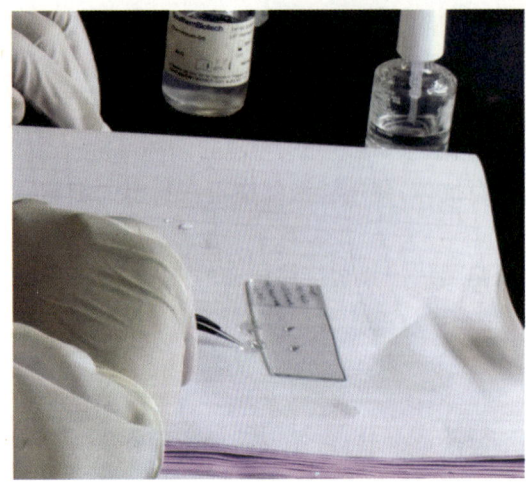

图 5-10   晾干操作示意图

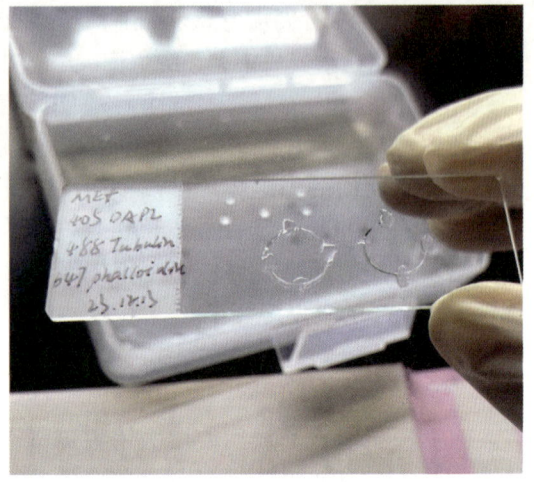

图 5-11   成片示意图

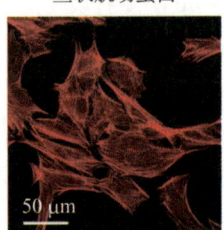

丝状肌动蛋白

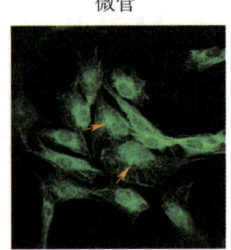

微管

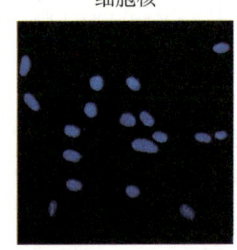

细胞核

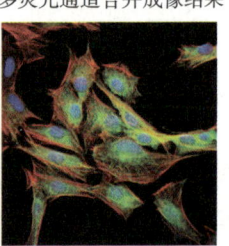

多荧光通道合并成像结果

图 5-12   细胞骨架染色结果示意图

4.3   实验学时建议表

时间	步骤
10:10—10:50	讲解实验背景和原理
10:50—11:20	细胞固定/细胞观察
11:20—11:50	细胞封闭
11:50—13:00	一抗孵育
12:00—13:00	**午饭**
13:00—13:30	洗涤
13:30—14:30	二抗孵育/细胞传代及计数
14:30—15:00	洗涤
15:00—15:15	封片
15:15—16:00	显微成像与结果分析

5. 思考题

（1）微管与微丝作为细胞骨架的不同组分，其执行的具体功能有哪些差别？

（2）抗原抗体反应的基本原理是什么？为什么抗体可以发荧光？

（3）为什么免疫荧光间接染色法比直接染色法敏感度高 5~10 倍？

（4）为什么一抗和二抗要稀释到含 3% BSA 的 PBST 溶液中？请解释该溶液各组分的功能？

（5）为什么二抗孵育后的样品要进行避光处理？

（6）洗涤的目的是什么？

（7）共聚焦扫描显微镜与普通荧光显微镜的区别是什么？为什么共聚焦扫描显微镜可以显著提高成像分辨率？

（8）如果想分别对样品中蛋白 X 和蛋白 Y 进行染色，现有 Mouse Anti-X，Rabbit Anti-X 和 Mouse Anti-Y 三种一抗和 Goat Anti-Rabbit 488，Goat Anti-Mouse 488，Goat Anti-Rabbit 555，Goat Anti-Mouse 555 四种二抗可供选择，请提供实验设计思路。

6. 参考文献

细胞中基因表达的定量检测

李坤(四川大学)　邹鹏(北京大学)

1. 实验目的

(1) 了解阳离子载体介导基因转染的过程;
(2) 掌握实验室中 RNA 实验的操作规范;
(3) 掌握实时定量 PCR(RT-qPCR)的原理和操作流程;
(4) 了解用免疫印迹法分析特定蛋白表达的原理;
(5) 掌握免疫印迹法的操作方法。

2. 实验背景

2.1 基因转染技术

细胞转染是将外源基因导入真核细胞,使其获得特定遗传标志的过程。这种技术可以通过载体将遗传物质导入细胞内,对细胞内的缺陷基因进行修复,主要应用于生命科学、医学、农业,以及生物药物开发等领域。在基因转染过程中,低毒、高效的基因载体的选择是细胞转染技术的关键。

目前常用的基因载体主要分为病毒载体和非病毒载体两大类。病毒载体通常是利用病毒对细胞的感染将遗传物质运入细胞。虽然病毒载体的细胞转染效率很高,但容易引起免疫反应,且制备成本较高,这些因素限制了病毒载体的应用。阳离子聚合物是目前常用的一类非病毒基因载体(图 6–1),具有生物相容性好、制备成本较低等优点,应用前景广阔。

2.2 实时定量 PCR 技术

对于细胞中的特定基因来说,其表达水平可以从转录水平(即 mRNA 的含量)和翻译水平(即蛋白质的含量)两个层面进行检测。转录水平的检测手段包括 Northern 印迹(northern blotting)、原位杂交(in situ hybridization)、RNA 酶保护试验(RNase protection assay)、cDNA 阵列(cDNA array)及逆转录聚合酶链式反应(reverse transcription polymerase chain reaction,RT–PCR)等[1]。

实时定量 PCR(real-time quantitative PCR,RT-qPCR)是一种基于 PCR 技术,用于特定 RNA 含量检测的灵敏且准确的技术手段。RT-qPCR 可以实现从皮克(pg)到微克(μg)级别的 mRNA 含量检测,对于样本量太少而难以从蛋白水平进行基因表达水平检测的样品来

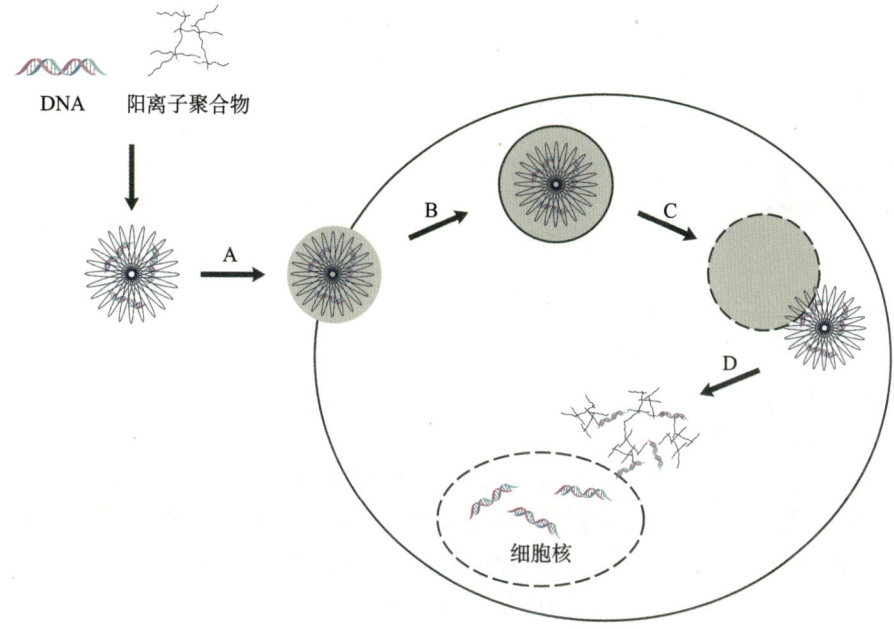

A. 阳离子聚合物/DNA 复合物被细胞摄取;B. 早期内涵体的形成;C. 复合物通过
质子海绵效应诱导内涵体逃逸,复合物被释放到细胞质中;D. 复合物分解,
释放 DNA,DNA 通过核孔进入细胞核中

图 6-1　阳离子聚合物介导的基因转染过程示意图

说是一种有效的替代手段。

2.3　免疫印迹技术

免疫印迹技术(western blot)是一种基于抗原抗体反应鉴定特定蛋白质表达的方法,可用于定性和半定量分析。该方法建立于聚丙烯酰胺凝胶电泳(PAGE)和固相免疫测定技术的基础之上,首先利用 PAGE 胶分离多种蛋白质,然后以非共价的形式将这些蛋白质转移到固相载体,如硝酸纤维素膜或聚偏二氟乙烯(polyvinylidene fluoride,PVDF)膜上。之后以其作为抗原,通过免疫反应同感兴趣蛋白质的抗体(一抗)相连(图 6-2),这些抗体再进一步

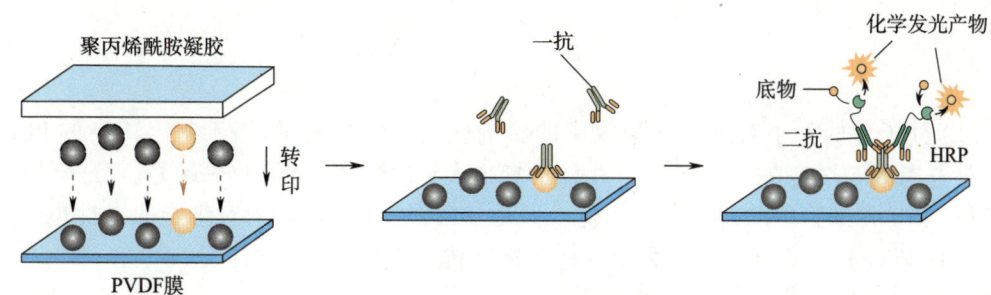

图 6-2　蛋白质免疫印迹实验流程

被作为新的抗原,被酶或同位素标记的抗体(二抗)识别。最后通过化学发光检测或放射自显影等手段,即可检测出感兴趣蛋白质的表达水平。由于免疫印迹技术具有 SDS-PAGE 的高分辨力和固相免疫测定的高特异性和敏感性,现已成为蛋白质分析的一项常规技术。

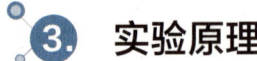

3. 实验原理

3.1 聚乙烯亚胺基因转染的原理

聚乙烯亚胺(polyethyleneimine,PEI)是一种典型的聚阳离子载体材料,在体外具有良好的基因转染效率。PEI 的单体结构含有两个碳原子和一个氮原子,该结构可以形成线性和枝化两种结构的聚合物(图 6-3)。其中,枝化 PEI 含有多级胺,即一级胺、二级胺和三级胺,且三种胺的比例为 1∶2∶1。多级胺的结构使得聚乙烯亚胺带有较多的正电荷,电荷密度高达 20~25 mV·g^{-1},而质粒 DNA(pDNA)带有负电荷,二者在溶液中可以通过分子间的静电作用形成纳米尺寸的复合物。研究表明,复合物的大小及表面电荷量与 PEI 和 DNA 的复合比例相关。复合比例较低时,复合物表面的电荷量较少,由于分子间范德华力的作用,二者形成的纳米复合物不太稳定,容易发生聚集。PEI 和 DNA 按高比例复合时,复合物表面带有较高的电荷量,电荷之间发生静电排斥作用,此时形成的复合物较为稳定。

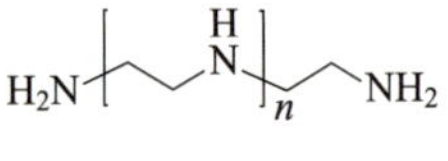

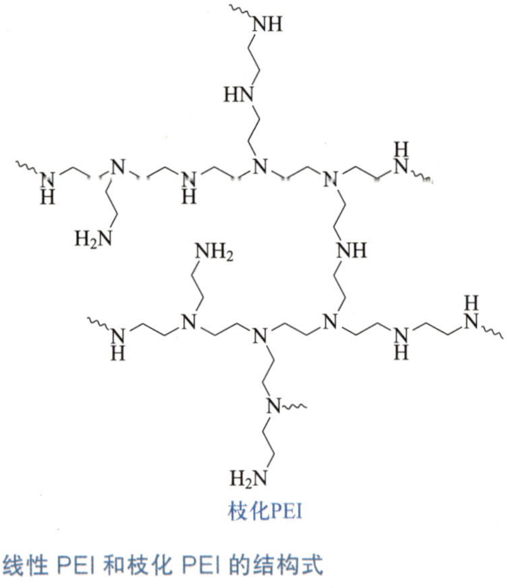

图 6-3 线性 PEI 和枝化 PEI 的结构式

PEI 分子量的大小对基因转染效率的影响较大。研究表明,用于基因转染的 PEI 的分子量范围为 5~25 kDa。一般认为其分子量越大,在体外的转染效果越好。分子量低于 2 kDa 的 PEI 在细胞中的转染效率较低。但是,PEI 的分子量越大,对细胞的毒性也越大。在实验中,常以分子量为 25 kDa 的 PEI 作为基因转染的阳性对照载体。

3.2　细胞中 RNA 表达水平的定量

3.2.1　细胞总 RNA 的提取

本实验采用了一种基于酸性硫氰酸胍/苯酚/氯仿的 RNA 提取方案[2,3]。该方法在有效抑制核糖核酸酶（RNase）活性的同时，显著减少了 DNA 污染。其原理是利用酸性硫氰酸胍与苯酚的混合液（如商业化的 Trizol 试剂）快速裂解细胞，将 RNA 释放至溶液中，同时通过破坏蛋白质与核酸的相互作用抑制 RNase 活性，防止 RNA 降解。氯仿抽提后，形成三相体系，其中 RNA 集中于上层的水相，DNA 和蛋白质则分别位于中间相和下层的有机相，从而实现了 RNA 的有效分离。然后，通过异丙醇或乙醇沉淀对 RNA 进行进一步的纯化和浓缩[4]。

3.2.2　实时定量 PCR

RT-qPCR 主要包括三个步骤：RNA 的逆转录、cDNA 的扩增及 PCR 过程的实时监测。首先，逆转录酶将 RNA 逆转录为互补 DNA（cDNA）；接着，以生成的 cDNA 为模板，利用 DNA 聚合酶进行 PCR 扩增，并通过荧光探针实时监测扩增过程。若需要从同一份样品中检测多个基因，可使用随机引物进行逆转录，然后分别检测不同基因；而对于目标 RNA 含量较低的情况，基因特异性引物有助于提高检测的灵敏度。

PCR 扩增过程分为三个阶段：起始期、指数期和平台期（图 6-4）。在分析中，首先计算 PCR 反应前若干个循环（如 15 个循环）的荧光信号的平均值（基线）和标准偏差。荧光阈值设定为与基线相差 10 倍标准偏差的荧光值。循环阈值（threshold cycle，C_t）为 PCR 扩增过程中荧光信号首次达到荧光阈值时的循环数。利用 C_t 值与 PCR 模板的起始拷贝数之间存在的线性关系，可以对起始拷贝数进行定量分析。

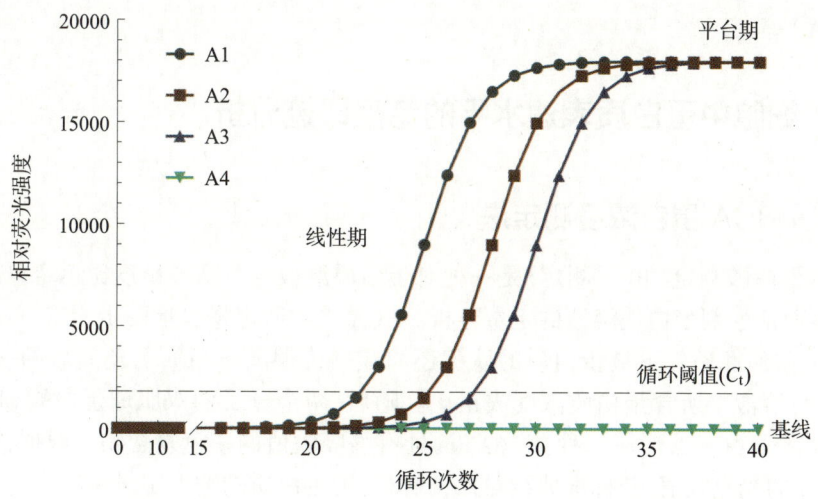

图 6-4　PCR 扩增曲线示意图[1]

PCR 过程可以通过荧光探针实现实时监测。荧光探针的种类较多,其中最常用的是 SYBR Green 探针。SYBR Green 探针能够特异性地结合双链 DNA,并在结合时发出荧光信号;而在不与双链 DNA 结合时,则不发出荧光信号(图 6-5)。该探针的主要优点在于其广泛适用性,可以用于任何目标基因的 PCR 检测[1]。

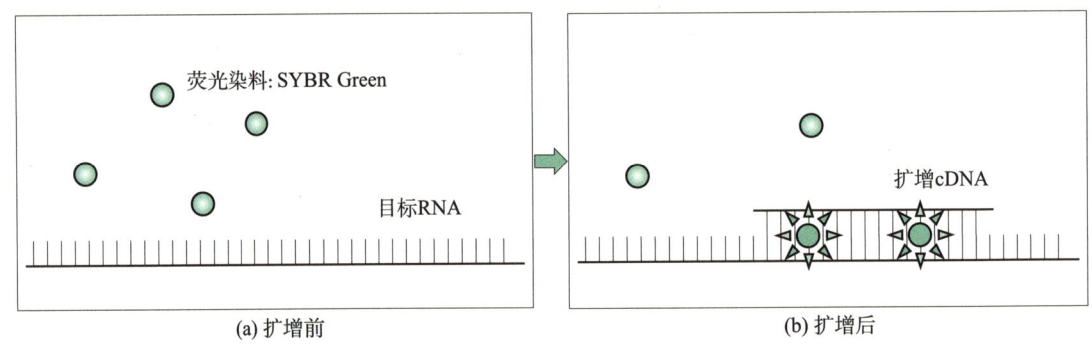

(a) 扩增前   (b) 扩增后

图 6-5   SYBR Green 探针结合双链 DNA 示意图[1]

3.2.3   计算目标 RNA 的相对含量

RT-qPCR 的定量方法主要分为两种:绝对定量和相对定量。绝对定量通过绘制目标基因起始拷贝数与荧光信号的标准曲线来测定目标基因起始拷贝数的绝对值。相对定量则用于比较不同样本间的目标基因起始拷贝数的比值,操作更加简便。其中,$2^{-\Delta\Delta C_T}$ 方法是一种简便的 RT-qPCR 相对定量计算方法,前提是 PCR 扩增过程中基因片段的扩增效率接近。为了消除不同样本在 RNA 产量、质量及逆转录效率上的差异,通常使用内源参照基因进行校准。内源参照基因一般选择在不同样本中表达量基本一致的基因,例如 3-磷酸甘油醛脱氢酶(glyceraldehyde-3-phosphate dehydrogenase,GAPDH),β-肌动蛋白(β-actin),核糖体 RNA(rRNA)等。

3.3   细胞中蛋白质表达水平的免疫印迹分析

3.3.1   BCA 蛋白浓度测定法

双肌球蛋白酸测定(BCA 测定)是一种对蛋白质溶液进行高灵敏度比色定量的方法,可用于含有表面活性剂蛋白质溶液的定量分析。BCA 蛋白质定量包括两步反应,首先,二价铜离子(Cu^{2+})在碱性条件下被蛋白质的肽键还原成一价铜离子(Cu^+),还原后的一价铜离子(Cu^+)浓度与溶液中所含蛋白质浓度成正比。随后,两个分子的双肌球蛋白酸(BCA)络合一个一价铜离子(Cu^+),形成一种在 562 nm 处有强吸收值的紫色复合物。根据样品测定得到 562 nm 处的光吸收值,与标准曲线对比,获得待测蛋白质的浓度定量。

3.3.2   转膜

免疫印迹技术通过抗原抗体的特异性识别与非共价结合反应,定性或半定量分析特定蛋白质的表达水平。在开展免疫印迹分析之前,需要首先对蛋白质样品进行聚丙烯酰胺凝胶电泳分离(相关背景介绍参见实验三)。在完成电泳后,得到的聚丙烯酰胺凝胶须通过转膜操作,使其中的多种蛋白质以非共价形式被转移到固相载体上,转膜装置如图6-6所示。当前最常用的转膜方法称为电印迹法(electroblotting),该方法运用电流使带负电的蛋白质向阳极方向移动,在维持其在凝胶内结构的前提下转移至固相载体表面,供后续操作使用。

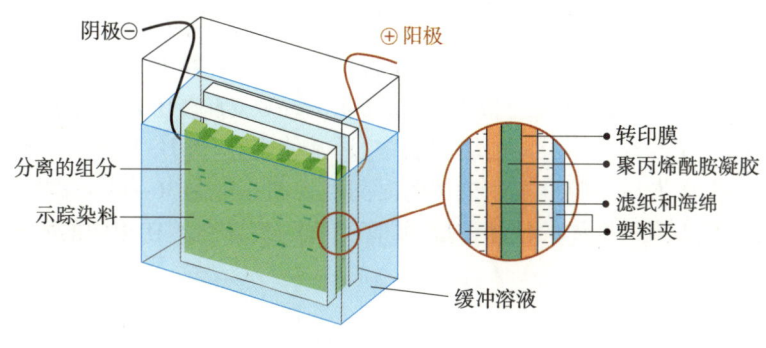

图 6-6　转膜装置示意图

其中最常用的材料就是 PVDF 膜。PVDF 膜是蛋白质印迹法中常用的一种固相支持物。PVDF 膜是疏水性的,膜孔径有大有小,随着膜孔径的不断减小,膜对低分子量的蛋白质结合就越牢固。PVDF 膜在使用时需预处理,用甲醇处理的目的是活化膜上的正电基团,使其更容易与带负电的蛋白质结合。PVDF 膜具有较高的机械强度,是蛋白质印迹法中的理想固相支持物材料。

3.3.3　封闭

在完成转膜后,为避免识别特定蛋白质的抗体与膜发生非特异性结合增加背景信号,提高实验结果的特异性和灵敏度,需对膜上的潜在结合位点进行封闭处理。通过将稀释的蛋白质溶液(如 3%~5% 的牛血清蛋白、脱脂牛奶、TBS 或者 I-Block)与膜共同孵育可达到封闭非特异结合位点的效果,提高抗体识别的特异性。常用的封闭液包括脱脂奶粉、牛血清白蛋白(BSA)、血清、快速封闭液等。

牛血清白蛋白成分单一,适用于大部分封闭情况,但不可用于封闭免疫球蛋白 Fc 碱受体,且不可用于有免疫原偶联的情况。脱脂奶粉的优点为便宜且较易获得,但不可用于碱性磷酸酶(AP)标记二抗及生物素-亲和素偶联系统。主要的封闭流程为将封闭组分用缓冲液制备为 5% 的封闭液,对样品进行封闭。在完成非特异性位点封闭后即可进一步通过免疫反应对膜上的蛋白质加以鉴定。

3.3.4　显色

以膜上蛋白质为抗原,选用可以和靶蛋白或蛋白上所带标签特异性结合的一级抗体(以下简称一抗),以及能够识别一抗并带有报告基团的二级抗体(以下简称二抗)。在完成免疫反应后,对二抗上的报告基团进行显色反应以分析被识别的蛋白含量。常用的显色方法有放射自显影、底物化学发光（ECL）、底物荧光（ECF）及底物 DAB 呈色等。本次实验采用基于辣根过氧化物酶（HRP）的化学发光反应进行显色检测。HRP 可以定量地催化化学底物发光，产生的信号与结合的抗体量成正比，从而检测靶蛋白的含量。

3.3.5　一抗

免疫印迹技术的成功与否主要取决于第一抗体的质量。在电泳和转印过程中，蛋白质会发生一定的变化，可能导致目标蛋白质结合到膜上后与对应的第一抗体不能发生特异性反应，尤其是对于单克隆抗体而言。在进行实验前，从供应商处获取相关信息非常重要。在使用和保存抗体时，应该将其分装成小份，快速冷冻后置于干冰/乙醇或液氮中，可以在 –70 ℃保存多年，避免反复冻融。抗体可以在 4 ℃存放（加入 0.02% 叠氮钠可保存一年）。稀释的抗体应保存在含有载体蛋白的缓冲液中（通常使用 0.1% BSA 溶液），否则大部分抗体会吸附在容器壁上而失活。孵育第一抗体的时间可控制在室温 30~60 min 或者在 4 ℃过夜。过夜孵育有助于减小第一抗体的使用浓度，提高结合的特异性。在相同的孵育条件下，需要对第一抗体的浓度进行优化。

3.3.6　二抗

一种一抗可选择多种二抗来进行检测。然而，理想的二抗应当经过特定种属的亲和吸附和种属间交叉吸附，以确保该二抗仅与相应种属的一抗发生特异性反应。不同于一抗，二抗需要同时具备结合一抗和报告基团的双重活性，因此其稳定性相对较差。报告基团的活性则成为二抗稳定性的主要决定因素。例如，结合碘的二抗在数周内能保持稳定，而结合酶的二抗则可维持数月的稳定性。通常情况下，不建议冻存二抗，尽管一些实验室会将结合酶的二抗分装至单次使用的小管中，并置于 –70 ℃冷冻保存。

3.3.7　内参

为了保证蛋白质电泳上样量的一致性，需要选取在细胞样品中表达相对稳定且丰度适中的蛋白质来作为参考，即内参对照。一般来说，内参蛋白质在实验样本中的表达不应受到实验处理、组织类型或疾病状态等的影响。常用的内参主要包括一些代谢酶（例如甘油醛 -3- 磷酸脱氢酶，GAPDH）、细胞骨架蛋白（例如肌动蛋白，β-actin）、细胞核蛋白（例如组蛋白 H3，histone H3）等。需要注意的是，内参的表达水平并非一成不变，会受到一些实验条件的影响，包括组织特异性差异（例如 β-actin 在肌肉组织中的高表达）、实验干预（药物处理可能调控 GAPDH）、细胞代谢变化（例如缺氧影响 HPRT1）等。此外，发育阶段、细胞周期同步性及环境压力（温度/营养变化）也可能导致内参波动。因此，需针对具体实验体系做预实验筛选内参，以确保数据可靠性。

3.3.8　洗膜

不论是封闭、孵育抗体还是清洗，都要确保膜完全浸泡在液体中，并保持液体在膜表面自由流动。要获得无杂质的条带，彻底的清洗是至关重要的。清洗膜的时长应充足，使用的清洗液应当足量，而液体的深度则应保持在 1 cm 左右。因为蛋白质和抗体之间的相互作用并非仅限于膜表面，因此必须确保膜完全浸泡在液体中，并且持续不断地振荡搅拌。

在清洗液的成分方面,常规的清洗液是含吐温-20(Tween-20)的 PBS 缓冲液(PBST)或 Tris-HCl 缓冲液(TBST),其中 Tween-20 的浓度为 0.1%。有研究人员为了提高背景的纯净度而将 Tween-20 的浓度增加至 0.3%,但当 Tween-20 的浓度高于 0.3% 时,可能会影响抗体的结合。曲拉通 X-100(Triton X-100)、4-壬基苯基聚乙二醇(NP-40)或十二烷基硫酸钠(SDS)等清洗剂可能洗掉目标蛋白质或结合的抗体,因此不建议使用。另一种提高清洗效果的方法是增加清洗液的盐浓度。高盐条件有助于降低电荷效应导致的非特异性结合。常用的 NaCl 溶液标准浓度为 $130\ mmol \cdot L^{-1}$,上限浓度为 $500\ mmol \cdot L^{-1}$。

 # 4. 实验操作

4.1 仪器、耗材与试剂

4.1.1 实验材料

HeLa 细胞(人宫颈癌细胞)

4.1.2 仪器

- 移液器
- 台式低温离心机
- NanoDrop 仪
- PCR 仪
- 实时荧光定量 PCR 仪
- 金属浴恒温器
- 电泳仪
- 制胶装置
- 垂直电泳槽
- 凝胶成像仪
- 脱色摇床
- 微波炉
- 超纯水机
- 涡旋振荡器
- 微量注射器
- 0.22 μm 过滤器
- 超净工作台
- 二氧化碳培养箱
- 倒置荧光显微镜
- 24 孔培养板
- 血球计数板

4.1.3   常规耗材

- 1.5 mL 离心管
- 烧杯
- 手套
- 实验用口罩
- 离心管（无酶）（1.5 mL）
- PCR 管（无酶）（0.2 mL）
- 八排单管（无酶）（0.2 mL）
- 荧光定量八排平盖（无酶）（0.2 mL）
- 移液器吸头（无酶）
- 无色 PCR 平盖薄壁管（0.5 mL）
- 96 孔细胞培养板
- 75% 乙醇喷壶
- RNA 酶和核酸清除剂

4.1.4   试剂

- PEI
- 增强型绿色荧光蛋白真核表达质粒（pEGFP）
- Opti-MEM 培养液
- 高糖 DMEM 培养基
- 青霉素–链霉素混合液
- 小牛血清
- 胰蛋白酶
- 经 Trizol 处理过的实验细胞
- 三氯甲烷
- 异丙醇
- 无水乙醇
- DEPC 水
- PrimeScript™ RT reagent Kit with gDNA Eraser（Perfect Real Time）
- Hieff qPCR SYBR Green Master Mix（Low Rox Plus）
- qPCR 引物：
  GAPDH qPCR 正向引物（GAPDH-qF）:TCTATAAATTGAGCCCGCAGCC
  GAPDH qPCR 反向引物（GAPDH-qR）:ATCCGTTGACTCCGACCTTC
- 牛血清白蛋白（bovine serum albumin，BSA）
- 30% 丙烯酰胺储存液
- 分离胶缓冲液（1.5 mol/L Tris-HCl）
- 浓缩胶缓冲液（1 mol/L Tris-HCl）
- SDS（w/v，10%）

- APS（w/v,10%）
- 电极缓冲液
- 2× 还原上样缓冲液
- 染色液
- 脱色液
- 10× 印迹膜转印缓冲液
- TBST 缓冲液（10×,pH 8.0）
- BSA
- Anti-GFP 抗体
- Anti-beta 肌动蛋白抗体
- 抗体山羊抗鼠 IgG H&L（HRP）
- 增强型 ECL 化学发光液
- 无水甲醇
- 去离子水

4.1.5　试剂配制

- PEI（25 kDa）溶液:称取 10 mg PEI,溶解于 10 mL 蒸馏水中,用 0.22 μm 的一次性滤头过滤后,置于–20 ℃保存。
- 提取增强型绿色荧光蛋白真核表达质粒（pEGFP）:报告基因 pEGFP 质粒的提取方法见"碱裂解法提取质粒 DNA 实验"。

4.2　实验步骤

细胞转染流程图见图 6–7。

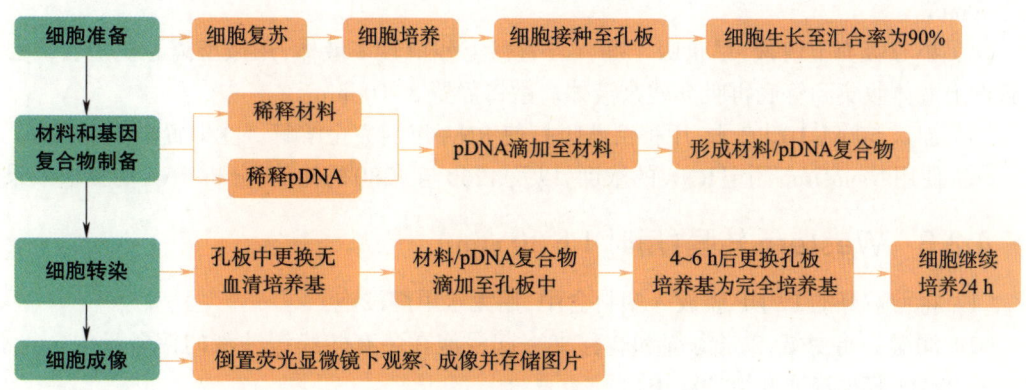

图 6-7　细胞转染流程图

4.2.1　SDS-PAGE 凝胶电泳（用时 1 h 20 min）

将玻璃板轻轻从模具中取出（避免造成胶与玻璃板的移位），把两块凝胶一起组装在电泳槽中，倒入电泳缓冲液，使两块凝胶之间的槽内充满液体，并使槽外液面高于金属丝。

固定好后垂直迅速拔出梳子，第一道上样蛋白 Marker 10 μL，按顺序依次将蛋白样品（含有凝胶缓冲液）上样，每道上样 10 μL。

盖上盖子将电极按红对红、黑对黑的方式插入电泳仪，调至恒压 160 V，60 min 使不同大小的蛋白在胶上分离。在溴酚蓝前沿跑出玻璃板之前停止跑胶。

标准蛋白（Marker）条带组成如图 6-8 所示（12% SDS-PAGE 分离，考马斯亮蓝染色，上样量 10 μL）。

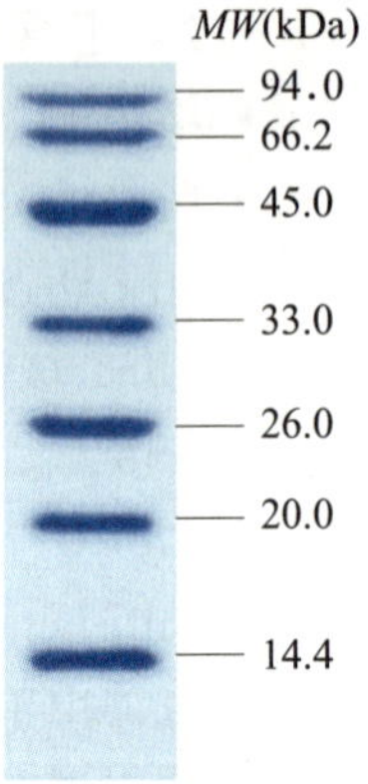

图 6-8　标准蛋白（Marker）条带

MW(kDa)
— 94.0
— 66.2
— 45.0
— 33.0
— 26.0
— 20.0
— 14.4

4.2.2　细胞总 RNA 的提取及浓度测定（用时 1 h）

RNA 实验的操作规范：

本实验涉及 RNA 的操作，因此须特别注意实验操作的规范性。RNA 极易被 RNase 降解，而 RNase 来源广泛（如唾液飞沫）且不易失活，因此实验操作过程中须严格遵守以下几点要求：**全程佩戴口罩、手套；实验前用 75% 乙醇及 RNA 酶和核酸清除剂喷壶喷洒桌面及双手；使用无酶的吸头、离心管等**。实验操作步骤如下。

（1）向 1 mL 经 Trizol 处理过的细胞中（WT/OE）加入 200 μL 氯仿。用手**剧烈振荡** 15 s，室温放置 3 min。在 4 ℃，12000 × g 离心 15 min。

（2）小心转移 400 μL 上清液（使用 200 μL 移液器吸取两次）至新的 1.5 mL 离心管中。加入等倍体积（400 μL）异丙醇，颠倒或涡旋摇匀，室温静置 10 min。在 4 ℃，12000 × g 离心 10 min 沉淀 RNA。

（3）小心吸弃上清液，加入 1 mL 75% 乙醇（DEPC 水配制），颠倒摇匀。在 4 ℃，7500 × g 离心 5 min。

（4）小心吸弃上清液，尽量吸干净。若管壁上残留较多液体，用微型离心机短暂离心，将管壁上液体收集到管底再吸弃残余液体。敞口静置 5~10 min。

（5）加入 50 μL DEPC 水，用移液器吸打使 RNA 沉淀完全溶解。立即置于冰上保存。

（6）使用 NanoDrop 测定 RNA 的浓度，以及 $A260$ 与 $A280$ 的比值，分析 RNA 的提取效果。

4.2.3　Western 转膜（用时 1 h 30 min）

（1）将剪裁好的 PVDF 膜放入塑料盒中，用无水甲醇浸泡。

（2）润湿。将滤纸，2 张海绵和转移夹一起浸泡在装有转膜缓冲液的搪瓷盘中。将活化好的 PVDF 膜也浸泡在缓冲液中。

（3）起胶。将凝胶从玻璃板中取出，切除积层胶及溴酚蓝下部的分离胶，将剩下的含有目的蛋白的分离胶浸泡于转膜缓冲液中，防止胶凝固、变形。

（4）三明治的制作。把转膜夹的黑色面朝下，按顺序在转膜夹内放置预先经转移缓冲液浸泡的海绵垫、1 层滤纸、凝胶、PVDF 膜、1 层滤纸、海绵，保证每层之间没有气泡。组装顺序:转膜夹黑色面(负极)–海绵垫–滤纸–胶–膜–滤纸–海绵垫–转膜夹无色面(正极)。

(5)转膜。将转移槽放入电泳槽中,再把转膜夹放入转移槽中,将凝胶面与负极相连(即转膜夹黑色面对应转膜架的黑色面),PVDF膜与正极相连,将搪瓷盘中的转膜缓冲液倒入电泳槽,并放入两个小冰盒,盖上电泳槽盖,连接电源电极。注意检查各部分的电极连接方向。

使用250 mA恒流转膜40 min。

4.2.4　RNA逆转录反应(用时1 h 30 min)

(1)基因组DNA的去除。取1 μg提取的RNA加入PCR管中,加入2 μL 5×gDNA Eraser缓冲液(2号溶液)和1 μL gDNA Eraser缓冲液(1号溶液),加入DEPC水至10 μL,使用移液器吹打几次将液体混匀,再用微型离心机短暂离心将管壁上的液体收集到管底。置于PCR仪中42 ℃反应5 min。

(2)RNA的逆转录。按照表6-1向(1)中反应液依次加入4 μL DEPC水、4 μL 5× PrimeScript Buffer 2 for Real Time)(4号溶液)、1 μL RT Primer Mix(5号溶液)和1 μL Prime-Script RT Enzyme Mix I(3号溶液),使用移液器吹打几次将液体混匀,再用微型离心机短暂离心,将管壁上的液体收集到管底。置于PCR仪中37 ℃反应30 min,再在85 ℃反应5 min以去除逆转录酶的活性。

表6-1　RNA的逆转录反应体系

成分	体积/μL
(1)中反应液	10
DEPC水	4
5×PrimeScript Buffer 2(for Real Time)(4号溶液)	4
RT Primer Mix(5号溶液)	1
PrimeScript RT Enzyme Mix I(3号溶液)	1
总体积	20

4.2.5　免疫显色(用时2 h 30 min)

配制5% BSA封闭液20 mL,倒入塑料盒中。

打开转膜夹,小心用镊子取出PVDF膜,并保持蛋白面朝上放入5% BSA中,置于脱色摇床上室温封闭30 min。

裁膜,按照分子量将膜沿蛋白marker的印迹剪开,将每块膜置于10 mL 5% BSA溶液中。

小心倒出封闭液,用TBST分别配制含有2.5 μL Anti-GFP和1 μL Anti-beta肌动蛋白的一抗各5 mL,加到每块膜对应的塑料盒中,操作时注意不要碰到PVDF膜。置于脱色摇床上室温孵育1 h。

小心弃去溶液,加入TBST溶液至完全覆盖膜(5~10 mL),置于脱色摇床上洗3次,每次5 min。

用TBST按1∶5000稀释山羊抗鼠IgG H&L(HRP),每个塑料盒加入5 mL,操作时注意不要碰到 PVDF 膜,置于脱色摇床上室温孵育 45 min。

小心弃去溶液,加入 TBST 溶液至完全覆盖膜(5~10 mL),置于脱色摇床上洗 3 次,每次 5 min。

照胶并记录结果。

4.2.6　制备不同质量比 PEI-pDNA 复合物(用时 2 h 30 min)

分别稀释 PEI 和质粒,制备不同质量比的 PEI/DNA 复合物。PEI 的稀释方法见表 6-2。

表 6-2　PEI 的稀释方法

体积/µL	质量比		
	0.7 : 1	1.4 : 1	2.8 : 1
PEI/(1 mg·mL⁻¹)	0.7	1.4	2.8
Opti-MEM	49.3	48.6	47.2

pDNA 的稀释方法:取 1 µL pEGFP 溶液(1 mg·mL⁻¹),加入 49 µL Opti-MEM 无血清培养基,重复制备三份。

PEI 和 pEGFP 的复合:将稀释好的 DNA 溶液分别滴加至不同浓度的 PEI 溶液中,轻轻混匀,室温静置 30 min。

4.2.7　PEI 介导的基因转染(用时 1 h)

将已接种细胞的 24 孔板置于显微镜下观察,待细胞密度为 70%~80% 时进行转染。转染前更换培养基,即吸去孔中液体,每孔加入 400 µL 无血清 DMEM 培养基。然后,将步骤 2 制备的复合物滴加至各孔中,每孔 100 µL。前后推板混匀,于 37 ℃,5% CO_2 培养箱中培养。4 h 后,更换成有血清的完全培养基,即吸去孔中液体,每孔加入 500 µL 含 10% 血清和 1% 青霉素–链霉素混合液的新鲜培养液,继续培养 20 h(由于课时限制,该步骤在实验中略去)。

4.2.8　配制 qPCR 反应体系(45 min)

(1)预混液的配制。取两个 1.5 mL 离心管,分别标记上"GAPDH"和"GFP"。每个小组分别配制 11 份检测 GAPDH 和 GFP 基因的预混液。每份反应的反应体系如表 6-3 所示。

表 6-3　qPCR 反应体系

成分	体积/µL	终浓度
qPCR 正向引物(10 µM)	0.4	0.2 µM
qPCR 反向引物(10 µM)	0.4	0.2 µM
qPCR 混合物	10	1×
DEPC 水	7.2	—
总体积	18	—

（2）标准曲线的测定。每人取 1 个八排单管，在前六个孔中分别加入 10 μL DEPC 水，用微型离心机短暂离心，将管壁上的液体收集到管底。取 10 μL 的 RNA 逆转录产物溶液，按照 1∶2 的比例在八排单管中用 DEPC 水进行梯度稀释，最终得到共六种浓度的溶液。

每人再取 1 个八排单管，在前六个孔中各加入 18 μL 预混液，然后依次加入 2 μL 上述梯度稀释后的产物。盖上荧光定量八排平盖，做好标记（不要遮挡透明部分），用微型离心机短暂离心，将管壁上的液体收集到管底，置于冰上保存。每个小组分别使用 WT 组测定 GFP 基因，OE 组测定 GAPDH 基因，绘制两者的标准曲线，并计算扩增效率 E。

（3）GFP 基因 mRNA 表达量的测定。每个小组各取 5 μL 的 WT/OE 组溶液，用 DEPC 水将其分别稀释 20 倍。每个小组取一个八排单管，每人按照 WT（GAPDH），WT（GFP），OE（GAPDH）和 OE（GFP）的顺序加入 18 μL 的预混液和 2 μL 上述稀释后的产物。盖上荧光定量八排平盖，做好标记，用微型离心机短暂离心，将管壁上液体收集到管底，置于冰上保存。利用 $2^{-\Delta\Delta C_T}$ 方法计算两个样品中 GFP 基因 mRNA 表达量的比值。

4.2.9　蛋白检测与结果分析（用时 1 h）

配制显色液：取增强型 ECL 化学发光液 A，B 各 1 mL，混匀，需现配现用。将膜放入成像仪中，用移液器将混匀的发光液均匀滴至膜上有蛋白的区域（每块膜 0.5 mL），小心地赶走气泡。在凝胶成像分析系统上照相，并分析结果。

4.2.10　设置实时荧光定量 PCR 仪程序（用时 1 h 15 min）

将加好试剂的八排单管放入实时荧光定量 PCR 仪，设置程序（见表 6-4），运行反应。

表 6-4　实时荧光定量 PCR 仪程序

循环步骤	温度/℃	时间	循环数
预变性	95	5 min	1
变性	95	10 s	40
退火/延伸	60	40 s	
熔解曲线阶段	仪器默认设置		1

本部分的注意事项如下。

（1）玻璃板的清洗可以用海绵蘸取少量清洁剂，轻轻擦洗，用自来水将清洁剂冲洗后，用无水乙醇冲洗，晾干待用。

（2）AP 和 TEMED 加入的量要合适，过少则凝胶聚合慢甚至不聚合，过多则聚合过快影响蛋白分离的效果。室内温度较低时，TEMED 的量可加倍。

（3）未聚合的丙烯酰胺和亚甲双丙烯酰胺具有神经毒性，可通过皮肤和呼吸道吸收，应注意防护。

（4）电泳完毕撬板取凝胶时可以在流水下轻轻撬起玻璃板，小心不能把胶弄破。

（5）在接种细胞过程中，为保证每孔细胞的接种量和细胞密度一致，接种后应按"十字"推板，使细胞均匀分布在孔中。

（6）进行细胞转染实验前，观察孔中细胞的密度和生长状态，转染时细胞的密度需达到70%~80%。

（7）转染材料和DNA复合时，要等体积混合，同时控制复合的时间。

4.3 实验学时建议表

时间	步骤
10:10—10:30	上样
10:30—11:30	SDS-PAGE 凝胶电泳，细胞总 RNA 的提取及浓度测定
11:30—12:00	转膜准备，RNA 的逆转录反应
12:00—13:00	转膜，吃午饭
13:00—13:30	封闭，制备 PEI-pDNA 复合物
13:30—14:30	孵育一抗，PEI 介导的基因转染
14:30—15:15	漂洗，孵育二抗，配制 qPCR 反应体系
15:15—16:30	漂洗，成像，设置 PCR 仪程序并运行

5. 思考题

（1）在 RNA 的提取过程中，加入 75% 乙醇的目的是什么？与异丙醇沉淀这一步有什么区别？

（2）GAPDH 与 GFP 基因的扩增效率是否一致？如果两者不一致，该如何对实验进行改进以测得 GFP 基因的相对表达量？

（3）试比较 RT-qPCR 方法和免疫印迹法（western blot）在原理、应用范围等方面的异同。

（4）如果接反了电泳仪的电极连接方向，会发生什么现象？不加封闭液会产生什么样的结果？

（5）为什么进行过蛋白量定量后依旧需要进行内参蛋白的免疫印迹法分析？

（6）免疫印迹法在进行定量分析时会遇到信号饱和的问题，请分析造成信号饱和的原因有哪些？

（7）试比较连续电泳与不连续电泳的异同。

（8）请设计实验验证血清和复合时间对 PEI 介导的基因转染效率的影响。

6. 参考文献

细胞活力和药物毒性检测

谢敏(武汉大学)　夏炜(中山大学)　游常军(湖南大学)

1. 实验目的

（1）了解细胞活力和细胞毒性的概念；
（2）了解细胞活力和毒性检测的研究方法及其优缺点；
（3）了解四唑盐法（MTT）检测细胞活力和药物毒性的原理；
（4）学习 MTT 法检测细胞活力和药物毒性的流程步骤；
（5）掌握酶标仪的使用方法和实验数据分析方法。

2. 实验背景

2.1　细胞活力和细胞毒性

细胞活力（cell viability）被定义为样本中健康活细胞所占的百分比；细胞毒性（cytotoxicity）是指有害细菌、病毒、放射线、药物和化学物质等因素引起细胞死亡或功能受损的毒性作用。细胞活力和细胞毒性作为细胞暴露于有毒物质后存活或死亡的重要指标，有助于理解相关基因、蛋白质和信号通路的分子作用机制。一般来说，用于确定细胞活力的方法也可用于检测细胞毒性。细胞活力和细胞毒性检测方法可以用于药物筛选，以检测候选药物分子是否对细胞增殖有影响或显示直接的细胞毒性作用。无论使用哪种类型的检测方法，重要的是要知道在实验结束时剩下活细胞的数量。

2.2　细胞活力和细胞毒性检测方法

基于不同的细胞功能，如酶活性、细胞膜通透性、细胞黏附、ATP 产生、辅酶产生和核苷酸摄取活性，细胞活力和细胞毒性有多种检测方法，这些方法主要可以分为三大类：（1）染色计数法；（2）比色法；（3）克隆形成法。为了选择最佳的测定方法，应详细考虑细胞类型、应用培养条件和所研究的具体问题[1-4]。

2.2.1　染色计数法

（1）化学染色法。利用活细胞和死细胞对染料的亲和力差异，在光学显微镜下观察染色结果，这是检测细胞活力常用的一种方法。常用于染色活细胞的染料有结晶紫、亚甲基蓝和甲苯胺蓝,而台盼蓝(图 7-1)、苯胺黑和伊红 Y 则常用于染色死细胞。其中,台盼蓝染色法是最常使用的化学染色法[3-4]。

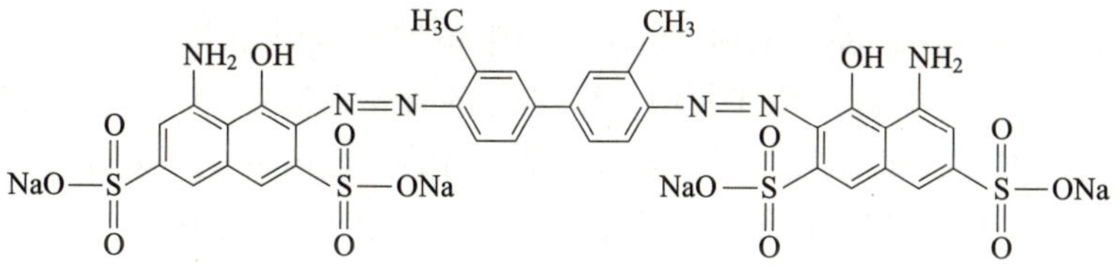

图 7-1　台盼蓝的化学结构式

当细胞损伤或死亡时,台盼蓝可以穿透变性的细胞膜,与其 DNA 结合,使细胞着色,而活细胞能阻止染料进入细胞内,因此可以区分死细胞与活细胞。通过细胞计数,可以计算出细胞的存活率。该方法的优点是易于操作、价格低廉。但是,通过直接观察来鉴别细胞死活,结果很容易受实验者主观因素的影响,造成误差。

（2）荧光染色法。由于某些荧光染料对死细胞和活细胞有不同的染色效果,可以使用荧光显微镜进行检测。常用于死细胞染色的试剂有碘化丙啶(propidium iodide,PI)和溴化乙锭(ethidium bromide,EB)(图 7-2)。PI 能够穿透正在死亡或已经死亡细胞的细胞膜,使死细胞呈现红色。EB 仅能透过细胞膜受损的细胞,插入其双链 DNA 中,使细胞发橘红色荧光。

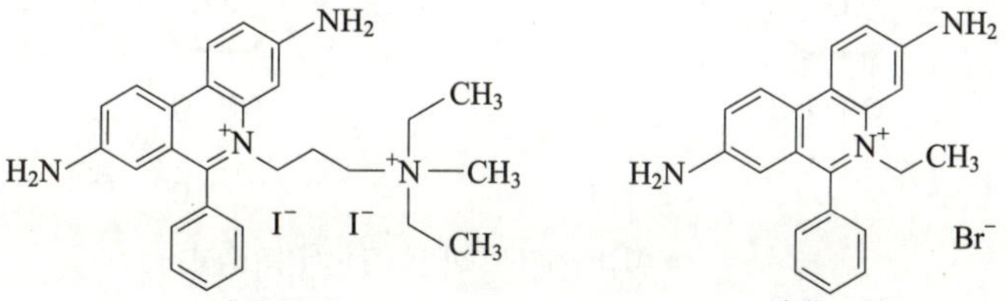

图 7-2　碘化丙啶和溴化乙锭的化学结构式

对活细胞染色的试剂有钙黄绿素(calcein acetoxymethyl ester,calcein AM)和吖啶橙(acridine orange,AO)(图 7-3)。其中,calcein AM 能够穿透活细胞膜,进入细胞质后,酯酶将其水解为 calcein,由于亲水性更强的 calcein 无法通过质膜,从而被困在细胞内,发出强绿色荧光。AO 能够穿透质膜完整的细胞并嵌入细胞核 DNA,使细胞呈现明亮的绿色荧光。这种方法的优点是灵敏度高,操作简便,结果容易分辨。然而,需要特殊仪器(如荧光显微镜、激光扫描共聚焦显微镜或流式细胞仪)进行检测。总的来说,以上两种方法都是常用的细胞活性检测方法,各有优缺点。在选择使用时,需要根据实际需要和条件进行考量。

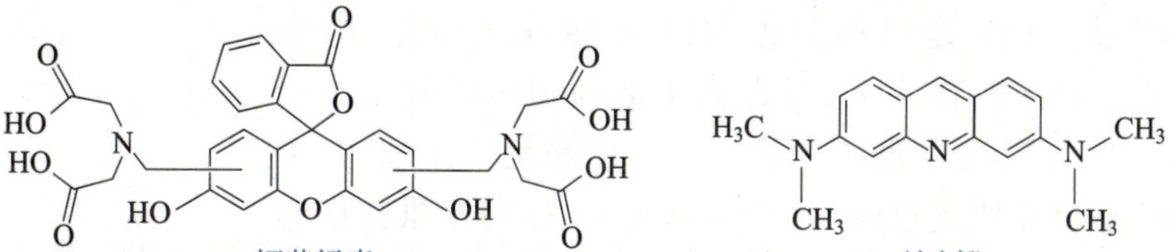

图 7-3　钙黄绿素和吖啶橙的化学结构式

2.2.2　比色法

（1）MTT法。细胞活力和代谢活性也可以通过测量还原型烟酰胺腺嘌呤二核苷酸（nicotinamide adenine dinucleotide，NADH）和还原型烟酰胺腺嘌呤二核苷酸磷酸（nicotinamide adenine dinucleotide phosphate，NADPH）（图7-4）的含量来确定，因为这些吡啶核苷酸是在代谢活动过程中形成的。细胞在增殖过程中，细胞内的环境由氧化环境变化成还原环境，呼吸链中的NADPH/NADP的值会升高。活细胞线粒体中的脱氢酶使用NADH/NADPH作为共底物将外源性3-（4,5-二甲基噻唑-2）-2,5-二苯基四氮唑溴盐（3-（4,5-dimethyl-2-thiazolyl）-2,5-diphenyl-2-H-tetrazolium bromide，MTT）还原为不溶于水的蓝紫色结晶甲䐶（formazan）并沉积在细胞中。通过增溶剂溶解细胞中的甲䐶，用基本的光谱法测量，细胞密度在一定范围内与所产生的有色产物的浓度成正比。

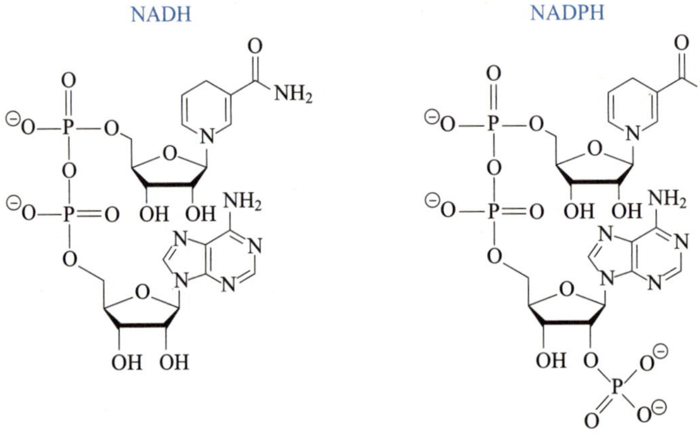

图7-4　NADH和NADPH的化学结构式

MTT方法可以用于新药筛选、测量细胞增殖、细胞毒性和肿瘤细胞敏感性试验等，加之其价格低廉，是目前最常用的检测细胞活性的方法之一[3-5]。此外，MTT方法被认为是金标准测定法，并且在开发新的细胞毒性方法时被用作基准。MTT法不适用于悬浮细胞，因为在溶解甲䐶之前，为了避免培养液中血清和酚红的影响，需将培养液吸出，这个步骤很容易造成甲䐶流失，因而导致实验结果偏差。基于此，对MTT法进行了改良，即在不吸出培养基的前提下，利用一些酸性溶解液等直接溶解甲䐶，取得了良好的效果。为了克服这种耗时的反应后处理，研究人员又开发了一些可以产生水溶性产物的四唑氮衍生物，例如2,3-二-（2-甲氧基-4-硝基-5-磺苯基）-2H-四氮唑-5-甲酰苯胺（2,3-bis（2-methoxy-4-nitro-5-sulfophenyl）-2H-tetrazolium-5-carboxanilide，XTT）、细胞计数试剂-8（cell counting kit-8，CCK-8）等。

（2）XTT法。XTT是一种类似MTT的四唑氮衍生物（图7-5），在电子耦合剂的作用下，通过代谢活性细胞的脱氢酶对XTT的裂解产生了高度着色的产物。这个产物是水溶性的，可以通过光谱吸收测定吸光度值（optical density，OD）来推测细胞的增殖情况。相比于MTT法，XTT法的优点是反应产物为水溶性，不需要额外的溶剂化步骤，适用于贴壁和悬浮生长的细胞，

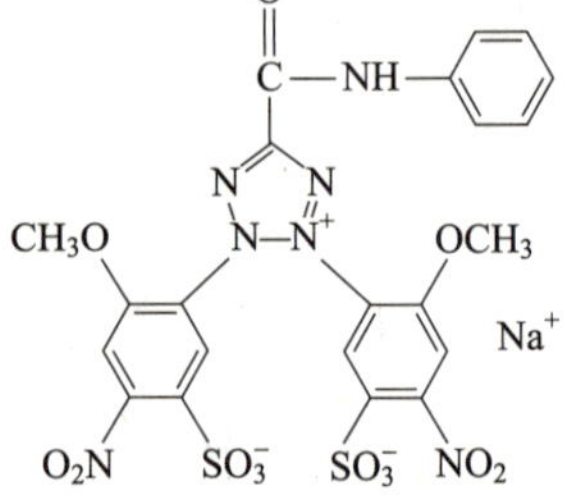

图7-5　XTT的化学结构式

检测时间缩短,实验敏感性提高。然而,XTT 法的缺点是成本较高,且水溶液不稳定,需要低温保存或现配现用。

（3）CCK-8 法。CCK-8 法是一种基于 2-（2-甲氧基-4-硝苯基）-3-（4-硝苯基）-5-（2,4-二磺基苯）-2H-四唑单钠盐）(2-(2-methoxy-4-nitrophenyl)-3-(4-nitrophenyl)-5-(2,4-disulfophenyl)-2H-tetrazolium sodium salt,WST-8) 的细胞增殖及毒性检测方法。WST-8 是第二代四氮唑盐(图 7-6),通过电子载体 1-甲氧基-5-甲基吩嗪鎓硫酸二甲酯的作用被活细胞中的脱氢酶还原为具有高度水溶性的黄色产物。产物的数量与活细胞的数量成正比,可以通过在 450 nm 处的光吸收值测量来定量。CCK-8 法的优点是快速检测,高灵敏度,贴壁和悬浮生长的细胞均适用,可以测定较低细胞密度,重复性优于 MTT 法。由于产物是水溶性的,省去了溶解步骤,减少了误差。但是,CCK-8 试剂的颜色是淡红色,与含酚红的培养基颜色相近,容易漏加或多加,且试剂价格相对较高[4,5]。

（4）阿尔玛蓝（alamar blue）法。阿尔玛蓝法检测试剂的活性成分刃天青（resazurin）是一种具有弱荧光、易溶于水且无毒的膜渗透性蓝色染料。刃天青被细胞内吞后,可以作为一种氧化还原指示剂,被活细胞中的酶不可逆地还原成试卤灵（resorufin）,而无活性的细胞无法还原刃天青(图 7-7)。

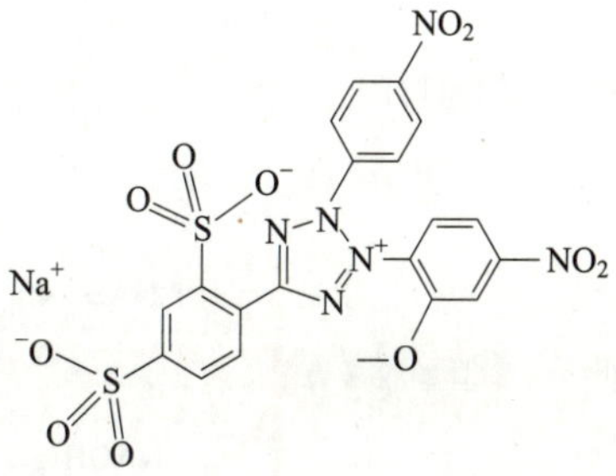

图 7-6　WST-8 的化学结构式

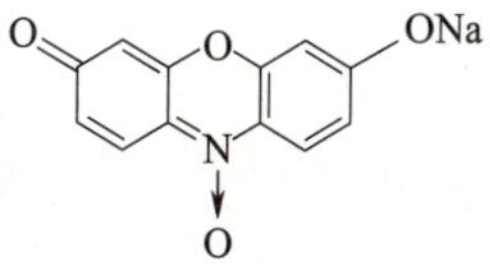

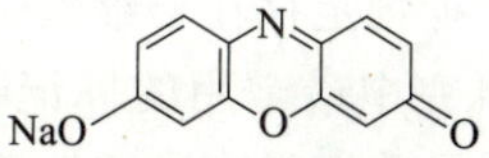

图 7-7　刃天青和试卤灵钠盐的化学结构式

阿尔玛蓝法的还原产物试卤灵是一种具有很强荧光的粉红色化合物,可使用酶标仪、荧光光度计或普通分光光度计进行检测。阿尔玛蓝法用于荧光检测的激发波长为 530~560 nm,发射波长为 590 nm,而用于普通分光光度计测定光吸收值的波长一般为 570 nm,荧光强度或吸光度与活性细胞数成正比。因此,阿尔玛蓝法可以通过荧光产生或颜色变化来对细胞增殖和细胞毒性进行定量检测[4,5]。阿尔玛蓝法是一种可替代 MTT 法的高效检测方法,操作简单,特异性和灵敏度更高,重复性好,且无细胞毒性,可以对同一组细胞进行多次测试或动力学测量。但由于分解产物是偏红色的,只能用无酚红培养基,对培养时间要求严格,成本较高。

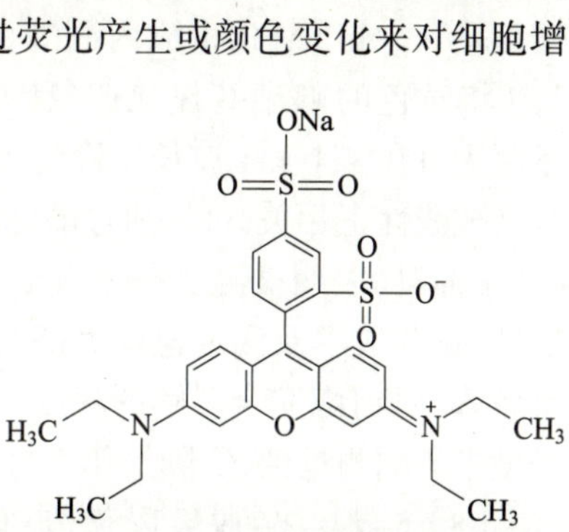

（5）磺酰罗丹明 B（sulforhodamine B,SRB）法。SRB是一种粉红色的水溶性蛋白染料(图 7-8),可与细胞内蛋白质中的碱性氨基酸结合形成复合物,在 540 nm 波

图 7-8　SRB 的化学结构式

长下产生吸收峰,OD值与活细胞的数目成正比,可用作细胞活力的检测[4]。与MTT法相比,SRB法耗时更短,没有严格的时间限制,实验可以间断,细胞固定后可以放置较长时间。不同时间点固定的细胞可在同一时间测定,测定的吸光度结果不会受到明显影响,因而受测定时间的影响较小,适用于高通量筛选。然而,SRB法操作比较烦琐。

（6）三磷酸腺苷（adenosine triphosphate,ATP）含量测定法。ATP是细胞内主要的能量分子,可以被用来衡量细胞的新陈代谢水平。细胞新陈代谢活跃时ATP含量较高,而当细胞发生凋亡或坏死时,ATP含量会迅速下降。因此,ATP是一种重要的细胞活性标志物,其含量与活细胞的数目具有很好的线性关系。ATP含量测定可以用成色反应、化学发光等多种方法实现,其中化学发光法是目前较为常用的ATP含量测定法[4]。在ATP依赖的荧光素酶（luciferase）作用下,荧光素（luciferin）可以转换为氧化荧光素（oxyluciferin）,并发出波长为560 nm左右的生物荧光（图7-9）。该反应的发光效率很高,通过化学发光仪检测出来的荧光强度与细胞内源性ATP含量成正比,可以及时反映细胞的活性和活细胞的数量。该方法具有灵敏、快速、便捷和稳定的优点,适合高通量筛选检测。

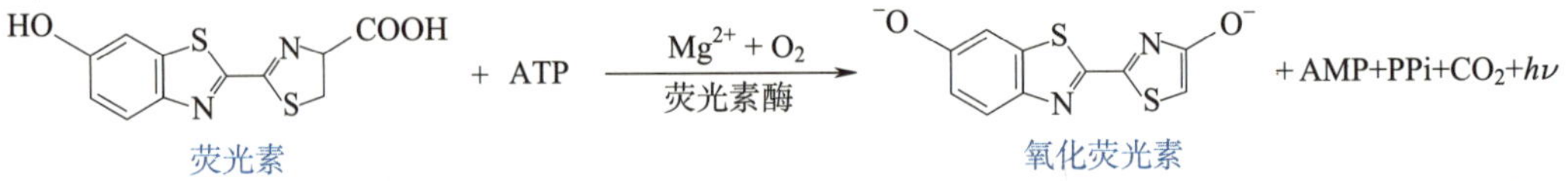

$$\text{荧光素} + ATP \xrightarrow[\text{荧光素酶}]{Mg^{2+} + O_2} \text{氧化荧光素} + AMP + PPi + CO_2 + h\nu$$

图7-9　ATP含量测定法的原理图

（7）乳酸脱氢酶（lactate dehydrogenase,LDH）法。LDH是一种稳定存在于细胞中的胞质酶,它是细胞毒性研究中最常用的标记物之一。当细胞凋亡或坏死导致细胞膜通透性改变时,细胞内的许多酶会被迅速释放到细胞培养基中,其中就包括酶活性比较稳定的LDH。这些细胞受损时释放的LDH的活性可以通过基于酶偶联反应的LDH法进行定量检测（图7-10）,细胞培养基中的LDH活性与裂解的细胞数量成正比[4]。

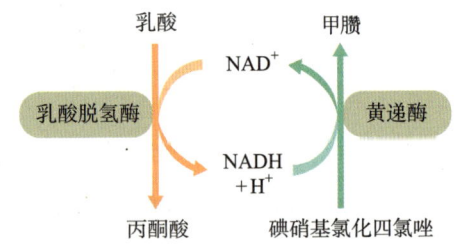

图7-10　LDH法检测细胞毒性的原理示意图

LDH介导的酶促反应可以将氧化型辅酶I（NAD+）转换为还原型辅酶I（NADH）,使乳酸（lactic acid）氧化生成丙酮酸（pyruvic acid）。然后,黄递酶（diaphorase）使用还原型辅酶I将黄色的碘硝基氯化四氮唑（2-p-iodophenyl-3-nitrophenyl tetrazolium chloride,INT）还原为可在490 nm波长处检测的红色甲臜产物。甲臜形成水平与释放到培养基中的LDH含量成线性正相关,可以通过酶标仪检测其OD值。LDH法可以直接反映细胞的死亡率,即OD值越高,表明被测物的细胞毒性越强。该方法的优点是操作简便,灵敏度高,敏感性、客观性、试剂成本及测定速度等都要优于结晶紫染色法和MTT比色法。然而,该法受影响因素较多,对细胞完全裂解的程度要求较高,孵育时间、温度或pH的微小变化都可以在很大程度上影响测量值,实际操作不易掌握。

（8）5-溴-2′-脱氧尿苷（5-Bromo-2′-deoxyuridine,BrdU）标记法。BrdU标记法是检测细胞增殖的常用方法之一。BrdU是一种核苷类似物（图7-11）,在细胞增殖过程中可代替胸腺嘧啶核苷插入到复制的 DNA 双链中,这种替换可以稳定存在并进入子代细胞中。DNA 变性处理后,插入的 BrdU 可通过 BrdU 特异性单克隆抗体检测,该单克隆抗体可直接标记有荧光染料或通过二抗间接测量,最后使用流式细胞仪或荧光显微镜测量荧光[4]。该方法的优点是灵敏度高、适用范围广,BrdU 不仅可以在体外使用,也可以在体内使用。该方法尽管性能良好,但仍显示出一些缺点,例如,为了暴露 BrdU 的抗原表位需要破坏目标 DNA,并且它不能识别经历了多轮分裂的细胞。

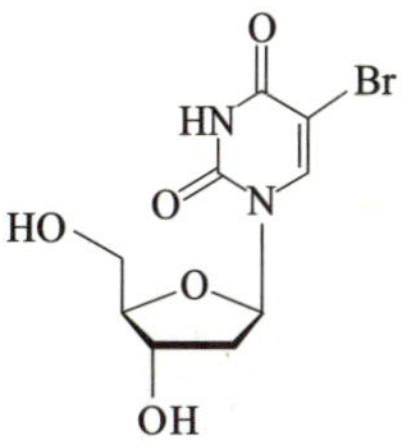

图 7-11　BrdU 的化学结构式

2.2.3　克隆形成法

克隆形成实验是研究单个细胞增殖能力和细胞存活率的一种有效方法,是基于单个细胞生长成集落的能力进行的体外细胞存活实验[6]。单个细胞在体外分裂增殖 6 次以上,其后代所组成的细胞群体称为克隆或集落。每个克隆由 50 个以上的细胞组成,其浓度通常在 $0.3 \sim 1.0 \ mmol \cdot L^{-1}$。通过计算克隆形成率,可以定量分析单个细胞的增殖能力。常见的克隆形成方法主要包括平板克隆形成法和软琼脂克隆形成法。平板克隆形成法主要适用于贴壁生长的细胞,将胰酶消化后的贴壁细胞培养于固体培养基中,使细胞附着在培养基表面,以评估细胞的克隆形成能力。软琼脂克隆形成法常用于研究悬浮生长的肿瘤细胞和转化细胞系,通过将制备好的单细胞悬浮于含琼脂糖的培养基中,以评估细胞的增殖能力,具体操作过程如图 7-12 所示。

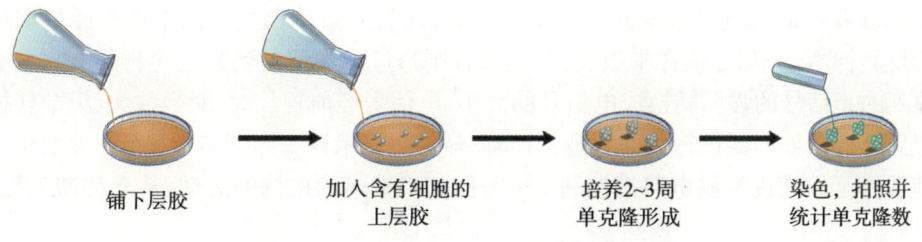

铺下层胶　　　加入含有细胞的　　　培养2~3周　　　染色,拍照并
　　　　　　　上层胶　　　　单克隆形成　　　统计单克隆数

图 7-12　软琼脂克隆形成法的实验流程图

细胞克隆形成的前提是每个毒性试剂暴露后剩余的活细胞在经历足够的培养时间后会形成一个集落。克隆形成实验适用于具有克隆性的细胞系,可以评估治疗后存活的增殖细胞数量,具有简单、低成本的优点,但不适合同时监测大量样品,且手动计数有不确定性。

3. 实验原理

3.1　MTT 原理

MTT 商品名为噻唑蓝,是一种黄色的染料,用于测量细胞增殖和 96 孔板高通量筛选方法的细胞毒性研究(图 7-13)。其原理为:活细胞线粒体中的琥珀酸脱氢酶能将外源性 MTT

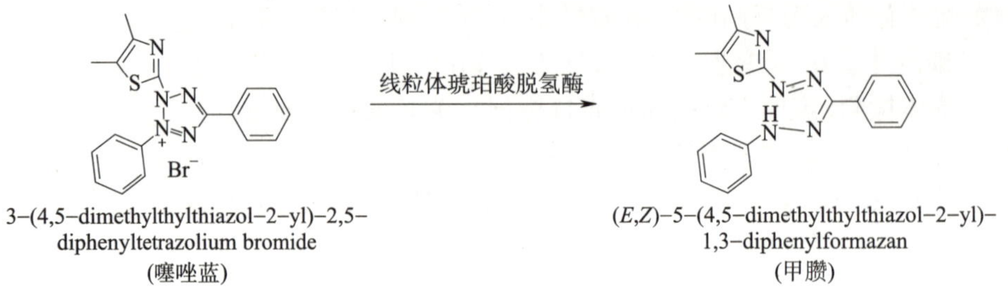

线粒体琥珀酸脱氢酶
3-(4,5-dimethylthylthiazol-2-yl)-2,5-diphenyltetrazolium bromide
(噻唑蓝)
(E,Z)-5-(4,5-dimethylthylthiazol-2-yl)-1,3-diphenylformazan
(甲臜)

图 7-13 MTT 检测原理示意图

还原为不溶于水的蓝紫色结晶物甲臜，沉积在细胞中，而死细胞不具备此功能。使用二甲基亚砜（dimethyl sulfoxide，DMSO）溶解细胞中的甲臜，用酶标仪在 570 nm 波长处测定其 OD 值，在一定细胞数范围内，反应产物的量与活细胞的数量或活性成正比[7]。

3.2 酶标仪

酶联免疫检测仪（microplate reader）简称为酶标仪，是一种基于比色法的高通量微孔板检测技术，其操作简便，被广泛应用于食品安全、生命科学、农业科学、临床检验和环境科学等领域。根据酶标仪的自动化程度，可将其分为全自动酶标仪和半自动酶标仪。这两大类酶标仪的工作原理和分光光度计或光电比色计基本相同，其核心都是一个比色计，即用比色法在特定波长下检测被测物的 OD 值，称为光吸收检测（absorbance，Abs）。

光源灯发出的光波经过滤光片或单色器后，成为一束单色光。该单色光经过塑料微孔板中的待测样本，一部分被样本吸收，另一部分则透过样本照射到光电检测器上。光电检测器将收到的光信号的强弱转换成电信号的大小，电信号经前置放大、对数放大、模数转换等信号处理后送入微处理器进行数据处理和计算，最后由显示器将测试结果显示出来（图 7-14）。微处理器还可以通过控制电路来控制 x，y 方向的机械驱动机构的运动，从而移动微孔板，实

光源灯
滤光片
微孔板
微处理器
光电检测器
信号处理器

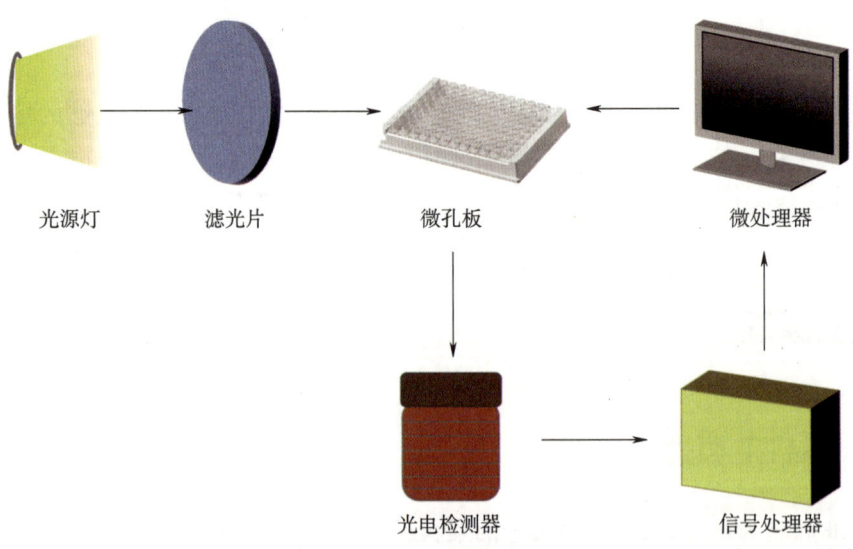

图 7-14 酶标仪工作原理示意图

现自动进样检测过程。

微孔板是一种经事先包埋,专用于放置待测样本的透明塑料板,规格有 96 孔板、48 孔板、24 孔板等多种。微孔板上有多排大小均匀一致的小孔,每个小孔可盛放零点几毫升的溶液。不同的仪器选用不同规格的孔板,对其可进行一排一排的检测或一孔一孔地检测。

特定波长下,同一种被检测物的浓度与被吸收的能量成定量关系,即符合朗伯-比尔定律:

$$A=\lg\frac{I_0}{I}=\varepsilon \cdot b \cdot c$$

式中,I_0 为入射光强度,I 为透射光强度,ε 为摩尔消光系数,b 为光程,c 为样品浓度。

3.3　5-氟尿嘧啶(5-FU)的细胞毒性

研究表明,大鼠肝癌细胞在核酸生物合成中利用尿嘧啶的程度大于非恶性细胞,因此鉴定出"选择性"抗癌活性的尿嘧啶类似物具有极大的医学意义。5-氟尿嘧啶(5-fluorouracil,5-FU)是一种潜在的抗肿瘤药物(图 7-15)。该化合物及核苷类似物 5-氟-2-脱氧尿苷(5-fluorodeoxyuridine,FdUrd)是一类被称为抗代谢物的细胞毒性药物的一部分,已被整合到许多临床试验中,并被发现在患者中表现出抗肿瘤活性。目前,5-FU 被广泛应用于实体肿瘤的治疗,包括乳腺,胃肠道系统、头颈部和卵巢等部位的疾病[8]。

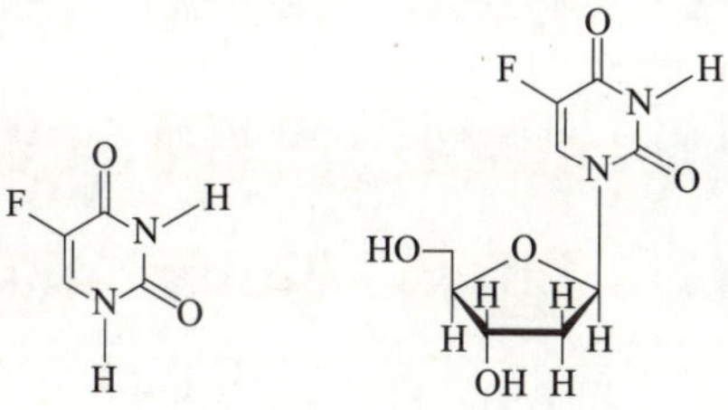

图 7-15　5-FU 和 FdUrd 的结构式

4. 实验操作

4.1　仪器、耗材与试剂

4.1.1　仪器

- 超净台
- 恒温水浴锅
- 倒置显微镜
- 酶标仪

- 细胞培养箱
- 振荡器

4.1.2 常规耗材

- 细胞计数板
- 96 孔板
- 移液器吸头
- 手套

4.1.3 试剂

- 细胞标准培养基
- 5-氟尿嘧啶溶液
- 含 5 mg·mL^{-1}MTT 的孵育培养基
- 甲䐢增溶溶液

4.2 实验步骤

MTT 实验流程见图 7-16。

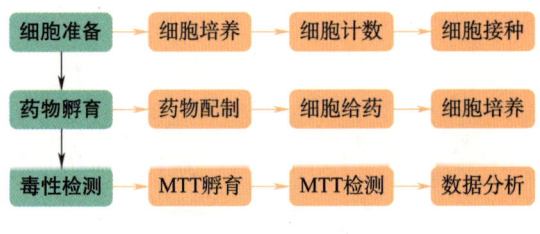

图 7-16 MTT 实验流程图

4.2.1 细胞培养（用时 10 min）

（1）使用状态良好的 HEK293T 细胞,当细胞贴壁且密度为 80% 时,将细胞废液吸弃,加入 2 mL 的 DPBS 轻轻洗去细胞代谢物。

（2）丢弃 DPBS,重复洗涤一次。

（3）将 0.5 mL 的胰蛋白酶 – 乙二胺四乙酸溶液加入细胞中摇晃 15~30 s。

（4）除去多余的胰蛋白酶 – 乙二胺四乙酸溶液,在 37 ℃ 和 5% CO_2 条件下培养细胞。2~3 min 后,加入 4 mL 的标准培养基轻轻吹打,使细胞分离成单细胞悬浮液。

（5）吸取 2 mL 的标准培养基,将细胞从瓶底吹打下来,分一半至新的培养面积 25 cm^2 培养瓶中,再加入 3 mL 的标准培养基。

（6）在 37 ℃ 和 5% CO_2 条件下放置 24 h。

4.2.2 细胞计数（用时 15 min）

（1）丢弃培养基,用 DPBS 短暂清洗细胞培养物两次。

（2）将 0.5 mL 的胰蛋白酶–乙二胺四乙酸溶液加入细胞中摇晃 15~30 秒。

（3）除去多余的胰蛋白酶–乙二胺四乙酸溶液，在 37 ℃ 和 5% CO_2 条件下培养细胞。2~3 分钟后，加入 5 mL 的标准培养基轻轻吹打，使细胞分离成单细胞悬浮液。

（4）取上步稀释的 10 µL 的细胞液体至血球计数板（数上不数下，数左不数右）。5 个区域，平均每个区域（一个区域含 16 个小方格）的细胞数为 n，则 1 mL 细胞液体中含有 $n×10^4$ 个细胞。

4.2.3　细胞接种（用时 20 min）

（1）用标准培养基稀释细胞密度为每毫升 10^5 个细胞。

（2）使用移液器，将 100 µL/孔的细胞悬液分配到 96 孔板的每个孔。

（3）在 37 ℃ 和 5% CO_2 条件下孵育细胞 24 h。

4.2.4　测试药物的准备（用时 20 min）

（1）用分析天平称取 0.013 g 的 5–氟尿嘧啶，溶于 1 mL 的 DMSO 中，配制成 100 mmol·L^{-1} 的母液。

（2）用 DMSO 制备测试药物不同浓度的 100× 浓缩溶液（0.5 mmol·L^{-1}，1 mmol·L^{-1}，1.5 mmol·L^{-1}，2 mmol·L^{-1} 和 2.5 mmol·L^{-1}），室温避光保存。

（3）在相应的细胞培养基中用 100× 浓缩溶液制备 96 孔板中测试药物的 5 种浓度（终浓度分别为 5 µmol·L^{-1}，10 µmol·L^{-1}，15 µmol·L^{-1}，20 µmol·L^{-1}，25 µmol·L^{-1}）。

4.2.5　测试药物的加入（用时 40 min）

（1）丢弃旧的细胞培养基。

（2）按照表 7–1 在示意孔中加入 100 µL 的新鲜预热的稀释细胞培养基，每个药物浓度设置 3 次重复。

（3）使用一个阴性对照（CK），每孔加入 100 µL 含有 DMSO 溶剂而不含药物的稀释培养基。

（4）在 37 ℃ 和 5% CO_2 条件下孵育细胞 24 h。

（5）最外一圈的孔只加 DPBS 缓冲液，不作为测定孔用。

表 7-1　MTT 实验的 96 孔板配置

DPBS	DPBS	DPBS	DPBS	DPBS	DPBS	DPBS	DPBS	DPBS
DPBS	Blank	CK	E_1	E_2	E_3	E_4	E_5	DPBS
DPBS	Blank	CK	E_1	E_2	E_3	E_4	E_5	DPBS
DPBS	Blank	CK	E_1	E_2	E_3	E_4	E_5	DPBS
DPBS	DPBS	DPBS	DPBS	DPBS	DPBS	DPBS	DPBS	DPBS

E_1~E_5：5 种浓度的测试药品，E_1 浓度最低，E_5 浓度最高；CK：阴性对照（DMSO）；Blank：不包含细胞的空白组，只含有细胞培养基和 MTT 溶液。

4.2.6　MTT 测试（用时 2 h 30 min）

（1）小心地移除含有药物的培养基,然后用 100 μL 预热过的 DPBS 冲洗细胞一次,丢弃冲洗溶液。

（2）将 MTT 试剂放置至室温,每 10 mL 的细胞培养液中含有 1 mL 的 MTT 试剂,配制成 MTT 孵育培养基。

（3）每孔加入 100 μL 的 MTT 孵育培养基,包括空白孔,在 37 ℃和 5% CO_2 条件下孵育 2 h。在 MTT 孵育期间观察细胞(例如在 1~2 h 形成甲䐀晶体)。

（4）小心地吸取孔中全部上清液,防止单层细胞破裂,每孔加入 100 μL 的甲䐀增溶溶液(DMSO),包括空白组。

（5）将板子放在振荡器上以 300 g·min^{-1} 振荡 10 min,使甲䐀全部溶解,形成均质溶液,96 孔板应使用锡箔纸包被避光。

（6）以空白组为参考,使用酶标仪测量在 570 nm 下所得到的彩色溶液的吸光度值。

4.2.7　细胞活力计算方法（用时 30 min）

$$细胞活力（\%）=\left[A_{(药物)}-A_{(空白)}\right]/\left[A_{(对照)}-A_{(空白)}\right]\times100\%$$

式中,$A_{(药物)}$ 是具有细胞、MTT 溶液和药物溶液的实验组吸光度;$A_{(对照)}$ 是具有细胞、MTT 溶液和溶剂 DMSO 的对照组吸光度;$A_{(空白)}$ 是只有培养基和 MTT 溶液而没有细胞的空白组吸光度。

4.3　实验学时建议表

时间	步骤
10:10—10:50	讲解实验背景和原理
10:50—11:30	消化细胞并进行细胞计数
11:30—11:50	使用标准培养基将细胞密度调整为 10^5 细胞/mL;使用移液器将细胞分配到每个孔中
13:00—14:00	丢弃旧的细胞培养基,并在示意孔中加入 100 μL 的 DPBS、空白溶液和不同药物浓度的细胞培养液
14:00—15:30	小心移除加药培育 24 h 细胞的上清液,每孔加入 100 μL 的 MTT 孵育培养基,并在 37 ℃和 5% CO_2 条件下放置 2 h
16:00—17:00	小心地吸取孔中全部上清液,每孔加入 100 μL 的 DMSO;摇匀,检测在 570 nm 处的吸光值;分析实验数据,计算细胞活力

5. 思考题

（1）什么是细胞活力和细胞毒性? 细胞活力和细胞毒性检测的常用方法有哪些?

（2）简述化学染色法和荧光染色法测定细胞毒性的基本原理。

（3）简述 MTT 法和 CCK-8 法测定细胞毒性的基本原理和优缺点。

（4）简述阿尔玛蓝法测定细胞毒性的基本原理。

（5）简述三磷酸腺苷含量测定法测定细胞毒性的基本原理。

（6）简述克隆形成法测定细胞毒性的工作原理。

（7）简述 MTT 法检测药物细胞毒性的基本步骤。

（8）画出 5-氟尿嘧啶、尿嘧啶、胞嘧啶和胸腺嘧啶的化学结构,并简述 5-氟尿嘧啶在生物医学领域中的应用。

6. 参考文献

实验八

点击化学与细胞成像

谢然(南京大学) 张保新(兰州大学)

1. 实验目的

（1）掌握非天然糖代谢标记的相关原理和实验方法；

（2）了解生物正交反应的类型、特点及其在化学生物学研究中的应用；

（3）掌握无铜催化点击化学的相关原理和实验操作；

（4）掌握细胞成像的原理，认识常用仪器的操作方法，掌握流式细胞仪的相关实验原理和流程步骤；

（5）理解对照实验在科学研究中的重要应用。

2. 实验背景

2.1 聚糖、糖基化与唾液酸

细胞是生命活动的基本单位，每个细胞的表面都存在大量的糖分子或聚糖（glycan）[1]。细胞表面的聚糖由糖蛋白、糖脂及糖胺聚糖等组成，作为细胞与外界接触的第一道屏障被形象地称为"糖被"或"糖萼"（glycocalyx）。糖萼通过分子识别在细胞–细胞、细胞–微生物之间的相互作用和通讯中发挥重要的调控作用。糖萼介导的细胞表面分子识别和相互作用参与调控细胞间识别、信号转导、病原体入侵、癌细胞迁移等一系列重要的生理和病理过程[2]。

脊椎动物细胞的聚糖由 9 种单糖组成，其糖链的最末端往往是半乳糖（galactose，Gal）或唾液酸（sialic acid，Sia）（图 8-1）。唾液酸是一类结构相近的九碳糖的总称，含有一个羧基，是细胞表面呈负电性的主要原因之一。唾液酸主要包括 N–乙酰神经氨酸（N-acetylneuraminic acid，Neu5Ac）、N–羟乙酰神经氨酸（N-glycolylneuraminic acid，Neu5Gc）、酮脱氧壬酮糖酸

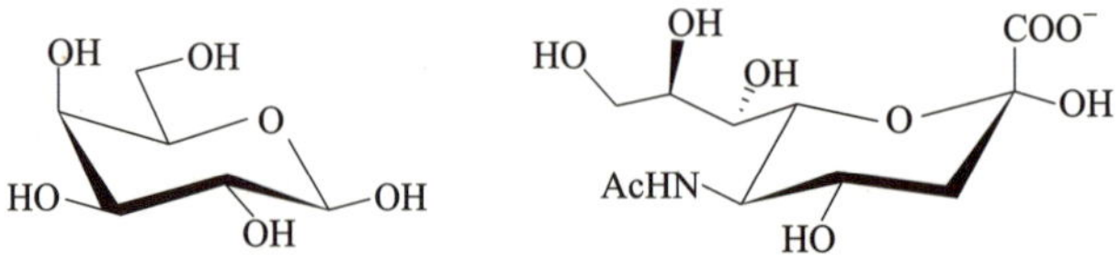

半乳糖
D–galactose
(Gal)

N–乙酰神经氨酸
N–acetylneuraminic acid
(Neu5Ac)

图 8-1　半乳糖和唾液酸的结构式

（ketodeoxynonulosonic acid，KDN）[3]。其中，由于 Neu5Ac 最常见，因此在没有特别指出的情况下，唾液酸通常指的是 Neu5Ac。唾液酸广泛地参与到受精、骨骼发育、神经连接等过程中，所以唾液酸合成和修饰的失调与肿瘤、神经系统疾病等重大疾病的发生与发展息息相关。

　　Neu5Ac 的合成发生于细胞质中，依赖多种酶的催化作用。其中，N-乙酰甘露糖胺（N-acetylmannosamine，ManNAc）是 Neu5Ac 生物合成过程中的关键合成前体。合成完成后，Neu5Ac 进入细胞核被活化为胞苷单磷酸-Neu5Ac（CMP-Neu5Ac）。随后，CMP-Sia（CMP-Neu5Ac，CMP-Neu5Gc 和 CMP-KDN）被转运入高尔基体，作为糖基供体被唾液酸转移酶（sialyltransferase）利用，将唾液酸连接到特定糖脂和糖蛋白的糖链末端。最后，唾液酸化的糖蛋白和糖脂被运输到细胞表面执行相应的功能（图 8-2）。

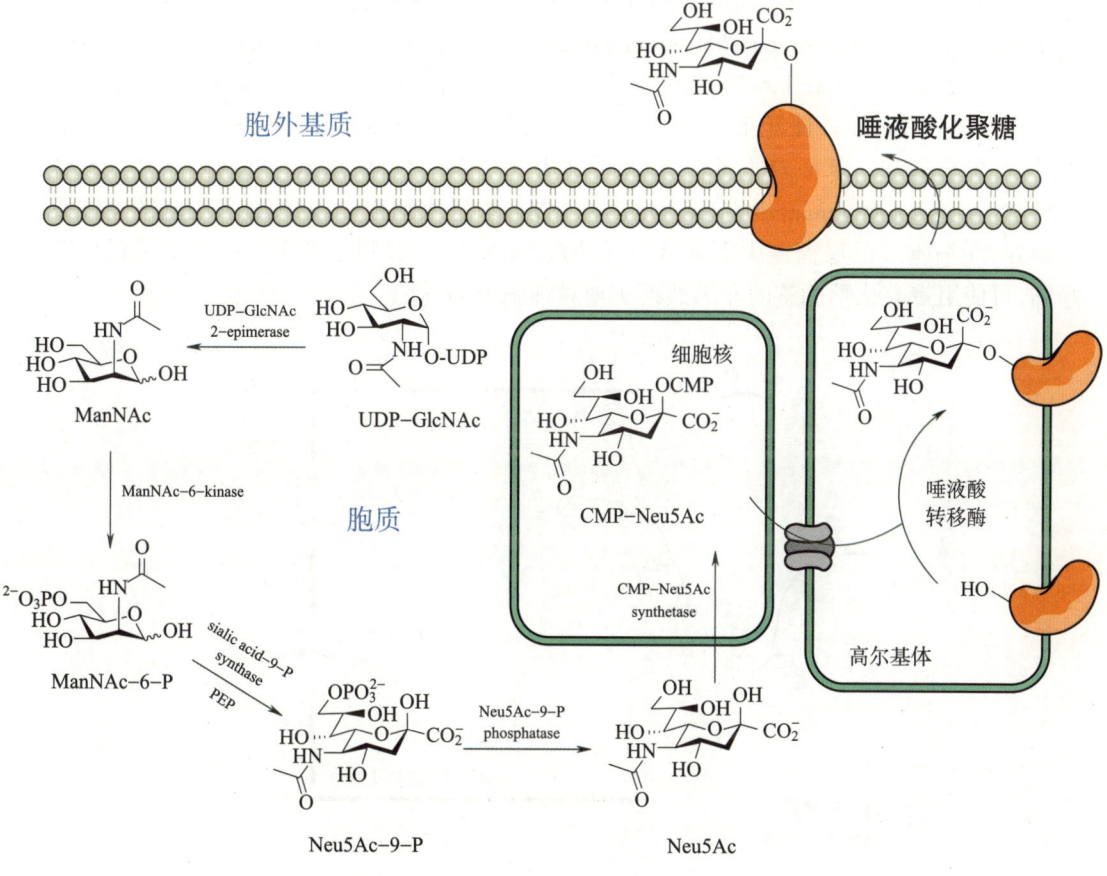

图 8-2　唾液酸化聚糖的生物合成路径

　　在活细胞和活体水平上对唾液酸进行标记、成像和分析，对于深入理解唾液酸化聚糖的生物学功能至关重要。由于糖基化过程不受中心法则直接调控，且聚糖具有结构复杂多变等特点，唾液酸化聚糖的标记方法十分有限。现有的经典方法是利用朝鲜槐凝集素（maackia amurensis lectin，MAL）、西洋接骨木凝集素（sambucus nigra agglutinin，SNA）等能够识别唾液酸的凝集素（lectin）实现标记。然而，凝集素具有特异性差、结合力弱等缺点，在实际科研应用中无法满足需求。在过去的二三十年，化学生物学的蓬勃发展为解决此难题提供了新途径。针对唾液酸化聚糖的标记问题,科学家开发了基于生物正交反应的非天然糖代谢标记策略,该技术逐渐成为活细胞和活体水平上研究唾液酸化最主要的手段之一。

2.2　非天然糖代谢标记策略

20 世纪 90 年代,研究者设计并合成了许多唾液酸的类似物以抑制唾液酸化,结果意外地发现某些唾液酸结构类似物不但无法抑制唾液酸化聚糖的合成,反而会被细胞内相关的酶识别并接受,进而代谢整合到糖链中[4]。基于此发现,Werner Reutter 团队[5]针对唾液酸生物合成前体 ManNAc 的类似物 N–丙酰甘露糖胺(N–propanoylmannosamine,ManNProp)开展了研究,发现 ManNProp 在生物代谢过程中被代谢为 SiaNProp 并最终整合到聚糖中。

受到上述研究的启发,Carolyn Bertozzi 课题组[6]开发了基于 ManNAc 类似物的寡糖代谢工程(metabolic oligosaccharide engineering)策略(图 8-3),该策略又被称为非天然糖代谢标记(metabolic glycan labeling)或化学报告基团代谢(metabolic chemical reporter)策略。该策略是基于 Bertozzi 课题组[7]于 2000 年报道的施陶丁格偶联反应(Staudinger ligation)设计的,即叠氮和三苯基磷的偶联,具体设计为含有叠氮的 ManNAc 类似物 N–叠氮乙酰甘露糖胺(N-azidoacetylmannosamine,ManNAz)被摄取进入细胞内,随后进入细胞的唾液酸合成通路,在细胞表面聚糖链中引入叠氮唾液酸 SiaNAz,接着利用施陶丁格偶联进行功能化修饰,可使用带有化学标签的非天然糖实现对细胞膜的标记。

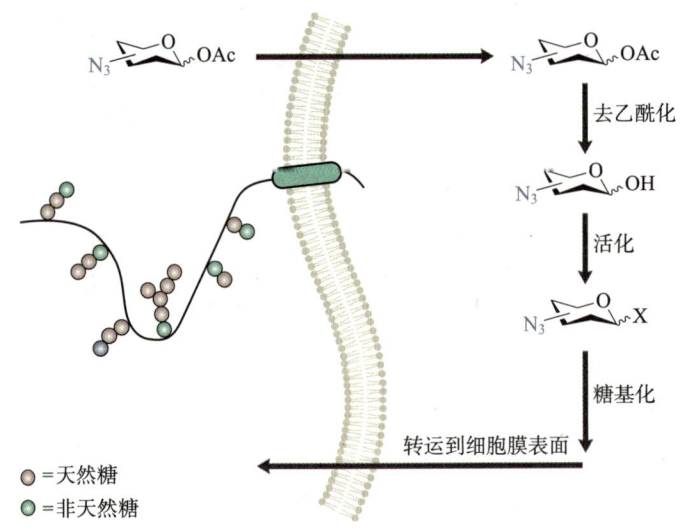

图 8-3　非天然糖代谢标记细胞膜表面示意图(非天然糖以叠氮糖为例)

随着化学生物学技术的进步,该策略得到了极大的发展,目前非天然糖代谢标记策略不仅能利用 ManNAc 类似物以研究唾液酸化聚糖,还能利用唾液酸、半乳糖胺(galactosamine)和岩藻糖(fucose)的类似物以研究其他的糖基化类型,包括岩藻糖基化、黏蛋白型 O–糖基化、O–GlcNAc 糖基化等[8](图 8-4)。

值得注意的是,由于天然单糖带有多个羟基,亲脂性较差,难以进入胞内,故在进行代谢标记时,往往会使用乙酰化的非天然糖以提高代谢效率。同时,一旦非天然糖进入细胞,羧

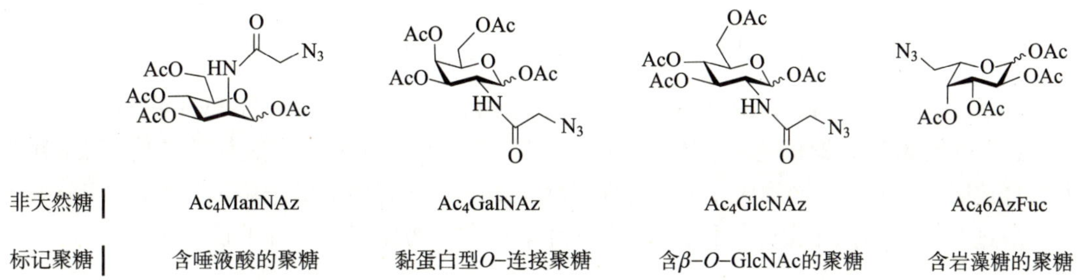

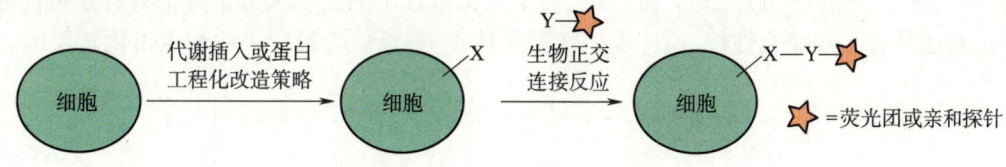

非天然糖
Ac4ManNAz
Ac4GalNAz
Ac4GlcNAz
Ac46AzFuc
标记聚糖
含唾液酸的聚糖
黏蛋白型O-连接聚糖
含β-O-GlcNAc的聚糖
含岩藻糖的聚糖

图 8-4 应用于脊椎动物聚糖代谢标记的四种非天然单糖的结构式及其对应标记的聚糖

酸酯酶就会除去乙酰基,不影响后续代谢步骤。

2.3 生物正交反应和无铜催化点击化学

生物正交反应是指能够在活细胞或组织中发生且不干扰生物自身生理活动的一类化学反应。2000 年,美国著名化学生物学家 Carolyn R.Bertozzi 第一次将施陶丁格偶联反应应用于细胞表面,由此提出生物正交反应的概念,使得研究人员能够在生命系统中对常见的生物大分子进行实时动态研究[7]。生物正交反应通常由两个步骤组成:首先,用生物正交官能团(也被称为化学报告分子)修饰细胞底物(如蛋白质、聚糖、脂类等生物分子)并将其引入生物体,化学报告分子的引入基本不影响生物活性;其次,包含互补官能团的探针可以与之发生反应,从而实现底物的修饰与检测(图 8-5)。

细胞
代谢插入或蛋白
工程化改造策略
细胞
X
Y
生物正交
连接反应
细胞
X—Y
=荧光团或亲和探针

图 8-5 生物正交反应示意图

生物正交反应必须满足如下要求:(1)选择性高,副反应少;(2)化学、生物惰性强,不破坏天然化学功能;(3)满足水相环境、室温、pH 等生理条件;(4)反应快速、无毒、生物相容性好;(5)化学报告基团不影响正常生理过程[9]。目前最常用的生物正交反应如下。

2.3.1 一价铜催化叠氮-端炔环加成反应

一价铜催化叠氮-端炔环加成反应(copper catalyzed azide-alkyne cycloaddition, CuAAC)也被称为"点击化学"(click chemistry),是化学生物学研究中应用最为广泛的生物正交反应(图 8-6)。由于 Cu^+ 具有一定的生物毒性,通常使用原位还原 Cu^{2+} 和加入 Cu^+ 络合配体的方式降低毒性、增加 Cu^+ 催化剂的稳定性和反应速率。

Cu(I)
配体

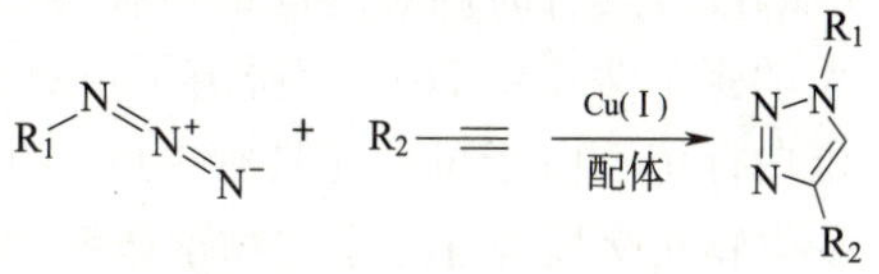

图 8-6 CuAAC 反应式

2.3.2　环张力诱导的 1,3-偶极环加成反应

环张力诱导的 1,3-偶极环加成反应（strain promoted azide-alkyne cycloaddition，SPAAC）也被称为无铜催化点击化学（图 8-7）。通过改变炔基反应底物的结构，利用环张力的释放降低加成反应的能垒，从而实现偶联。该反应没有明显的细胞毒性，但反应效率较低。通过对底物的优化设计，目前开发出的环辛炔类似物反应速率有了较大提高。

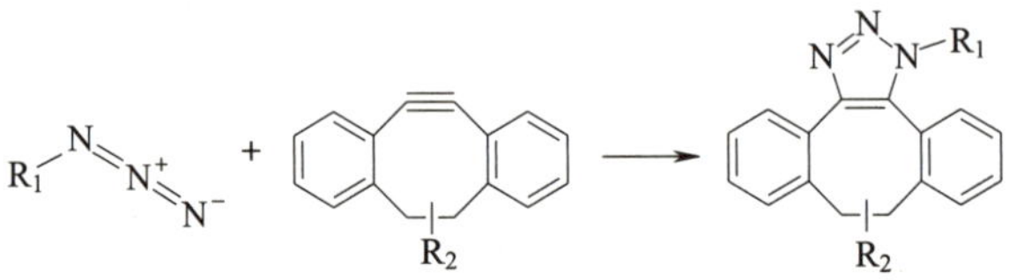

图 8-7　SPAAC 反应式

2.3.3　逆电子需求的狄尔斯-阿尔德反应

逆电子需求的狄尔斯-阿尔德反应（inverse-electron-demand Diels-Alder reaction，iEDDA）也被称为环辛烯-四嗪偶联反应（图 8-8）。逆电子需求的 Diels-Alder（iEDDA）反应是由 Bachmann 和 Deno 于 1949 年首次发现的，它是富电子的亲二烯体与缺电子的二烯体之间的反应。在前线分子轨道（FMO）理论中，这对应于亲二烯体的 LUMO 与二烯的 HOMO 的相互作用。该反应在 2008 年被认为是一种潜在的点击化学方法，并被广泛应用于生化领域和材料领域。该反应速率极快，二级速率可达 2000 $M^{-1} \cdot s^{-1}$，对于极低浓度下的生物大分子标记具有独特优势。同时，它还具有生物兼容性好、反应专一性高等优点，逐渐成为最受关注的点击化学反应。

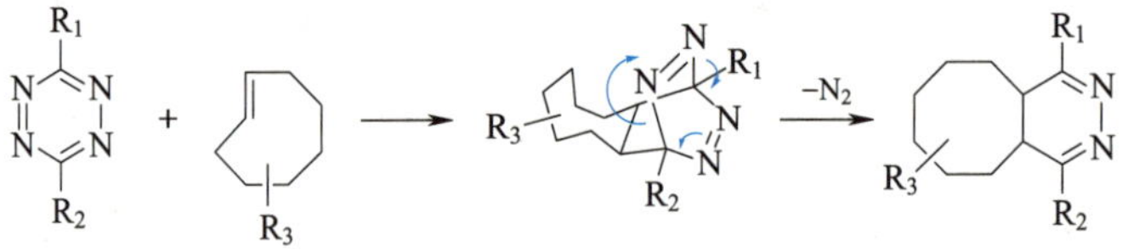

图 8-8　iEDDA 反应式

2.3.4　光诱导生物正交反应

相较于其他类型的生物正交反应，光诱导生物正交反应（photo-induced bioorthogonal reaction）具有时间和空间的可控性，是科学家们重点关注的反应发展方向（图 8-9）。南京大学张艳课题组 2018 年报道了可见光诱导的菲醌-烯醚环加成反应，并将该反应用于体外蛋白标记。由于可见光具有更好的生物相容性和更强的组织穿透性，该反应有望进一步推动生物正交反应在化学生物学研究中的应用。

综上，当前常用点击化学反应的特点列于表 8-1。

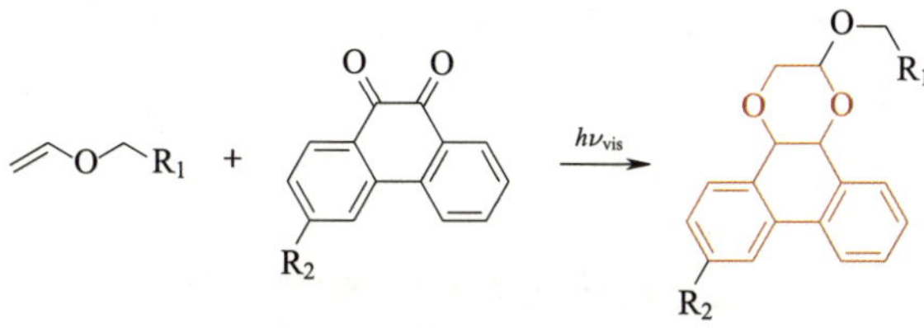

图 8-9　光诱导生物正交反应式

表 8-1　常用点击化学反应及其特点[10]

名称	常见反应	$k/(M^{-1} \cdot s^{-1})$	优点/缺点
CuAAC	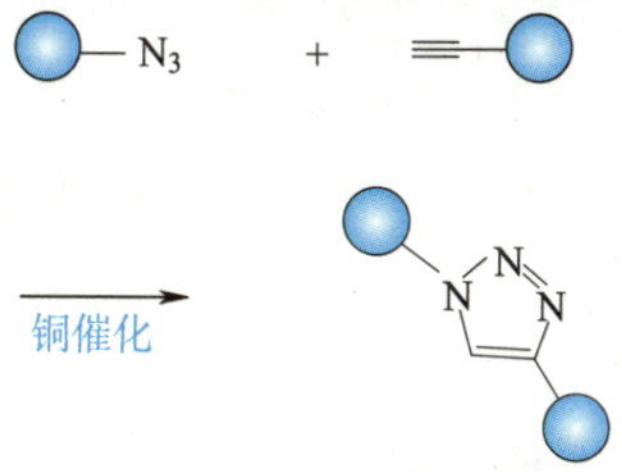 铜催化	$10 \sim 100$ [含有 $20\ \mu mol \cdot L^{-1}\ Cu(I)$]	正交对官能团结构较小 便宜 Cu(I)催化剂有毒 高的二级反应速率常数
SPAAC	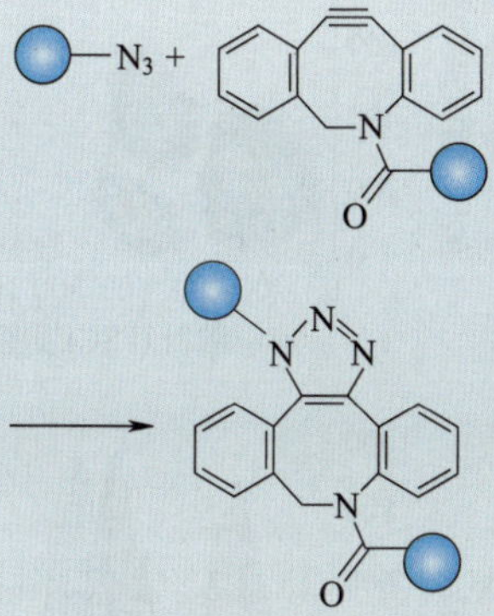	$1 \sim 60$	正交对官能团结构一大一小 中等二级反应速率常数 无催化剂
iEDDA	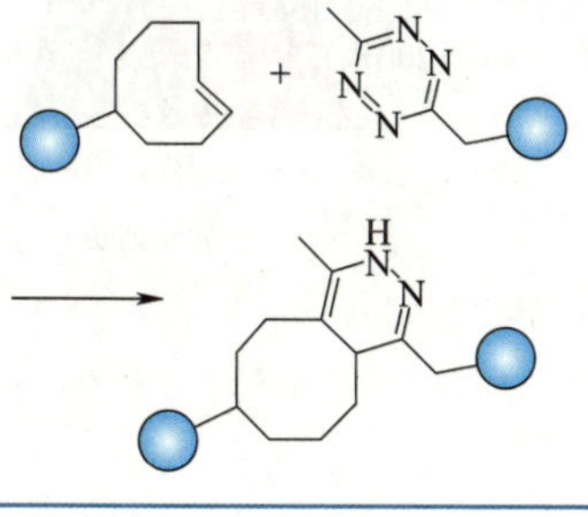	$1 \sim 10^{6}$	正交官能团结构较大 非常高的二级反应速率常数 无催化剂

3. 实验原理

3.1　流式细胞术

流式细胞术(flow cytometry,FCM)是一种生物学技术,用于对悬浮于流体中的微小颗粒进行计数和分选。这种技术可以用来对流过光学或电子检测器的一个个细胞进行连续的多种参数分析。流式细胞术是对悬浮液中的单细胞或其他生物粒子,通过检测标记的荧光信号,实现高速、逐一的细胞定量分析和分选的技术(图 8-10)。

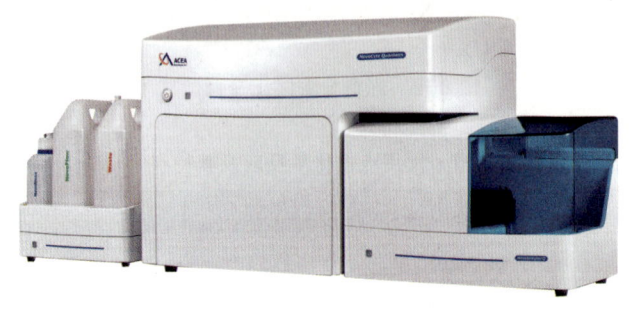

(a) 流式细胞仪

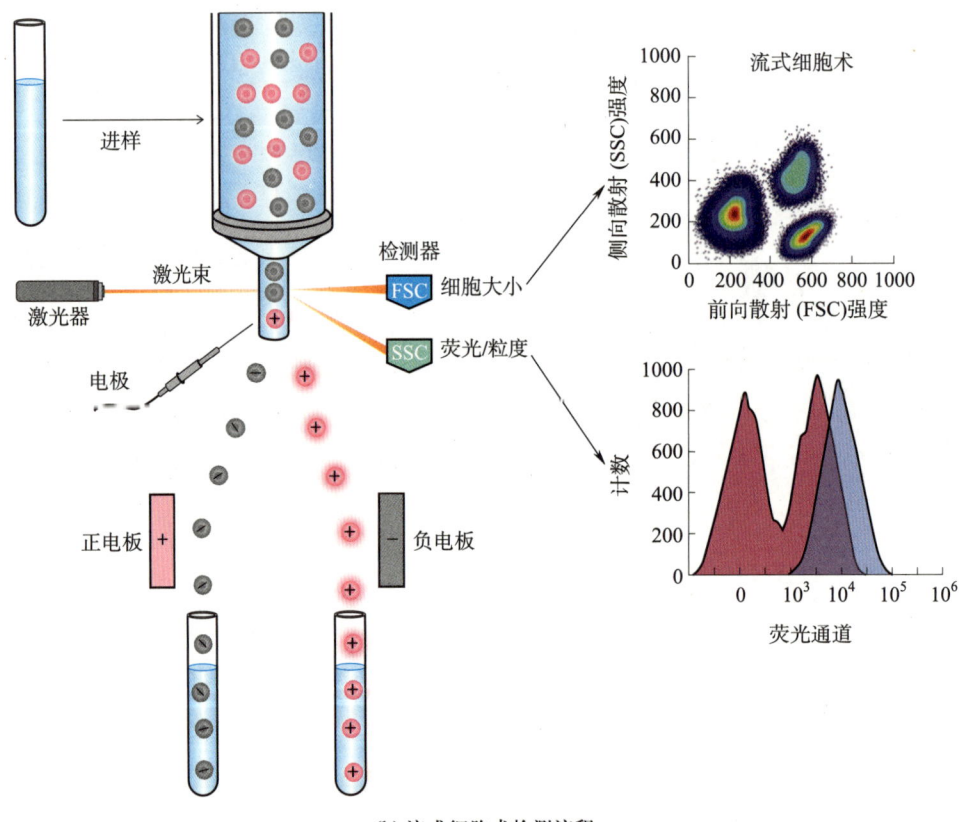

(b) 流式细胞术检测流程

图 8-10   流式细胞仪及检测流程示意图

流式细胞术的特点是通过快速测定库尔特电阻、荧光信号、光散射和光吸收值来定量测定细胞 DNA 含量、细胞体积、蛋白质含量、酶活性、细胞膜受体和表面抗原等许多重要参数。根据这些参数将不同性质的细胞分开,以获得供生物学和医学研究用的纯细胞群体。

3.1.1　流式细胞术工作原理概述

流式细胞仪的三个主要元件是流体学、光学和电子学系统。

流式细胞仪的流体系统负责将样品从样品管转移到流动池。一旦通过流动池(并通过激光束),样品将被分选出来(在细胞分选仪中)或移到废液中。光学系统的元件包括激发光源、透镜和滤光片(用于收集和移动仪器周围的光),以及用于产生光电流的检测系统。电子系统是流式细胞仪的大脑。在这里,来自检测器的光电流经过数字化、处理和保存,以用于后续分析。

典型的实验从单细胞悬浮液中的荧光标记细胞开始,可以使用任何颗粒类型的样品。将样品置于流式细胞仪上,样品被吸到仪器中,细胞悬浮在一种被称为鞘液的生理缓冲液中。流体系统(管道、泵和阀)将初始样品悬浮液排列成单列细胞流,并使细胞通过流式细胞仪以进行分析。

当细胞通过激光束时,检测器会检测细胞或颗粒的散射光。前面的检测器检测前向散射光(FSC),放置在侧面的多个检测器检测侧向散射光(SSC),荧光检测器则检测被染色的细胞或颗粒发射的荧光。FSC 与细胞的大小相关,SSC 则与细胞颗粒度成比例。因此,通常可根据细胞大小和颗粒度差异来区分细胞群。

与根据 FSC 和 SSC 区分细胞群类似,可根据是否表达特定蛋白区分细胞。这种情况下,通常使用荧光染料对目标蛋白进行染色。用于检测目标蛋白的荧光染料被相应激发波长的激光激发后会发射荧光,这些被荧光染色的细胞或颗粒会被单独检测。

当带荧光的细胞通过激光束时,会随着时间产生发射光峰或脉冲,它们将被光电倍增管(PMT)检测并转换成电压脉冲,形成单次检测事件。流式细胞仪会检测总脉冲高度和面积,并将测得的电压脉冲直接与该事件的荧光强度相关联。相对荧光染料强度取决于使用的仪器,因为不同仪器中的激光和滤光片组合会有所差异。因此,需要确保选用了合适的流式细胞仪器。

3.1.2　流式细胞术检测基本流程

(1)细胞培养;

(2)细胞处理(染色/Click 反应/抗体孵育);

(3)细胞重悬,进样;

(4)选择合适的激光通道,区分目标细胞群,信号测定;

(5)数据处理。

3.1.3　流式细胞术的应用领域

流式细胞术可以用于多个领域的检测和测量,以下是一些常见应用领域。

(1)蛋白质表达——遍及所有细胞,包括细胞核内;

(2)蛋白质转译后修饰——包括剪切和磷酸化蛋白质;

(3)RNA——包括 lncRNA,miRNA 和 mRNA 转录物;

(4)细胞健康状态——从存活率到晚期凋亡或程序化细胞死亡;

(5)细胞周期状态——是评估细胞处于 G0/G1 期、S 期、G2 期或多倍体状态的强大工

具,包括分析细胞凋亡和活化;

（6）鉴定和表征异质样本中的不同细胞亚群——包括区分中枢效应记忆细胞和耗竭 T 细胞或调节性 T 细胞。

分选用流式细胞仪还可以分选细胞并回收细胞亚群以用于后续实验。这种专业流式细胞仪又被称为荧光激活细胞分选仪（FACS），这一术语有时会与"流式细胞仪"混淆。然而,这种用法是错误的,流式细胞仪是不能进行细胞分选的分析仪器。细胞分选仪利用与流式细胞仪相似的流体学和荧光成分,但是能够将异质样品中的特定细胞群体转移到独立试管中,这通常是基于特定的荧光标记特性。如果是在无菌条件下进行收集,则这些细胞可用于进一步的培养、操作和研究。

3.2　细胞成像

自从 16 世纪末罗伯特·胡克（Robert Hooke）发明第一台显微镜起,光学设备的革新就一直在推动生命科学的发展。能实时、实地、清晰地看见生物体内细微的动态变化一直是不少生物学家梦寐以求的能力,有了显微镜技术后,这种能力已经不再遥不可及。多年来,凭借荧光显微成像技术带来的高度特异和清晰的细胞、亚细胞成像,带领生物学不断飞跃,实现了细胞内离子、细胞器、活细胞的清晰成像。

3.2.1　共聚焦显微成像技术

传统的荧光显微技术在生物成像领域有两个难以克服的挑战,第一是对生物样品的结构做 3D 成像。在传统宽场荧光显微镜中,照明光会照亮光路上的整个样品,来自非焦平面的杂散光信号也会被成像物镜收集到（图 8-11）,干扰所要观察的样品信号,不但降低横向分辨率,轴向分辨率也只能达到 2.5 μm 左右,比人多数生物结构都要大,因此很难对样品

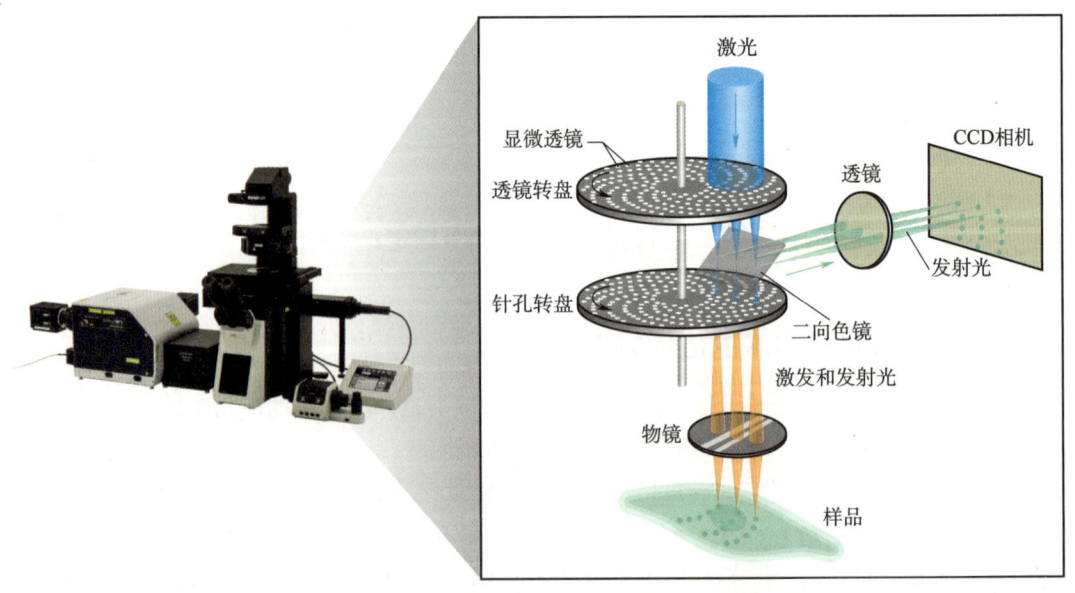

图 8-11　转盘共聚焦显微镜及共聚焦显微成像原理示意图

3D 结构清晰而准确地成像；另一个挑战是对样品内部结构的清晰成像。在观察细胞内部活动时，细胞膜的荧光信号会对成像产生极大的干扰。

为了克服这些挑战，早在 1953 年，美国学者马文·明斯基就提出了"共聚焦"的构想。经过 30 年的发展，这一想法逐渐成为成熟的共聚焦显微成像技术。

共聚焦显微成像技术是一种利用逐点照明和空间针孔调制来去除样品非焦平面的散射光的光学成像手段，相比于传统成像方法可以提高光学分辨率和视觉对比度。

3.2.2　共聚焦显微成像技术原理

共聚焦显微成像技术的基本原理为：从一个点光源发射的探测光通过透镜聚焦到被观测物体上，如果物体恰在焦点上，那么反射光通过原透镜应当汇聚回到光源，这就是所谓的共聚焦（confocal），简称共焦。共聚焦显微镜在反射光的光路上加上了一块二向色镜（dichroic mirror），将已经通过透镜的反射光折向其他方向，在其焦点上有一个"针孔"（pinhole），小孔就位于焦点处，挡板后面是一个光电倍增管（PMT）。可以想象，探测光焦点前后的反射光通过这一套共焦系统，必不能聚焦到小孔上，会被挡板挡住。于是光度计测量的就是焦点处的反射光强度。其意义是通过移动透镜系统可以对一个半透明的物体进行三维扫描。

3.2.3　转盘共聚焦显微镜

目前，商业化的共聚焦显微镜可分为三类：共聚焦激光扫描显微镜（confocal laser scanning microscope，CLSM）、转盘共聚焦显微镜（spinning-disk confocal microscope）与可编程序阵列显微镜（programmable array microscope，PAM）。

传统的激光扫描共聚焦显微镜使用逐点扫描，用光电倍增管（PMT）作为检测器，虽然成像清晰，但是速度比较慢，而且 PMT 的光电转换效率也比较低，需要较强的激发光。这就导致这种技术的光漂白和光损伤非常大，极不适用于活细胞成像。相比之下，转盘共聚焦显微镜具有高速、高灵敏度、易于安装等优点（图 8-11），更适合研究活细胞及其内部的动态过程。

3.3　实验梯度设置

实验梯度指的是在实验中设置不同组的处理条件，以比较它们之间的效果差异。通常，实验梯度的设置应该考虑以下几个方面：

（1）确定研究目的。在设定实验梯度之前，需要明确研究者所关心的因果关系。

（2）选择变量。要根据研究目的确定需要考察的变量，以及可能影响这些变量的因素。

（3）确定不同梯度。根据选定的变量及因素，确定不同的处理梯度。这可以通过设计实验计划来实现。

（4）控制变量。为了确保实验的可靠性和有效性，需要对一些可能影响结果的因素进行控制，以确保能够确定因变量与自变量之间的因果关系。

（5）实验验证。通过实验来验证不同处理梯度的效果差异，以此得出结论。

综上所述，设置实验梯度需要综合考虑实验目的、变量选择、处理梯度、变量控制和实验验证等因素，以确保实验的可靠性和有效性。

同时,在实验中设置实验梯度也是常用的优化实验的策略,通过不同反应条件的设置及结果的分析,有助于节约时间成本及试剂用量,在科研过程中是必不可少的环节。

实验操作

4.1　仪器、耗材与试剂

4.1.1　仪器

- 移液器:0.5~10 μL,2~20 μL,10~100 μL,100~1000 μL(Eppendorf 公司)
- 涡旋振荡器(Four E's Scientific 公司,Vortex Mixer)
- 控温振荡反应器(杭州朗科,BG200)
- 桌面离心机(大龙,D1008E)
- 二氧化碳培养箱(美国 THERMO,THERMO/3111)
- 台式高速冷冻离心机(HIMAC,CT15RE)
- 生物安全柜(美国 THERMO,THERMO/1384)
- 流式细胞仪(NovoCyte)
- 光刺激转盘高速超分辨显微镜(Olympus,SpinSR10)

4.1.2　常规耗材

- 离心管(1.5 mL,15 mL)
- 玻璃底细胞培养皿
- 移液器吸头
- 手套

4.1.3　试剂

- 1×PBS 缓冲液
- 1×DPBS 缓冲液
- 吐温-20(Tween-20)
- DMEM 高糖培养基(含双抗)
- 南美胎牛血清
- 胰酶(Trypsin)
- 4% 多聚甲醛(4% PFA)
- FITC-Alkyne
- Biotin Alkyne
- Alexa Fluor™ 488 链霉亲和素偶联物(Streptavidin-AF488)
- Hoechst
- 200 mmol/L ManNAz,Ac$_4$ManNAz 浓储液

- 5 mmol/L DBCO-Cy5 储液
- DMEM 完全培养基（10% FBS）
- 0.1% Tween-20
- PBS（1% FBS）
- 超纯水

4.2 实验步骤

共聚焦显微镜检测非天然糖代谢细胞样品实验流程图见图 8-12。

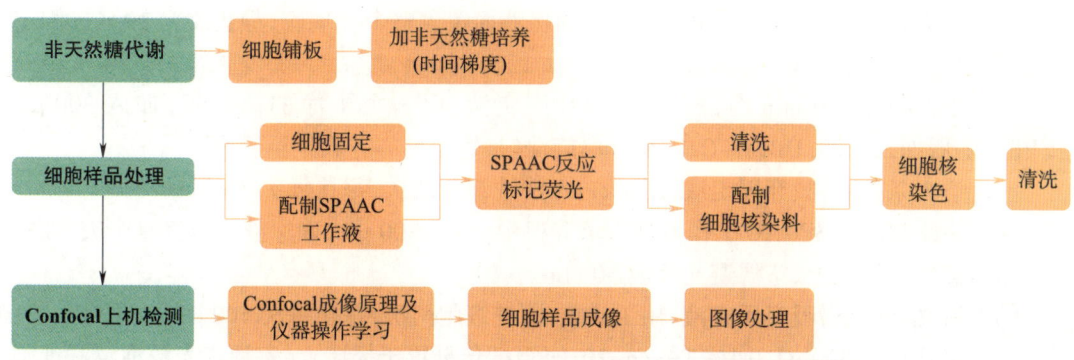

图 8-12　共聚焦显微镜检测非天然糖代谢细胞样品实验流程图

FACS 检测非天然糖代谢细胞样品实验流程图见图 8-13。

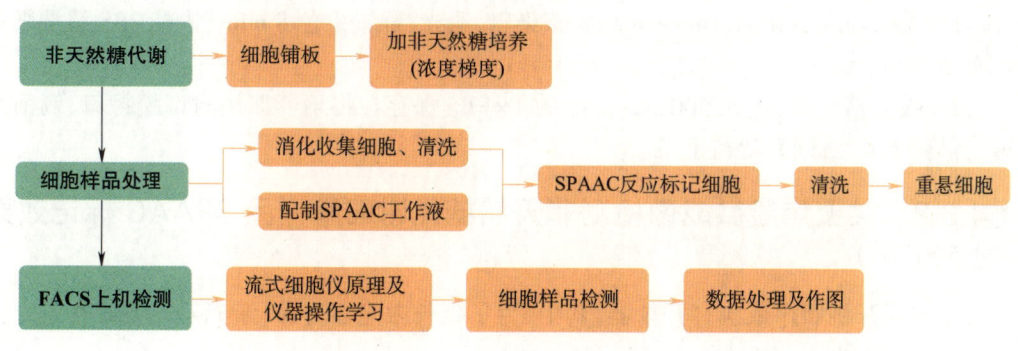

图 8-13　FACS 检测非天然糖代谢细胞样品实验流程图

4.2.1　SPAAC 反应标记非天然糖代谢细胞样品（时间梯度）（用时 1 h 20 min）

（1）将 293T, HeLa 两种细胞培养至第三代后,以 1/3 的比例铺板至 4 孔 35 mm 玻璃底培养皿中,参考细胞量为单孔 1.5×10^5,整皿（35 mm）6×10^5。

（2）培养 8~10 h,待细胞完全贴壁后,开始根据设置的时间梯度进行非天然糖代谢标记实验。吸弃培养基,取 500 μL 完全培养基,加入 0.125 μL 200 mmol/L Ac₄ManNAz 使终浓度为 50 μmol/L，吹打混匀。用移液器轻柔贴着培养皿壁加入培养基。将细胞放回培养箱继续培养。设置的时间梯度见表 8-2。

表 8-2　非天然糖代谢标记时间梯度及对照组设置

编号	1	2	3	4	5	6
化合物	DMSO	ManNAz （50 μmol·L^{-1}）		Ac$_4$ManNAz （50 μmol·L^{-1}）		
代谢时间	24 h	24 h	24 h	12 h	6 h	3 h

（3）培养完成后，吸弃培养基，用 500 μL 1×PBS 轻柔地清洗各组细胞，弃去清洗液。每组加入 500 μL 新解冻的 4% PFA 溶液，确保液面覆盖整个玻璃底，静止放置 10 min 固定细胞。

（4）在固定的 10 min 内，配制 SPAAC 反应液：取一个干净的离心管，加入 300 μL 1×PBS，随后加入 3 μL DBCO-Cy5，充分涡旋混匀，短暂离心并收集至管底。

（5）避光条件下，吸弃固定液，用 1×PBS 清洗细胞两次，每孔每次 500 μL。

（6）将配制好的 SPAAC 工作液加入培养皿中，每孔 300 μL，确保液面覆盖整个玻璃底，锡箔纸包裹置于摇床上，室温避光反应 30 min。

（7）避光条件下，吸弃反应液，用 1×PBS 清洗细胞两次，每孔每次 500 μL。

（8）每孔加入 500 μL 0.1% Tween-20，锡箔纸包裹置于摇床上，室温避光浸泡清洗细胞 10 min。

（9）吸弃清洗液，用 1×PBS 清洗细胞两次，每孔每次 500 μL。

（10）配制 Hoechst 细胞核染料：每 1 mL 1×PBS 加入 2.5 μL Hoechst 母液，涡旋混匀，快速离心收集至管底。

（11）每孔加入 500 μL Hoechst 细胞核染料，避光，静置染色 8 min，用 1×PBS 清洗细胞 1 次，每孔 500 μL。

（12）吸弃清洗液，加入 500 μL 洁净的 1×PBS 保存。将培养皿用封口膜封口，锡箔纸包裹后保存于 4 ℃冰箱，等待上机。

4.2.2　共聚焦显微成像检测非天然糖代谢细胞样品 SPAAC 标记效果（用时 50 min）

（1）按照开机顺序依次打开仪器，其中，为了延长激光器寿命，激光器开关要在打开其他配件 10 min 后打开。

（2）用擦镜纸擦拭 35 mm dish 的玻璃底，选择合适的检测板——对应 35 mm dish 的孔，在低倍镜（10×）的状态下（保证不会损伤镜片）放置待检测的皿，准备成像。

（3）打开 "Olyvia" 软件，点击流程管理图标，设置文件保存路径。

（4）打开 405 nm 及 647 nm 激光器，设置激光强度，一般默认设置 20%。

（5）设置采集流程，本实验中需要采集的通道是 DIC（BF）、405 nm（Hoechst）、647 nm（Cy5），分别设置合适的曝光时间、增益值、焦距（2000 左右），点击 "读取设置" 保存参数。

（6）设置文件名后，点击 "采集"，完成不同组别的显微图像采集。其中，为了保证实验的科学性与结果的一致性,每组样品应选择三个不同的区域进行图像采集。

（7）文件保存:点击文件,选择"图像导出",选择导出单组 Tiff 图像序列。

（8）压缩文件后上传。

（9）按照流程关机,登记实验信息。

4.2.3　SPAAC 反应标记非天然糖代谢细胞样品(浓度梯度)并制备流式上机样品(用时 1 h 30 min)

（1）将 293T,HeLa 两种细胞培养至第三代后,铺板至 24 孔板中。

（2）按照表 8-3 中的浓度梯度进行非天然糖代谢实验,其中,每个浓度设置三个孔的重复。换液操作同 4.2.1,代谢培养 24 h。$Ac_4ManNAz$ 母液浓度为 200 mmol·L^{-1}。

表 8-3　非天然糖代谢标记浓度梯度设置

编号	1	2	3	4	5	6
浓度/(μmol·L^{-1})	0	25	50	100	200	500

（3）代谢完成后,进行细胞处理。提前预冷离心机,准备好适配于流式细胞仪的 1.5 mL 离心管,写好各组名称/编号:1-1,1-2,1-3,2-1,…,6-3。

（4）吸弃培养基,每孔用 500 μL 1×PBS 轻柔地洗一次,弃 PBS,加入 500 μL 胰酶,37 ℃ 培养箱中消化 2 min。吸去液体或加入液体时,应注意轻柔操作。

（5）消化完成后,加入 500 μL 完全培养基终止消化,将细胞转移到对应的 1.5 mL 离心管中,在 800×g,8 ℃ 离心 3 min,离心好的细胞放在冰上备用。

（6）弃上清液,用 500 μL PBS(1% FBS)清洗细胞,在 800×g,8 ℃ 离心 3 min,弃上清液,重复 1 次。

（7）每管加入 100 μL DBCO-Cy5 工作液(现用现配,配置方法同 4.2.1),轻轻吹打混匀,冰上避光孵育 30 min,15 min 时再次吹打混匀。

（8）孵育完成后,用 500 μL PBS(1% FBS)清洗细胞 3 次,每次均 800×g,8 ℃,离心 3 min,弃上清液。最后一次离心后,用 200 μL PBS(1% FBS)重悬,等待上机。

4.2.4　流式细胞仪检测细胞样品荧光强度(用时 1 h)

流式细胞仪检测细胞样品的检测通道为 PE(Cy5)。实验步骤如下。

（1）开机,检查鞘液、清洗液、冲洗液余量,保证液体体积大于 1/3 桶。检查废液体积,当废液体积超过 1/2 桶时需倾倒。

（2）打开"NovoExpress"软件,设置左边栏参数,包括上样量、进样速度、终止条件、光照通道与增益等;设置右边参数,包括耗材类型、振荡参数、样本创建等。

（3）进样速度设置为中速,35~50,过快可能会导致检测不准。

（4）因仪器原因,每次吸入的样品量要大于设置的进样量,如设置进样 50 μL,实际进样会大于 50 μL,因此进样量一般设置为 50 μL。样品很稀时,会考虑将进样量调高。

（5）终止条件会根据实验要求设置,一般设置成样品点数量,细胞实验可根据细胞数量调整在 1~5 w。可先用实验组检测,评估大致的细胞密度及死细胞数量,确定要检测的区域

（划门），再根据门内的样品数确定终止条件。

（6）光照通道要根据染料性质设置，增益相当于光照强度，一般不修改此参数。

（7）剪去 1.5 mL 离心管盖子，放入自动进样器，确保进样器四角固定牢固，正式上样检测。

（8）实验中要观察 FSC/SSC 二维图中样品点的分布，弄清楚每个点群对应的细胞状态及原因。找到待测区域后应根据其荧光强度作直方图，得到点群平均荧光强度并记录。

（9）实验结束后，清洗维护液路，记录实验数据。

4.3 实验学时建议表

时间	步骤
10:10—10:40	教师讲解实验背景和原理
10:40—12:00	学生通过 SPAAC 反应标记非天然糖代谢细胞样品（时间梯度）
12:00—12:40	午饭
12:40—13:30	助教介绍激光转盘共聚焦显微镜操作流程，学生学习样品拍摄
13:30—15:00	学生通过 SPAAC 反应标记非天然糖代谢细胞样品（浓度梯度），制备流式上机样品
15:00—16:00	助教介绍流式细胞仪上机流程，学生检测细胞样品荧光强度
16:00—16:30	结果分析

5. 思考题

（1）为什么乙酰化的非天然糖可以代谢进细胞，而未乙酰化的糖代谢效果很差？

（2）为什么 DBCO-Cy5 等荧光分子需要避光？简要介绍其失效的机理。

（3）本次实验使用的点击反应工作液中包含哪些物质？它们的功能分别是什么？

（4）对照组的荧光是什么原因造成的？应如何避免这种现象？

（5）分析实验结果，说明实验中设置了哪些对照组，它们的作用分别是什么？实验结果和你的预测是否一致？请补充说明还可以增加哪些对照实验以确认实验结果。

（6）请简要说明共聚焦和流式细胞术在检测细胞荧光时的不同，分析其优势与不足。

（7）点击化学的特点是什么？

（8）查阅文献，举例说明生物正交反应在其他生物大分子（糖类、核酸、脂质）上的应用（任选一种生物大分子即可）。

6. 参考文献

第三章
前沿综合化生实验

前沿综合化生实验模块汇总了与化学生物学前沿研究方向密切相关的特色实验,由参与教材建设的各高校提供的资料整合而成。该部分的实验操作以基础分子生化实验模块和基础细胞生物学实验模块所涉及的实验技能为基石,针对现实性的科学问题和应用场景开展教学,并融合了新的实验方法,如生物大分子质谱的样品制备、基因编辑、荧光探针的合成和酶活检测等,18个实验之间交互补充,基本覆盖了目前国内各高校化学生物学教学实验项目中的特色内容。本章旨在拓展学生的知识和技能,除了巩固基础模块所学的实验技能外,还希望激发他们对化学生物学这一交叉学科的兴趣,培养他们解决复杂科学问题的能力。

本章涵盖了基于活性的蛋白质组分析、蛋白相互作用捕捉、荧光探针、细胞递送、基因编辑、核酸适配体、蛋白酶活检测、核酸损伤和交联监测、抗菌化合物筛选等内容,未来还有待进一步补充和拓展。通过这些实验,学生可以将基础分子生物学实验和基础细胞生物学模块所掌握的实验操作技能(如分子克隆、核酸与蛋白质的凝胶电泳、细胞培养与成像、点击化学反应等)投入使用,进一步了解化学生物学研究中所涉及的科学问题,将理论知识与实际操作融会贯通;除此之外,学生还可以接触新的实验材料和实验设备,并学习与此相关的新操作,如抗菌或抗肿瘤化合物的表征、核酸大分子的合成与评估、非天然氨基酸的光交联反应和基于生物大分子质谱的蛋白质组分析等,为他们未来的科研和职业道路奠定坚实的基础。

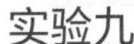

实验九
利用光交联非天然氨基酸鉴定蛋白-蛋白相互作用

冯天宇　谭镇枢　王初(北京大学)

1. 实验目的

（1）了解非天然氨基酸插入的原理及其在蛋白-蛋白相互作用研究中的应用；
（2）通过镍柱纯化、变性凝胶电泳等技术分析靶蛋白的相互作用蛋白；
（3）了解通过生物大分子质谱鉴定蛋白质的基本原理及流程；
（4）掌握蛋白一维电泳分离后胶内酶切质谱样品的制备方法和相关原理；
（5）通过质谱鉴定分析光交联法所捕获的与 HdeA 相互作用的蛋白。

2. 实验背景

2.1 蛋白-蛋白相互作用

蛋白-蛋白相互作用（protein-protein interaction, PPI）是指两个或多个蛋白质分子之间具有特异性的物理接触，其相互作用机制可包含非共价键（如氢键、离子键、疏水作用等）和共价键（如二硫键）等多种形式。

由于生命体内的蛋白质很少单独发挥作用，其生物学功能往往受到其他蛋白质的影响和调节，因此 PPI 在生命活动中扮演着十分重要的角色。研究 PPI 有助于阐明特定生命过程，发现具有病理意义的特定治疗靶标，并为相关疾病的治疗提供理论基础[1]。

PPI 首先要求发生相互作用的蛋白质之间具有结构的互补性。经典的互作对通常具有固定的互作结构域，并且在蛋白序列上具有明显的保守性。然而，对于大部分 PPI 而言，为保证相互作用的特异性，互作界面往往是特殊的，因此基于已知蛋白的结构预测未知 PPI 互作对仍然具有很大困难。

通过形成 PPI，蛋白质可以对彼此的功能进行调控。有些调控以非共价的机制发生，例如，在不存在第二信使环磷腺苷（cyclic adenosine monophosphate, cAMP）的条件下，蛋白 PKA 的催化亚基与调节亚基会形成稳定的异源四聚体复合物，进而抑制 PKA 的活性；有些调控则通过共价的级联酶促反应的形式发生，例如，对于蛋白激酶家族蛋白，其能够识别并特异性地与底物蛋白发生相互作用，同时对底物蛋白进行磷酸化修饰，进而影响底物蛋白功能。受影响的功能包括但不限于催化活性、稳定性、细胞定位等。

　　需要指出的是,PPI 是一个动态平衡的过程,除了少数诸如核糖体、蛋白酶体等分子机器外,鲜有蛋白在其生命周期内保持着稳定而专一的 PPI。在细胞内,PPI 的动力学常常受到其他分子的调节,其动态变化保持了细胞内信号传导和代谢通路的灵活性和准确性。

　　目前有许多方法可以研究 PPI,在生命科学研究中,传统的方法包括免疫共沉淀(co-immunoprecipitation)和酵母双杂交(yeast two-hybrid screening)等,但上述方法分辨率与通量较低。近年,表面等离子共振(surface plasmon resonance,SPR)和串联亲和纯化质谱(affinity purification coupled to mass spectrometry)等方法也广泛应用于 PPI 研究中,上述方法分辨率较高,但需要对目标蛋白进行纯化,脱离了蛋白质在生理条件下所处的理化环境。对于蛋白质自然状态下极短时间内发生的相互作用,特别是某些处在极端环境(如极端 pH条件)下的 PPI、低丰度的 PPI,上述研究方法往往表现出较大的局限性[2]。

　　近年来,交联技术(cross-linking)逐渐发展为 PPI 的重要研究方法。该方法基于化学交联或光交联的策略,通过引入交联试剂,可以在序列并不临近的蛋白残基之间形成共价键,因此,能够将天然状态下非共价的 PPI 转化为稳定的共价相互作用。其中,遗传密码子扩展技术(genetic code expansion,GCE)是通过在指定蛋白的特定位点引入含光交联官能团的非天然氨基酸(unnatural amino acids,UAAs),利用其反应活性将 PPI 转化为共价连接,并结合特异性的富集方法,即可对靶蛋白与互作蛋白形成的共价复合物进行表征与分析[3](图 9-1)。

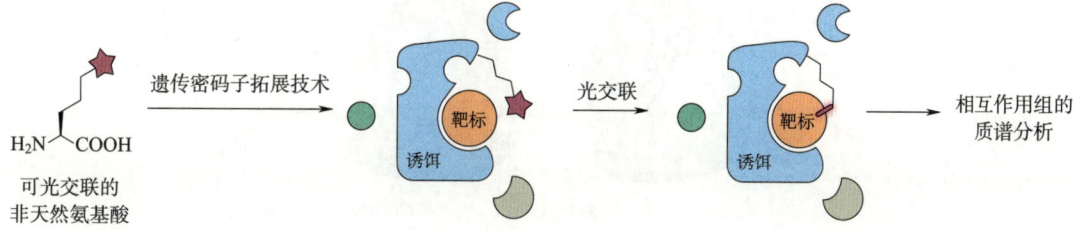

图 9-1　通过非天然氨基酸光交联反应捕获蛋白相互作用的示意图

2.2　天然蛋白质中非天然氨基酸的定点插入

　　在自然界中,生命体基于 DNA-RNA-蛋白质这一中心法则对遗传信息进行复制与传递。其中,核苷酸序列以三联体密码子的形式与氨基酸严格对应,例如,AUG 对应甲硫氨酸,同时也是肽键合成的起始信号。除 20 种常见的经典氨基酸之外,若要在蛋白质中引入其他非天然氨基酸,首先需要赋予非天然氨基酸一个对应的密码子。生命体中,UGA,UAA 和 UAG 通常是终止密码子,作为翻译终止的信号。在古细菌当中,UGA 编码第 21 种天然氨基酸硒代半胱氨酸(selenocysteine),UAG 则编码第 22 种天然氨基酸吡咯赖氨酸(pyrrolysine)。上述现象表明三联体密码子具有可扩充性,为遗传编码非天然氨基酸提供了可能。在三种终止密码子中,琥珀密码子UAG 在生命体中出现的频率最低,因此成为编码非天然氨基酸的首选。

　　在 mRNA 的翻译过程中,氨酰 tRNA 合成酶特异性识别 tRNA 及其对应的氨基酸,并通过酶促反应将两者共价连接,得到氨酰 tRNA。接下来,氨酰 tRNA 进入核糖体,基于 tRNA 中的反密码子与 mRNA 中密码子之间的互补配对,进而实现正确的肽链延伸。因此,为实现遗传编码非天然氨基酸,需要同时满足如下要求:(1)有一个识别 UAG 密码子的 tRNA;(2)有一个特异性结合上述 tRNA 的氨酰 tRNA 合成酶;(3)上述氨酰 tRNA 合成酶能够将非天然氨基酸共价连接至上述 tRNA 上;(4)内源的氨酰 tRNA 合成酶不识别上述 tRNA 及非天然氨基酸;(5)上述氨酰 tRNA 合成酶不识别天然的 tRNA 或氨基酸。若满足上述条件,tRNA、非天然氨基酸及氨酰 tRNA 合成酶即构成一个正交组。图 9-2 展示了蛋白质中插入天然氨基酸和非天然氨基酸的过程。目前,GCE 中常用的一个正交组来自古细菌中吡咯赖氨酸 tRNA(PylT)及其 tRNA 合成酶(PylRS)。PylT- PylRS 的结构与经典模式生物中的 tRNA-氨酰 tRNA 合成酶具有较大差异,因此表现出良好的生物正交性。此外,通过改变氨基酸结合口袋中的氨基酸残基,PylRS 可以识别不同的非天然氨基酸底物。

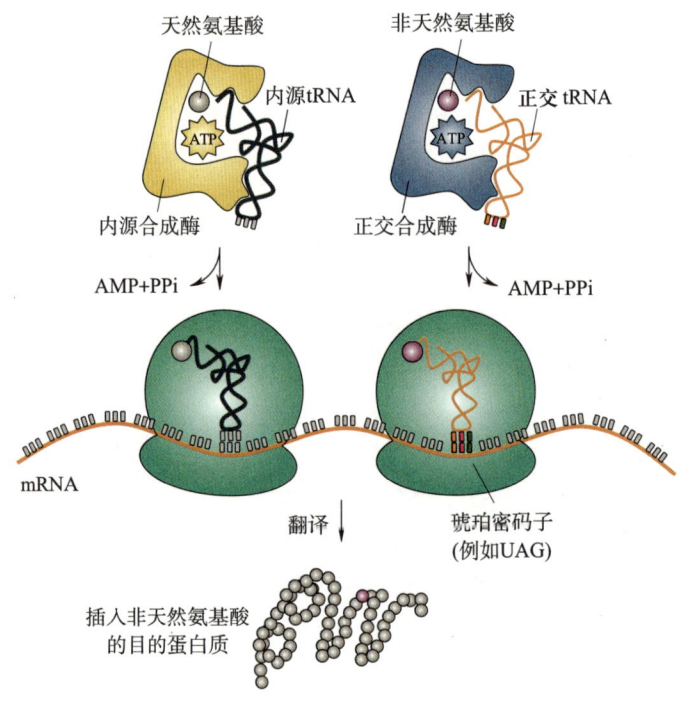

图 9-2   蛋白质中定点插入非天然氨基酸的原理示意图[4]

2.3 非天然氨基酸介导的光交联反应

为将遗传密码子扩展技术应用于 PPI 研究之中,所使用的非天然氨基酸应具有可控的共价反应性,通过与空间邻近的蛋白质残基发生共价交联,进而对瞬时非共价的 PPI 进行捕获。

目前,研究人员主要使用含光交联基团的非天然氨基酸来研究 PPI。首先,通过 GCE 技术在目标蛋白质的给定位点上插入光交联非天然氨基酸,在特定波长的光照激发下,光交联基团可转化为活泼的自由基中间体,并与空间邻近的其他氨基酸残基发生化学反应,从而将蛋白质之间的非共价相互作用转化为稳定的共价作用。后续串联蛋白质纯化及蛋白质组学鉴定,即可获得与目标蛋白质发生相互作用的蛋白质信息。目前已应用于 GCE 技术的光交联基团包括双吖丙啶(diazirine),芳基叠氮(aryl azide),二苯甲酮(benzophenone)等几类(图 9-3)。此外还有"双功能"光交联非天然氨基酸,除光交联基团外,还带有"亲和标签",在光照形成共价交联产物后,可利用亲和标签实现对交联肽段的特异性富集[5]。

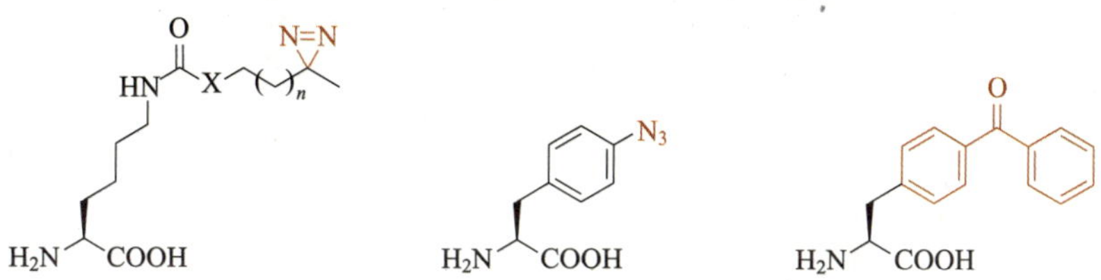

图 9-3　常用的光交联非天然氨基酸

2.4　质谱在生物大分子鉴定中的应用

在分子科学研究中,质谱是一种重要的分析工具。在质谱分析过程中,待分析样品中的化合物首先离子化成为阳离子或阴离子,通过检测离子的质荷比(m/z),即可完成成分与结构分析[6]。相比于其他分析方法,质谱具有灵敏度高、检测通量高等优点。在早期,质谱主要用于分子量较小的有机化合物的结构解析。在 20 世纪末,随着电喷雾电离(electrospray ionization,ESI)和基质辅助激光解吸电离(matrix-assisted laser desorption/ionization,MALDI)两种软电离技术的发明,质谱逐渐拓展到对大分子量和难挥发的生物样品进行分析(图 9-4)。

近年来,质谱技术在生物大分子鉴定中取得了巨大成功,能够对蛋白质、核酸等生物大分子实现准确的分析与鉴定。对于蛋白质,生物大分子质谱不仅可以对蛋白质序列和翻译后修饰进行定性分析,也可以采取多种策略(例如稳定同位素标记)实现蛋白质的定量分析。目前,生物大分子质谱是蛋白质鉴定与分析的主要支撑技术之一。

对于蛋白质或由其消化产生的肽段样品,由于其在气相中容易碎裂,故主要采取 ESI 和 MALDI 这两种电离技术:(1)在 ESI 过程中,高电压加载于液态样品与仪器入口之间,因此通过毛细管的样品会喷射形成微小的带电液滴,然后通过去溶剂化过程转化为气态离子,并被导入质谱仪中进行分析。在蛋白质样品分析中,由于样品具有高度的复杂性,故使用 ESI 离子化技术的质谱往往与液相色谱联用(LC-MS),通过液相分离降低复杂度,进而对样品中丰富的肽段信息进行有效鉴定。(2)在 MALDI 过程中,样品被包裹于大量基质之中,在激光照射之下,基质分子和样品分子会从样品板上解吸,并通过基质与样品之间的电子转移过程,实现待测化合物的离子化。使用 MALDI 离子化技术的质谱具有理想的灵敏度和分辨率,同时对复杂样品也表现出良好的分析效果,主要用于直接分析整个蛋白质,在生物医学领域中有着重要的应用价值。

在一次质谱分析过程中,样品主要经过以下流程(图 9-5):(1)样品在离子源处发生离子化;(2)按照 m/z 的差异,质量分析器可对不同的离子进行有效分离;(3)检测器依次或同时采集每个 m/z 对应的信号强度;(4)基于数据库检索或从头测序技术,对肽段或蛋白质进行鉴定。目前,常见的质量分析器包括飞行时间分析器(time-of-flight,TOF)、离子阱(ion trap)、四极杆(quadrupole)和轨道阱(orbitrap)等,可满足对不同样品的分析需求。

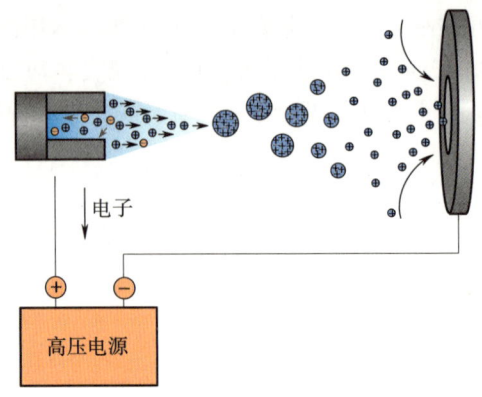

(a) 正离子模式下电喷雾电离示意图

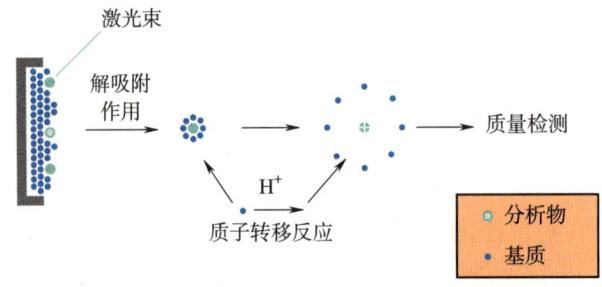

(b) 基质辅助激光解吸电离示意图

图 9-4   质谱鉴定蛋白质时的常用电离技术原理

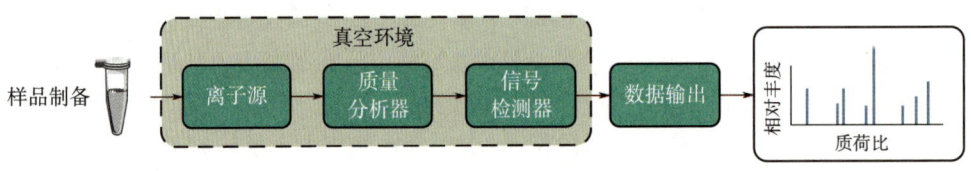

图 9-5   样品在质谱中的分析流程图[7]

2.5   蛋白质质谱样品的分离纯化

在质谱鉴定之前,对蛋白质组进行分离、纯化,能够有效降低样品复杂度,并提高鉴定效果。目前常用的方式包括:一维凝胶电泳分离(SDS-PAGE),该方法基于蛋白质分子量大小的不同进行分离[7];等电聚焦(isoelectric focusing, IEF),该方法则利用蛋白质分子携带电荷的差异进行分离。此外,也可以将上述两种分离方法结合起来,即用二维凝胶电泳分离(2D-PAGE)对蛋白质组进行分离纯化。另外还有利用蛋白质大小不同进行分离的尺寸排阻色谱、利用抗体特异性的免疫沉淀和亲和介质介导的纯化等。

其中,蛋白质胶内酶切是连接电泳和质谱分析之间的重要环节。在电泳分离后,可将含目的蛋白的条带切割出来,并使用蛋白质内切酶(通常是胰蛋白酶)将胶内的蛋白质酶切成肽段,最终使用溶剂提取酶切产物,即可进行质谱分析并完成蛋白质的成功鉴定。胶内酶切技术最早报道于 1992 年[8],由于具有操作容易、样品类型包容性好、适用于复杂样品分离等特点,很快就被广泛地应用,并在此过程中不断被完善。

3. 实验原理

3.1　用于光交联的模型蛋白

抗酸伴侣蛋白 HdeA 广泛存在于大肠杆菌等肠道细菌中,并具有酸性条件下维持周质中蛋白稳定性的重要功能。在中性 pH 下,HdeA 保持同源二聚体结构;当处于低 pH 时,它将解离成单体,并表现出伴侣活性,防止酸性刺激下细菌周质蛋白发生聚集变性。

由于表达量高、结构稳定等特点,HdeA 被认为是高效表达 UAA 的模型蛋白。本实验使用 3-(3-methyl-3H-diazirine-3-yl)-propaminocarbonyl-Nε-L-lysine(DiZPK)这一非天然氨基酸进行 PPI 研究。DiZPK 的侧链中含有烷基双吖丙啶基团,具有光交联反应性,被定点插入 HdeA 中后(图 9-6),即可在紫外光照射下,引发 HdeA 与其相互作用蛋白之间的稳定化学交联[9]。

本次实验中,HdeA 二聚体相互作用界面处的第 35 位 Phe 残基被替换为 DiZPK,同时,HdeA 蛋白的 C 末端被带上了 6× His 标签。本次实验将采用 Ni^{2+} 螯合磁珠的方法,对 HdeA 及其相互作用蛋白进行纯化,并通过凝胶电泳,对上述 PPI 的情况进行分析。

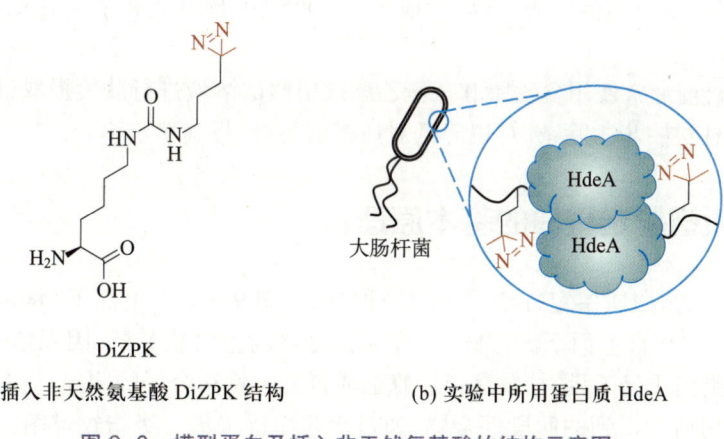

(a) 插入非天然氨基酸 DiZPK 结构　　(b) 实验中所用蛋白质 HdeA

图 9-6　模型蛋白及插入非天然氨基酸的结构示意图

3.2　蛋白质胶内酶切

蛋白质胶内酶切包括凝胶染色与脱色、二硫键还原与封闭、蛋白酶切及肽段提取共 4 个部分,每部分的实验操作均可对质谱数据的质量和蛋白鉴定效率带来明显影响。

为了从电泳分离后的整张胶中寻找目标蛋白条带,首先需要对分离结果进行染色评估。在胶内酶切过程中,蛋白质染色方法有考马斯亮蓝染色法、银染法和负染法等。考马斯亮蓝染色成本较低,虽然灵敏度较差,但快速便捷;银染法具有更高的灵敏度,但染色过程具有耗时长、步骤繁多、线性范围小等缺陷;此外,负染法不染蛋白只染背景,不需要进行脱色处理,只需除杂和干燥就可进行酶切,但对比度和重现性较差,所以使用较少。对于考马斯亮蓝染色法和银染法,为排除染料分子对于质谱分析的干扰,需在切割胶块之后使用水和醇等有机溶剂混合液进行脱色。

二硫苏糖醇(DTT)作为含游离巯基的强还原剂,可将蛋白质分子内或分子间的二硫键还原,转化为还原型的半胱氨酸。随后,利用亲电性小分子碘乙酰胺(IAA)与还原型半胱氨酸的较强反应性,对上述半胱氨酸残基进行封闭(图9-7),使得蛋白质进一步变性,固定半胱氨酸侧链巯基分子结构,提高后续蛋白酶切和质谱鉴定的效率。

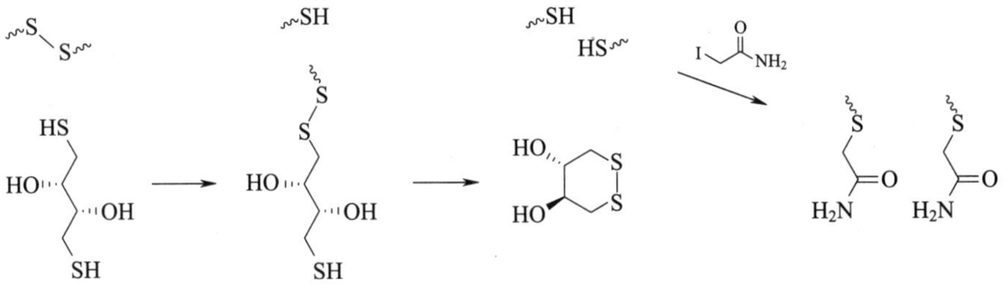

图9-7 半胱氨酸还原烷基化反应原理

经脱色、二硫键还原和封闭处理后,即可进行蛋白酶切。在蛋白质组样品制备过程中,主要使用胰凝乳蛋白酶(chymotrypsin)、胰蛋白酶(trypsin)和弹性蛋白酶(elastase)等蛋白水解酶。本实验采用胰蛋白酶,特异性地水解多肽链中赖氨酸和精氨酸残基主链羧基侧的肽键。

酶切后,目前通常使用含乙腈和三氟乙酸或甲酸的溶液进行肽段提取,提取产物还可以通过 C_{18} 除盐柱进一步去除杂质,以降低对质谱的污染,提高鉴定率。

3.3 质谱鉴定蛋白的基本原理

基于质谱的蛋白质鉴定方法可分为两种方式(图9-8):自上而下(top-down)和自下而上(bottom-up)。在自上而下的方式中,样品为完整的蛋白质分子,因保留了分子序列的完整性,可用于蛋白质分子量、整体翻译后修饰或者复合物结合率的测定。在自下而上的方式中,样品为酶切后所得到的肽段混合物,通过串联质谱采集二级指纹谱图,进而对样品中肽段的序列进行有效鉴定。

本次实验中,使用自下而上的质谱鉴定方法。在该方法中,肽段混合物经液相色谱分离,在离子源处发生离子化,然后进入质谱,首先采集获得完整肽段离子的质荷比(也称一级谱图,MS1)。随后,对于一级谱图中信号较强的一些肽段离子,质谱仪能够对它们选中依次进行碎裂,并对产生的碎片离子进行采集,获得肽段碎片指纹谱图(也称二级谱图,MS2)。通过与数据库中不同肽段的理论二级谱图进行比对,即可鉴定出样品中肽段及其对应蛋白。

由于自下而上的样品依赖于 MS2 谱图进行序列信息的鉴定,因此对数据库比对的准确性提出了较高要求。数据库比对可概述为如下过程:首先需要建立一个理论谱图库,随后将实验获得的谱图与理论谱图比对,进行打分和筛选,最后对实验谱图的肽段信息进行归属

（图 9-9）。打分和筛选的原则主要包括:（1）实验所得谱图与理论谱图需要有较好的相关性;（2）相对于其他序列对应的理论谱图,最终匹配的序列在谱图匹配中应表现出显著的优势;（3）通过在谱图中刻意引入一些已知不存在的理论谱图,模拟计算筛选过程的假阳性率,便于帮助评估搜库结果的质量。

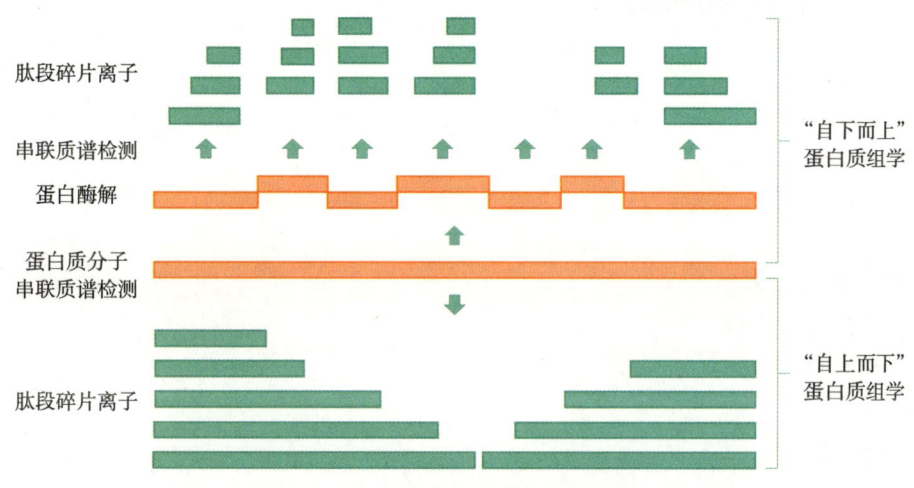

图 9-8　质谱鉴定蛋白质的两种方式

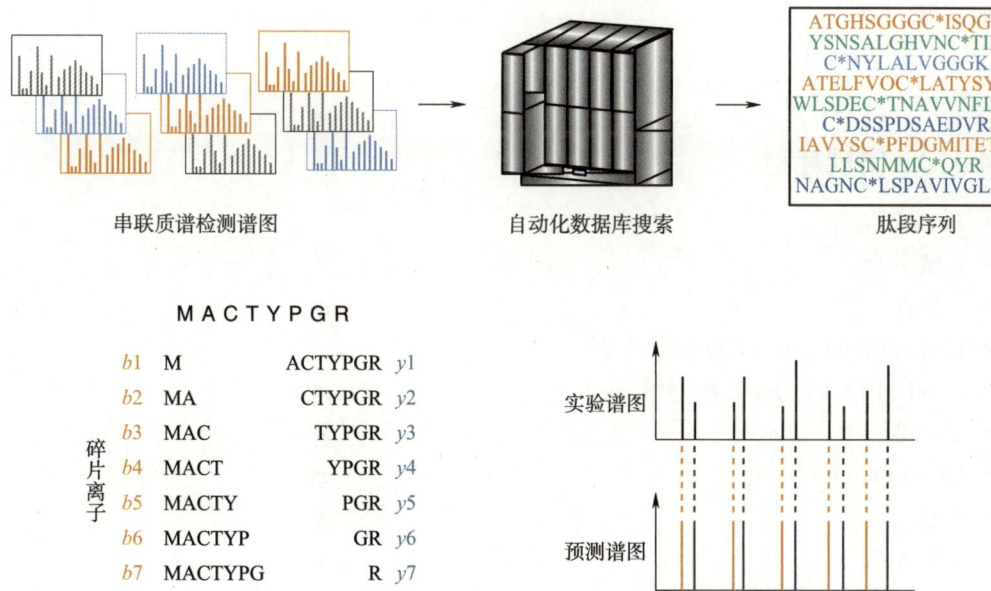

图 9-9　利用质谱谱图与理论数据库对照预测肽段序列

　　本次实验通过对目标条带进行胶内酶切,利用自下而上的质谱鉴定方法对胶粒内蛋白的组分进行定性分析。使用谱图计数这一半定量方法,对本实验中光照处理组和无光照对照组在相同凝胶分子量处的蛋白含量差异进行比较,即可鉴定出与 HdeA 相互作用并被光交联和富集纯化的蛋白。

4. 实验操作

4.1 仪器、耗材与试剂

4.1.1 仪器

- 1 mL, 200 μL, 10 μL 移液器
- 超声破碎仪
- 台式离心机
- 37 ℃恒温培养箱
- 四维旋转混合仪
- 光交联仪
- 电泳仪
- 脱色摇床
- 金属浴
- 加热振荡混匀仪
- 冰箱(4 ℃)
- 冰箱(−20 ℃)
- NanoDrop 仪

4.1.2 常规耗材

- 500 mL 烧杯
- 丁腈手套
- 一次性口罩
- 1 mL, 200 μL, 10 μL 移液器吸头
- 50 mL, 15 mL, 1.5 mL 离心管
- 记号笔
- 1.5 mL 离心管架
- 冰盒
- 无尘擦纸
- 75% 乙醇喷壶
- 垂直电泳槽
- 塑料盒
- 白板
- 一次性刀片(用于切胶)
- 磁力架(承载 1.5 mL 离心管用,用于洗磁珠)
- 3.5 cm 细胞培养皿(用于菌液交联)

- 锡箔纸（用于避光富集）

4.1.3　试剂

- 过夜诱导培养的大肠杆菌 DH10B 菌液（含质粒 pBad-HdeA（F35TAG）-6xHis 和 pSUPAR-Mb-DiZPK-RS）
- 超纯水
- 裂解缓冲液（含 20 mmol·L^{-1} Tris-HCl，150 mmol·L^{-1} NaCl，pH8.0）
- 洗脱缓冲液（含 20 mmol·L^{-1} Tris-HCl，150 mmol·L^{-1} NaCl，pH8.0，300 mmol·L^{-1} 咪唑）
- 孵育缓冲液（含 20 mmol·L^{-1} Tris-HCl，150 mmol·L^{-1} NaCl，pH8.0，120 mmol·L^{-1} 咪唑）
- 洗涤缓冲液（含 20 mmol·L^{-1} Tris-HCl，150 mmol·L^{-1} NaCl，pH8.0，40 mmol·L^{-1} 咪唑）
- PMSF 抑制剂（乙醇溶液，200 mmol·L^{-1}）
- 溶菌酶 200× 溶液
- His-tag 蛋白纯化磁珠
- 聚丙烯酰胺凝胶
- 蛋白 marker
- 5× 蛋白上样缓冲液
- 变性凝胶电泳缓冲液
- 考马斯亮蓝染色液
- 脱色液，配比为 10% 乙酸-30% 甲醇-60% 去离子水
- 100 mmol·L^{-1} 碳酸氢铵水溶液
- HPLC 级乙腈
- 10 mmol·L^{-1} 二硫苏糖醇溶液（DTT，10 mmol·L^{-1}）
- 碘乙酰胺（IAA，55 mmol·L^{-1}）
- 胰蛋白酶
- 甲酸

注意：纯化蛋白时需要注意区分几种缓冲液，看清标签及其对应的咪唑浓度，使用错误会导致纯化失败。

4.2　实验步骤

第一次实验

时间	步骤
10:10—10:40	菌液紫外照射光交联，收集沉淀
10:40—11:30	菌液超声裂解
11:30—12:00	菌液离心，清洗 His-tag 磁珠
12:00—13:00	上清液中加入 His-tag 磁珠孵育
13:00—13:30	磁珠洗涤、加洗脱液

续表

时间	步骤
13:30—13:50	磁珠及洗脱液加变性缓冲液加热变性
13:50—14:50	凝胶电泳
14:50—16:00	考马斯亮蓝染色及成像
16:00—16:30	切胶块保存

第二次实验

时间	步骤
10:10—11:00	胶粒脱色
11:00—11:40	胶粒脱水后用二硫苏糖醇处理
11:40—12:50	胶粒脱水后用碘乙酰胺处理
12:50—13:40	胶粒脱水后进行胰蛋白酶酶切准备
13:40—14:50	胶内样品酶切
14:50—15:10	酶切后肽段提取
15:10—16:20	旋干,参观质谱实验室,讲解质谱数据分析方法
16:20—16:40	旋干质谱样品重溶

本实验2人一组,每组学生制备两个切胶酶切样品(交联蛋白和无交联对照)。实验流程见图9-10和图9-11。

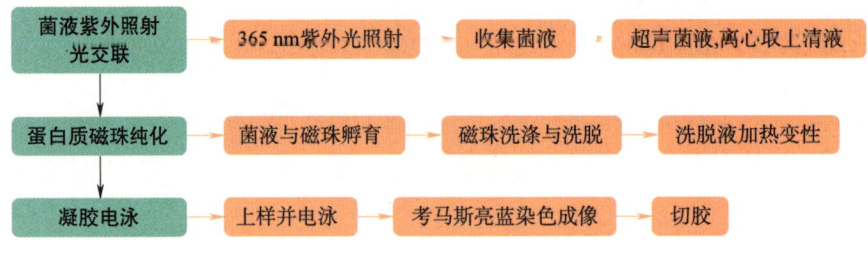

图 9-10   第一次实验流程图

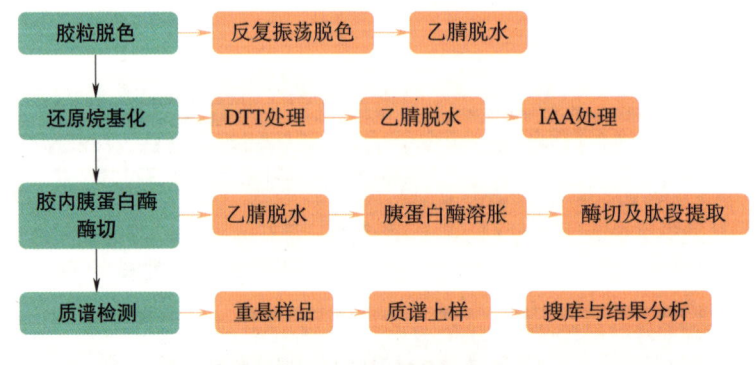

图 9-11   第二次实验流程图

第一次实验

4.2.1　菌液紫外照射光交联，收集沉淀（用时 30 min）

每组分发 6 mL 过夜诱导表达的菌液，取 3 mL 平铺在 3.5 cm 细胞培养皿上，并做好标记（注意标记在下皿的侧面或底部）。各组将培养皿集中置于冰盒中，敞开盖在光交联仪内 365 nm 紫外光照射 15 min。管内剩余 3 mL 菌液作为无交联对照组，冰上避光保存。

紫外交联期间，可将对照组菌液 1000×g 避光离心 5 min，弃去上清液（吸去大部分液体后换用小量程枪尽量吸干净上清液，注意不要碰到沉淀）。光交联处理结束后，将光交联组菌液收集到新的 15 mL 离心管，离心弃上清液。

每组 2 人可以分工，分别负责对照组和交联组细菌。

4.2.2　菌液超声裂解（用时 50 min）

每管菌沉淀中加入 1 mL 裂解缓冲液，吹打重悬至没有明显细菌沉淀，将重悬菌液转移到新的 1.5 mL 离心管中。向每管加入 5 μL 的 PMSF（200 mmol·L^{-1}）溶液，终浓度为 1 mmol·L^{-1}。每管加入溶菌酶 5 μL。混匀后将其放在冰盒上，超声裂解菌液直至菌液变得澄清。

统一先超声完每组的 −UV 对照组后，再超声 +UV 交联组。超声时要将探头放在液面以下靠近离心管底，避免产生大量气泡；也不要让探头长期接触管壁，避免离心管发热。为避免探头长期工作过度发热破坏蛋白，需让超声仪间歇性工作，即超一下停一下。

注意：实验室通常有两种类型超声仪可选用，自动超声需要 5~6 个循环；手动超声需要控制每次超声 5 s 停 5 s 约 10 个循环。以菌液相比于未超声时变得较澄清为准。

4.2.3　菌液离心，清洗 His-tag 磁珠（用时 30 min）

超声后分装的菌液在 4 ℃ 用 15000×g 避光离心约 20 min，收集 800 μL 的上清液至新 1.5 mL 离心管中（注意不要吸到沉淀）。

离心时开始洗涤 His-tag 富集磁珠混合液（每组 100 μL），吹打混匀后每人取 40 μL 到新的 1.5 mL 离心管，用磁力架吸附可去掉上清液。超纯水洗涤 3 次，裂解缓冲液洗涤 3 次，每次 100 μL，洗涤时将装磁珠所用离心管从磁力架上取下，以便液体和磁珠充分混匀。最后将磁珠重悬于 200 μL 的孵育缓冲液中。

4.2.4　离心后上清液蛋白孵育磁珠富集（用时 1 h）

离心后上清液放在冰上操作。每管分别加入约 160 μL 的磁珠混合液（每次取用时注意吹打混匀），使孵育时咪唑终浓度约为 20 mmol·L^{-1}，锡纸避光，4 ℃旋转孵育 30~60 min。

4.2.5　磁珠洗涤、洗脱，制跑胶样品（用时 50 min）

孵育结束后吸取上清液存放在新的 1.5 mL 离心管中做好标记暂存。每管磁珠用裂解缓冲液和洗涤缓冲液分别洗涤 3 次，每次 100 μL。洗涤结束后每管磁珠中加入洗脱缓冲液 40 μL，吹打混匀后冰上静置 2 min。

在每管装有洗脱缓冲液的磁珠中加入 10 μL 的 5× 上样缓冲液，95 ℃金属浴加热 5~

10 min,在冰上冷却至室温后,使用小离心机将管盖上的冷凝液体下沉到管底。

4.2.6　聚丙烯酰胺凝胶电泳(用时 1 h)

从冰箱(4 ℃)中取出聚丙烯酰胺凝胶(15%,10 孔),将其安装在电泳架上,将电泳架装入垂直电泳槽中,向槽内倒入电泳缓冲液。检查装置不漏液后,用移液器分别取 5 μL 的蛋白 marker 和 20 μL 的样品(尽量取上清液),将样品小心地加到凝胶凹形样品槽的底部。

每组 2 人共 2 个样品,间隔一孔上样以避免后续切胶时出现交叉污染,每 4 人共用 1 块胶和一套电泳仪。向外槽倒入电泳缓冲液,将电泳仪的正极和红色插头连接,负极与黑色插头连接,打开电泳仪开关,调为恒压模式并将电压调到 100 V(一般 15 min 左右),待样品跑过压缩胶后 将电压调到 220 V 至样品电泳迁移到胶底部附近为止。

4.2.7　考马斯亮蓝染色及成像(用时 70 min)

将凝胶再次放入超纯水中,冲洗掉多余的电泳缓冲液,加入 10 mL 的考马斯亮蓝染色液(浸没胶面为准),微波炉中高火加热 15 s,摇床室温摇 15 min。染色液倾去回收,加入脱色液中高火加热 10~15 s,弃去脱色液,然后再加入 15 mL 纯水,再中高火加热 30 s,摇床脱色10 min。重复脱色 2~3 次直到肉眼可见较清楚的蛋白条带。使用凝胶成像系统进行考马斯亮蓝成像。

4.2.8　切胶块保存(用时 30 min)

对比无紫外交联的对照组,选取交联组有明显差别的条带,用一次性刀片整块切下,并切成直径约 1 mm 的小正方体(其间可以滴上一点水,防止胶粒碎裂);对照组切下对应位置和大小的条带,两个条带的胶粒分别放入不同的 1.5 mL 新离心管中,写好名字上交给助教,-20 ℃冰箱保存。

第二次实验

4.2.9　胶粒脱色(用时 50 min)

提前把加热振荡混匀仪设置为 37 ℃;先配制 50 mmol·L^{-1} 碳酸氢铵水溶液–乙腈的脱色剂(30%~70%),即在 15 mL 离心管中用 3.5 mL 的超纯水将 3.5 mL 的 100 mmol·L^{-1} 碳酸氢铵水溶液稀释为 50 mmol·L^{-1},并按 7:3 的体积比与 3 mL 的乙腈混合。每个样品加入1 mL 的脱色剂,置于 37 ℃加热振荡混匀仪上进行振荡脱色,转速 1000 rpm。20 min 后弃去原来的脱色剂余 100 μL,加入新的脱色剂 900 μL,重复上述操作 1 次(尽量使胶至透明无色)。随后将加热振荡混匀仪调至 56 ℃。

4.2.10　胶粒脱水随后用二硫苏糖醇处理(用时 40 min)

弃去脱色液余 100 μL 左右,每个样品加入 900 μL 的乙腈,置于四维旋转混合仪中进行旋转脱水 5 min(其间助教发放 DTT 溶液)。大吸头套小吸头尽量弃去上清液,随后加入10 mmol·L^{-1} 二硫苏糖醇溶液(用 100 mmol·L^{-1} 碳酸氢铵水溶液配制)150 μL,此时胶粒被完全覆盖,56 ℃反应 20 min,800 r/min。随后将加热振荡混匀仪调至 29 ℃。

4.2.11 胶粒脱水后进行碘乙酰胺处理（用时 70 min）

弃去二硫苏糖醇溶液余 100 μL，每个样品加入 900 μL 的乙腈，置于四维旋转混合仪进行旋转脱水 5 min。与此同时开始准备避光溶解碘乙酰胺，根据分发碘乙酰胺粉末的质量（已标注在离心管上），用 100 mmol·L⁻¹ 碳酸氢铵水溶液配制成 55 mmol·L⁻¹ 碘乙酰胺溶液。完全弃去脱水时的上清液后，加入现配的碘乙酰胺溶液 150 μL，此时胶粒被完全覆盖，29 ℃避光反应，800 r/min。打冰，预备后续放置胰蛋白酶溶液用。

4.2.12 胶粒脱水后进行胰蛋白酶酶切准备（用时 50 min）

弃去碘乙酰胺溶液余 100 μL 左右，每个样品加入 900 μL 的乙腈，置于四维旋转混合仪进行旋转脱水 5 min。完全弃去上清液后，加入 10 ng·μL⁻¹ 的胰蛋白酶溶液 150 μL 至胶粒被完全覆盖。随后，将样品放置于冰上孵育 30 min，观察到白色的胶粒吸水溶胀，胰蛋白酶渗透进入胶内。

4.2.13 酶切及肽段提取（用时 90 min）

孵育完毕，将样品取出，吸头沿管壁插入到 1.5 mL 离心管底部吸除液体（150 μL，勿扎入胶粒），弃去上清液，再加入 100 μL 的 50 mmol·L⁻¹ 碳酸氢铵溶液。随后，放置于 37 ℃ 恒温培养箱进行酶切 1 h。

准备新的离心管，做好标注后，将酶切后液体转移至新离心管中。胶粒中加入提取液（乙腈）100 μL，然后放置于 37 ℃ 加热振荡混匀仪，1700 r/min 条件下振荡 10 min 进行肽段的提取。重复一次乙腈提取，并将 2 次提取液与酶切后液体合并。

4.2.14 旋干及质谱数据分析教学（用时 70 min）

将含有肽段的上清液转移至新的 1.5 mL 离心管内，可加入最终体积为 1% 的甲酸以加速碳酸氢铵分解，置于旋干仪内旋干，条件为 1450 r/min，60 ℃。等待旋干期间，任课老师或助教使用范例质谱数据进行演示，讲解如何使用搜库软件 MaxQuant 搜索和分析质谱数据。

4.2.15 质谱样品重溶（用时 20 min）

旋干后每管样品加入 50 μL 的 1‰甲酸-水溶液，充分振荡混匀，使酶切肽段溶解，离心机 4 ℃ 使用，20000 × g 离心 5 min，取 15 μL 上层上清（避免碰到管底）做好标记上交给助教，统一送质谱平台进行上机数据采集，课后分析本次实验数据。

5. 思考题

（1）查询文献资料，列举一种光交联技术以外的蛋白-蛋白相互作用研究方法，简述其原理，并将该方法与本次实验所用的非天然氨基酸交联方法进行优缺点对比。

（2）DiZPK 如何在光诱导下形成共价交联？试画出反应式或示意图，并分析 DiZPK 和其他光交联非天然氨基酸相比可能具有哪些优势。

（3）切胶酶切过程中样品容易产生什么污染？如何避免？

（4）查阅文献了解胰蛋白酶特异性切割精氨酸和赖氨酸羧基端的原因，如果待分析蛋白精氨酸和赖氨酸含量很少且距离较远，导致利用胰蛋白酶切割后的肽段过长不利于质谱鉴定，有什么解决策略？

6. 参考文献

丝氨酸水解酶的活性标记和定量蛋白质组学分析

冯天宇　谭镇枢　王初(北京大学)

1. 实验目的

（1）了解蛋白质组学和基于活性的蛋白质组分析技术的概念；

（2）通过荧光成像的方式理解并熟悉基于活性的蛋白质组分析技术的操作；

（3）了解丝氨酸水解酶的生物学功能，以及通过活性分子探针标记富集的化学原理；

（4）了解 SILAC 定量蛋白质组学技术基本原理；

（5）学习同位素定量质谱数据的分析方法。

2. 实验背景

2.1 蛋白质组及蛋白质组学

生物体作为一个复杂的系统，其正常运作依赖于内部的高度协调。蛋白质作为生理功能的执行者，其丰度、翻译后修饰、相互作用，以及亚细胞定位在生命活动中均受到密切调控。

蛋白质组这一概念，最早于 1994 年由 Marc Wilkins 提出[1]。蛋白质组（proteome）一词，由蛋白质（protein）与基因组（genome）两个词拼接而成，指"一种基因组中表达的全套蛋白质"，即包含一种细胞、组织乃至一种生物体所表达的全部蛋白质。组学（omics）则指一种系统生物学研究方法，研究生物体在分子水平上的整体信息。蛋白质组学（proteomics）一词，由蛋白质组（proteome）和组学（omics）组合所得，意指通过对生物体内蛋白质的存在及功能状态的全面分析，对研究对象中蛋白质组的生物学状态获得系统性的认识。

蛋白质组从基因组转录、翻译而来，但生物体内蛋白质的数目远远多于基因数目。同时，为了应对环境的动态变化，蛋白质组也表现出高度的动态性与可调控性，因此具有不同于转录组的独特信息。例如，由于 mRNA 的稳态差异或翻译调控，相同的 mRNA 水平可能带来截然不同的蛋白质丰度；蛋白质中广泛存在磷酸化、糖基化等翻译后修饰，并被证明对蛋白活性有巨大影响；通过选择性剪接，部分转录本能够产生一种以上的蛋白质亚型；蛋白质与其他生物大分子之间的相互作用，往往能够调节自身的功能[2]。因此，在基因组学（genomics）和转录组学（transcriptomics）之后，蛋白质组学成了生命科学研究的下一个重要方向。蛋白质组学的研究是生命科学进入后基因组时代的特征和核心内容之一（图 10-1）。

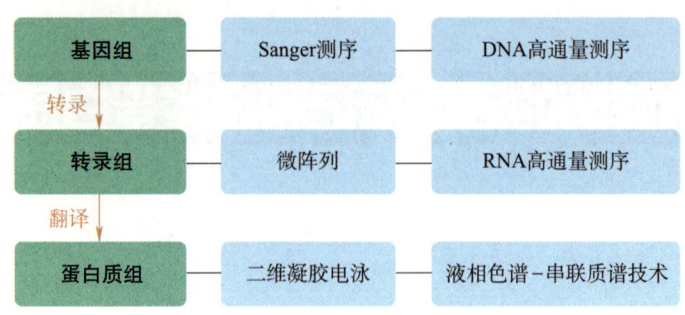

图 10-1   基因组、转录组、蛋白质组的常用研究方法

2.2   基于活性的蛋白质组分析

蛋白质组学研究极大地提高了研究人员对生命体系中蛋白质的存在及动态变化的认识,然而很多蛋白质的生物学功能仍然未知。因此,快速、准确地指认蛋白质功能,是目前蛋白质组学领域重要的科学问题。在病理过程中,蛋白质活性的变化对疾病的发生、发展有巨大影响,研究蛋白质活性的动态变化,对于揭示疾病发生的分子机制及发展有效的诊疗方法均具有重要作用。随着化学生物学的发展,研究者尝试通过化学方法,寻找一些可以与某种活性中心特异性反应的小分子探针,通过对蛋白质组中的相同活性的所有蛋白进行平行分析,进而实现未知蛋白的功能解析[3]。上述研究方法被称为基于活性的蛋白质组分析(activity-based protein profiling,ABPP),最早由 Benjamin F. Cravatt 教授课题组发展,目前已成为应用广泛的化学蛋白质组学技术。

ABPP 这一概念的核心是高特异性的、只与目标蛋白家族的活性中心氨基酸残基发生共价反应的"活性分子探针"(activity-based probe,ABP)。上述共价反应性依赖于蛋白的活性,若活性被破坏,探针就不再标记。为方便进行后续的表征,ABP 探针往往携带报告基团。报告基团可以是荧光基团,通过成像的方式,在凝胶电泳或细胞成像分析流程中将标记结果可视化;报告基团也可以是生物素这类亲和基团,对 ABP 标记蛋白进行富集后,结合液相色谱-串联质谱(LC-MS/MS)分析,即可获得探针标记蛋白和标记位点的详细信息(图 10-2)。结合定量蛋白质组学技术,ABP 也可以用于比较不同条件下目标蛋白的活性变化。但上述报告基团往往存在体积过大的问题,对探针标记过程带来了负面影响。随着生物正交反应的发展,目前 ABP 探针的报告基团主要采用炔基或叠氮基团,并在探针标记后根据需要再偶联荧光或富集基团。

近年来,随着 ABPP 技术的广泛应用,ABP 的定义也得到了一定的拓展。除蛋白质活性中心以外,ABP 反应的氨基酸残基也可以是蛋白中其他功能位点(如翻译后修饰位点、小分子结合位点等)。自 20 世纪 90 年代以来,ABPP 在揭示蛋白质功能、发现药物靶点、寻找小分子抑制剂等方面均取得重要突破[5]。

2.3   定量蛋白质组学

在生理、病理过程中,蛋白质组的组成、活性等特征均受到灵活的动态调控。在许多疾

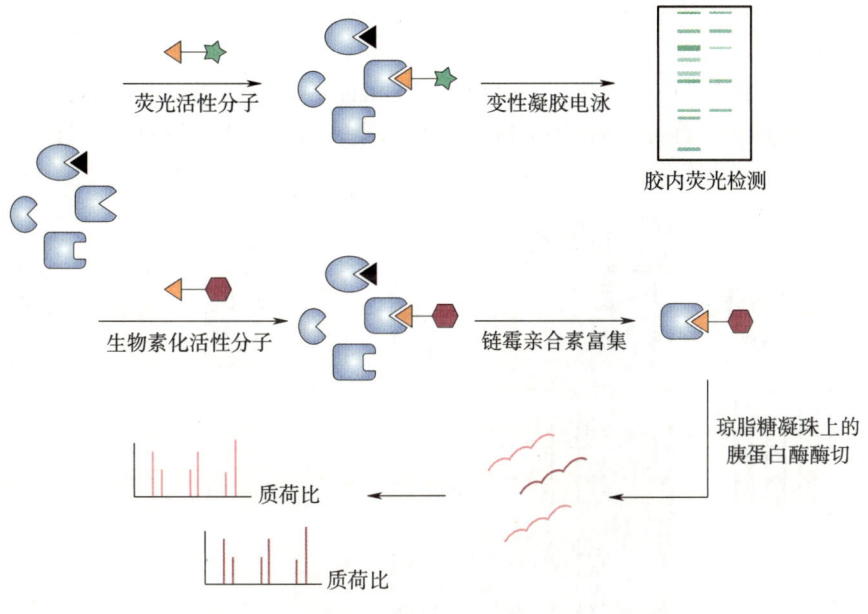

图 10-2　基于活性的蛋白质组分析实验流程[4]

病的发生和发展进程中,常常伴随着某些蛋白质的表达量异常。因此,研究蛋白质的动态变化,对于研究生理过程的调控机制、揭示疾病的发病机制,均具有重要作用。

定量蛋白质组学(quantitative proteomics)是一种用于确定样品中蛋白质含量的分析化学技术。在定量蛋白质组学分析中,除了使用与定性分析相同的蛋白质鉴定方法,额外增加了相对定量或绝对定量的需求。因此,定量蛋白质组学不仅可以得到样本中蛋白质成分信息,还能够对两个或多个样本间蛋白质丰度的变化进行比较。例如,通过分析不同处理条件下蛋白质的表达水平、细胞定位的变化,可以揭示基因表达调控、细胞信号传导、蛋白质相互作用等生理过程的调控机制;通过系统比较健康与疾病患者样本中蛋白质组的丰度差异,可以发现与疾病发生和发展相关的潜在生物标志物,为疾病的早期诊断和治疗提供新的思路与方法[6]。

早期,定量蛋白质组学主要采用二维凝胶电泳法进行分析。然而,二维凝胶电泳法虽然操作简单、成本低廉,但检测灵敏度低、线性动态范围窄、对复杂样品的分离效果较差。相比之下质谱法进行定量蛋白质组学分析具有样品量少、灵敏度高、通量高(一次可以鉴定和分析超过 5000 种蛋白质)的优点。目前,基于质谱法的定量蛋白质组学技术在配体筛选、药物发现、蛋白质稳态等研究中均表现出较大的应用潜力[7]。

基于质谱法的定量蛋白质组学技术主要分为无标签定量(label-free)和同位素标记定量两类。在无标签定量中,蛋白质组样品不需要额外化学标记,使用峰面积、峰高度、肽谱图谱计数等指标模拟蛋白丰度,并对不同的样品进行比较,但该方法的精确度受到样品复杂性、检测灵敏度和仪器稳定性等因素的限制。同位素标记定量又可以分为代谢标记与化学标记两种。其中,代谢标记指在细胞培养的过程中,使用稳定同位素标记的重标氨基酸替代轻标氨基酸,通过转录、翻译将同位素标记引入蛋白质中,如细胞培养中氨基酸的稳定同位素标记(stable isotope labeling by amino acids in cell culture,SILAC);化学标记则通过对氨基酸侧链进行化学衍生化,进而引入同位素标记,如同位素亲和标签技术(isotope-coded affinity tag,ICAT)和还原二甲基化标记(reductive dimethylation labeling)等。

本次实验使用 SILAC 定量法,与化学标记和无标定量方法相比,该方法在样品处理前期即可将待定量的多组样品混合,因此降低了后续实验操作引入的定量误差(图 10-3)。

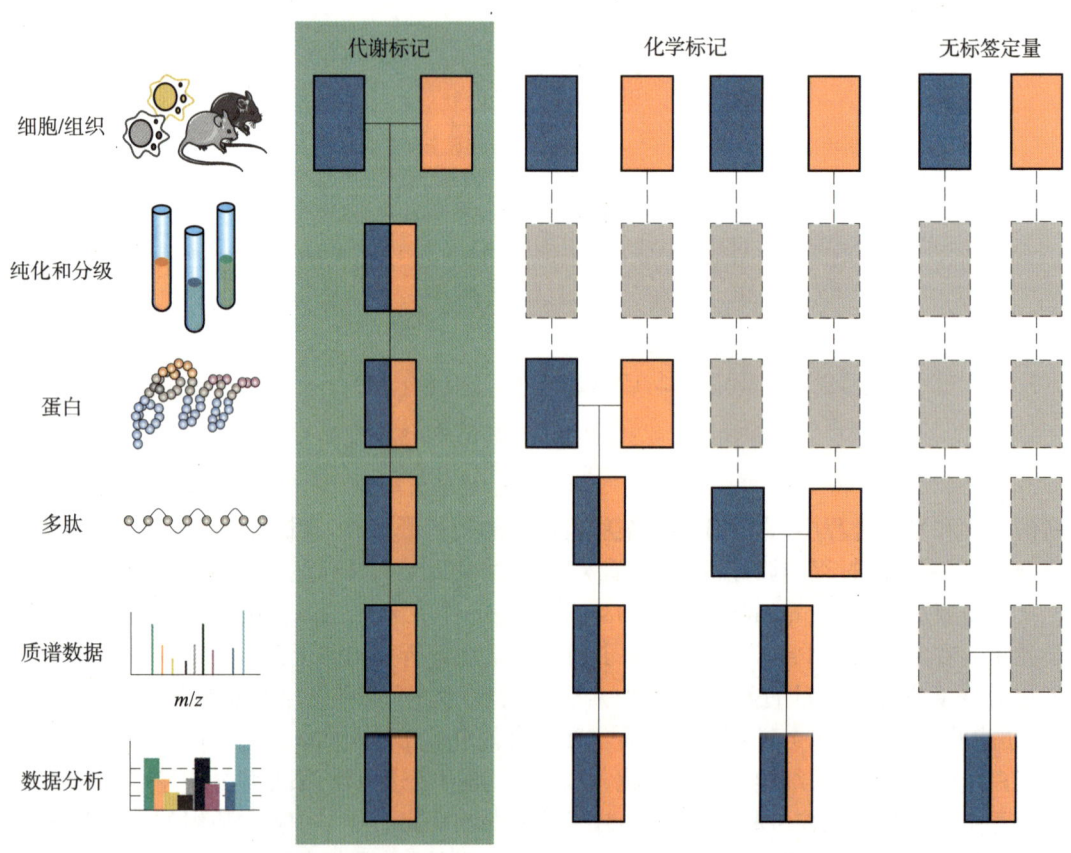

图 10-3 常见基于质谱的定量蛋白质组学实验处理流程
(黄色和蓝色:不同的生物样本或样品处理条件)[8]

2.4 定量质谱技术在 ABPP 中的应用

基于活性的蛋白质组分析(activity-based protein profiling,ABPP)可以用于监测复杂蛋白质组中目标蛋白家族的活性。含生物素报告基团的 ABP 能够在探针标记后,利用生物素-链霉亲和素系统对所标记的蛋白进行富集,并结合定量蛋白质组学技术对不同条件下目标蛋白家族的活性进行定量分析。ABPP 与定量蛋白质组学的结合可以实现如下应用:(1)对多个样品中目标蛋白家族的活性进行定量分析。例如,运用 ABP 分别标记从健康细胞和癌变细胞中提取的蛋白质组,对酶切肽段信号的差异进行系统比较,即可发现癌变细胞中活性急剧改变的蛋白,为揭示肿瘤发生、发展的分子机制提供有效线索(图 10-4);(2)对小分子抑制剂的效力进行评估。例如,在蛋白质组中分别加入不同的候选小分子化合物,然后再加入 ABP 对靶蛋白进行标记。如果小分子化合物可以通过影响酶活中心进而抑制它的生物活性，那就将竞争性地抑制 ABP 对靶蛋白的标记。与空白对照组相比，探针标记信号减弱的程度间接反映了小分子抑制剂的效力[9]（图 10-5）。

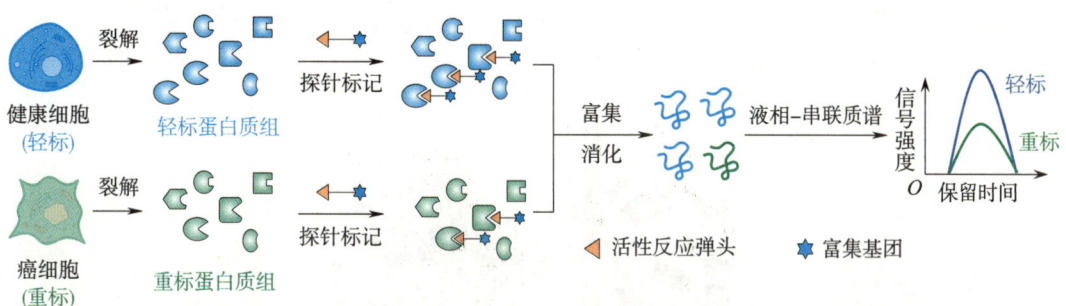

图 10-4　利用 ABPP 结合定量质谱对多个样品中的酶活性进行定量分析

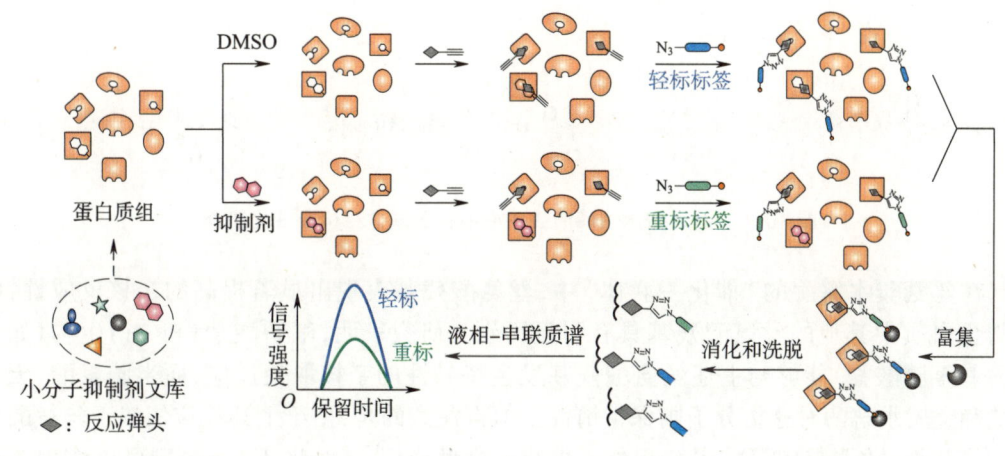

图 10-5　利用 ABPP 结合定量质谱对小分子抑制剂的靶向作用进行评估

3. 实验原理

3.1　基于活性的丝氨酸水解酶标记分析

丝氨酸水解酶（serine hydrolase）因活性催化中心有保守的丝氨酸残基而得名，是已知最大的酶家族之一。在人类蛋白质组中，归属于丝氨酸水解酶的蛋白质约 200 种。丝氨酸水解酶的活性催化中心为特征的"催化三联体"（catalytic triad），由丝氨酸、组氨酸和另一个酸性残基（例如天冬氨酸或谷氨酸）共同组成（图 10-6）。从酶促反应底物的角度，该家族可细分为蛋白酶（例如胰蛋白酶）、酯酶（例如乙酰胆碱酯酶）等不同功能的蛋白质。

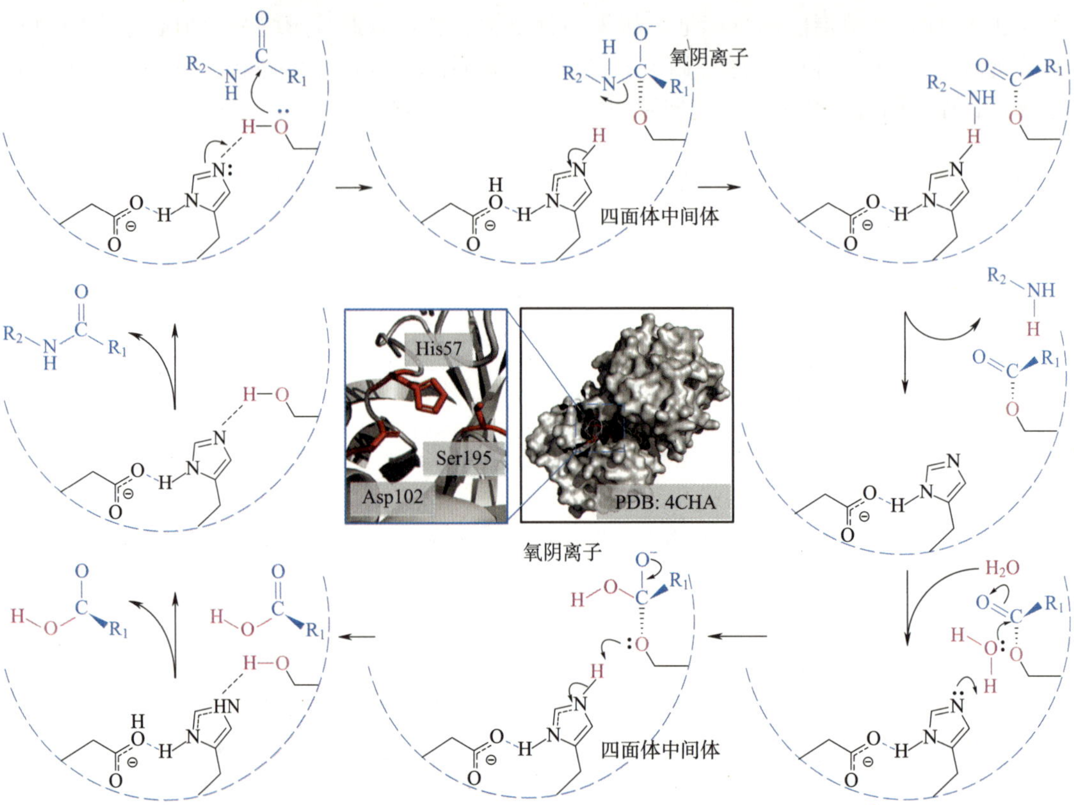

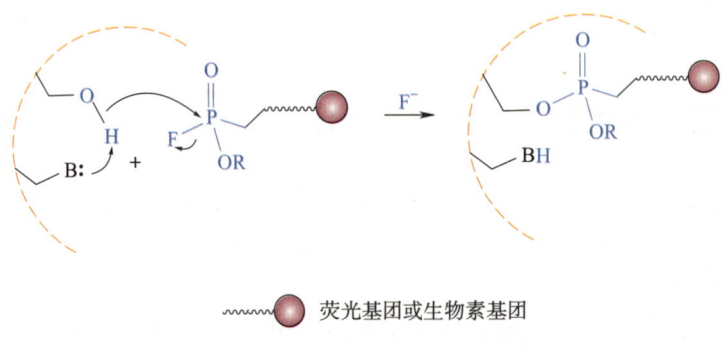

图 10-6   丝氨酸水解酶活性中心催化三联体结构及催化机理

在丝氨酸水解酶的"催化三联体"中,丝氨酸残基表现出显著提高的亲核反应性,因而与蛋白质中其他的丝氨酸残基具有明显区别。研究表明,氟膦酸盐(FP)衍生物(如二异丙基氟膦酸盐)能够与上述丝氨酸残基发生特异性的亲核取代反应,而半胱氨酸、天冬氨酸和金属水解酶对这类分子则保持惰性。值得注意的是,由于上述反应依赖于丝氨酸残基的亲核性,故要求丝氨酸水解酶处于催化活性状态[10]。因此,FP 衍生物可以作为一种 ABP,用于监测蛋白质组中多种丝氨酸水解酶的活性[11]。本次实验分别使用带有罗丹明(rhodamine)基团和生物素(biotin)基团的 FP 探针,对 HEK293T 细胞中的丝氨酸水解酶进行基于活性的标记(图 10-7)。

荧光基团或生物素基团

图 10-7   FP 探针标记反应机理

3.2 丝氨酸水解酶失活原理

只有在丝氨酸水解酶保持其催化活性时,FP 探针才能够与活性丝氨酸残基发生共价反应。本次实验的第一部分中除正常的基于活性的标记外,设置了 3 组对照:(1)无 FP 探针的负对照组,(2)苯甲基磺酰氟(PMSF)处理组,(3)SDS/PBS 处理组。其中,PMSF 和 SDS 均可使丝氨酸水解酶失活。

PMSF 是一种丝氨酸水解酶的共价抑制剂,具有烷基磺酰氟这一反应基团,可以与"催化三联体"中丝氨酸残基特异性地共价结合,生成不可逆的水解酶-抑制剂复合物,通过竞争标记的策略,阻断 FP 探针对丝氨酸水解酶的标记。

SDS 是一种阴离子表面活性剂,在含有蛋白质的溶液中加入 SDS 后,SDS 会插入蛋白质结构中,破坏天然折叠的氢键和疏水相互作用,进而导致蛋白质丧失天然折叠构象,最终变性失活。变性后,丝氨酸水解酶不再具有"催化三联体"结构,因此不再被 FP 探针标记。

本次实验的第一部分中,四组样品在探针标记、SDS-PAGE 分离后,将先后进行荧光成像(观察 FP-罗丹明探针在蛋白质组中的标记信号)和考马斯亮蓝染色成像(观察蛋白质组的整体信号)。通过比较 FP 探针在正常标记组与三组对照组之间结果的差异,可以更好地理解"基于活性的"丝氨酸水解酶分析这一概念。

3.3 SILAC 技术原理

SILAC 技术是一种基于质谱的定量蛋白质组学技术,由 Matthias Mann 教授团队发明,目前被广泛使用[12]。该技术使用稳定(非放射性)同位素代谢标记的策略实现蛋白质丰度的相对定量,其实验步骤简述如下[图 10-8(a)]:在细胞培养基中加入轻、重稳定同位素标记的必需氨基酸(如赖氨酸和精氨酸),并进行 5~10 次传代培养。此时,细胞内蛋白在所选择的氨基酸残基上可认为全部被同位素标记。接下来,按照实验需要分别处理轻重标细胞或其裂解液,并等量混合其蛋白质组,随后进行酶解与质谱分析。由于轻重两组细胞的蛋白质之间仅有同位素的差异,化学性质没有差别,所以在液相分离中轻重标记的肽段可以共流出,仅在质谱分析时表现出 m/z 的改变。上述特点尽可能保证了两组样品中,同一肽段具有几乎相同的样品复杂度与电离效率,并排除了仪器在样品间状态变化带来的干扰。

SILAC 是一种一级谱(MS1)定量的方法,在使用二级谱图实现肽段序列的鉴定后,主要通过比较一级谱图中该肽段轻、重同位素峰的峰面积实现相对定量。当酶切肽段从色谱柱中洗脱时,信号被多次采样,因此能够绘制出肽段离子的提取离子色谱图(extracted ion chromatogram,XIC),通过拟合、计算曲线下的面积,即可比较不同样品之间肽段的相对丰度[图 10-8(b)]。

3.4 生物素-链霉亲和素系统

生物素-链霉亲和素系统(biotin-streptavidin system)是基于生物素和链霉亲和素之间独特的结合能力而发展出的一种富集体系。生物素(biotin)是内源小分子,广泛分布于动植物组织,而链霉亲和素(streptavidin,SA)是一种从链霉菌培养物中提取的分泌蛋白(图 10-9),二者具有结合迅速、结合常数高(结合常数为 10^{15}mol·L^{-1})、结合专一的优点。相比于此前常用的亲和素(avidin),链霉亲和素不含糖基化修饰,具有更强的抗胰酶酶切能力,同时非特异性吸附更少,使得生物素-链霉亲和素系统成为一种理想的富集手段。

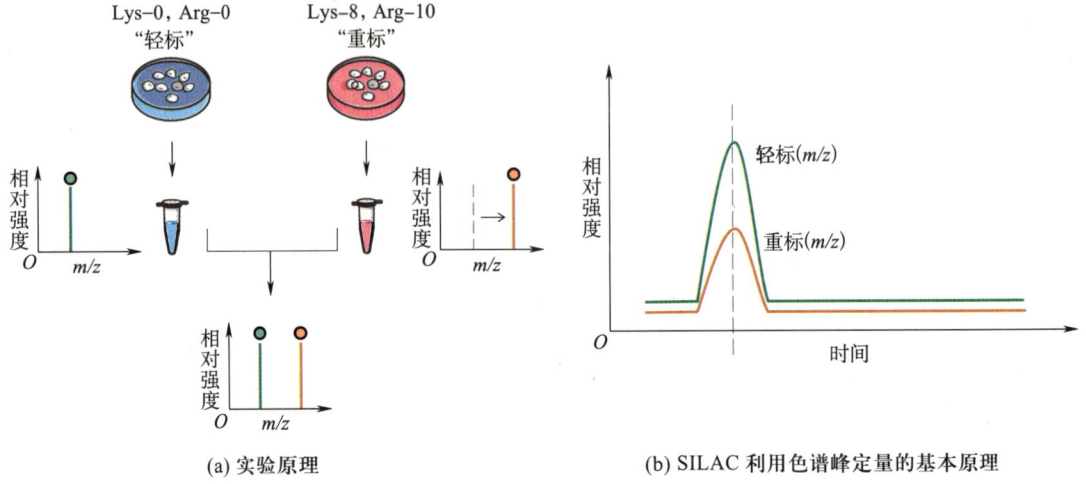

(a) 实验原理　　　　　　　　　　　(b) SILAC 利用色谱峰定量的基本原理

图 10-8　SILAC 原理图

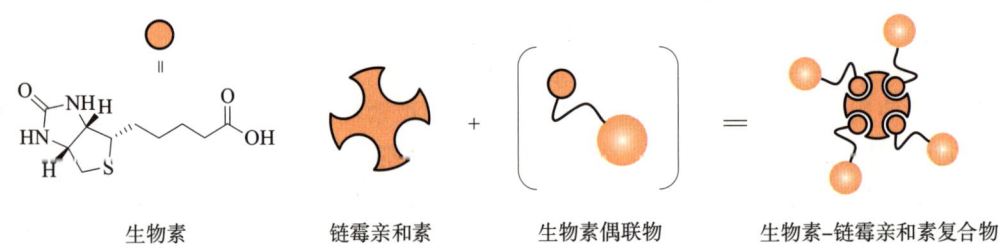

生物素　　　链霉亲和素　　+　生物素偶联物　　=　生物素-链霉亲和素复合物

图 10-9　利用生物素-链霉亲和素系统富集目标蛋白的原理示意图

　　生物素-链霉亲和素系统目前广泛应用于小规模纯化和富集之中。例如,利用生物素化的探针对细胞表面蛋白进行标记,然后利用链霉亲和素系统,就可以实现细胞表面蛋白组的富集和鉴定。在化学生物学研究中,还可以将生物素作为报告基团引入探针中,通过特异性地标记目标蛋白家族(例如三磷酸腺苷水解酶、蛋白激酶和丝氨酸水解酶等),并基于链霉亲和素系统对上述蛋白家族进行富集。

　　本次实验的第二部分中,使用以生物素为报告基团的 FP 探针,对蛋白质组中的丝氨酸水解酶进行基于活性的标记和亲和富集。通过使用 SILAC 培养的 HEK293T 细胞,一组进行正常标记,另一组加入 PMSF 抑制剂竞争标记,即可对不同标记条件下探针捕获蛋白的差异进行定量分析,并了解不同丝氨酸水解酶受 PMSF 特异性抑制程度的差异。

4. 实验操作

4.1 仪器、耗材与试剂

4.1.1 仪器

- 1 mL,200 μL,10 μL 移液器
- 超声破碎仪
- 台式离心机
- 37 ℃ 恒温培养箱
- 酶标仪
- 加热振荡混匀仪
- 金属浴
- 冰箱（-80 ℃）

4.1.2 常规耗材

- 500 mL 烧杯
- 丁腈手套
- 一次性口罩
- 1 mL,200 μL,10 μL 移液器吸头
- 1.5 mL 离心管
- 15 mL 离心管
- 记号笔
- 离心管架（1.5 mL）
- 离心管架（15 mL）
- 冰盒
- 无尘擦纸
- 75% 乙醇喷壶
- 垂直电泳槽
- 塑料盒
- 白板
- 96 孔酶标板

4.1.3 试剂

- 聚丙烯酰胺凝胶
- 蛋白 marker
- 荧光 marker

- 5× 蛋白上样缓冲液
- 变性凝胶电泳缓冲液
- 考马斯亮蓝染色液
- 脱色液（配比为 10% 乙酸–30% 甲醇–60% 去离子水）
- 磷酸缓冲盐溶液（PBS）
- 哺乳动物细胞沉淀
- 超纯水
- FP–罗丹明探针（1 mmol·L^{-1}）
- PMSF（200 mmol·L^{-1}，溶于乙醇）
- 10% SDS/PBS 溶液
- 乙醇
- DMSO
- BCA 试剂盒
- 牛血清白蛋白 2 mg·mL^{-1} 标准溶液
- 轻/重标细胞裂解液（蛋白含量 2 mg·mL^{-1}，每管 100 μL）
- FP–生物素探针（1 mmol·L^{-1}）
- 甲醇/氯仿（4∶1）混合液
- 200 mmol·L^{-1} 二硫苏糖醇溶液（DTT）
- 400 mmol·L^{-1} 碘乙酰胺（IAA）
- 链霉亲和素琼脂糖树脂珠
- 50 mmol·L^{-1} 碳酸氢铵溶液
- 胰蛋白酶
- 质谱级甲醇

4.2　实验步骤

第一次实验

时间	步骤
10:10—10:50	细胞超声裂解
10:50—11:30	BCA 测定裂解液蛋白质浓度
11:30—12:40	细胞裂解液 FP 探针标记
12:40—13:00	标记后蛋白质组变性，制跑胶样品
13:00—14:00	变性凝胶电泳
14:00—14:40	凝胶荧光成像
14:40—15:40	考马斯亮蓝染色成像

第二次实验

时间	步骤
10:10—10:50	细胞裂解液蛋白质组探针标记
10:50—11:50	标记后蛋白质沉淀、洗涤
11:50—13:00	探针标记蛋白质组富集
13:00—13:50	琼脂糖凝珠清洗
13:50—15:20	琼脂糖凝珠 DTT 还原、IAA 封闭
15:20—16:30	酶切,SILAC 示范样品定量搜库

本实验流程见图 10-10 和图 10-11。

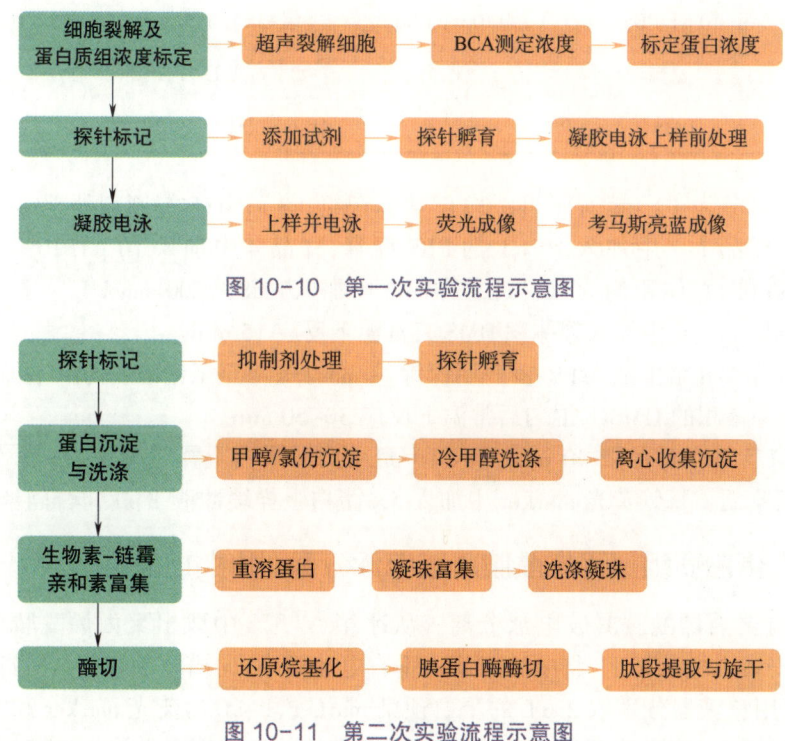

图 10-10　第一次实验流程示意图

图 10-11　第二次实验流程示意图

第一次实验

4.2.1　细胞裂解及蛋白质组浓度标定（用时 1 h 20 min）

冻存的细胞沉淀中加入 500 μL 的 PBS 溶液,超声裂解(20% 功率,每次 3 s,超声 4~5 个循环)至液体变得较为澄清。离心机 4 ℃ 转速 20000×g 离心 15 min,取 400 μL 的上清液存放在新的 1.5 mL 离心管中,存放在冰上。

利用牛血清白蛋白标准品做一条标准曲线(0,0.4,0.8,1.2,1.6,2.0 mg·mL^{-1}),将裂解后浓度未知的蛋白质组样品及稀释 5 倍后的样品各做 3 个重复测定。将做标准曲线和待测的样品加入 96 孔板,体积均为每孔 10 μL。将 BCA 蛋白测定试剂盒的 A,B 液按体积比 50∶1 混合均匀后,每孔加 200 μL。37 ℃恒温培养箱反应 15 min 后,用酶标仪进行测定(595 nm,10 s)。BCA 反应期间,准备新的 1.5 mL 离心管并做好标记。

测定后将蛋白质组样品标定为 2 mg·mL^{-1},每人取用 400 μL。

4.2.2   基于活性的蛋白质组探针标记(用时 1 h 30 min)

每人将标定浓度后的蛋白质组自行在冰上分装成 4 管(每管需 90 μL 的蛋白质组溶液,2 mg·mL^{-1}),分别对应表 10-1 的 4 组样品。

表 10-1   基于活性探针标记的组别及反应时间

反应时间/min	组别			
	(1)90 μL 蛋白质组+10 μL PBS	(2)90 μL 蛋白质组+10 μL PBS	(3)90 μL 蛋白质组+10 μL PBS	(4)90 μL 蛋白质组+10 μL 10% SDS/PBS
15	乙醇	乙醇	2 mmol·L^{-1} PMSF	乙醇
30~50	DMSO		10 μmol·L^{-1}FP-罗丹明	

4 组样品可分为:(1)负对照组;(2)正常标记组;(3)PMSF 抑制剂处理组;(4)蛋白变性组。其中,样品 1~3 中加入 10 μL 的 PBS 稀释,样品 4 中加入 10 μL 10% SDS/PBS 稀释至 1% SDS/PBS,总体积均为 100 μL。样品 3 中加入 PMSF(200 mmol·L^{-1})至工作浓度为 2 mmol·L^{-1},样品 1,2,4 中加入等体积 DMSO,常温下反应 15 min。

随后向样品 2~4 组中加入 FP-罗丹明探针(1 mmol·L^{-1})至工作浓度为 10 μmol·L^{-1},样品 1 组中加入同等体积的 DMSO,混匀后常温下反应 30~50 min。

反应结束后每个样品取 40 μL,加入 10 μL 的 5× 蛋白上样缓冲液,95 ℃金属浴加热 5 min,冷却至室温。每管荧光 marker 中加入 5× 蛋白上样缓冲液 1 μL,吹打混匀。

4.2.3   蛋白质组聚丙烯酰胺凝胶电泳分离(用时 1 h)

蛋白质组聚丙烯酰胺凝胶电泳分离。从冰箱(4 ℃)中取出聚丙烯酰胺凝胶(10%,15 孔),将其安装在电泳架上,将电泳架装入垂直电泳槽中,向槽内倒入电泳缓冲液,检查装置不漏液后,用移液器分别取 2 μL 的蛋白预染 marker、1 μL 的荧光 marker 和 10 μL 的样品,将样品小心地加到凝胶凹形样品槽的底部。然后向外槽倒入电泳缓冲液(每 2 人共用 1 块胶)。

将电泳仪的正极和红色插头连接,负极与黑色插头连接,打开电泳仪开关。调为恒压模式并将电压调到 100 V(一般 15 min 左右),待样品跑过压缩胶后 将电压调到 220 V 至样品电泳到胶底部为止。

4.2.4   凝胶荧光成像(用时 40 min)

电泳结束后拆除电泳装置,用起胶板撬开玻璃板,将凝胶放在孵育盒内,加入 20 mL 的超纯水漂洗后使用凝胶成像系统进行荧光成像,实验中所用的罗丹明荧光基团需选择绿光滤光片。

4.2.5　考马斯亮蓝染色成像（用时 1 h）

将凝胶再次放入超纯水中,微波炉中高火加热 10 s,弃去水溶液;加入 10 mL 的考马斯亮蓝染色液(浸没胶面为准),中高火加热 10 s,摇床室温摇 10 min;染色液倾去回收,加入 10 mL 的脱色液中高火加热 10 s,弃去脱色液,然后再加入 10 mL 的脱色液中火加热 10 s,摇床脱色 10 min。

使用凝胶成像系统进行考马斯亮蓝染色成像,与荧光成像结果相比较,理解基于丝氨酸水解酶活性进行探针标记的含义。

第二次实验

4.2.6　基于活性的蛋白质组探针标记（用时 40 min）

实验时向每组 2 位同学分发 2 管装有 100 μL 的 2 mg·mL^{-1} 的蛋白质组裂解液(PBS 溶液),其中一管为轻标细胞(light),一管为重标细胞(heavy)。2 管细胞裂解液分别作为 2 个实验组,如表 10-2 所示。

表 10-2　基于活性的蛋白质组探针标记组别及处理时间

处理时间/min	组别	
	（1）轻标组	（2）重标组
15	乙醇	2 mmol·L^{-1}PMSF
20	10 μmol·L^{-1}FP-生物素探针	

2 组样品:(1)轻标,正常标记组;(2)抑制剂组,加入 PMSF 抑制剂(储液浓度 200 mmol·L^{-1})至工作浓度为 2 mmol·L^{-1},常温反应 15 min。

随后向 2 组中加入 FP-生物素探针(储液浓度 1 mmol·L^{-1})至工作浓度为 10 μmol·L^{-1},常温反应 20 min。

4.2.7　蛋白沉淀、洗涤（用时 1 h）

按照甲醇/氯仿(4:1):水:样品 =5:3:1($V/V/V$)比例在 1.5 mL 离心管中加入有机溶剂和水,将标记后两组样品各取 75 μL 合并到该 1.5 mL 离心管中进行蛋白沉淀(操作时先计算好体积,最后加蛋白质组样品),4 ℃离心机 10000×g 离心 10 min,小心地弃去液相,留下白色沉淀。可先用 1 mL 移液器将上层液体吸去,换用 200 μL 移液器吸取下层液体,随着液体量减少,将管子倾斜可使蛋白片贴在管壁便于吸取下层液体。

将离心管置于冰上,向管内加入 500 μL 的 -20 ℃冷甲醇,快速超声悬浮沉淀(洗涤),沉淀转移到新的 1.5 mL 离心管中,用 100 μL 的冷甲醇洗涤管壁,尽量将蛋白质转移干净。4 ℃转速 10000×g 离心 6 min,弃去上清液后蛋白沉淀在室温晾置 2 min 使溶剂挥发干净。

4.2.8　探针标记蛋白质组富集（用时 1 h 10 min）

蛋白沉淀用 1 mL 的 1.2%SDS/PBS 溶液重溶(若不易溶解可适当超声),加入悬浮于 5 mL 的 PBS 中预先洗净的凝珠中(凝珠固体体积约 50 μL,存放于 15 mL 离心管中),在 29 ℃四维旋转混合仪中富集 1~1.5 h。

注意:本次使用的凝珠为琼脂糖基质,不可用振荡混匀、高速离心、超声等方法处理,否则凝珠易破碎丢失。

4.2.9   富集样品酶切前处理(用时 2 h 20 min)

富集结束后,用 5 mL 的 PBS 洗 2 次,再用 5 mL 的水洗 2 次(每次 3000×g 离心 3 min),小心弃去上清液,小心操作避免吸走下层的凝珠。最后一次洗涤结束后,弃去上清液并加入 500 μL 的水,将凝珠尽可能转移到 1.5 mL 旋盖离心管中,另外用 500 μL 洗一遍 15 mL 离心管,上清液合并到旋盖离心管中。1.5 mL 旋盖离心管 2000×g 离心 3 min 后弃去上清液(注意不要吸到凝珠)。

加入 500 μL 的尿素(6 mol·L^{-1})–PBS 和 25 μL 的 DTT(200 mmol·L^{-1}),37 ℃封闭 20 min,封闭时可以进行 IAA 的配制和稀释。再加入 25 μL 的 IAA(400 mmol·L^{-1})在 37 ℃反应 20 min。反应结束后加入 950 μL 的 PBS 终止反应,2000×g 离心 3 min 弃去上清液,再用 1 mL 的 50 mmol·L^{-1} 碳酸氢铵溶液润洗 2 次,每次加入碳酸氢铵溶液洗涤时可上下轻轻颠倒摇晃混匀。洗涤结束后弃去上清液。

4.2.10   富集后样品胰蛋白酶酶切和 SILAC 质谱数据定量分析示范教学(用时 1 h 10 min)

加入 200 μL 的 50 mmol·L^{-1} 碳酸氢铵溶液及胰蛋白酶溶液 2 μL(0.5 μg·μL^{-1}),37 ℃酶切。下课前标记好交给助教,旋干后提交样品至质谱平台进行数据采集。

教师讲解并示范 SILAC 质谱数据鉴定搜库和定量分析,课后由学生自行分析自己的实验结果。

5.   思考题

(1)除了本次实验所用的 FP 探针,请调研其他基于活性的蛋白质探针种类,举两个例子说明,注明它们针对哪些蛋白质活性残基。

(2)为什么 SILAC 实验中所使用的带有稳定同位素标记的氨基酸通常是赖氨酸或精氨酸?

(3)列举几种除 SILAC 外的基于质谱的定量蛋白质组学分析方法,并选择一种简述其原理。

6.   参考文献

淀粉酶的活性及米氏常数的测定

李凤(北京化工大学)

1. 实验目的

（1）了解酶活性的定义，以及常见的酶活测定方法；
（2）了解酶的特异性；
（3）掌握酶的分离提取方法；
（4）掌握 α-淀粉酶和 β-淀粉酶的酶活测定方法；
（5）掌握米氏常数的测定方法；
（6）掌握分光光度计测定酶活的原理和使用方法。

2. 实验背景

2.1 酶活性的定义

酶活性，也称为酶活力，是指在一定条件下（温度、pH、缓冲液、浓度等）酶的催化能力。酶活性单位是人们定义的一种酶量单位，由于测定方法和使用习惯的不同，世界各地使用的酶活性单位的定义有所差别，导致一种酶可能有多种不同的酶活性单位，这对人们的生产生活造成很多不便。为统一起见，1961 年，国际生物化学学会酶学委员会提出采用统一的国际单位（IU，简写为 U）表示酶活性，规定在最适条件下（温度为 25 ℃或最适的温度、最佳 pH、最适底物浓度），每秒催化 1 μmol 的底物转化为产物所需的酶量定义为 1 个酶活性单位，即 1 IU=1 μmol 底物·min^{-1}。该国际单位具有绝对意义，可用于定量比较酶活性的大小。1972 年，国际酶学会议规定在最适条件下，每秒催化 1 mol 底物转化为产物所需的酶量定义为 1 卡特（Kat）。Kat 和 IU 这两种酶活性单位可以进行换算，换算关系为 1 Kat = 6×10^7 IU。酶活性是酶量的量度指标，在相同的测定条件下，酶活性越高，表明酶量越大。

此外，为了比较酶的纯度，常采用比活力。酶的比活力是指在特定条件下，每毫克的酶中所含有的酶活性单位数，即酶的比活力 = 酶活性（单位）/mg 酶。酶的比活力是酶纯度的量度指标，酶的比活力越高，表明酶的纯度越高。酶的比活力也是酶学研究和蛋白生产中常用的基本指标。因此在酶的研究和使用过程中，需注意酶活性单位的定义。

2.2　酶活性测定

2.2.1　测定原则

酶具有底物专一性,测定酶活性时选用的底物须是最适底物。酶活性的检测需要在酶的最佳反应条件(如最适温度、最适 pH、最适离子强度)下进行,因此应选择适宜的温度和缓冲体系,并向反应系统中添加必要的辅助因子,酶的用量和反应时间及底物浓度均要在适当的范围内。

此外,酶活性检测一般测定产物的合成速率,而不是底物的消耗速率。在酶促反应过程中,产物发生从无到有的变化,只要测试方法足够灵敏,就能准确测定反应速率,而底物的变化较为微小,测定时较容易出现误差。

2.2.2　基本步骤

酶活性测定包括酶与底物反应、反应体系中底物与产物的变化量测定两个阶段。基本步骤如下:

(1)根据酶催化的专一性,选择适宜的底物,并配制成一定浓度的底物溶液。底物溶液一般需新鲜配制,有些反应所需的底物溶液也可以预先配制后置于冰箱保存备用。

(2)根据酶的动力学性质,确定酶促反应的温度、pH、底物浓度等反应条件。反应须在恒温槽中进行,并采用合适的缓冲液以维持 pH 的恒定。有些酶促反应需要适量添加激活剂。

(3)在合适的条件下,将一定量的酶液和底物溶液混合均匀,并记下反应开始的时间。

(4)反应进行一段时间后,取出适量的反应液,运用生化检测技术测定产物的生成量或底物的减少量。检测方法尽量快速简便,能快速测出结果。若不能即时测出结果,则要及时终止反应。终止酶反应的方法有高温加热、加入酶变性剂、加入酸或碱溶液、置于低温环境等。

2.2.3　常见的酶活测定方法

酶活性测定的要求是:准确、快速、微量、高度的灵敏性和专一性等。随着新技术、新方法的不断推出和应用,酶活性测定的方法也不断发展,如化学测定法、光学测定法、气体测定法、电化学法、同位素测定法和酶偶联间接分析法等,总的要求是快速、简便、准确。

2.3　酶促反应

2.3.1　酶促反应的特点

(1)反应高效性。与非生物催化剂相比,酶具有极高的催化效率。酶的催化效率若以分子比(molecular ratio)表示,酶促反应的反应速率比无催化剂反应高 $10^8 \sim 10^{20}$ 倍,比非生物催化剂高 $10^6 \sim 10^{13}$ 倍。通常酶的催化效率以转换数(turnover number, k_{cat}),即在一定条件下每秒钟每个酶分子催化底物发生变化的分子数表示。大部分酶的转换数可达 1000,最高可达几十万乃至一百万以上。例如,一分子过氧化氢酶能在 1 min 内使 5×10^5 个过氧化氢分子分解成氧和水,相当于 Fe^{3+} 催化速率的 10^9 倍。

（2）底物专一性。酶对其所作用的物质（底物）和催化的反应有严格的选择性。通常一种酶只能识别某一种或某一类底物,催化某一种或某一类反应。例如,过氧化氢酶只能催化过氧化氢分解,不能催化其他化学反应;淀粉酶只能催化淀粉糖苷键水解;蛋白酶只能催化蛋白质肽键的水解。

（3）条件温和性。酶是一种蛋白质类或核酸类的生物大分子,较其他非生物催化剂更易失去活性。在强酸、强碱、高温、高压、存在重金属盐等条件下,酶会被破坏而变性失活。所以,酶促反应一般在常温、常压、中性酸碱度等温和的条件下进行。

（4）活性可调性。生物体内新陈代谢的化学反应都是在酶的催化下完成的,具有很高的有序性,需要通过酶活性的调控来实现。酶促反应受多种方式调节和控制,包括酶浓度的调节、激素调节、反馈抑制调节、抑制剂和激活剂调节、共价修饰调节、别构调节、酶原激活调节等[1,2]。

2.3.2　米氏方程与米氏常数

1913 年,Michaelis 和 Menten 在前人工作的基础上,推导出一个数学方程式,表示了底物浓度与酶反应速率之间的定量关系,通常称为米氏方程（图 11-1）。

$$v = \frac{V_{\max} \cdot [S]}{K_m + [S]}$$

式中,v 为反应速率,$V_{\max}$ 为底物饱和时的最大反应速率,$[S]$ 为底物浓度,K_m 为米氏常数。K_m 表示酶和底物亲和力,可以理解为最大反应速率一半时底物的浓度。

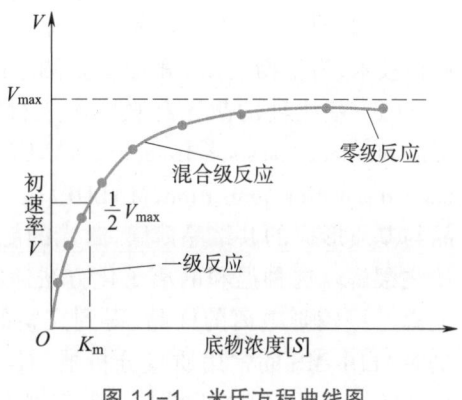

图 11-1　米氏方程曲线图

2.4　生物大分子分子量的常见测定方法

2.4.1　凝胶电泳法

凝胶电泳法是一种常用的分离和检测生物大分子的方法,可以检测 DNA,RNA 和蛋白质等的分子量。在电场的作用下,带电分子向带有相反电荷的电极移动。凝胶的孔隙结构能够限制带电分子的移动,使其按照大小、构型等特性分离开来。带电分子在凝胶电泳中的迁移速率与电场强度、凝胶浓度、分子量的大小、分子的构型、净电荷数等因素有关。在固定的电场强度和凝胶浓度下,核酸或蛋白质分子的迁移速率,取决于分子本身的大小和构型。一般而言,分子量较小的分子比分子量较大的分子迁移更快。

常用的凝胶电泳主要分为琼脂糖凝胶电泳和聚丙烯酰胺凝胶电泳。琼脂糖凝胶电泳以琼脂糖作为支持介质,制备简单,成本低廉,适用于大分子核酸的分离。聚丙烯酰胺凝胶电泳（polyacrylamide gel electrophoresis，PAGE）以聚丙烯酰胺凝胶作为支持介质，分为非变性聚丙烯酰胺凝胶和变性聚丙烯酰胺凝胶。与琼脂糖凝胶电泳相比，PAGE 具有更高的分辨率和灵敏度，更适用于小分子量核酸和蛋白质分子的分离。蛋白质常用的凝胶电泳为 SDS（十二烷基硫酸钠）-PAGE。SDS 是一种阴离子去表面活性剂，可以作为蛋白质的变性剂，它能断裂分子内和分子间的氢键，破坏蛋白质分子的二级和三级结构，从而消除不同分子间的结构差异，使蛋白质分子的迁移速率只与分子量大小有关。

2.4.2　凝胶渗透色谱（GPC）

凝胶渗透色谱（gel permeation chromatography，GPC）是一种常用的生物大分子分离与纯化技术，主要基于生物大分子分子量的分布差异，利用分子量筛选，将目标蛋白质分子从样品混合液中分离[3]。色谱柱中可供分子通行的路径有粒子间的间隙（较大）和粒子内的通孔（较小），体积大于凝胶孔隙的大分子只能从粒子间的间隙通过，速率较快；而较小的分子进入粒子内的通孔，速率较慢，从而可以达到分离的效果。然而，凝胶色谱不能分辨分子大小相近的化合物，相对分子质量相差需在 10% 以上。

2.4.3　生物质谱法

质谱分析是一种测量离子质荷比（m/z）的分析方法，生物质谱是用于生物分子分析的质谱技术，为生物大分子的分子量测定提供了强大的分析测试手段[4]。

（1）基质辅助激光解吸电离飞行时间质谱（matrix-assisted laser desorption ionization time-of-flight mass spectrometry，MALDI-TOF/MS）。基质辅助激光解吸电离（matrix-assisted laser desorption ionization，MALDI）是一种质谱的软电离技术。用一定强度的激光照射样品与基质形成的共结晶薄膜，激光的能量消耗于基质晶格扰动中，而不是直接作用于样品使之裂解。这种温和的离子化方法通常只给出单电荷的分子离子（或准分子离子）峰，可电离一些较难电离的样品，得到完整的电离产物。飞行时间（time of flight，TOF）检测器是 MALDI-MS 的常用质量分析器，具有质量分析范围大、分辨率高、分析速度快等优势。MALDI-MS 与 TOF 检测器构成的仪器称为 MALDI-TOF-MS，适用于分析鉴定 DNA、蛋白质、多肽和糖等生物大分子及多种合成聚合物。

（2）液相色谱-质谱联用（liquid chromatograph-mass spectrometer，LC-MS）。液相色谱（liquid chromatograph，LC）具有分离效能高、分析速度快、检测灵敏度高和应用范围广等特点，适合高沸点、大分子和热稳定性差的化合物的分离分析，尤其是对于具有生物活性的生化样品。LC-MS 将液相色谱的分离能力与质谱的定性功能结合起来，可以实现对复杂体系中的组分进行准确的定量和鉴定。

③ 实验原理

3.1　淀粉酶

淀粉酶是一类水解淀粉和糖原的酶类总称，参与其中糖苷键的水解。淀粉酶活力（活性)单位定义为在 37 ℃,pH 5.6 的条件下,每 5 min 水解淀粉生成 1 mg 还原糖所需的酶量。

根据酶水解产物异构体类型的不同,淀粉酶可分为 α-淀粉酶、β-淀粉酶、γ-淀粉酶和异淀粉酶。

3.1.1　α-淀粉酶

α-淀粉酶,系统名称为 1,4-α-D-葡聚糖水解酶,也称为液化型淀粉酶、液化酶、α-1,4-糊精酶。α-淀粉酶广泛存在于动物的唾液、胰脏,以及植物和微生物中,可以随机切断淀粉分子内糖链的 α-1,4-糖苷键,对直链淀粉和支链淀粉均有水解功能,产生糊精、低聚糖和单糖等。

3.1.2　β-淀粉酶

β-淀粉酶,称为淀粉 β-1,4-麦芽糖苷酶,能将直链淀粉分解成麦芽糖,并且在水解过程中将麦芽糖分子中的 C_1 构型由 α 型转为 β 型。不同于 α-淀粉酶随机切割的方式,β-淀粉酶作用于淀粉链非还原性末端的 α-1,4-糖苷键,依次切下单个麦芽糖分子,因此又称为淀粉外切酶。

3.1.3　γ-淀粉酶

γ-淀粉酶,又称为葡萄糖淀粉酶,可从底物的非还原性末端将葡萄糖单元水解下来。

3.1.4　异淀粉酶

异淀粉酶,又称为淀粉 α-1,6-葡萄糖苷酶(脱支酶)/分支酶,此酶作用于支链淀粉分子分支点处的 α-1,6-糖苷键,将支链淀粉的整个侧链切下变成直链淀粉。

3.2　α-淀粉酶和 β-淀粉酶的理化性质

小麦种子中的淀粉酶主要包括 α-淀粉酶和 β-淀粉酶。这两种淀粉酶除水解位点不同外,其理化性质也有所不同。比如 α-淀粉酶耐热、不耐酸,不同来源的 α-淀粉酶的最适 pH 在 4.5~7.0,当低于 pH 4 时,其活性显著下降;且需 Ca^{2+} 作为金属辅因子稳定 α-淀粉酶的结构,以保持其最佳活性。β-淀粉酶不耐热,在 70 ℃以上极易失活,因此可通过高温失活分别测定淀粉样品中 α-淀粉酶和 β-淀粉酶的酶活性。

3.3　淀粉酶活性测定

3.3.1　水杨酸还原法测定淀粉酶的活性

本实验基于 3,5-二硝基水杨酸还原法测定淀粉酶的活性。首先从发芽的小麦种子中提取淀粉酶,然后在最佳酶活的条件下(37 ℃,pH 5.6),在一定时间内将淀粉转化为还原糖(麦芽糖)。淀粉酶催化产生的还原糖可使 3,5-二硝基水杨酸还原,生成棕红色的 3-氨基−5−硝基水杨酸,反应方程式如图 11−2 所示。

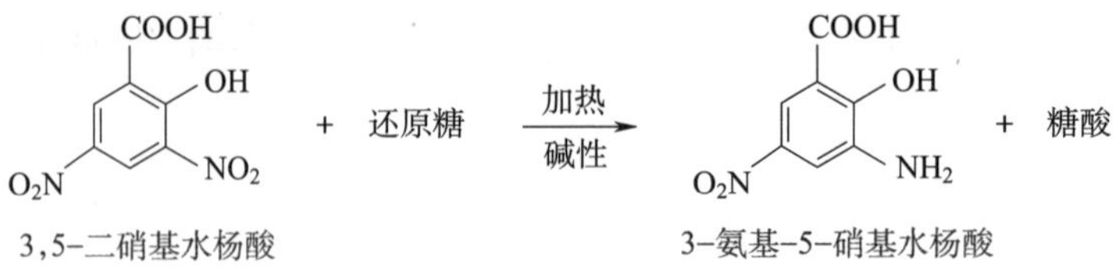

图 11−2   水杨酸还原法方程式

采用比色法测定产物的吸光度,产物的颜色深浅与还原糖的含量成正比,即与淀粉酶的活性成正比,根据反应时间可计算得到酶反应的初始速率,即酶的活力。由于麦芽中同时存在 α−淀粉酶和 β−淀粉酶,此步骤测试得到的为两种酶的总活性。随后采用加热的方法使 β−淀粉酶失活,再进行上述步骤,可得到其中 α−淀粉酶的活性,通过淀粉酶总活性与 α−淀粉酶活性之间的差异,即可求得 β−淀粉酶的活性。

3.3.2   分光光度计的原理

分光光度法是通过测定被测物质在特定波长处或一定波长范围内光的吸光度,实现对被测物质定性或定量分析的一种方法。

在分光光度计中,将不同波长的光连续照射到一定浓度的样品溶液中,可得到不同波长相对应的吸收强度,从而绘制以波长(λ)为横坐标,以吸光度(A)为纵坐标的吸收光谱曲线。该方法以朗伯−比尔(lambert−beer)定律为基础,依据该定律可知吸光度 A 与溶液的浓度呈线性关系,因此可根据测量的吸光度 A 和标准曲线,计算得到未知样品对应的浓度,这是分光光度法测量浓度的基本原理。根据波长的不同范围,分光光度法可分为紫外分光光度法和可见光光度法。紫外分光光度法是采用紫外光源测定无色物质;可见光光度法是采用可见光光源测定有色物质。分光光度计具有灵敏度高、操作简便、快速便捷等优点,是生物化学实验中常用的实验方法之一。

3.4   米氏常数的测定方法

3.4.1   Michaelis−Menten 作图法

根据米氏方程:

$$v = \frac{V_{max} \cdot [S]}{K_m + [S]}$$

实验时,选择不同浓度的[S]测定相应的酶反应初速率(v),以底物浓度[S]为横坐标,速率(v)为纵坐标得到双曲线图。

3.4.2   Linewaver−Burk 作图法

将米氏方程两侧取倒数,得到下面方程式:

$$\frac{1}{v} = \frac{K_m}{V_{max}} \cdot \frac{1}{[S]} + \frac{1}{V_{max}}$$

实验时,选择不同浓度的$[S]$测定相应的酶反应初始速率(v),然后分别换算二者的倒数,以$\frac{1}{v}$-$\frac{1}{[S]}$作图,得出线性关系图。

4. 实验操作

本实验以淀粉酶为例,进行酶活性检测的实验。

4.1 仪器、耗材与试剂

4.1.1 仪器

- 移液器
- 台式离心机
- 电子天平
- 恒温水浴锅
- 分光光度计

4.1.2 常规耗材

- 250 mL 玻璃烧杯
- 250 mL 玻璃瓶
- 1 L 玻璃瓶
- 15 mL 玻璃试管
- 10 mL 离心管
- 吸头
- 手套

4.1.3 实验材料

- 1 g 发芽 2~3 d 的小麦种子(每组)

4.1.4 试剂

- 麦芽糖标准溶液($1\ mg \cdot mL^{-1}$)
- 淀粉溶液($10\ g \cdot L^{-1}$)
- 3,5-二硝基水杨酸(DNS)试剂($10\ g \cdot L^{-1}$)
- 柠檬酸缓冲液($0.1\ mol \cdot L^{-1}$, pH 5.6)
- Milli Q 水

4.2　实验步骤

时间	步骤
10:10—10:50	讲解实验背景和原理
10:50—11:20	麦芽糖标准曲线的绘制
11:20—12:10	淀粉酶液的制备
12:10—13:30	**午休**
13:30—14:30	淀粉酶总活性/特异性的测试
14:30—15:30	α-淀粉酶活性的测试
15:30—16:00	淀粉酶活性的计算

本实验流程见图 11-3。

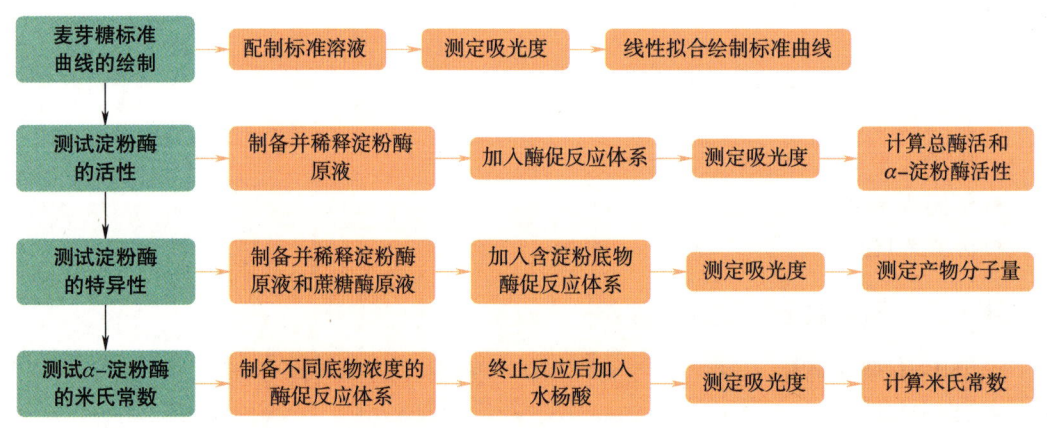

图 11-3　实验流程图

4.2.1　淀粉酶活性测定

4.2.1.1　麦芽糖标准曲线的绘制（用时 30 min）

（1）取 7 支试管，编号 1~7，按照表 11-1 的用量加入各试剂，制备成不同浓度麦芽糖标准溶液与 DNS 试剂的混合试剂。

（2）混匀后置于沸水中煮沸 5 min，取出后用流水冷却，加蒸馏水定容到 20 mL。

（3）以 1 号管作为调零组，采用分光光度计在 540 nm 波长下测定不同组别的吸光度。

（4）以麦芽糖含量为横坐标，以吸光度数值为纵坐标，按照线性拟合绘制麦芽糖的标准曲线。

表 11-1　麦芽糖标准曲线的绘制

管号	1	2	3	4	5	6	7
麦芽糖标准溶液/mL	0	0.2	0.6	1	1.4	1.8	2.0
蒸馏水/mL	2.0	1.8	1.4	1.0	0.6	0.2	0
DNS 试剂/mL	2.0	2.0	2.0	2.0	2.0	2.0	2.0
麦芽糖含量/mg	0	0.2	0.6	1.0	1.4	1.8	2.0

4.2.1.2　淀粉酶液的制备（用时 50 min）

（1）称取 1 g 萌发的小麦种子，置于研钵中，加入少量石英砂和 2 mL 的蒸馏水，研磨至均浆。

（2）将均浆转移至 100 mL 容量瓶中，加蒸馏水定容至 100 mL，室温下静置 15~20 min，每隔几分钟搅动一次，使其充分提取。

（3）从中取 4 mL 置于离心管中，4000 rpm 离心 10 min，将上清液取出 3 mL 置于试管中，定容至 15 mL，混匀，即为淀粉酶原液。

4.2.1.3　淀粉酶总活性的测试（用时 1 h）

（1）将淀粉酶原液稀释 5 倍用于淀粉酶总活性的测试。取 10 mL 的淀粉酶原液置于 50 mL 容量瓶中，加蒸馏水定容至刻度线，即为淀粉酶稀释液。

（2）取 6 支干净的试管，编号 1—6，根据表 11-2 加入各试剂。其中 1—3 为对照管，先加入 1 mL 的 NaOH 溶液（0.4 mol·L^{-1}），再在 40 ℃水浴中保温 5 min；4—6 为测试管，先在 40 ℃水浴中保温 5 min，然后加入 1 mL 的 NaOH 溶液（0.4 mol·L^{-1}）。

表 11-2　淀粉酶总活力的测定

管号	先加 NaOH 再水浴			先水浴再加 NaOH		
	1	2	3	4	5	6
淀粉酶稀释液/mL	1.0	1.0	1.0	1.0	1.0	1.0
10 mg·L^{-1} 淀粉溶液/mL	2.0	2.0	2.0	2.0	2.0	2.0
0.1 mol·L^{-1} 柠檬酸缓冲液/mL	1.0	1.0	1.0	1.0	1.0	1.0

（3）另取 6 支干净的试管，分别取对应上述 1—6 编号中的酶促反应液 2 mL，加入试管中，再分别加入 2 mL 的 10 g·L^{-1} DNS 试剂，沸水浴煮 5 min 后，加蒸馏水 5 mL，摇匀。

（4）以麦芽糖标准溶液中的 1 号管作为调零点，采用分光光度计在 520 nm 的波长处测定各溶液的吸光度值，并记录。

4.2.1.4　α-淀粉酶活性的测试（用时 1 h）

（1）取 6 支干净的试管，编号 7—12，在每支试管中加入 1 mL 的淀粉酶原液，置于 70 ℃水浴中加热 5 min。

（2）参照表 11-2，在每支试管中各加入 2 mL 的淀粉溶液（10 mg·L^{-1}）和 1 mL 的柠檬酸缓冲液（0.1 mol·L^{-1}），其中编号 7—9，先加入 1 mL 的 NaOH 溶液（0.4 mol·L^{-1}），再在 40 ℃水浴中保温 5 min；编号 10—12，先在 40 ℃水浴中保温 5 min，然后加入 1 mL 的 NaOH 溶液（0.4 mol·L^{-1}）。

（3）另取 6 支干净的试管，分别取对应上述 7—12 编号中的酶促反应液 2 mL，加入试管中，再分别加入 2 mL 的 10 g·L^{-1} DNS 试剂，沸水浴煮 5 min 后，加蒸馏水 5 mL，摇匀。

（4）以麦芽糖标准溶液中的 1 号管作为调零点，采用分光光度计在 520 nm 的波长处测定各溶液的吸光度值，并记录。

4.2.1.5　淀粉酶活性的计算（用时 30 min）

（1）计算 4—6 编号与 1—3 编号的吸光度平均值之差，对应麦芽糖的标准曲线，计算得到相应的麦芽糖含量（mg），按下式计算淀粉酶的总活性（mg·g^{-1}）：

$$淀粉酶总活性 = (C \times V_1 \times n) / (V_2 \times m)$$

式中,C 为麦芽糖含量(mg);V_1 为淀粉酶稀释液总体积(mL);n 为稀释倍数;V_2 为测定淀粉酶总活性时酶液体积(mL);m 为样品质量(g)。

（2）计算 10—12 编号与 7—9 编号的吸光度平均值之差,对应麦芽糖的标准曲线,计算得到相应的麦芽糖含量(mg),按下式计算 α - 淀粉酶的活性(mg·g^{-1}):

$$淀粉酶总活性 = (C \times V_1) / (V_2 \times m)$$

式中,C 为麦芽糖含量(mg);V_1 为淀粉酶原液总体积(mL);V_2 为测定 α - 淀粉酶总活性时酶液体积(mL);m 为样品质量(g)。

4.2.2　淀粉酶特异性的测定

4.2.2.1　不同酶与淀粉的酶促反应（用时 1 h）

（1）将淀粉酶原液和蔗糖酶原液稀释 5 倍用于酶特异性的测试。取 10 mL 的酶原液,置于 50 mL 容量瓶中,加蒸馏水定容至刻度线,即为酶稀释液。

（2）取 2 支干净的试管,编号 13,14。在 13 号试管中加入 1 mL 的淀粉酶稀释液,在 14 号试管中加入 1 mL 的蔗糖酶稀释液。

（3）在每支试管中各加入 2 mL 的淀粉溶液(10 mg·L^{-1})和 1 mL 的柠檬酸缓冲液(0.1 mol·L^{-1}),在 40 ℃水浴中保温 5 min,然后加入 1 mL 的 NaOH 溶液(0.4 mol·L^{-1})。

（4）另取 2 支干净的试管,分别取对应上述 13,14 编号中的酶促反应液 2 mL,加入试管中,再分别加入 2 mL 的 10 g·L^{-1} DNS 试剂,沸水浴煮 5 min 后,加蒸馏水 5 mL,摇匀。

（5）以麦芽糖标准溶液中的 1 号管作为调零点,采用分光光度计在 520 nm 的波长处测定各溶液的吸光度值,并记录。

4.2.2.2　产物分子量的测定（用时 30 min）

分别取上述 13,14 编号中的酶促反应液 1 mL,通过 LC-MS 对产物的分子量进行测定。

4.2.3　α - 淀粉酶米氏常数的测定（用时 1 h 30 min）

（1）取 13 支试管,编号 0—12,按照表 11-3 的用量加入各试剂,制备成不同底物浓度下的酶促反应体系。

表 11-3　α - 淀粉酶米氏常数的测定

管号	0	1	2	3	4	5	6	7	8	9	10	11	12
1% 淀粉溶液/mL	0	0.4	0.45	0.5	0.55	0.6	0.7	0.8	1.0	1.2	1.6	2.2	3.0
柠檬酸缓冲液/mL	3.0	2.6	2.55	2.5	2.45	2.4	2.3	2.2	2.0	1.8	1.4	0.8	0
淀粉酶液/mL	1.0	1.0	1.0	1.0	1.0	1.0	1.0	1.0	1.0	1.0	1.0	1.0	1.0

（2）将淀粉溶液和柠檬酸缓冲液混匀后置于 40 ℃ 温浴 10 min,4 U·mL^{-1} 淀粉酶液同时温浴 10 min(酶液需要现配现用)。

（3）各管各加入 1 mL 温浴后的酶液,混匀并准确计时 5 min,各管加入 4 mL 的 0.4 mol·L^{-1} NaOH 溶液终止酶促反应。

（4）从以上各酶促反应管中分别取 1 mL 的反应液置于 15 mL 刻度试管中,加 3,5-二硝基水杨酸和蒸馏水各 1 mL,于沸水浴加热 5 min,冷却定容至 15 mL,测定 520 nm 下的 *OD* 值。

（5）将不同浓度底物 *OD* 值代入,得到麦芽糖的标准曲线,得对应麦芽糖浓度 *C*,计算速率 *v*。

（6）分别取倒数 $1/[S]$ 作为横坐标,$1/v$ 作为纵坐标作图,得到一系列数据对应的点,连接这些点可得到一条直线。

（7）该直线在纵轴上的截距为 $1/v$,由此可以得到最大反应速率 V_{max}。

（8）该直线在横轴上的截距为 $-1/K_{\text{m}}$,由此可以得到米氏常数 K_{m}。

5. 思考题

（1）α-淀粉酶和 β-淀粉酶的主要区别是什么?

（2）在酶促反应中,加入氢氧化钠的作用是什么?

（3）在酶促反应中,温度分别控制在 70 ℃ 和 40 ℃ 的作用是什么?

（4）在设计其他酶的活性测定实验中需要考虑的关键因素是什么?

6. 参考文献

基于化学响应框架载体的细胞递送和光动力杀伤

吴菲　毛兰群（北京师范大学）

1. 实验目的

（1）了解金属-有机框架材料的定义、制备方法和生物应用；

（2）了解蛋白质的细胞递送策略；

（3）掌握基于化学响应框架载体的细胞递送原理和方法；

（4）掌握光动力杀伤肿瘤细胞的原理和方法。

2. 实验背景

2.1 金属框架材料

金属-有机框架（metal-organic frameworks，MOFs）是近30年来材料化学领域的前沿热点研究。MOFs的化学本质是框架结构明确的分子单元，通过金属-配体分子间的配位作用（M-L-M），自组装成为周期性排列的"二维"或"三维"多孔晶体材料（图12-1）。通过改变反应合成条件、二级结构单元、分子组成，可理性调控其自组装过程，实现对MOFs拓扑结构、化学性质及功能的精准调控。通常条件下，MOFs可通过溶剂热、共沉淀、反向微乳液等合成方法制备，具有比表面积大、结构多样可调、易功能化等优点，使得其在非均相催

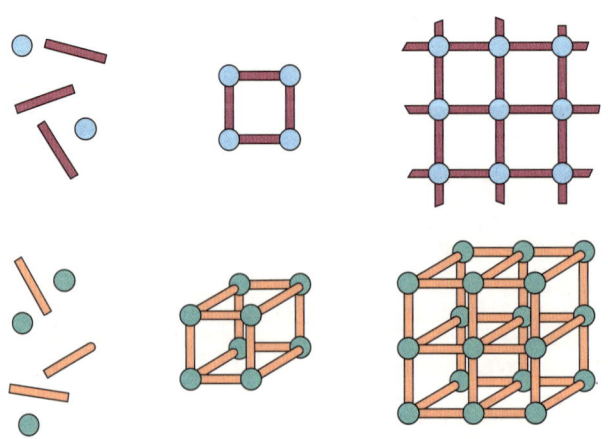

图12-1　金属框架材料MOFs的组装过程与结构示意图[1]

化、气体存储、分离分析、光电转换、化学生物学、生物医学和化学传感等领域得到了广泛的应用。

在化学生物学领域,MOFs 材料因具备以下优势而逐步发展成为一种重要的纳米递送载体:(1)框架结构及性能可调(包括 MOFs 的金属－配体组成、形貌特征、孔径大小、粒径尺寸和化学性质等),可满足多样化的输送需求;(2)MOFs 的高比表面积及多孔隙结构使其具备潜在的高负载量,且可根据配体分子设计后修饰反应过程;(3)MOFs 孔隙不仅能为生物大分子提供有效的支撑保护,更能对生物催化反应产生限域效应,提高生物活性;(4)由于金属－配体相互作用是一种相对较弱的可逆作用,因此 MOFs 材料在理论上是完全生物可降解的,具备较高的生物兼容性。

2.2　蛋白质的细胞递送

作为生物体内分布最广的生物大分子,蛋白质伴随细胞内几乎所有的生命过程,在细胞迁移、物质交换、信号传导和基因表达等过程中发挥着不可替代的作用。因此,通过相关小分子或蛋白质的递送,可对特定蛋白质功能进行调控,进而直接干预生命活动的不同阶段。例如,运用化学手段,将荧光探针或荧光蛋白质递送至细胞内,可实现对生化反应过程的可视化监控,为揭示其分子机制提供分析方法。同时,在生物医学领域,针对蛋白质功能障碍或缺失引发的疾病,蛋白质的细胞和活体递送是最为直接的治疗方法。因此,蛋白质的多层次递送及功能调控已成为近年来的研究热点,对促进化学与生命交叉领域的学科发展和技术进步具有重要意义。

然而,哺乳动物的细胞递送依然面临着巨大的挑战:其一,相较于小分子而言,蛋白质由于自身较大的分子量和尺寸等固有物理化学特性,难以直接渗透穿过细胞膜进入细胞;其二,当蛋白质通过内吞作用进入细胞时,通常会进入溶酶体中,最终被溶酶体内的蛋白酶降解代谢或被重新分泌至胞外。因此,未完成溶酶体逃逸的蛋白质输送效率极低,只有小部分蛋白质保留在细胞质中到达特定靶点,但其可能因溶酶体内蛋白酶和极端 pH 环境的影响而丧失功能。面对上述挑战,包括基于脂质体材料、细胞渗透性穿膜肽和纳米转运体在内的多种蛋白质递送策略迅速崛起并日趋成熟(图 12-2)。

基于纳米载体的细胞输送策略在近年来受到了极大的关注,也是发展最为迅速的一种蛋白质细胞递送策略。随着材料科学的快速发展,金纳米颗粒、碳材料、MOFs、超分子自组装笼、天然生物材料(外泌体、病毒)、有机聚合物等多种新型材料被用于构建蛋白质细胞递送载体。根据纳米载体自身的物理、化学性质和应用场景不同,蛋白质分子可通过物理吸附、直接键连或封装等策略负载于纳米载体,进而实现细胞递送。一般而言,通过化学反应将蛋白质分子直接键连于纳米载体可实现二者比例的精准调控,且蛋白质不易从载体上脱落,适用于表面官能团丰富的纳米载体对蛋白质的负载。然而,由于直接键连的策略可能涉及对蛋白质氨基酸残基的化学修饰或多步化学反应,所以存在蛋白质结构或功能活性改变的风险。物理吸附是依赖蛋白质分子与载体间弱相互作用(包括疏水作用、静电力、氢键等)的蛋白质负载策略,对蛋白质自身结构或活性的影响较小。然而,这种策略在复杂的生理环境下(如极性分子、pH 改变、蛋白酶等)可能会面临蛋白质脱落等问题,通常适用于短期递送。当纳米载体具备多孔的结构特征时(例如框架材料和介孔硅),可通过封装的方式实现

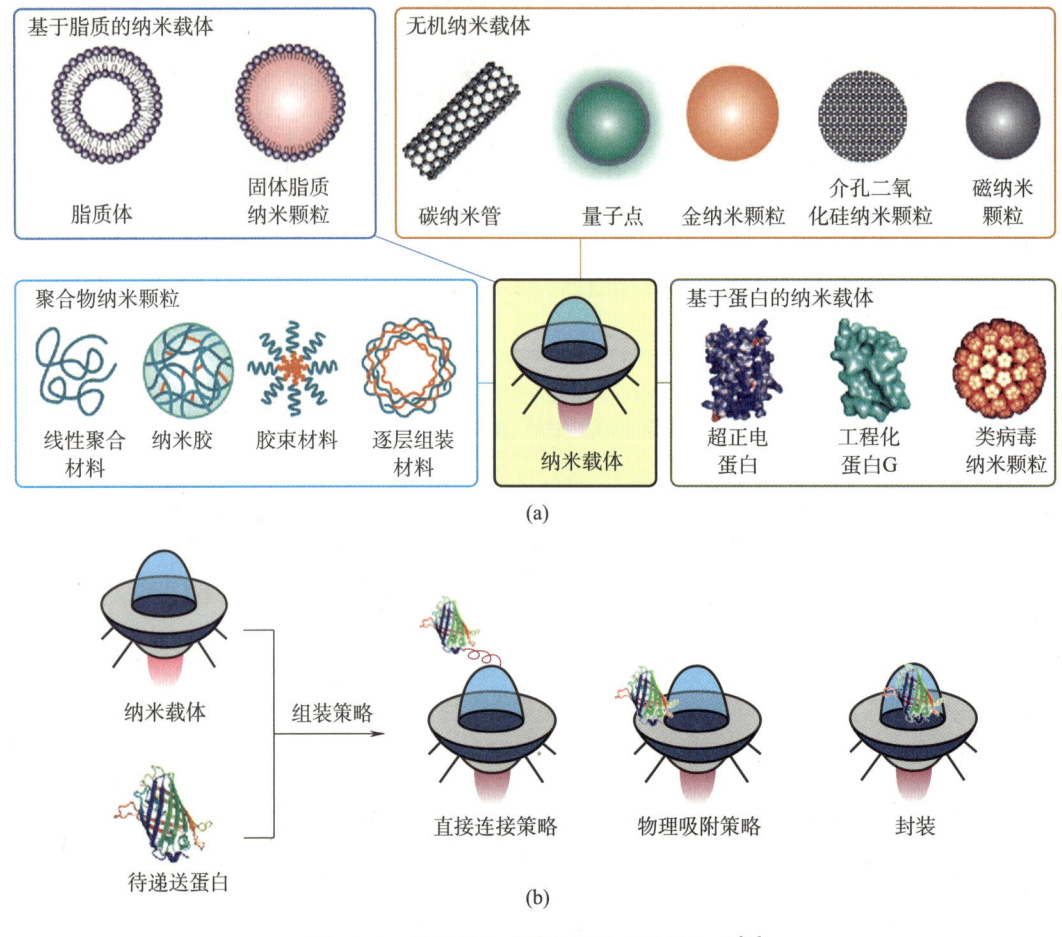

图 12-2　基于纳米载体的蛋白质递送方法[2]

蛋白质的负载,既能将蛋白质保护于自身孔道中,使其在极端环境下仍能维持自身活性,又能基于限域效应实现蛋白质的缓慢释放。得益于载体孔道尺寸的可调性及其理化性质的可设计性,该策略可满足大多数蛋白质递送需求。

2.3　刺激响应型细胞递送材料

通过对分子载体精确的化学设计,可使其具备独特的结构和物理化学性质,能够响应特定的细胞环境或刺激因子,实现负载分子的胞内可控释放。这种响应释放一般被内源性或外源性调控因素所诱导。内源性调控方法主要依赖于细胞内外分子微环境的不同,设计活性氧物种(ROS)、谷胱甘肽(GSH)、pH 和其他生理活性分子的化学响应基团(图 12-3),通过化学反应、质子化、竞争配位等作用诱导载体的解聚和负载分子的释放。例如,可对 ROS 响应的缩硫酮结构和对 GSH 响应的二硫键结构都是可应用在多种递送材料上的普适性响应策略。外源性调控方法主要是基于光、磁、声、热等刺激设计的串联化学反应调控策略。

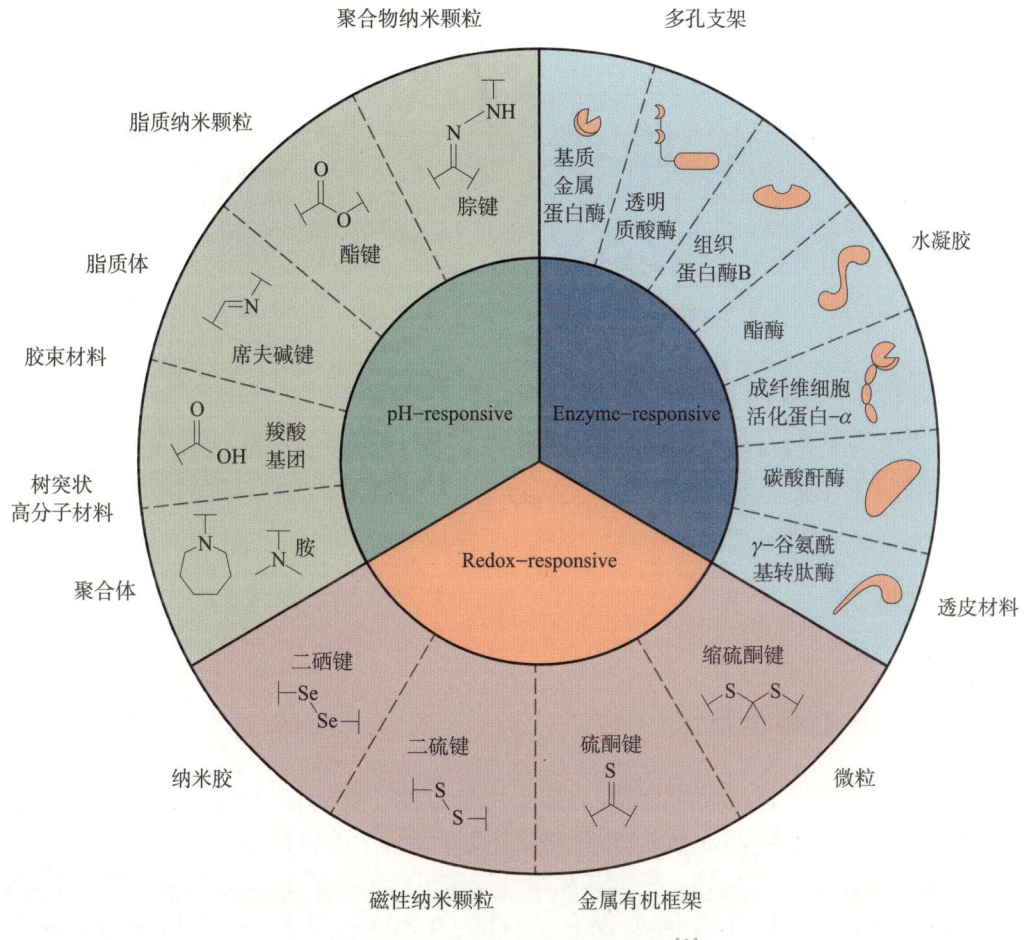

图 12-3　常见的化学响应性基团[3]

例如,基于化学修饰的有机聚合物核可在光热刺激下产生 ROS 等活性物种,促进载体分子的去修饰和负载分子的释放。

2.4　光动力治疗

光动力治疗(photodynamic therapy)是一种利用光诱导生成活性物种、杀伤病灶细胞或组织的新型治疗手段。生物无毒的光敏剂,例如小分子或光敏蛋白,被递送至目标组织或细胞中,在特定波长光照下跃迁至激发态,随后与氧分子发生电荷转移(Ⅰ型光敏剂)或能量转移(Ⅱ型光敏剂),短时间内生成大量 ROS,引起细胞氧化应激、氧化损伤直至细胞死亡(图 12-4)。与传统的手术、放疗、化疗相比,光动力治疗的损伤较低,对正常组织细胞毒性低,适用不同的肿瘤细胞,因而在癌症治疗领域广受关注。

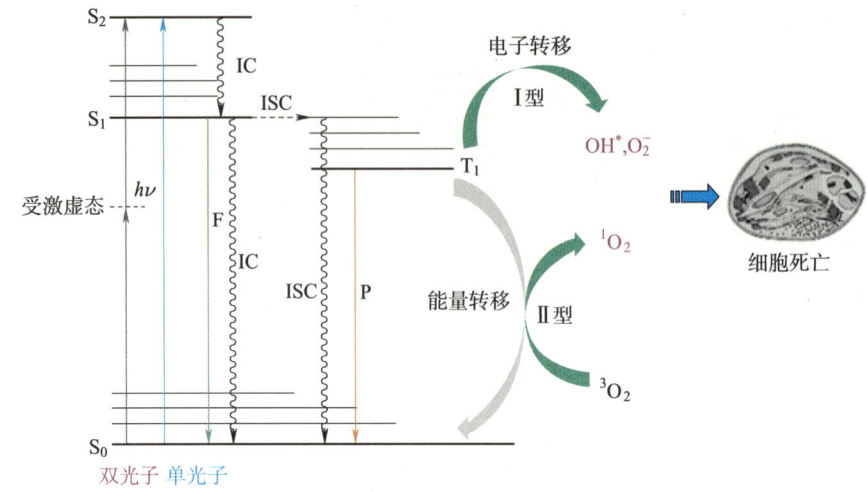

图 12-4　I/II 型光敏剂产生 ROS 的机理示意图

 **实验原理**

3.1　ZIF 的制备方法

沸石咪唑酯骨架（zeolite-imidazolate frameworks, ZIFs）是 MOFs 材料中的一类重要分支，由过渡金属（可能同时存在 Cu 掺杂）与咪唑及其衍生物环上的 N 原子配位自组装形成，具有较好的热稳定性和化学稳定性。根据其配体分子和金属种类的不同，ZIFs 家族存在 ZIF-3，ZIF-6，ZIF-8，ZIF-12，ZIF-14，ZIF-21，ZIF-67，ZIF-90，ZIF-91 等多种结构并且易于功能化。

相比于其他多种 MOFs 材料需要通过溶剂热进行制备，多种 ZIFs 可通过"一锅法"的共沉淀方式形成自组装体，得到框架结构。比较常用的包括 Zn^{2+} 与 2-甲基咪唑合成的 ZIF-8，Co^{2+} 与 2-甲基咪唑合成的 ZIF-67 和 Zn^{2+} 与 2-醛基咪唑合成的 ZIF-90 等 ZIFs 结构。当配位键和金属-框架网络形成，ZIFs 会形成固体并从水中沉淀，通过离心和溶剂清洗即可完成材料的纯化。

3.2　载体负载效率与释放性能

ZIFs 对分子的负载普遍通过在"一锅法"制备过程中将目标分子加入，进而将目标分子包裹于材料孔隙或缺陷内部实现。其负载效率的表征可根据 ZIFs 组装前后反应溶液中目标分子的物理化学性质表征实现。例如，在利用 ZIFs 进行生物大分子负载效率的表征时，可利用绿色荧光蛋白（green fluorescent protein, GFP）作为模型指示蛋白质，在 ZIFs 组装完成和离心后，通过荧光标准曲线的标定，测定上清液中 GFP 的浓度。通过进一步对照 ZIFs 合成过程中加入的 GFP 浓度，即可计算出该载体的蛋白质负载效率。

由于 ZIFs 结构中配体与金属间是通过非共价相互作用结合的，ZIFs 家族的结构稳定性通常会受到生物体内 pH 和其他强配位分子的干扰，具备潜在的刺激响应性能。因此，在得到负载了目标分子的 ZIFs 材料后,可通过改变溶液环境使 ZIFs 的骨架发生坍塌,将目标分子从内部释放。例如,ZIF-8 可在酸性溶液环境中,通过咪唑环上 N 原子的质子化过程降低配位键的稳定性,进而致使结构坍塌,释放负载的目标分子。与负载效率的监测方法类似,通过绘制目标分子的光学标准曲线和离心上清液中光学信号的检测,即可标定其释放浓度,讨论其刺激响应的释放效率。

3.3　ATP 刺激释放原理

ZIF-90 是通过 Zn^{2+} 与 2-醛基咪唑间的配位相互作用形成的三维框架结构。ATP 名为腺嘌呤核苷三磷酸,由腺嘌呤、核糖和 3 个磷酸基团连接而成,是生物体内最直接的能量来源,细胞内浓度为 1~10 mM。其对 ZIF-90 的刺激响应性基本原理是:细胞内 ATP 分子会与 2-ICA 竞争配位 Zn^{2+},诱导 ZIF-90 的金属-配体解离而导致框架结构坍塌,其中包裹的目标分子原位逸出,产生相应功能(图 12-5)。

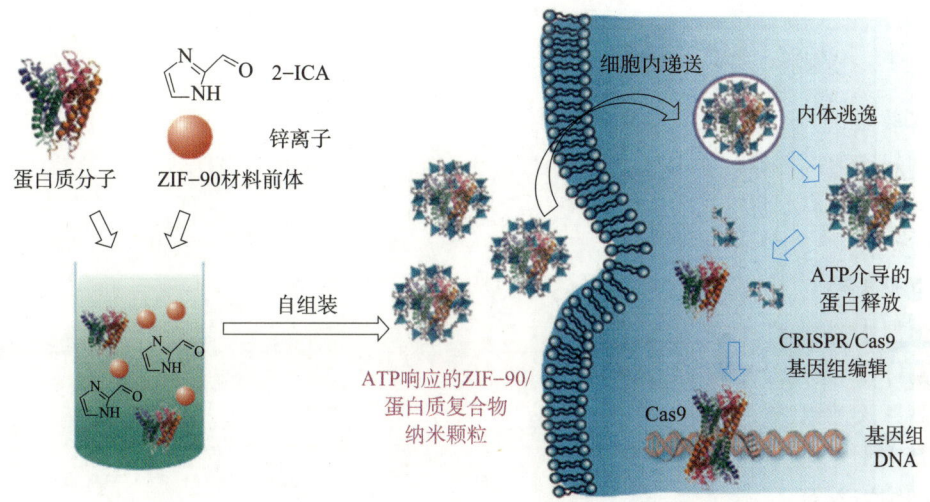

图 12-5　基于 ATP 响应性 ZIFs 材料的蛋白质细胞递送方法[5]

3.4　卟啉类光敏剂

卟啉类分子具有四个通过亚甲基或偶氮桥联结共轭的吡咯环或异吲哚环,导致其分子轨道带隙狭窄,很容易被光激发,在 300~800 nm 波长区间有若干强吸收光带。原卟啉属于卟啉类光敏剂,可通过 I 型光动力机制杀伤肿瘤细胞,但自身的水溶性很差,必须依靠载体递送进组织或细胞中。

3.5　细胞活力测定方法

细胞活力的测定方法多种多样,包括核酸染色、氨基染色、酶活性检测、代谢活性检测等多种方法。其中,核酸染色和氨基染色多用于可视化的荧光染色和标定方法,可通过细胞计数进行进一步的统计分析。将核酸染色和酶活性检测联用时,还发展出了广泛适用的细胞早期凋亡表征方法(PI& Calcein AM kit)。为了简化实验流程,更快捷地表征细胞活力,代谢活性检测在化学生物学领域中发挥了重要的作用。比较常用的细胞代谢活性检测方法包括 CCK-8,MTT 和 Alamar-Blue assay 等,其检测原理均为加入的反应试剂可在细胞内通过氢化酶或与生理代谢分子反应后产生明显的光学性质改变(包括吸收光谱和荧光光谱),再通过检测反应后的吸收峰与荧光发射峰的光学信息,就可表征出细胞活力。

4. 实验操作

本实验以 ZIF-90 为例,制备适合小分子及蛋白质细胞递送的纳米载体,进行化学响应的可控释放及光动力细胞杀伤实验。

4.1 仪器、耗材与试剂

4.1.1 仪器

- 移液器
- 加热磁力搅拌器
- 台式低温离心机
- 纯水仪
- 电子天平
- 恒温水浴锅
- 酶标仪/荧光分光光度计
- 高压灭菌锅
- 真空干燥箱
- 细胞培养箱
- 生物安全柜
- 流式细胞仪
- 氙灯光源
- 荧光共聚焦

4.1.2 常规耗材

- 1.5 mL 离心管
- 15 mL 离心管
- 50 mL 离心管
- 2.0 mL 玻璃瓶
- 10 mL 玻璃烧杯
- 磁子
- 铝箔纸

- 研钵
- 铁架台
- 96 孔酶标板
- 48 孔细胞培养板
- 一次性鞋套
- 一次性加样槽
- 流式细胞管
- 细胞滤网
- 吸头
- 手套

4.1.3　实验材料

- 30 mg·mL^{-1} 的 GFP 储存溶液（50 mmol·L^{-1} Tris–HCl，pH=8.0）

4.1.4　试剂

- Tris–HCl 缓冲液（50 mmol·L^{-1}，pH=8.0）
- ZnCl$_2$ 水溶液及 DMF（0.1 mol·L^{-1}）；
- 无菌 PBS 缓冲液（可直接购置，也可配制，pH=7.2~7.4）
- 胰蛋白酶溶液（0.25% 胰蛋白酶–EDTA）
- DMEM 高糖培养基
- MilliQ 水
- 2-醛基咪唑（2-ICA，现配现用）
- 原卟啉和罗丹明 B 的 DMF 溶液（PPIX，现配现用）
- 10 mmol·L^{-1} 的 ATP 溶液

4.2　实验步骤

时间	步骤
09：00—09：15	配制 2-ICA 和 PPIX 溶液
09：15—09：45	讲解实验背景和原理
09：45—10：00	分子递送载体的制备
10：00—10：45	纳米颗粒的纯化与细胞实验准备
10：45—11：00	ZIF-90/GFP NPs 的细胞递送
11：00—12：20	午饭
12：20—12：50	ZIF-90/PPIX 样品准备
12：50—13：20	ZIF-90/PPIX NPs 的细胞递送
13：20—14：00	讲解实验仪器使用方法并实机操作

续表

时间	步骤
14：00—15：00	蛋白质负载效率和响应性能分析
15：00—15：30	细胞光照及细胞活力检测
15：30—17：20	细胞活力及杀伤效率分析

本实验流程见图 12-6。

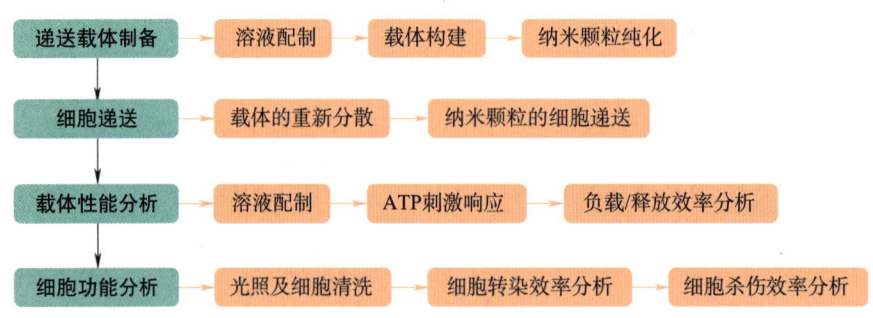

图 12-6　实验流程图

4.2.1　配制 2-ICA 和 PPIX 溶液（用时 15 min）

（1）按照 0.2 mol·L^{-1} 和 0.1 mol·L^{-1} 的终浓度分别称取两份 2-ICA，分别放入 10 mL 的玻璃烧杯中。向两个烧杯中分别加入 5 mL 的 DMF（0.2 mol·L^{-1}）或超纯水（0.1 mol·L^{-1}），置于加热磁力搅拌器上，在搅拌条件下升温并维持 80~85 ℃，直至 2-ICA 全部溶解。

（2）将上述烧杯取下，缓慢降温至室温（无沉淀析出），同时称取 10 mg 的 PPIX，放入另一烧杯中备用。

4.2.2　分子递送载体的制备（用时 15 min）

（1）将 2-ICA 的 DMF 溶液（5 mL）加入装有 PPIX 的烧杯，开启搅拌使溶液混合均匀。

（2）在剧烈搅拌下，向上述溶液中加入 5 mL 的 ZnCl$_2$ DMF 溶液，反应 5 min 后，加入 10 mL 的 DMF 终止反应。

（3）在 3 个 2.0 mL 的玻璃瓶中分别按顺序加入 1 mL 的 2-ICA 水溶液和 1 mg 的 GFP，搅拌均匀［与步骤（1）同时进行］。

（4）在剧烈搅拌下，向上述溶液中滴加 25 μL 的 ZnCl$_2$ 水溶液，搅拌 5 min 后停止。

4.2.3　纳米颗粒的纯化与细胞实验准备（用时 45 min）

（1）将制备 ZIF-90/PPIX 纳米颗粒的反应液转移至两个 15 mL 的离心管中，10000×g 下离心 15 min。

（2）移除离心上清液，加入 10 mL 的乙醇，通过超声将分离出的 ZIF-90/PPIX 纳米颗粒重新分散，并重复离心操作。

（3）重复两次上述操作。

（4）用 0.5~1.0 mL 的乙醇将离心出来的纳米颗粒分散,转移至一个表面蒸发皿中,用有孔铝箔纸封口,放入真空干燥箱,60 ℃真空烘干。

（5）将制备 ZIF-90/GFP 纳米颗粒的反应液转移至 2.0 mL 的离心管中,在 13000 × g 下离心 10 min ［与操作（2）同时进行］。

（6）将离心上清液转移至一个新的 2.0 mL 的离心管中,标注为"GFP 上清液",放入 4 ℃冰箱备用。

（7）加入 1.0 mL 的 Tris-HCl 缓冲液,用移液器反复吹打,将溶液分散均匀,重复离心操作。

（8）重复两次上述操作。

（9）将 ZIF-90/GFP 纳米颗粒用 1.0 mL 的 Tris-HCl 缓冲液重新分散,其中一管放入 4 ℃冰箱备用。用 GFP 储存液配制 1 mg·L^{-1} 的 GFP 溶液,分别标注为"ZIF-90/GFP"与"GFP"。

（10）将其中一管 ZIF-90/GFP 纳米颗粒用 0.5 mL 的超纯水分散,用与 ZIF-90/PPIX 纳米颗粒相同的方法放入真空干燥箱烘干。

4.2.4　ZIF-90/GFP 纳米颗粒的细胞递送（用时 15 min）

（1）将预先铺好细胞的 48 孔板从细胞培养箱中取出,按照表 12-1 所列条件加入 ZIF-90/GFP 纳米颗粒分散液和 GFP 溶液（ZIF-90/GFP 纳米颗粒加入前必须再次用移液器吹打,确保分散均匀）,孵育 4 h 以上。

（2）向共聚焦皿中加入 30 μL 的 ZIF-90/GFP 纳米颗粒,放入培养箱中孵育 240 min 以上。

表 12-1　ZIF-90/GFP 纳米颗粒的细胞递送条件

	1	2	3	4	5	6	7	8
A		10 μL ZIF/GFP	15 μL ZIF/GFP	20 μL ZIF/GFP	25 μL ZIF/GFP			
B	对照							对照
C								
D		10 μL GFP	15 μL GFP	20 μL GFP	25 μL GFP			
E								
F								

4.2.5　ZIF-90/PPIX 样品准备（用时 30 min）

（1）将装有 ZIF-90/PPIX 纳米颗粒的表面蒸发皿从真空干燥箱中取出,用研钵研磨为粉末后,用药匙转移至 1.5 mL 或 2.0 mL 的离心管中。

（2）称取 1 mg 研磨后的 ZIF-90/PPIX 纳米颗粒,在 2.0 mL 离心管中用 1 mL 的超纯水分散,并开启超声,分散 15~20 min。

（3）将烘干的 ZIF-90/GFP 纳米颗粒称重,用于指示 ZIF-90/GFP 纳米颗粒递送过程中的质量浓度。

4.2.6　ZIF-90/PPIX 纳米颗粒的细胞递送（用时 30 min）

（1）将超声分散好的 ZIF-90/PPIX 纳米颗粒带入细胞间消杀,置于生物安全柜台面。

（2）将预先铺好细胞的48孔板从细胞培养箱中取出,按照表12-2所设条件加入ZIF-90/PPIX纳米颗粒分散液(二者加入前必须再次用移液器吹打,确保分散均匀),孵育2h以上。

表 12-2　ZIF-90/PPIX 纳米颗粒的细胞递送条件

	1	2	3	4	5	6	7	8
A	对照	10 μL ZIF/PPIX	15 μL ZIF/PPIX	20 μL ZIF/PPIX	25 μL ZIF/PPIX	20 μL ZIF/PPIX	25 μL ZIF/PPIX	光照
B								
C								
D		10 μL ZIF/PPIX	15 μL ZIF/PPIX	20 μL ZIF/PPIX	25 μL ZIF/PPIX	20 μL ZIF/PPIX	25 μL ZIF/PPIX	无光照
E								
F								

4.2.7　蛋白质负载效率和响应性能分析(用时1h)

（1）将预先放入冰箱的ZIF-90/GFP纳米颗粒分散液取出,将ZIF-90/GFP纳米颗粒分散均匀后分为两组,各500 μL装于2.0 mL的离心管中。将其中一管用13000×g离心10 min,移除上清液后用250 μL的Tris-HCl分散均匀。

（2）配制20 mmol·L^{-1}的ATP水溶液0.5 mL。

（3）取250 μL的ATP溶液,加入含有250 μL的ZIF-90/GFP纳米颗粒分散液的离心管中,用移液器多次吹打。将离心管静置于离心管架。

（4）将上述加入ATP处理和未用ATP处理的两管ZIF-90/GFP纳米颗粒分散液用13000×g离心10 min。

（5）配制新鲜的1 mg·mL^{-1}的GFP溶液。

（6）以1 mg·mL^{-1}的GFP为母液,配制稀释1000倍、500倍、200倍、100倍、50倍、20倍的GFP标准溶液,分别标注为1000×、500×、200×、100×、50×、20×。

（7）取步骤（4）离心后两管的上清液,分别稀释200倍和100倍,分别标注为① ATP处理:A-100,A-200;② non-ATP处理:nA-100,nA-200）。将前期放入冰箱备用的"GFP上清液"取出。

（8）按照表12-3加入样品溶液各100 μL。

表 12-3　GFP 负载效率及 ATP 刺激释放表征条件

	1	2	3	4	5	6	7	8	9	10	11	12
A		20×			50×			100×			200×	
B		500×			1000×			GFP 上清液			50 mmol·L^{-1} Tris-HCl	
C		nA-100			nA-200			A-100			A-200	
D												

4.2.8　细胞光照及细胞活力检测（用时 30 min）

（1）将进行 ZIF-90/PPIX 纳米颗粒孵育的细胞从培养箱中取出，移除含有纳米颗粒的培养基，用高压灭菌后的 PBS 将细胞清洗 2~3 遍后，重新加入新鲜培养基。

（2）用铝箔纸将细胞板下半部分包裹完整，将未包裹部分进行 10 min 光照。

（3）在显微镜下观察光照和非光照条件下各组间的细胞形态差异，观察完毕后，将细胞消杀后重新转移至细胞培养箱内培养 1 h。

4.2.9　细胞活力及杀伤效率分析（用时 1 h 50 min）

（1）将孵育了 ZIF-90/GFP 纳米颗粒的细胞从培养箱转移至生物安全柜中，移除孵育液后用高压灭菌后的 PBS 将细胞清洗 2~3 遍。

（2）向每个孔中加入 100 μL 的 T-E 溶液，静置 3~5 min。

（3）将 48 孔板取出，轻轻敲击边框，在显微镜下观察，确认 90% 以上细胞都成功消化后，消杀并转移至生物安全柜，加入 300 μL 的细胞培养基，终止消化。

（4）按照流式细胞仪的操作要求将细胞过筛，转移至流式管，进行荧光信号检测。

（5）转移共聚焦皿至生物安全柜中，移除孵育液，用 PBS 将细胞清洗 2~3 遍。

（6）进行荧光共聚焦表征细胞荧光。

（7）将光照过并在培养箱中培养 1 h 后的细胞取出，移除其中的细胞培养基，加入配制好的阿尔玛蓝分析测试液。将细胞转移至细胞培养箱中，继续培养 45 min。

（8）将孔中的测试液转移至用于荧光测试的酶标板中（黑底），用酶标仪测定荧光强度，转化为百分比对照细胞活力。

5.　思考题

（1）如何测定载体的最大负载量？

（2）如何对 ZIF-90 在 ATP 刺激下的释放动力学进行定量检测？

（3）如何表征递送载体在细胞内的分布或细胞器靶向性能？

（4）在释放实验中，为何要先稀释 GFP 的上清液再进行荧光检测？

6.　参考文献

实验十三

蛋白质基神经细胞靶向标记与修饰

吴菲　毛兰群（北京师范大学）

1. 实验目的

（1）了解神经细胞形态、结构与功能；
（2）了解神经细胞靶向技术的原理和应用；
（3）掌握蛋白质型神经靶向功能探针的制备和性能评估方法；
（4）掌握光引发原位聚合修饰原理和方法。

2. 实验背景

2.1 神经科学概述

神经系统是指挥和协调人和动物的一切行为活动的高级枢纽,由大脑等最为复杂精密的器官组织集合而成,分为中枢神经系统（central nervous system,CNS）和周围神经系统（peripheral nervous system,PNS）。中枢神经系统包括脑和脊髓,其中脑可分为大脑、间脑、小脑及脑干。周围神经系统主要由神经、神经节、神经丛、神经末梢装置等构成。以大脑为核心的神经系统依靠电信号和化学信号控制感觉、运动及自主神经活动,执行学习、记忆、语言和思维等高级生命活动。其功能与认知、智能、健康密切相关,长期受到各学科领域乃至整个社会的高度重视与关注。近十几年间,世界各国先后启动了脑研究计划,其中包括2013年的美国"推进创新神经技术脑研究计划"和欧盟"人类脑计划"等,旨在绘制出囊括大脑所有活动的详图,并将其应用于神经调控技术的研发和神经疾病的诊断治疗。中国于2016年发布了"一体两翼"脑计划,并于2021年正式启动"脑科学与类脑研究"创新2030重大科技项目,以"认识脑、保护脑、模拟脑"为主要目标,通过研发先进的神经分析/成像与神经调控技术,解析脑功能活动机制,推动重大脑疾病的基础研究与临床诊疗,抢占脑机智能交互制高点。总而言之,尽管人们对大脑的探索有着非常悠久的历史,但神经科学是在现代背景下应势而生的多学科交叉前沿领域,在基础科学、创新技术及健康产业的发展中占有举足轻重的地位。

2.2 神经细胞

神经系统主要由两类细胞组成,一类是负责接收、传递、整合、存储各种信息的神经元

（neuron），另一类是对神经元网络起各种支撑作用的神经胶质细胞（neuroglia cell）。这些神经细胞包含种类繁多的细胞亚型（cell type），形态结构各异，功能上高度分化，在神经系统中扮演不同的角色（图 13-1）。

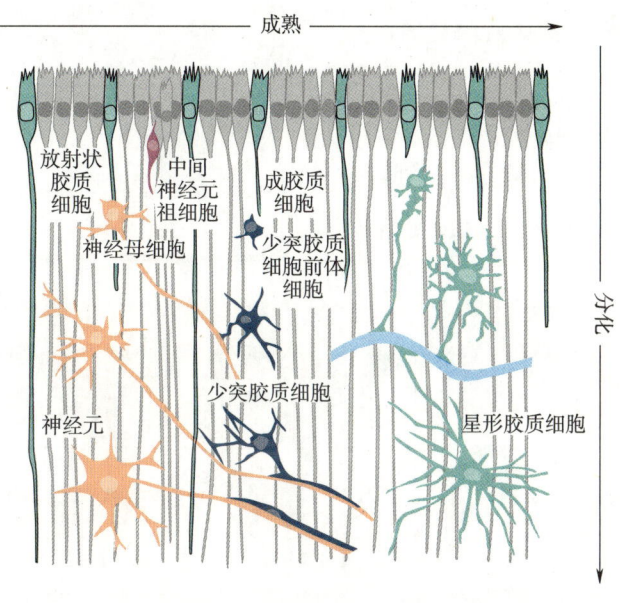

图 13-1　神经元种类示意图[1]

2.2.1　神经元

神经元是神经系统的基本结构与功能单位，在人类大脑中的数量可达千亿。神经元的胞体（soma）结构与其他组织细胞相似，由细胞膜、细胞质、细胞核、细胞器构成。其独特之处在于胞体质膜上的突起结构，即树突（dendrite）和轴突（axon）。树突从胞体发出后不断延伸、分支形成树突棘（dendrite spine），负责接收神经信号的传入。轴突则是由胞体轴丘（axon hillock）发出，通常为单根长轴，被不连续的髓鞘（一种由髓磷脂组成的绝缘结构；两个髓鞘之间为郎飞结，可产生动作电位，因此实现轴突或神经纤维电信号的跳跃式传导）包裹，负责将胞体整合后的神经信号无衰减地传导至远侧末端（axon terminal）并最终传出。相邻神经元通过这些质膜突起形成神经系统独有的突触（synapse）结构。

神经元突触由轴突末梢形成的突触前成分（presynaptic elements）、树突棘形成的突触后成分（postsynaptic elements）和突触间隙（synaptic cleft）组成。当上一级神经元产生的电信号（动作电位）传导至轴突末梢时，会引起突触前膜去极化，膜上电压门控钙离子通道开启，胞外钙离子内流，诱导活性区（active zone）囊泡与突触前膜融合，所形成的融合孔介导囊泡内神经递质（neurotransmitter）的量子释放。被释放至突触间隙（20~40 nm）的递质分子扩散至突触后膜并与膜上受体结合，受体激活使得膜上离子通道开启，进而诱导突触后膜去极化（Na^+、Ca^{2+} 内流）或超极化（Cl^- 内流），产生兴奋性或抑制性突触后电位或电流，将信号传递至下一级神经元（图 13-2）。此外，突触前膜与突触后膜可以发生更加紧密的连接（缝隙距离仅 4 nm），形成电突触，在相连神经元之间进行电信号的直接传递。

突触化学传递是神经系统的主要神经信号传递方式。因此，神经元可根据其释放的递

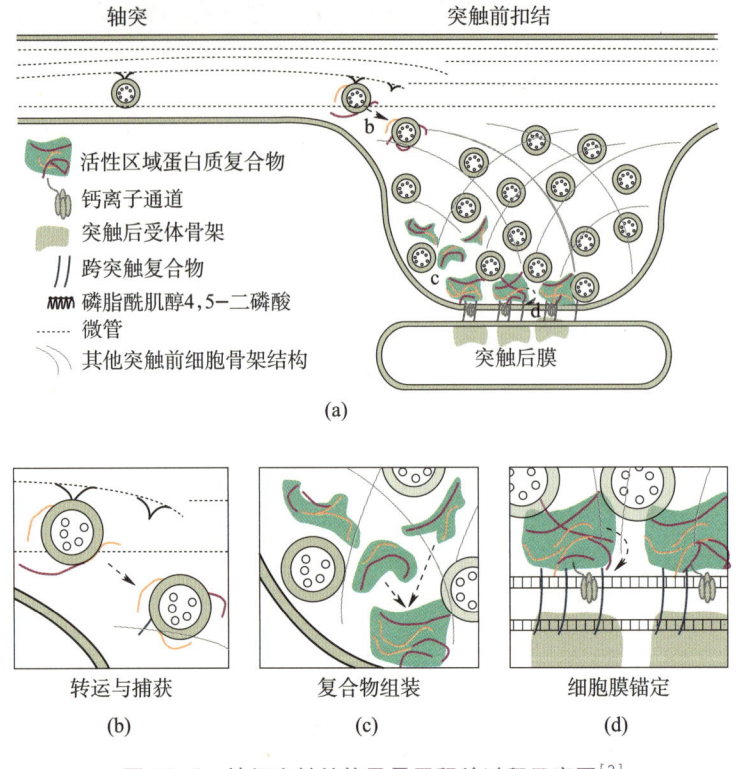

轴突　　　　　　　　突触前扣结

活性区域蛋白质复合物
钙离子通道
突触后受体骨架
跨突触复合物
磷脂酰肌醇4,5-二磷酸
微管
其他突触前细胞骨架结构

突触后膜

(a)

转运与捕获　　　　　复合物组装　　　　　细胞膜锚定

(b)　　　　　　　　(c)　　　　　　　　(d)

图 13-2　神经突触结构及量子释放过程示意图[2]

质种类分为胆碱能神经元、多巴胺能神经元、谷氨酸能神经元、γ-氨基丁酸（GABA）能神经元、肽能神经元等。不同于电突触的信号传递，递质分子介导的突触化学传递历经多次电信号与化学信号相互转换，受到严密且精确的调控，具有高度可塑性（synaptic plasticity），是神经环路和神经网络执行神经信号处理、学习与记忆等神经功能的核心基础，也是当今神经科学研究重点关注的神经化学过程。

2.2.2　神经胶质细胞

神经系统存在大量神经胶质细胞，其数量为神经元的 10~50 倍。过去，人们在很长一段时间里认为胶质细胞只是起到支撑和营养神经元的作用，并不参与神经信号的传递与整合。随着现代神经技术手段的快速发展，越来越多的研究表明，胶质细胞不仅对神经元有营养支持、免疫保护、修复及促再生作用，而且与神经元和突触存在密切的相互作用，可以调节神经递质信号，共同构成神经网络。

在中枢神经系统中，神经胶质细胞分为星形胶质细胞（astrocyte）、少突胶质细胞（oligodendrocyte）和小胶质细胞（microglia）。星形胶质细胞呈星状形态，胞体体积最大，具有大量类似神经元树突的放射状延伸突起，部分突起末端（终足结构）与脑毛细血管缠裹，是构成血脑屏障的重要部分。此外，星形胶质细胞还参与脑代谢，调节神经元突触的形成和成熟。少突胶质细胞的胞体小且突起少，是中枢系统的髓鞘形成细胞。小胶质细胞的胞体也较小，延伸出许多细长的突起和分支，其上有大量棘刺，是中枢神经系统的常驻免疫细胞，负责维持脑功能稳态、吞噬病原体和清除病变脑细胞。

2.2.3　神经细胞模型

神经细胞模型是一类用于体外神经科学研究的克隆细胞系,主要来源于神经源性肿瘤细胞的长期传代培养,能够进行神经分化和神经分泌,在细胞形态结构及各种表型上非常接近原代神经元。相较于直接在原代神经元或神经胶质细胞上开展研究,神经细胞模型研究的实验投入产出比更高,细胞状态更加稳定可控,有效提高了实验结果的可重现性,避免了实验动物个体差异带来的不确定性和动物伦理的限制。常用的神经细胞模型有人神经母细胞瘤细胞系(SH-SY5Y,BE(2)-M17)、人胶质瘤细胞系(U251,U87)、鼠神经母细胞瘤细胞系(NG108-5,Neuro-2a)、鼠嗜铬细胞瘤细胞系(PC12)、永生化小鼠小胶质细胞系(BV-2)、永生化小鼠海马神经元细胞系(HT22)等。

2.3　神经细胞靶向技术

神经细胞靶向是通过识别/结合神经细胞独有分子标志物(biomarker)而实现对该种细胞类群的特异性操控,同时不影响非目标细胞的活动功能。神经细胞靶向作为一项先进的神经技术,在针对中枢神经系统的精准药物递送、神经成像及神经调控等前沿领域有着广泛的应用。特别是神经元靶向操控技术,已经能够对特定突触联结或神经环路进行高精度标记分析和调控,极大地推动了人们对大脑工作机制和脑疾病发展过程的认识和理解。目前,神经细胞靶向主要分为基因靶向(genetic targeting)技术和非基因操控(nongenetic)的化学靶向技术。

2.3.1　基因靶向技术

神经细胞与其他组织细胞的差异,以及神经细胞亚型之间的差异主要是由蛋白质的差异化表达决定的。因此,基因靶向技术利用病毒载体或脂质体将外源基因及其表达所需工具酶递送至目标细胞中,被转染的细胞特异性表达外源蛋白质靶标,进而被靶向工具识别标记。除了转基因工具,基因编辑工具也被用于改造细胞内源蛋白质,使其获得可被识别的结构或化学特异性(如非天然氨基酸,图13-3)。这些基于中心法则的细胞靶向操控具有很高的时空精度,是神经科学基础研究的有力工具。

2.3.2　化学靶向技术

非基因操控的靶向技术侧重于细胞天然标志物识别元件的开发。小分子类激动剂和抑制剂是传统的化学靶向工具,基于受体—配体作用特异性结合蛋白质靶标并调控其功能(活化或失活),是研究各类神经细胞受体、通道、转运体、酶及信号通路的必备工具。单克隆抗体是另一大类常用的化学靶向工具,基于抗原—抗体反应结合神经细胞标志物,如神经元胞核蛋白(NeuN)、微管结合蛋白2(MAP2)、β3-微管蛋白(TUBB3)等。非抗体类蛋白质也被发现具有神经细胞靶向能力。例如,一种源自蓝藻细菌的谷氨酸合成酶能够直接标记神经细胞膜,且对鼠海马脑区神经元表现出高亲和力。这种神经细胞靶向过程本质上是蛋白质—蛋白质相互作用,既利用氨基酸残基之间的静电、疏水、范德华、氢键等弱相互作用力实现高亲和标记,又通过具有特殊构象的蛋白结合域(binding domain)实现特异性标记(图13-4)。因此,蛋白质基识别元件的靶向性是可调的,即设计或改造氨基酸序列,调节蛋

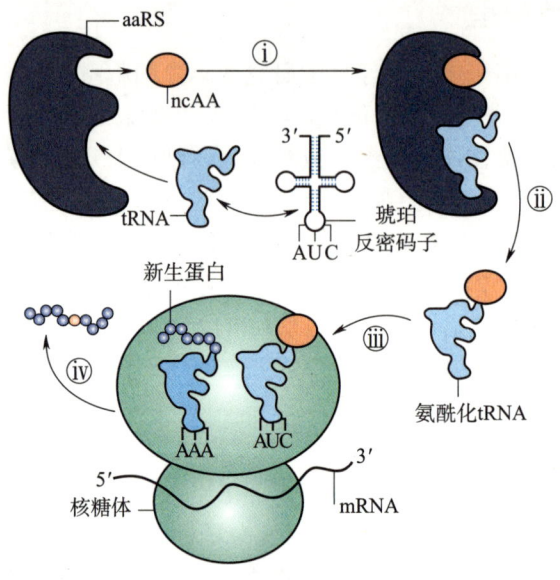

(a) 非天然氨基酸插入的工作原理

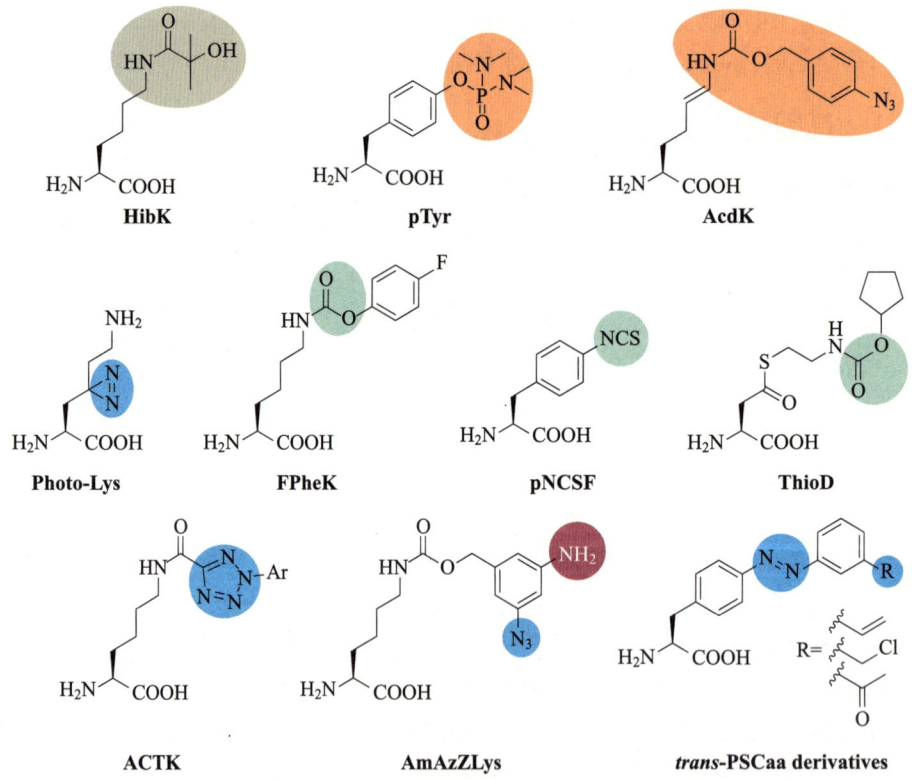

(b) 可通过遗传密码子拓展技术整合至靶标蛋白的非天然氨基酸分子

图 13-3   非天然氨基酸的插入机理及常见结构[3]

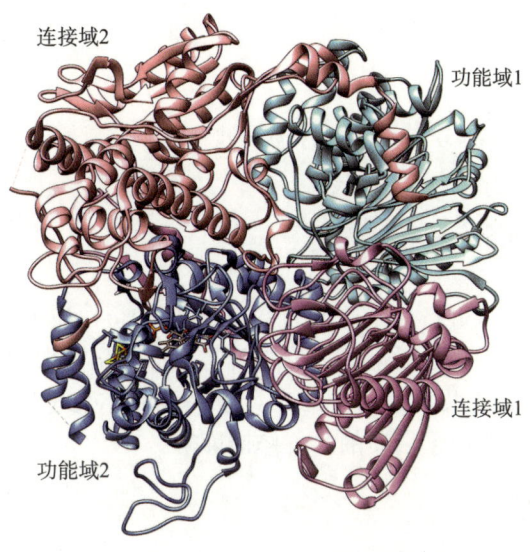

图 13-4　谷氨酸合成酶结构示意图[4]

白质元件的三维结构和化学性质,进而决定其可标记对象、标记效率及特异性。不仅如此,蛋白质表面携带丰富的化学官能团(氨基酸残基侧链),能够通过共价作用或非键作用,与许多功能分子或纳米结构结合,进而赋予识别元件不同的理化活性,如发光性能、光动力活性、催化活性等。

相较于基因靶向技术,化学靶向技术往往需要在前期的元件开发阶段投入较大的实验成本,但因为避免了基因操控带来的风险和伦理问题,适用于非人灵长类甚至人类大脑的研究,拥有广阔的基础和临床应用前景。

2.3.3　前沿应用

神经成像(neuroimaging)或脑成像(brain imaging)是神经细胞靶向技术的重要应用之一。基因靶向技术可将工程化的荧光蛋白表达在特定神经细胞膜上,结合光学成像技术与图像分析手段,区分不同脑区、不同亚型的神经细胞,获取大脑神经网络中神经元和胶质细胞的种类、数量、分布及连接信息。基因编码的荧光受体或通道能够对细胞膜电位变化产生光学信号响应,或者被特定化学物种激活,如钙离子感受器、神经递质探针,被用于神经信号传递过程的实时监测。化学靶向技术则需要对识别元件进行功能化处理(functionalization),如蛋白质元件的荧光分子标记,也能实现神经细胞的选择性成像。

神经调控(neuromodulation)的基本原理是利用外源刺激使神经元兴奋或抑制。鉴于神经元兴奋性(excitability)是由细胞膜电位或电容变化决定的,现代神经调控研究借助靶向技术,对特定脑区或亚型细胞进行细胞膜修饰改造,从而实现精准刺激。最著名的例子就是光遗传(optogenetics),即通过基因靶向将光敏感钙离子通道表达到目标神经细胞膜上。钙离子通道在植入光纤给予的光刺激下开启,胞外钙离子内流引发细胞膜去极化和神经元兴奋,进而诱导不同的动物行为。新近发展的靶向调控技术还有化学遗传(chemogenetic)调控、光化学调控、纳米神经调控等。例如,膜上整合的工程化酶可催化聚合物单体分子的原位聚合,所形成的聚合物沉积于细胞膜表面或嵌入磷脂双分子层内,从而改变膜电容和神经元兴奋性。

3. 实验原理

3.1 蛋白质修饰

对蛋白质的氨基酸残基进行化学修饰,是调控或改变蛋白质理化性质、生物学功能的重要手段。细胞内普遍存在的蛋白质翻译后修饰就是一种进化而来的生化调控机制。蛋白修饰策略可分为共价修饰和非共价修饰。2022 年获得诺贝尔化学奖的生物正交点击化学反应就是一种可被用于修饰胞内蛋白质的共价修饰策略。

3.1.1 共价修饰

蛋白质表面的氨基酸残基侧链具有化学反应活性(chemical reactivity),如赖氨酸侧链的 NH_2 基团、半胱氨酸侧链的 SH 基团、谷氨酸和天冬氨酸侧链的 COOH 基团等。其中,赖氨酸的伯胺侧链是最常用的共价修饰位点,可发生酰胺化、亚氨酰酯化、琥珀酰化、巴豆酰化等化学反应。本实验中,蛋白质的荧光素分子(FITC)标记就是通过赖氨酸残基侧链在弱碱性条件下(最适 pH 为 8.5~9.0)与荧光素分子异硫氰酸酯基的共价反应实现的,反应式如下所示(图 13-5)。

3.1.2 非共价修饰

蛋白质的谷氨酸、天冬氨酸、精氨酸、组氨酸侧链携带电荷,可与修饰分子发生静电相互作用;苯丙氨酸、脯氨酸、亮氨酸、异亮氨酸等非极性氨基酸残基可与疏水分子发生疏水相互作用;具有芳香环侧链的氨基酸(苯丙氨酸、酪氨酸、色氨酸)可与共轭分子发生 π – π 作用,或与带电荷物种发生 π –阳离子作用。此外,组氨酸、半胱氨酸、谷氨酸、天冬氨酸等可作为配体与金属离子发生配位作用。本实验中,蛋白质的二氢卟吩 e6 分子(Ce6)标记是通过弱相互作用实现的非共价修饰。

3.2 凝胶过滤

凝胶过滤(gel filtration)又称为尺寸排阻色谱法(size exclusion chromatography,SEC)。顾名思义,这是一种根据流动相内溶质尺寸大小进行分离纯化的方法。SEC 色谱柱通常为致密堆积、多孔隙的高分子颗粒,在纯化前需与不含待分离组分的流动相溶剂进行预平衡。流动相溶质通过预平衡的色谱柱时,会进入其中的孔隙,停留一段时间后扩散离开,并在随流动相前进的过程中重复此过程,直至流出色谱柱。因此,溶质分子量或尺寸越大,越不容易进入孔隙,柱上停留时间越短;溶质分子量越小或尺寸越小,越容易迟滞于孔隙中,越晚流出。凝胶过滤常用于大蛋白–小蛋白或蛋白质–小分子/离子体系的分离纯化。

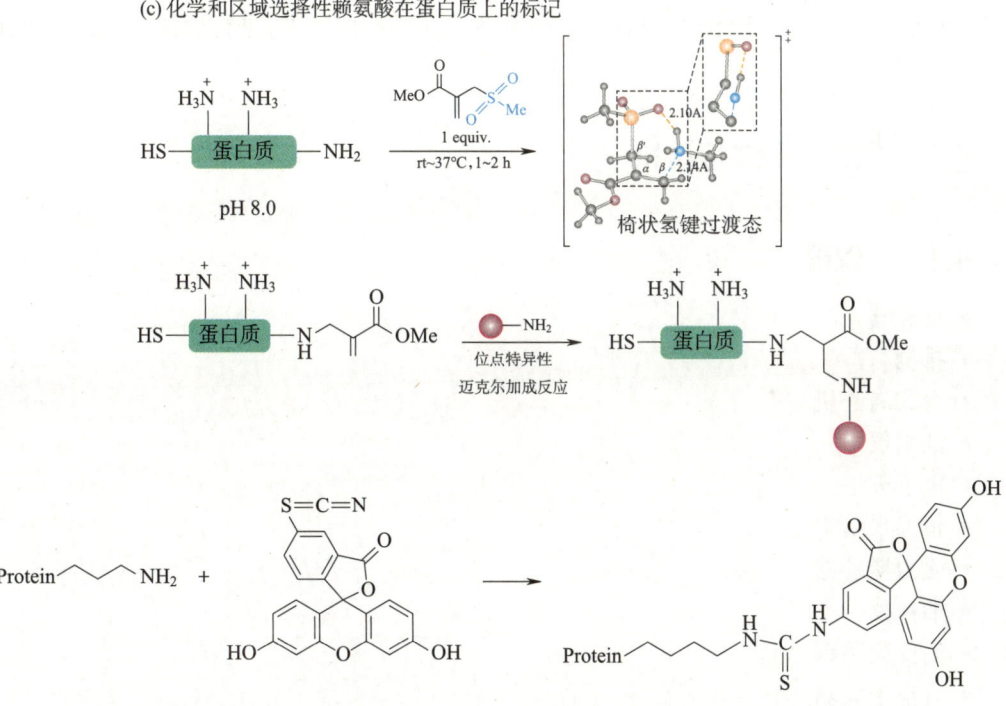

(a) 通过活化的NHS酯实现赖氨酸修饰的动力学控制

(b) 通过α,β-不饱和磺胺基抑制剂实现人血清白蛋白上赖氨酸残基的反应

(c) 化学和区域选择性赖氨酸在蛋白质上的标记

图 13-5 常见的赖氨酸标记方法及蛋白质的荧光素标记过程[5]

3.3 超滤离心

超滤离心技术利用离心过程产生的惯性力来驱动物质的膜分离,常用于蛋白质的快速除盐与浓缩。具体操作时,蛋白质溶液被置于锥底两侧为滤膜的超滤管中,超滤管嵌套在体积更大的离心管内,二者底部相差的空间用于接收多余的溶剂;离心时,溶剂分子和盐穿穿过滤膜进入离心管底部,而蛋白质因尺寸过大无法穿过滤膜,被截留于超滤管底部,因此实现蛋白质与溶剂和离子的快速分离。常用的滤膜截留分子量为 3 kDa,10 kDa,30 kDa,

50 kDa,100 kDa,可满足不同尺寸蛋白质的浓缩需求。

3.4   光引发聚合反应

光引发聚合反应是光照诱导产生活性物种、引发聚合物单体分子链式增长的化学反应。本实验中,Ce6 分子是一种 II 型光敏剂,吸收光子能量后,由基态跃迁至激发单线态(excited singlet state),经过系间窜跃(intersystem crossing)到达激发三线态(excited triplet state),随后与自身为三线态的氧分子发生能量转移,生成高活性的单线态氧(singlet oxygen,$^1O_2$)。单线态氧进一步氧化聚合物单体,如 3,3′–二氨基联苯胺(DAB),生成单体自由基以引发链式聚合反应。由 DAB 形成的膜上聚合物属于绝缘聚合物,会导致膜电容降低,神经细胞兴奋性提升。

4.   实验操作

本实验以蓝藻细菌谷氨酸合成酶(GS)为蛋白质基靶向元件,进行活神经细胞靶向标记与修饰的实验。

4.1   仪器、耗材与试剂

4.1.1   仪器

- 移液器
- 排枪
- 台式离心机
- 纯水仪
- 电子天平
- 恒温水浴锅
- 磁力搅拌器
- 酶标仪
- 高压灭菌锅
- 真空干燥箱
- 细胞培养箱
- 生物安全柜
- 流式细胞仪
- 氙灯光源
- 荧光共聚焦

4.1.2   常规耗材

- 1.5 mL 离心管
- 2.0 mL 离心管

- 15 mL 离心管
- 50 mL 离心管
- 2.0 mL 玻璃瓶
- 磁子
- 铝箔纸
- PD-10 脱盐柱
- 铁架台
- 96 孔酶标板
- 24 孔细胞培养板
- 一次性鞋套
- 一次性加样槽
- 流式细胞管
- 细胞滤网
- 吸头
- 手套

4.1.3　实验材料

- $50 \text{ mg} \cdot \text{mL}^{-1}$ GS 储存溶液（$50 \text{ mmol} \cdot \text{L}^{-1}$ PBS，$150 \text{ mmol} \cdot \text{L}^{-1}$ NaCl，pH = 8.0）

4.1.4　试剂

- PBS 缓冲液（$50 \text{ mmol} \cdot \text{L}^{-1}$，$150 \text{ mmol} \cdot \text{L}^{-1}$ NaCl，pH = 8.0），$NaHCO_3$ 缓冲液（$100 \text{ mmol} \cdot \text{L}^{-1}$，pH = 9.0）
- BCA 蛋白浓度测定试剂盒 & BSA 标准溶液
- 无菌 PBS 缓冲液（可直接购置，也可配制，pH = 7.2~7.4）
- 异硫氰酸荧光素试剂（现配现用）
- 二氢卟吩试剂（现配现用）
- 胰蛋白酶溶液（0.25% 胰蛋白酶-EDTA）
- DMEM 高糖培养基
- MilliQ 水
- 3,3'-二氨基联苯胺 四盐酸盐 水合物试剂（DAB，现配现用）

4.2　实验步骤

时间	步骤
第一天	
09:00—09:30	讲解实验背景和原理
09:30—11:00	GS 蛋白的化学修饰
11:00—11:40	化学修饰蛋白质的快速纯化

续表

时间	步骤
11:40—12:20	蛋白质浓度测定
12:20—13:30	**午饭**
13:30—17:30	GS 蛋白的细胞系选择性评估
第二天	
09:00—12:30	GS 标记神经细胞的制备
12:30—14:00	**午饭**
14:00—15:00	GS 蛋白的细胞膜靶向性能验证
15:00—17:00	光引发膜上聚合反应

本实验流程见图 13-6。

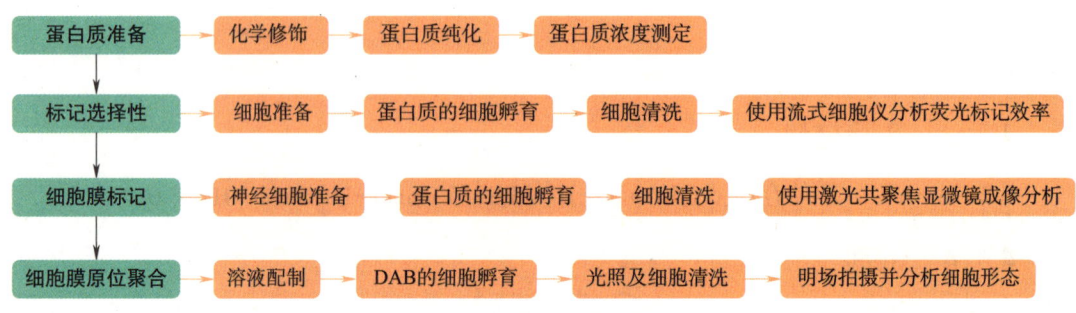

图 13-6　实验流程图

4.2.1　GS 蛋白的化学修饰（用时 1 h 30 min）

（1）取 2 支 2.0 mL 的离心管并分别置入磁子。向其中一支离心管中加入 830 μL 的配制好的 $NaHCO_3$ 溶液（pH=9.0），并加入 120 μL 的 GS 母液（50 mg·mL^{-1}），混合均匀。

（2）将离心管置于离心管架上，开启磁力搅拌，将 50 μL 配制好的 FITC 溶液缓慢滴加到混合溶液中。

（3）待溶液充分混合后，取出 500 μL 的反应液装入另一支离心管中，同样置于离心管架，用铝箔纸将反应避光并持续 1 h。

（4）取 2.0 mL 的玻璃瓶一支，向其中加入 780 μL 配制好的 PBS 溶液，并向其中加入 200 μL 的 GS 储存液，混合均匀。

（5）溶液充分混合后，向其中加入 20 μL 的 Ce6 溶液，避光搅拌 1 h。

4.2.2　化学修饰蛋白质的快速纯化（用时 40 min）

（1）将三支 PD-10 凝胶过滤脱盐柱固定于铁架台上，剪开脱盐柱下口，用 PBS 清洗置换柱上溶液。

（2）分别将 GS-FITC 和 Ce6@GS 的反应液定容至 2.5 mL，各加入一支脱盐柱。

（3）待溶液从下口流干，分别加入 3.5 mL 的 PBS 溶液，用 15 mL 的离心管收集流出组分,分别标注为 GS-FITC 与 Ce6@GS。打开低温离心机,更换为水平转子,设置温度为 6 ℃,降温。

（4）将 GS-FITC 的流出液重新加入另一支脱盐柱,用 PBS 洗脱至流出液澄清。

（5）将二次收集的 GS-FITC 和 Ce6@GS 分别转移至一支超滤离心管,标注后分别加入 PBS 至总体积为 10~13 mL。

（6）将两只超滤离心管用分析天平配平（±50 mg）,转移至低温离心机,设置转速为 3500×g,定时 15 min。

（7）第一次超滤结束后,倒出下层溶液,向滤芯中重新加入 PBS 溶液,重复定容和离心操作。

（8）将超滤离心两次的上层溶液转移至新的 2.0 mL 离心管中,并分别用 200 μL 的 PBS 将滤芯清洗,合并于纯化好的样品溶液中。

4.2.3　蛋白质浓度测定（用时 40 min）

（1）取 96 孔酶标板一块,向 A1–H1 和 A2 孔中顺序加入 25 μL 的 BSA 标准溶液（2 mg·mL^{-1}）。

（2）分别取 10 μL 纯化后的 GS-FITC 和 Ce6@GS 溶液,各用 PBS 溶液配制稀释 20 倍和 50 倍的样品液。

（3）分别取 25 μL 稀释后的 GS-FITC 和 Ce6@GS 样品液加入酶标板空白孔中,并设置一组平行（3 个样品孔）。

（4）取 15 mL 的离心管一支,按照 50∶1 的体积比混合 BCA 试剂盒提供的 A 液和 B 液。混合均匀后,快速向装有 BSA 标准溶液和待测蛋白样品溶液的孔中加入 200 μL 的混合测试反应液。

（5）将酶标板转移至 37 ℃ 培养箱中静置 30 min,然后转移至 4 ℃ 冰箱冷却 5 min。

（6）利用酶标仪读取酶标板上每个孔在 562 nm 处的吸光度。

（7）以 BSA 标准溶液浓度为 x 轴,以吸光度为 y 轴,绘制蛋白定量的标准曲线,并通过线性拟合获得吸光度与蛋白浓度的定量关系。

（8）根据标准曲线计算 GS-FITC 和 Ce6@GS 样品的蛋白质浓度。

4.2.4　GS 蛋白的细胞系选择性评估（用时 4 h）

（1）配制 2 mg·mL^{-1} 的 GS-FITC 溶液。

（2）按照表 13-1 标注区域,以 0.2 μmol·L^{-1},0.25 μmol·L^{-1},0.3 μmol·L^{-1} 的终浓度,分别向铺有 SH-SY5Y 神经细胞系和 HeLa 肿瘤细胞系的 24 孔板中加入 GS-FITC 溶液,同时设置一组未加 GS-FITC 的空白对照（control）细胞,以备流式细胞分析。

（3）将以上细胞转移至细胞培养箱中孵育 180 min。

（4）将 24 孔板从细胞培养箱中取出,吸除包含 GS-FITC 的培养液,用 PBS 轻轻清洗细胞 3 遍。

（5）将分装的胰酶溶液倒入一次性加样槽,向每个孔中加入 100 μL 的 T-E 溶液,静置 5 min。

（6）轻轻敲击 24 孔板边沿,在显微镜下观察,确认 90% 以上细胞都成功消化后,加入 400 μL 的细胞培养基,终止消化。

（7）将各孔中的细胞分散液转移至 1.5 mL 的离心管中备用。

（8）待流式细胞仪的开机流程完成后，吸取离心管中细胞分散液，透过细胞滤网转移至流式管中。

（9）流式管上样后，利用流式细胞仪分析不同 GS–FITC 孵育浓度下的细胞荧光标记效率，并对比 SH–SY5Y 细胞系和 HeLa 细胞系的 GS–FITC 标记效率。

表 13–1　GS–FITC 和细胞孵育的 24 孔板浓度设置分布

	1	2	3	4	5	6
A	0.2 mmol·L^{-1} GS–FITC					
B	0.2 mmol·L^{-1} GS–FITC			对照		
C	0.3 mmol·L^{-1} GS–FITC					
D						

4.2.5　GS 标记神经细胞的制备（用时 3 h 30 min）

（1）分别配制 2 mg·mL^{-1} 的 GS–FITC 和 Ce6@GS 溶液。

（2）按照 0.3 μmol·L^{-1} 的终浓度向铺有 SH–SY5Y 细胞的共聚焦皿中加入 GS–FITC 溶液，同时设置空白对照细胞组。

（3）按照 0.65 μmol·L^{-1} 的终浓度向铺有 SH–SY5Y 细胞的两个共聚焦皿中加入 Ce6@GS 溶液。

（4）将以上细胞转移至细胞培养箱中孵育 3 h。

（5）将共聚焦皿从细胞培养箱中取出，吸除包含 GS–FITC 或 Ce6@GS 的培养液，用 PBS 轻轻清洗细胞 3 遍。

（6）吸除 PBS 后，向共聚焦皿中加入 1.5 mL 的新鲜细胞培养基，以备后续实验用。

4.2.6　GS 蛋白的细胞膜靶向性能验证（用时 1 h）

（1）利用共聚焦显微镜对 GS–FITC 孵育的 SH–SY5Y 细胞进行明场（bright field）成像，观察神经细胞形态、结构。

（2）采用 488 nm 激发光源和 525±10 nm 荧光发射通道，对 GS–FITC 孵育的 SH–SY5Y 细胞进行荧光成像，观察 GS–FITC 的细胞定位，验证细胞膜靶向性。

4.2.7　光引发膜上聚合反应（用时 2 h）

（1）配制 5 mmol·L^{-1} 的 DAB 水溶液。

（2）将 Ce6@GS 标记细胞的培养基替换为不含 FBS 的 DMEM 培养基，按照 0.5 mmol·L^{-1} 的终浓度分别向两个共聚焦皿中加入 DAB 溶液。

（3）共聚焦皿置于氙灯光源，利用白光对其中一皿细胞进行 10 min 光照，另一皿以锡纸遮盖避光。

（4）光照后，移除含有 DAB 的 DMEM 溶液，用 PBS 溶液清洗细胞 3 次。

（5）除去 PBS 溶液后,向共聚焦皿中加入 1.5 mL 的新鲜细胞培养基,放入细胞培养箱静置 30 min。

（6）利用共聚焦显微镜对细胞进行明场成像,对比观察光照前后 SH-SY5Y 细胞膜表面的形貌变化。

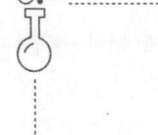

5. 思考题

（1）与其他细胞相比,神经细胞的结构和功能独特性主要体现在哪些方面?

（2）SH-SY5Y 细胞与 HeLa 细胞在共聚焦显微镜下存在怎样的形态结构差异? 本实验为什么要选取这两种细胞系进行标记实验?

（3）荧光素标记 GS 蛋白的反应原理是什么? 为什么要在弱碱条件下进行?

（4）使用 BCA 试剂盒测定蛋白质浓度的原理是什么?

（5）GS 蛋白对细胞的标记效率可能受哪些条件因素影响?

（6）Ce6@GS 实现神经细胞膜靶向修饰的工作原理是什么?

（7）本实验中光引发聚合产物 PDAB 是一种绝缘聚合物,如果要用同样的原理合成导电聚合物,可以选择哪些单体分子? 细胞膜上沉积导电聚合物会怎样影响细胞膜电容和神经细胞兴奋性?

（8）请设想一种神经细胞膜化学修饰方法在神经科学领域的可能应用。

6. 参考文献

实验十四

肿瘤相关成熟 microRNA 的细胞内监测

柯国梁　张晓兵　谭蔚泓(湖南大学)

1. 实验目的

（1）通过 DNA 链浓度的测定，学习生物分子的浓度测量方法，掌握紫外可见光分光光度计的使用；

（2）通过 DNA 分子筛探针的制备和性能表征，学习 DNA 自组装技术，掌握聚丙烯酰胺凝胶电泳和荧光分光光度计的使用；

（3）通过监测肿瘤相关成熟 miRNA，学习 miRNA 生物成像和药物疗效评估方法，掌握细胞的培养、荧光共聚焦成像技术。

2. 实验背景

2.1 miRNA

成熟微小核糖核酸（microRNA，miRNA）是一种短的（19~23 个核苷酸）单链非编码 RNA，主要参与基因转录后的调控，与肿瘤细胞的增殖、侵袭、转移及凋亡等过程紧密相关。成熟 miRNA 的细胞内原位监测有助于 miRNA 相关生物过程的机理研究、药物疗效评价等，是当前核酸化学生物学的研究热点之一。miRNA 的合成是一个在时空上精确控制的生理过程，涉及一系列复杂的步骤：初始的 miRNA 基因序列产生于细胞核中，长度一般为 1~3 kb，称为初始微小核糖核酸（primary miRNA，pri-miRNA），是 RNA 聚合酶 Ⅱ（或 RNA 聚合酶 Ⅲ）转录基因区域的产物。随后，pri-miRNA 将被核糖核酸酶 RNase Ⅲ Drosha 剪切形成长度为 70~100 个碱基的带有茎环结构的前体微小核糖核酸（precursor miRNA，pre-miRNA）。在核排出蛋白 Exportin-5 的协助下，pre-miRNA 将从细胞核进入细胞质中，经 Dicer 酶加工后形成双链 miRNA。双链分开后，其中一条形成成熟 miRNA，在 RNA 诱导的沉默复合体（RNA-induced silencing complex，RISC）的协同作用下，完全或者不完全匹配靶 mRNA 的 3′非编码区域，通过降解靶 mRNA 来调节蛋白质的翻译，或者间接地通过基因沉默来抑制蛋白的合成。而另一条与其互补的单链通常会被降解掉，或者参与下游基因的调控[1]。

2.2 DNA 自组装技术

DNA 是一种具有序列可编程性的通用材料，它由四种不同的脱氧核苷酸单体组成。每个单体由一个含氮碱基（胞嘧啶［C］、鸟嘌呤［G］、腺嘌呤［A］或胸腺嘧啶［T］）、一个脱氧核糖和一个磷酸基团组成。一个单体的脱氧核糖和下一个单体的磷酸基团形成一个磷酸二酯键。一定数量的单体通过磷酸二酯键有序而连续地连接，形成一个脱氧核苷酸链，称为单链脱氧核糖核酸（single-stranded DNA，ssDNA）。根据 Watson-Crick 碱基配对原理，两条 ssDNA 形成一个双螺旋结构，称为双链脱氧核糖核酸（double-stranded DNA，dsDNA）。具体来说，A 和 T 之间形成两个氢键，C 和 G 之间形成三个氢键，形成特定互补序列。因此，两条聚合物链在反平行方向上形成双螺旋结构。DNA 还具有两种不同的构象，分别为右手螺旋构象（B-DNA）和左手螺旋构象（Z-DNA），通常情况下以右手螺旋构象存在。B-DNA 的一个螺旋周期约有 10 对碱基，螺距长约为 3.5 nm，宽约为 2 nm。

DNA 所具有的这些结构特点为其作为纳米材料提供了重要的优势。首先，DNA 遵循严格的碱基互补配对原则，这使得它具有可编程性的特点，能指导碱基进行"有序"自组装。其次，研究人员可根据一个双螺旋结构单元的尺寸精确"预测"DNA 纳米材料的结构和尺寸。基于此，研究人员可以任意地设计 DNA 纳米结构，使得 DNA 序列可以按照一定的配对顺序自组装成精密的 DNA 纳米结构，并通过控制核苷酸的个数来控制纳米结构的尺寸。使用 DNA 作为纳米自组装材料最早可以追溯到 1982 年 Ned Seeman 提出的"迁移固定连接"[2]。利用该方法，人们可以通过合理设计的序列将单链组装起来，再进一步利用被称为黏性末端的互补单链将组装好的二维或三维网络连接起来。

目前，研究人员主要采用基于模块结构的组装、DNA 折纸术的组装和动态组装三种方法对 DNA 进行"编程"，使其自组装成各种精密的纳米结构：①基于模块结构的组装以小的核酸基元（tile）为模块，将模块与模块进行连接形成大的核酸框架。这种组装方法可组装周期性重复的 DNA 纳米结构。②基于 DNA 折纸术的组装方式最早于 2006 年由 Rothemound 提出，它通过辅助链来控制骨架链的"折痕"位置，然后得到各种形状的图形。在概念上，这和通过折痕来控制一张纸形成各种各样的精密结构是类似的。具体而言，基于一条长链 DNA 分子预先设计好目标图案，然后加入设计好的订书钉链，根据 DNA 的碱基互补配对原则，订书钉链会到特定的位置完成对整张图案的固定，最终形成具有机械刚性的 DNA 折纸结构[3]。这种方法常用的 DNA 长链是一条碱基数为 7249 nt 的 M13mp18 链，又称为脚手架链，订书钉链为与长链互补的 DNA 短链。③基于动态组装是指构建的 DNA 纳米结构在某些特定的条件下（如添加引发链、改变 pH 或者光刺激等）具有动态行为。常用的一个策略是基于 DNA 链置换反应引发 DNA 纳米结构的构象改变。

❸ 实验原理

3.1　成熟 miRNA 的检测原理

本实验利用 DNA 自组装技术制备新型 DNA 分子筛探针，实现肿瘤相关成熟 miRNA 的细胞内监测。根据 miRNA 的合成过程，成熟 miRNA 是由 Dicer 酶在细胞质中切割较长的 pre-miRNA 产生的，因此二者在序列上相似，传统核酸探针检测成熟 miRNA 时就会受到 pre-miRNA 的干扰。考虑到成熟 miRNA（19~23 nt）和 pre-miRNA（60~70 nt）的长度不同，本实验利用 DNA 自组装技术制备新型 DNA 分子筛探针,通过分子筛的尺寸选择性来区分二者,实现肿瘤相关成熟 miRNA 的细胞内监测[4,5]。DNA 分子筛是一种基于碱基互补配对原则,由多条预先设计的 DNA 单链相互杂交自组装的纳米笼状结构组成。原理如图 14-1 所示,首先在 DNA 分子筛内腔中封装一条荧光基团 Cy5 标记的识别序列(F)和一条猝灭基团 BHQ3 标记的互补序列(Q)。成熟 miRNA 进入分子筛内与 F 序列杂交,释放 Q 序列,导致荧光信号恢复,从而实现成熟 miRNA 的检测。相反,pre-miRNA 由于尺寸原因,不能与内部的 F 序列结合。DNA 分子筛探针不仅能够用于不同癌细胞中 miRNA 表达水平的测量,而且可以实现药物作用下细胞内成熟 miRNA 的监测。

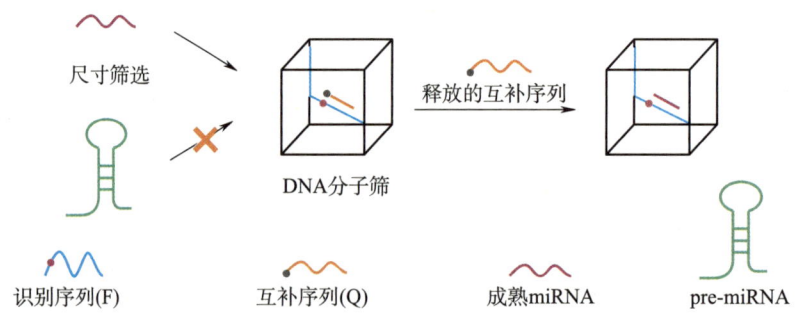

图 14-1   DNA 分子筛检测成熟 miRNA 示意图

3.2   NanoDrop 分光光度计原理

NanoDrop 分光光度计是一种紫外-可见光谱分光光度计(ultraviolet-visible spectrophotometer,UV-Vis)。NanoDrop 显著减少了分析所需的样品体积并简化了操作,只需移取一滴(1.0~2.0 μL)DNA、RNA 或蛋白质样品到基座上,然后下拉检测臂即可,不需要使用比色皿或毛细管,结果将在几秒钟内显示。其中核酸的吸收峰位于 260 nm 处,纯化蛋白质的吸收峰位于 280 nm 处。根据朗伯-比尔(Lambert-Beer)定律($c=A/\varepsilon L$),即可计算核酸和蛋白质的浓度。根据朗伯-比尔定律可知,对于低浓度样品,光程越长,准确度和信噪比越高。NanoDrop 仪器能够自动优化液体样品柱的长度,因此在较宽的浓度范围内具有出色的准确度。

3.3   非变性聚丙烯酰胺凝胶电泳原理

聚丙烯酰胺凝胶是由丙烯酰胺(acrylamide,Acr)单体和少量交联剂甲叉双丙烯酰胺(bis-acrylamide,Bis)在化学催化剂过硫酸铵(ammonium persulphate,APS)和加速剂四甲基乙二胺(N,N,N',N'-tetramethylethylenediamine,TEMED)的作用下形成的三维空间的高聚物。聚合后的聚丙烯酰胺凝胶形成网状结构,凝胶孔径的大小可通过控制单体和交联剂的投料比例来调节,从而满足不同分子量物质的分离要求。电泳的速率与核酸分子大小和构型有关。DNA 分子在碱性缓冲液中带负电荷,在外加电场作用下向正极迁移。在凝胶电泳中,较小的分子条带迁移速率更快,而较大的分子条带迁移速率更慢,紧密构型快于松散型开环分子或线型分子,从而可以分离大小不同的 DNA 或 RNA 分子。

3.4　激光扫描共聚焦显微成像原理

激光扫描共聚焦显微镜（confocal laser scanning microscope，LSCM）由显微光学系统、激光光源、扫描器和检测处理系统四部分组成，通过对荧光探针标记的研究对象进行激光逐点扫描，以呈现出高分辨率的共聚焦图像。LSCM 中激光经过光线放大及分光镜分光后，经由物镜聚焦在焦平面上，此时被激光扫描的聚焦点会发出一定波长的荧光，荧光会通过检测针孔光栏，而该点以外的其他发射光会被探测针孔阻挡，最终该点的荧光到达检测器，得到最终的荧光图像。

4.　实验操作

4.1　仪器、耗材与试剂

4.1.1　仪器

- 1 mL、100 μL、20 μL、10 μL、2.5 μL 移液器
- 超微量分光光度计（NanoDrop 2000，Thermo Scientific，美国）
- Minni-PROTEAN Tetra 凝胶电泳仪（Bio-Rad，美国）
- ChemiDoc XRS 凝胶成像系统（Bio-Rad，美国）
- SpectrofluorometerFS5 荧光光谱仪（Edinburghinstruments，英国）
- 激光扫描共聚焦显微镜（LSM 880 卡尔蔡司，德国）
- 冷冻台式离心机（Eppendorf，德国）
- 涡旋混合仪（IKA，德国）
- PCR 仪（Bio-Rad，美国）
- 冰箱（-20 ℃）

4.1.2　常规耗材

- 15 mL 离心管
- 200 μL 离心管
- 1 mL、200 μL、10 μL 移液器吸头
- 丁腈手套
- 一次性口罩
- 无尘擦纸
- 塑料盒
- 记号笔
- 75% 乙醇喷壶
- 锡箔纸（每组 1 张，用于避光）

4.1.3   试剂

- 30% 丙烯酰胺溶液
- 过硫酸铵（APS）
- 四甲基乙二胺（TEMED）
- 6×DNA 上样缓冲液
- Gel Green（10000×）
- DPBS
- DMEM
- 聚 L-赖氨酸（poly-L-lysine，PLL）
- Tris 碱
- 二水合乙二胺四乙酸二钠（EDTA·Na_2·$2H_2O$）
- 四水合乙酸镁［$Mg(CH_3COO)_2$·$4H_2O$］
- 乙酸
- 超纯水

4.1.4   核酸序列

如表 14-1 所示。

表 14-1　核 酸 序 列

名称	序列（5′-3′）
C1	CCAGCCGCCGTTCCTGGATCCAAGGCTCTAGGTGTATTCAGGTAAGTGGCCATCCAAGCTGCGATCCGAC
C2	CCACTCCCGTTCTGGGATGCCATACTCTAACTCAGATTCGCTGATATTACCTGAATTTTAGCGTTGGCT
C3	GCCCCAGCATTGATAAGGATTTAGGTCAGCCCTTGTCGGATCGCAGCTTGGATGGTTTCAGCGAATCTGAGTTAGAGT
C4	TCTTCAGAGACAGCCAGGAGAATAAACAGAGGCCATGCTGGGGCCGTACAGTTCCAAAGGCATCCCAG
C5	AATCCTTATCTTGCCTCTGTTTTTCCGTATATTCACGAAAAGGAGTTCGGCGGCTGGTTGGGCTGACCTA
C6	CTCCTTTTCGTGAATATACGGTATCTCCTGGCTGTCTCTGAAGATTACGGGAGTGGAGCCAACGCTATTACCTAGAGCC
F	TGGAACTGTACGTTTTT/iCy5HdT/CAACATCAGTCTGATAAGCTTTTTATTGGATCCAGG
Q	CAGACTGATGTTGA-BHQ3
miRNA-21	UAGCUUAUCAGACUGAUGUUGA
pre-miRNA	UGUCGGAUAGCUUAUCAGACUGAUGUUGACUGUUGAAUCUCAUGGCAACACCAGUCGAUGGGCUUACUGACA
单碱基错配	UAACUUAUCAGACUGAUGUUGA
三碱基错配	UAACUUAUCACACUGAUGUCGA
miRNA-155	UUAAUGCUAAUCGUGAUAGGGGU

4.2　实验步骤

本实验分为两天进行。

第一次实验

时间	步骤
10:10—10:50	讲解实验背景和原理
10:50—11:20	DNA 链浓度的测定
11:20—12:10	DNA 分子筛探针的组装
13:30—14:30	制备凝胶
14:30—15:30	电泳
15:30—16:00	凝胶电泳成像

第二次实验

时间	步骤
10:10—10:40	讲解实验背景和原理
10:40—11:00	探针与细胞孵育
11:00—12:30	探针的性能测试
14:00—16:00	共聚焦显微镜成像

肿瘤相关成熟 miRNA 的细胞内监测实验流程如图 14-2 所示。

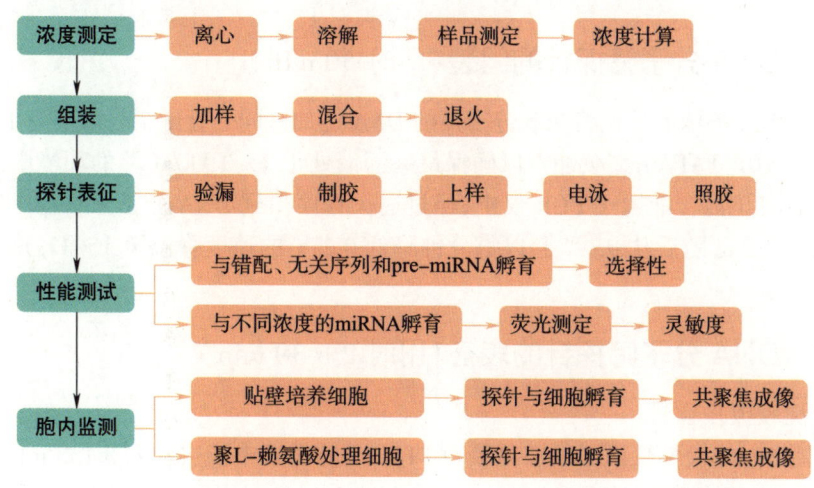

图 14-2　肿瘤相关成熟 miRNA 的细胞内监测实验流程图

4.2.1　DNA 链浓度的测定（用时 30 min）

新购的 DNA 链为冻干的粉末,在开盖前需要离心,离心机设置转速为 5000 r/min,离心时间为 5 min;再按照厂家的推荐量加入超纯水溶解,涡旋使其充分溶解。然后需要对管内的浓度进行测定,具体为取 1 μL 的 DNA 链于另一试管中,再加入 9 μL 的超纯水,涡旋混合均匀。

如表 14-2 所示,使用 NanoDrop 定浓操作步骤如下:

(1) 定浓前先用 4 μL 的超纯水清洗 3 次检测平台。

(2) 空白溶液:用移液器取 2 μL 的空白溶液滴加到下基座上,合上检测臂,点击"空白",仪器自动检测并记录空白值,打开检测臂,用干净的无尘擦纸将上下基座擦拭干净。

(3) DNA 溶液:用移液器取 2 μL 的 DNA 溶液同上操作,点击"测量",就可以得到在 260 nm 处的吸光度值。测量完成后用 4 μL 的超纯水清洗 1 次,按同样的步骤测量 3 次。计算测得的 3 个吸光度的平均值,再结合 DNA 序列对应的摩尔吸光系数,根据朗伯-比尔定律,即 $c = A/\varepsilon \times 10^7$,计算出 DNA 链的准确浓度。当测量不同序列 DNA 溶液时,需要用 4 μL 的超纯水清洗 3 次。

(4) 测量完成之后,需要再用 4 μL 的超纯水清洗 3 次检测平台,合上检测臂,保存数据。

(5) 通过测得的准确浓度计算,将参与 DNA 分子筛组装的链 C1、C2、C3、C4、C5、C6、F 和 Q 加入超纯水分别稀释至 10 μmol/L,并置于 −20 ℃储存。

表 14-2　DNA 链浓度的测定

链名	C1	C2	C3	C4	C5	C6	F	Q
摩尔吸光系数/(L·mol^{-1}·cm^{-1})								
吸光度/a.u.								
浓度/(mol·L^{-1})								

4.2.2　DNA 分子筛探针的组装（用时 50 min）

(1) 按照 1:1 的浓度比例将组装分子筛的 DNA 链加入同一管中至终浓度为 100 nmol/L,并加入适量的 10× TAE/Mg^{2+} 缓冲液以确保最终溶液处于 1× TAE/Mg^{2+} 的环境中。

(2) 随后将该混合液置于 PCR 仪中,经过退火程序得到 DNA 分子筛结构。退火程序:在 95 ℃持续 5 min,随后从 95 ℃起以每分钟降低 0.2 ℃的速度降温至 15 ℃,并在 15 ℃下保持 30 min 以上。

4.2.3　DNA 分子筛探针的表征（用时 2 h 30 min）

(1) 清洗胶板并验漏。

(2) 配制 5% 非变性聚丙烯酰胺凝胶:在 15 mL 的试管中依次加入 5.133 mL 的超纯水、1.167 mL 的 30% 丙烯酰胺溶液和 0.7 mL 的 10× TAE/Mg^{2+},涡旋混合均匀。再加入 20 μL 的 10% APS,涡旋混合均匀。最后加入 10 μL 的 TEMED,涡旋混合均匀。将该混合液加入预先清洗并验漏的胶板中,确保没有气泡后加入排齿梳,静置待凝胶凝固。

（3）上样：用 $1\times$ TAE/Mg^{2+} 缓冲液将样品溶液稀释至 50 nmol/L。取 10 μL 的待测样品，加入 2 μL 的 $6\times$ DNA 上样缓冲液，混合均匀后即可加入孔道。

（4）电泳：跑胶时所用的缓冲液为 $1\times$ TAE/Mg^{2+}，先用电压 80 V 保持 20 min，再调整电压为 100 V，根据指示条带的位置相应调整跑胶时间（50~80 min）。

（5）照胶：跑胶结束后，先用凝胶成像系统进行第一次成像，以获得具有荧光标记的 DNA 序列的胶图。之后再用 Gel Green 染色剂（用超纯水稀释 10000 倍）避光浸泡凝胶 10 min，倒出染色液并使用清水洗净后进行二次成像，以获得全部样品的胶图。

4.2.4　DNA 分子筛探针的响应性能测试（用时 1 h 30 min）

（1）首先测试 DNA 分子筛的选择性。将 DNA 分子筛探针分别与相同浓度的 miRNA-21、单碱基错配链、三碱基错配链、无关序列 miRNA-155 及 pre-miRNA 混合（终体积为 100 μL，探针的终浓度为 20 nmol/L），在 $1\times$ TAE/Mg^{2+} 的缓冲液中于 37 ℃下孵育 1 h 后，用荧光光谱仪测定荧光信号。F 链修饰的荧光基团为 Cy5，Q 链为 BHQ3，因此激发波长设定为 625 nm，发射波长范围设置在 650~750 nm。

（2）接下来测试 DNA 分子筛的灵敏度。将一系列不同浓度的 miRNA-21（0 nmol/L、0.2 nmol/L、0.5 nmol/L、1 nmol/L、2 nmol/L、5 nmol/L、10 nmol/L、20 nmol/L、50 nmol/L 和 100 nmol/L）分别与 DNA 分子筛探针混合，在 $1\times$ TAE/Mg^{2+} 的缓冲液（终体积为 100 μL，探针的终浓度为 20 nmol/L）中于 37 ℃下孵育 1 h，通过荧光光谱仪进行荧光光谱测定。通过数据处理得到检测 miRNA-21 的线性区间，并利用 3σ/slope 规则求出检测限（limit of detection，LOD）。

4.2.5　肿瘤相关成熟 miRNA 的细胞内监测（用时 2 h）

（1）本实验中的激光扫描共聚焦成像均在 LSM 880 卡尔蔡司仪器上完成。首先利用 DNA 分子筛探针测量 MCF-7、HeLa 和 HEK293 等三种不同 miRNA 表达水平的细胞。将 HeLa、MCF-7 和 HEK293 细胞系于光学培养皿中贴壁培养 24 h，然后分别与 DNA 分子筛探针（100 nmol/L）孵育，3 h 后用 DPBS 洗涤 3 次并更换新的 DMEM 培养基，最后进行荧光共聚焦成像。

（2）接下来，通过 DNA 分子筛探针实现药物作用下细胞内成熟 miRNA 的监测。本实验选择聚 L-赖氨酸（poly-L-lysine，PLL）作为药物，抑制 Dicer 酶的活性，从而降低成熟 miRNA 的表达。实验中，将 HeLa 细胞用 PLL 处理两天后（课题组提供），与探针共孵育 3 h 后进行激光扫描共聚焦显微成像，监测药物作用下肿瘤相关成熟 miRNA 的含量变化。

5. 思考题

（1）在 DNA 链浓度的测定中，A280 及 A230 分别代表什么？如何通过 A280 测定核酸的浓度？

（2）在非变性聚丙烯酰胺凝胶电泳实验中，有哪些注意事项？

（3）除了实验中使用的 Cy5，你还知道哪些荧光基团可以用于标记核酸探针，以及它们的激发和发射波长分别是多少？

（4）本实验中，如何实现成熟 miRNA 和 pre-miRNA 的区分？

6. 参考文献

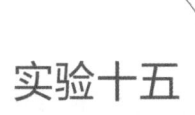
蛋白中总巯基的荧光标记及活细胞成像

房建国　张保新（兰州大学）

1. 实验目的

（1）通过查阅文献了解荧光染料在生物医学研究中的应用；
（2）从化学层面理解硫醇类探针的工作原理；
（3）了解蛋白三维结构对其所含基团的反应活性的影响；
（4）掌握蛋白标记技术；
（5）了解活细胞成像技术和荧光显微镜在生物医学研究中的应用；
（6）学习和熟悉活细胞成像的流程、操作及数据分析。

2. 实验背景

2.1 氧化还原调控与生物巯基

氧化还原稳态是细胞内氧化性物种和还原性物种之间存在的一种动态平衡，调控氧化还原平衡是细胞实现正常生理功能的先决条件。氧化性物种主要包括活性氧（reactive oxygen species，ROS）和活性氮（reactive nitrogen species，RNS），它们的存在会直接或间接地造成一系列不同的氧化修饰[1,2]，这些过程会影响酶的活性、蛋白−蛋白相互作用、其他蛋白翻译后修饰的敏感性、蛋白质转换和亚细胞定位等[3,4]。而还原性物种主要包括烟酰胺腺嘌呤二核苷酸还原型（NADH）、烟酰胺腺嘌呤二核苷酸磷酸还原型（NADPH）、硫氧还蛋白、细胞色素还原酶、抗坏血酸和小分子生物巯基等，他们在细胞中起到调控氧化还原平衡的作用，帮助细胞维护正常功能和代谢活动。

生物体内巯基分子主要包括小分子巯基和蛋白巯基，其中小分子巯基包括谷胱甘肽（glutathione，GSH）、半胱氨酸（cysteine，Cys）和高半胱氨酸（homocysteine，Hcy）等。这些不同种类的小分子巯基可以充当某些酶类的辅助因子，或与蛋白巯基共价结合抵抗氧化应激，或降低蛋白中已存在的氧化性修饰[5,6]。此外，蛋白巯基（protein thiols），即蛋白质氨基酸序列上含有半胱氨酸残基，也是普遍存在的。由于巯基官能团的特殊性质，其最重要的反应活性就是能够发生可逆和不可逆的氧化反应。

2.2   荧光成像技术

荧光现象最早的描述是 16 世纪西班牙植物学家莫纳德斯（Monardes）关于软质木质提取物荧光特性的报道。19 世纪早期研究发现，许多标本在紫外线照射下会发出荧光。1852 年，英国科学家斯托克斯（Stokes）在其出版的书中首创了"荧光"（fuorescence）一词。1882 年，德国科学家埃尔利希（Ehrlich，1908 年诺贝尔生理学或医学奖获得者）首先用荧光染料——荧光素钠确定了眼睛中体液分泌的途径，开启了动物生理学使用荧光染料的先河。

荧光方法早在 19 世纪就被应用，而荧光显微技术的发明则在 20 世纪后。德国物理学家科勒（Khler）受阿贝（Abbe）发现波长越短分辨率越高的启发，于 1904 年在德国耶拿的蔡司光学工厂制造了第 1 台紫外显微镜。科勒注意到，在紫外线照射下某些物体会发出荧光。依据这种现象，德国物理学家海姆施塔特（Heimstadt）于 1911 年建造了第 1 台荧光显微镜。

20 年后，奥地利的研究员海廷格（Haitinger）和其他科学家一起开发了二次荧光显微技术，与第一次荧光显微技术不同的是这次可将外源荧光化学物质应用于样品，并创造了"荧光色素"术语。1929 年，德国药理学家埃林格（Elinger）和解剖学家赫特（Hid）设计了第 1 台以紫外线为光源，使之发出荧光的落射荧光显微镜，并对注射荧光素和色氨酸的啮齿类动物的肾组织和肝组织进行了观察。1942 年，库恩斯（Coons）用异氰酸荧光素标记抗体，标志着免疫荧光标记技术的诞生。1948 年，萨尔茨曼（Saltzman）介绍了血液中水杨酸盐的荧光分析方法，开启了荧光分析方法的先河。

2.3   分子探针

分子探针是一类特殊的有机化合物，是能与目标物质（或环境因素）发生相互作用或反应（包括配位、包合和基团反应等）并引起化学（吸光、荧光或发光）性质的变化，利用这些光信号的变化对目标物质进行分析与测定的一类分析试剂[7]。它通过向无光学响应或弱光学响应的物质提供强光学响应，使原先无法进行或难以进行的光学分析变得可能。

第一例荧光探针是在 1897 年由 F. Goppelsroder 报道的，它通过形成强的荧光桑色素螯合物来检测 Al^{3+}。随后，随着光学探针在理论和方法上的不断积累、发展和完善，性能优良的探针开始大量涌现。按照结构特征，分子探针可被分为小分子探针、大分子探针和纳米光学探针三类，而小分子探针是应用性最为广泛的一类。

3. 实验原理

3.1   荧光成像技术

荧光成像技术是一种可以在活体内利用生物光信号关联特定生理或病理细胞活动，实时跟踪监测细胞的分子成像技术[8]。采用这种非侵入式技术可以在同一空间和时间条件下定量细胞进程,检测细胞内生物大分子的动态变化。荧光分子通过特定策略与目标蛋白分子进行连接,从而实现荧光标记与成像。在这里以 Naph-EA-Mal 分子检测细胞内的巯基水平为例,解释活细胞成像的相关原理。

3.2　分子探针 Naph-EA-Mal

Naph-EA-Mal 是一种萘二甲酰亚胺类化合物,它具有很好的细胞膜通透性,图 15-1 展示了它的合成路线。该化合物本身没有荧光,但在与硫醇发生迈克尔加成后,马来酰亚胺的双键被破坏,荧光淬灭效果消失,释放出萘酰亚胺的荧光(原理如图 15-2 所示)。巯基化合物在细胞内大量存在,并发挥着重要的生理作用。N-乙基马来酰亚胺(N-Ethylmaleimide,NEM)是一种常用的封闭剂,可以与巯基(不论是小分子巯基还是蛋白巯基)快速地形成共价键而将巯基封闭起来。

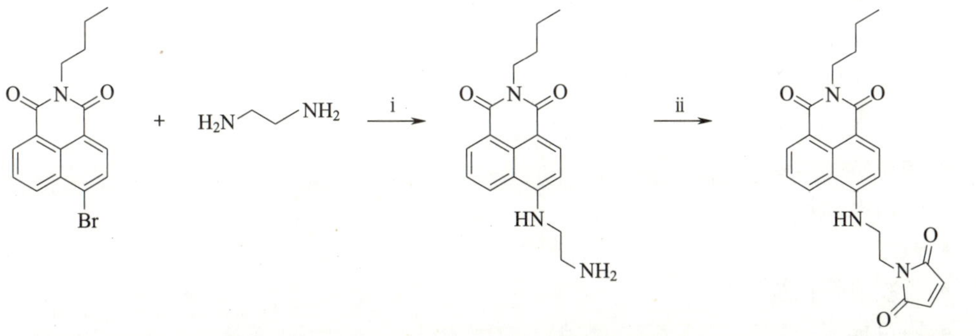

(ⅰ)DMF,硫酸铜,回流 2 h;(ⅱ)马来酸酐,醋酸,回流 13 h[9]

图 15-1　Naph-EA-Mal 分子的合成过程

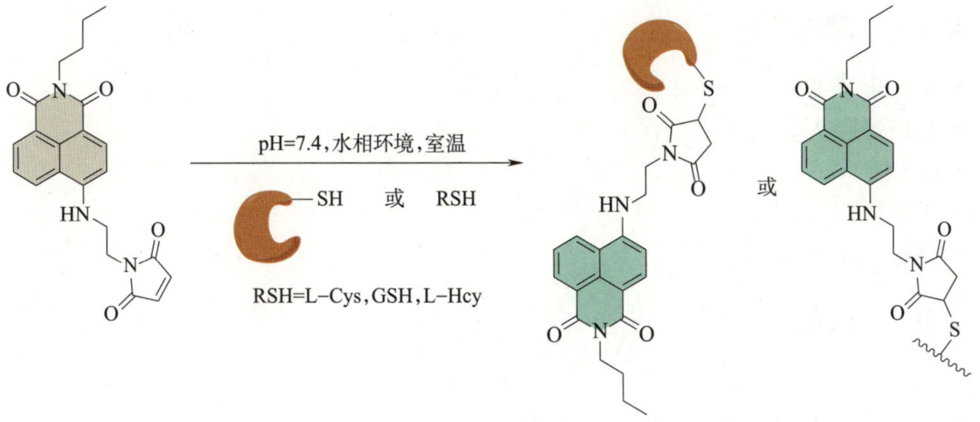

图 15-2　Naph-EA-Mal 分子结构及其与小分子巯基和蛋白巯基的反应示意图

本实验采用 NEM 作为巯基封闭剂,利用荧光显微镜,通过观察细胞本身(对照组)、细胞+探针分子,以及被 NEM 处理过的细胞 + 探针分子的荧光成像情况,来证明 Naph-EA-Mal 分子是通过与细胞内的巯基作用而产生荧光的,且不受细胞内其他物质的影响。

4. 实验操作

本实验以蛋白巯基为例,进行生物巯基的荧光标记及活细胞成像实验。

4.1   仪器、耗材与试剂

4.1.1   仪器

- 移液器
- 倒置荧光显微镜
- 光学显微镜
- 二氧化碳培养箱
- 高速离心机
- 超净台
- 蛋白电泳槽
- 微波炉
- 凝胶成像系统
- 脱色摇床
- 涡旋振荡器
- 冰箱
- 干式恒温器

4.1.2   常规耗材

- 1.5 mL 离心管
- 移液器吸头
- 6 孔板
- 手套
- 75% 乙醇喷壶

4.1.3   试剂

- 三蒸水
- 二甲基亚砜(dimethyl sulfoxide,DMSO)
- 等渗磷酸缓冲盐溶液(phosphate buffer saline,PBS)(pH=7.4)
- 10 mmol/L NEM 的三蒸水溶液
- 1 mmol/L Naph-EA-Mal 的 DMSO 溶液

- 50 mmol/L pH=7.4 的三羟甲基氨基甲烷盐酸盐缓冲液［Tris（hydroxymethyl）amino-methane hydrochloride，Tris–HCl 缓冲液］
- 4 mg/mL 小牛血清蛋白（bovine serum albumin，BSA）的 Tris–HCl 缓冲液
- 10% SDS 溶液
- 10 mmol/L Naph–EA–Mal 的 DMSO 溶液
- 分离胶缓冲液（1.5 mol/L Tris–HCl 缓冲液，pH=8.8）
- 浓缩胶缓冲液（0.5 mol/L Tris–HCl 缓冲液，pH=6.8）
- 30% Acr–Bis 溶液
- 10% 过硫酸铵（ammonium persulfate，AP）溶液
- 分离胶储液（12%）
- 浓缩胶储液（4%）
- 5× 电泳缓冲液
- 1× 电泳缓冲液
- 4× 蛋白上样缓冲液（loading buffer）
- 凝胶染色液
- 凝胶脱色液

4.2　实验步骤

时间	步骤
09:00—10:00	讲解实验背景和原理
10:00—12:00	制胶、样品制备及细胞预处理（细胞由预备教师准备）
12:00—13:30	凝胶电泳（其间轮流吃午饭）
13:30—15:30	凝胶染色及脱色（等待时完成细胞孵育及活细胞成像）
15:30—16:00	凝胶成像

实验流程如图 15–3、图 15–4 所示。

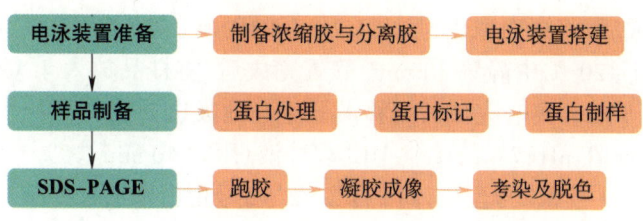

图 15–3　Naph–EA–Mal 蛋白标记实验流程图

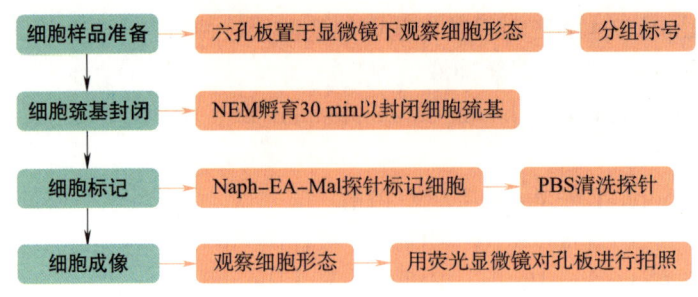

图 15-4   活细胞成像实验流程图

4.2.1   Naph-EA-Mal 蛋白标记实验

（1）每组取一套电泳装置，正确装配后放置于带胶垫的底座上扣好待用（用时 5 min）。

（2）取 15 mL 的分离胶储液，向其中加入 30 μL 的 四甲基乙二胺（N,N,N,N-tetramethylethylenediamine，TEMED）和 30 μL 的 10% AP 溶液，混合均匀，随后用量程为 1000 μL 的移液器小心地将胶液加入玻璃夹板间，两侧加至楔子中空部分的上沿，此时液面高度距顶端约 3 cm（用时 5 min）。

（3）胶液加入完成后，观察是否漏液。确定没有胶液漏出后，更换吸头，小心、慢速、均匀地向玻璃夹板间加入无水乙醇，将其盖在胶液上方（用时 5 min）。

（4）随后，将装置端平，小心移动至 37 ℃ 恒温箱中，恒温避光孵育（用时 20 min）。

（5）待分离胶凝固，小心倾倒出无水乙醇，用滤纸条小心吸干残留乙醇（切勿触碰分离胶），并准备好 2 片定型上样槽的梳子（用时 5 min）。

（6）随后，取 10 mL 的浓缩胶储液，向其中加入 40 μL 的 TEMED 和 60 μL 的 10% AP 溶液，混合均匀后用 1000 μL 的移液器小心地将胶液加入玻璃夹板间，两侧均加至与凹型玻璃板相同高度（即加满）。随后，将准备好的梳子光面贴紧方形板插入分离胶，直至梳子凸出部分贴紧凹型板上沿（用时 5 min）。

（7）梳子插好后，将装置端平，小心移动至 37 ℃ 恒温箱中，恒温避光孵育（用时 15 min）。

在等待分离胶与浓缩胶凝固时，可以进行蛋白标记操作。

（8）取 6 份 200 μL 的 BSA 浓度为 4 mg/mL 的 Tris-HCl 溶液，将它们分成三组，标号 1 号、2 号与 3 号待用（用时 5 min）。

（9）将 1 号和 2 号蛋白在 4 ℃ 保存，向 3 号的每份蛋白中加入 20 μL 的 10% SDS 溶液，用移液器吸打均匀后，加入 100 μL 的 100 mmol/L DTT 溶液，吸打均匀，37 ℃ 孵育 30 min，其间隔 5 min 涡旋振荡一次（用时 40 min）。

（10）孵育完成后，将蛋白取出，加入 1.2 mL 的丙酮（-20 ℃ 预冷），正反倒置 3~5 次混匀后（切勿振荡），于 -20 ℃ 中静置 30 min；静置完成后，将样品放入 4 ℃ 低温离心机中，以 1500×g 转速离心 5 min，离心完成后用移液器小心地吸出上清（丙酮），并向蛋白沉淀中加入 200 μL 的 50 mmol/L pH=7.4 的 Tris-HCl 缓冲液（用时 40 min）。

（11）随后，取出 1 号和 2 号蛋白，向 1 号、2 号与 3 号蛋白中加入 20 μL 的 10% SDS 溶液；用移液器吸打均匀后，向 1 号蛋白中加入 20 μL 的 DMSO，向 2 号和 3 号蛋白中加入 20 μL 的 10 mmol/L Naph-EA-Mal 的 DMSO 溶液，吸打均匀，置于 37 ℃ 孵育 10 min，其间隔 5 min 涡旋振荡一次（用时 10 min）。

（12）孵育完毕后，向每份蛋白中加入 100 μL 的 4× 上样缓冲液，吸打均匀，将样品置于干式恒温器上 100 ℃ 恒温加热 10 min，完成后将其取出降至室温（用时 10 min）。

待浓缩胶凝固，蛋白标记操作完成后，可进行后续操作。

（13）卸下带胶垫的底座，将玻璃板移入电泳缓冲池，先加入少量电泳缓冲液，如图 15-5 所示，按照编号上样（每孔加入 10 μL 的样品）；上样完成后，将电泳缓冲液加至与电泳缓冲池侧面漏液槽平齐（即加满），盖上电极板开始进行 SDS-PAGE 分析（用时 90 min）。

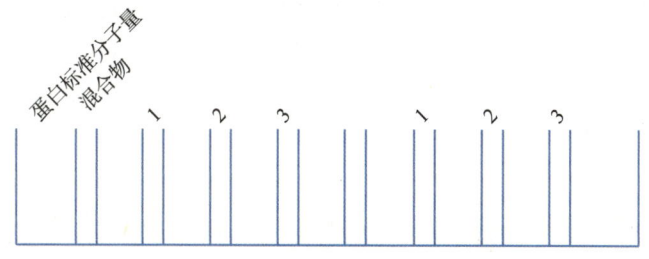

图 15-5　玻璃板中凝胶泳道示意图

（14）观察凝胶情况，待溴酚蓝跑至胶长度约 80% 时即可断开电源；随后，拆除电泳装置，取下玻璃板，并在水中小心撬开玻璃板取出凝胶，切去浓缩胶，将分离胶放在盛有蒸馏水的表面皿中，拿至凝胶成像仪器处，在紫外场下进行凝胶成像（用时 30 min）。

（15）成像完毕后，用考马斯亮蓝对分离胶进行染色及脱色操作，脱色完成后将考染结果拍照或扫描成电子文档（用时 60 min）。

4.2.2　活细胞成像

（1）戴好手套，将手套用 75% 乙醇溶液消毒后，从 CO_2 培养箱中取出预备老师准备好的种有合适密度的六孔板（HeLa 细胞），并将其放置在实验台上（用时 5 min）。

（2）在光学显微镜下观察每孔中的细胞，确定每孔细胞状态良好（无破裂、皱缩情况），数量适中（长至占孔底面积的 60% 左右）；随后如图 15-6 所示进行分组，选取 1 号和 2 号孔为第 0 组（Control 组），3 号和 4 号孔为第 1 组（实验组），5 号和 6 号孔为第 2 组（对照组）（用时 5 min）。

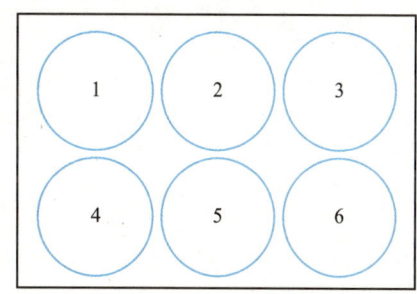

图 15-6　六孔板示意图

（3）分组完成后，小心地打开孔板盖子，向 1 号、2 号、3 号和 4 号孔中加入 20 μL 的三蒸水，向 5 号和 6 号孔中加入 20 μL 的 10 mmol/L NEM 三蒸水溶液（NEM 终浓度为 100 μmol/L）；溶液添加完成后，小心地盖上盖子，左右稍稍倾斜六孔板，使加入的溶液均匀覆盖孔底，随后放回 CO_2 培养箱中孵育（用时 40 min）。

（4）孵育完成后，将六孔板从 CO_2 培养箱中取出，向 1 号和 2 号孔中加入 2 μL 的 DMSO，向 3 号、4 号、5 号和 6 号孔中加入 2 μL 的 1 mmol/L Naph-EA-Mal 的 DMSO 溶液（Naph-EA-Mal 终浓度为 1 μmol/L），盖上盖子，左右稍稍倾斜六孔板，将加入的溶液摇晃均匀。随后，将六孔板放回 CO_2 培养箱中继续孵育（用时 20 min）。

（5）探针孵育完成后，将六孔板从 CO_2 培养箱中取出，用移液器将孔中液体吸出，沿孔壁缓慢加入 1 mL 的等渗 PBS 溶液清洗细胞（前后稍倾斜六孔板让 PBS 溶液均匀覆盖孔底）；清洗完成后，将六孔板稍倾斜，用移液器将孔中 PBS 吸出，重复清洗操作 1~2 次（用时 10 min）。

（6）将清洗后的六孔板放置在倒置荧光显微镜上，调节六孔板位置，将 1 号孔对准目镜，调好焦距和亮度后，首先在白场下观察，找到合适的观察区域（细胞分散均匀，无重叠和团聚，细胞形态良好，数目占视野 60% 左右），拍照；固定观察区域，切换至绿光通道，观察荧光情况，调节亮度至合适后拍照；随后对 2~6 号孔进行相同操作（用时 30 min）。

（7）拍照结束后，记录仪器观察区域的标尺，拷贝数据；实验结束后将六孔板盖好统一回收至规定区域（用时 10 min）。

5. 思考题

（1）为什么要使用 N–乙基马来酰亚胺（NEM）封闭巯基？封闭的机理是什么？
（2）在细胞培养中，需要注意的问题有哪些？其中最重要的是什么？
（3）在进行拍照操作前，为什么要用 PBS 溶液清洗细胞？
（4）使用倒置荧光显微镜拍照时，选取什么样的视野最为合适？
（5）凝胶电泳可以区分蛋白质的原理是什么？

6. 参考文献

化学分子诱导的核酸损伤与检测

曹婵　欧阳砥（南开大学）　夏炜（中山大学）

1. 实验目的

（1）掌握琼脂糖凝胶电泳的操作步骤；

（2）掌握凝胶电泳检测 DNA 氧化断裂的原理；

（3）了解核酸损伤的定义、因素、影响和检测方法；

（4）了解金属配合物的基本知识及其与核酸的结合方式；

（5）了解光敏剂的作用机制和单线态氧的产生原理。

2. 实验背景

2.1　核酸损伤的定义

核酸损伤指 DNA 或 RNA 分子因内部或外部因素影响而产生的化学结构改变。在细胞正常的代谢过程中，DNA 损伤的发生率约为每个细胞每天 10000 到 1000000 处病变。虽然这只占人类基因组大约 32 亿碱基的极少比例，但是未修复的关键基因（如肿瘤抑制基因）中的损伤可以影响生命活动的正常进行。

2.2　造成核酸损伤的因素

这种损伤可能源于多种原因，包括外源性因素如紫外线辐射、放射性辐射、化学诱导等，也包括内源性因素如细胞分裂过程中的复制错误、生物代谢等。

2.2.1　外源性因素

造成核酸损伤的外源性因素主要有以下几种：

（1）紫外线辐射。紫外线（UV）辐射是太阳辐射的一部分，根据波长的不同被分为长波（UV-A，320~400 nm）、中波（UV-B，280~320 nm）、短波（UV-C，100~280 nm），其中，UV-B 与 UV-C 可导致 DNA 损伤（如形成胸腺嘧啶二聚体或链断裂），这种损伤是皮肤癌发生的主要原因之一。

（2）放射性辐射。放射性辐射是由不稳定原子（放射性同位素或放射性核素）衰变产生的能量形式。这些放射性辐射能够引起 DNA 的损伤而导致细胞功能障碍、癌变或细胞死亡。因此,使用放射性物质和设备时需要严格的安全措施来保护人体免受过量辐射的伤害。

（3）化学诱导。这一类化学物质或药物直接或间接与核酸作用,导致核酸链断裂、碱基改变或交联等损伤,如可直接与 DNA 或 RNA 的碱基或磷酸骨架作用的烷化剂、可产生自由基和其他活性氧（ROS）导致核酸氧化损伤的化学物质等。如果这些损伤没有得到有效修复,可能会导致细胞凋亡、衰老或恶性转化。

（4）病毒感染。病毒感染导致的核酸损伤是指病毒在入侵宿主细胞并开始其复制周期时,可通过干扰复制和转录、引发宿主免疫反应等途径对宿主细胞的 DNA 或 RNA 造成损害。

2.2.2　内源性因素

造成核酸损伤的内源性因素主要来自细胞自身的代谢活动和生理过程。例如 DNA 在复制过程发生碱基错误配对、细胞代谢中产生的 O_2^-、H_2O_2 或内源性化学物质、炎症反应中产生的氧化酶等,均可造成核酸损伤。

2.3　核酸损伤的生理影响及其双重作用

核酸损伤在生物体中扮演着复杂的双重角色。在细胞的正常生命活动中,DNA 损伤的累积可触发一系列细胞反应,如细胞周期阻滞、细胞凋亡、免疫反应的激活等。在更广泛的层面上,这种损伤积累可能导致一系列健康问题,包括癌症的发生、神经退行性疾病的进展,以及发育过程中的异常等。

然而,在癌症治疗策略中,研究人员常常利用物理、化学或生物方法诱导肿瘤细胞的核酸损伤,有效促进肿瘤细胞的死亡,达到治疗目的。此方法基于肿瘤细胞相较于正常细胞具有较弱的 DNA 修复能力这一点,有效消灭肿瘤细胞。

2.4　化学方法诱导的核酸损伤

以下为可诱导产生核酸损伤的几种常见化学分子类型:

（1）氧化剂。氧化剂可以使 DNA 碱基发生氧化反应,形成氧化碱基,这些氧化碱基容易引起错配。例如由于鸟嘌呤的氧化电位最低,分子轨道能级较高,容易受到羟基自由基（·OH）的进攻而形成 8-羟基鸟嘌呤从而引起错配（图 16-1）。

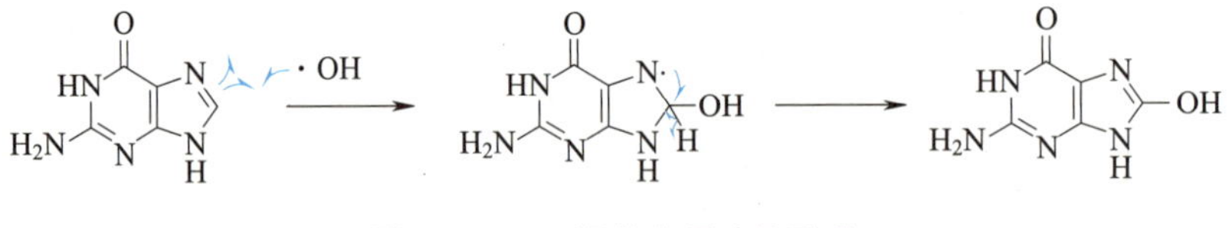

图 16-1　8-羟基鸟嘌呤的形成

（2）脱氨剂。脱氨剂可以去除碱基的氨基（—NH_2）,例如亚硝酸盐可以将腺嘌呤转化为次黄嘌呤（图 16-2）,影响 DNA 复制时的碱基配对。

（3）烷化剂。烷化剂是一类能够将烷基官能团（例如甲基或乙基）转移到其他分子上的化学物质,在生物体中,烷化剂可以与 DNA 发生反应,引起 DNA 链断裂或交联。以环磷酰

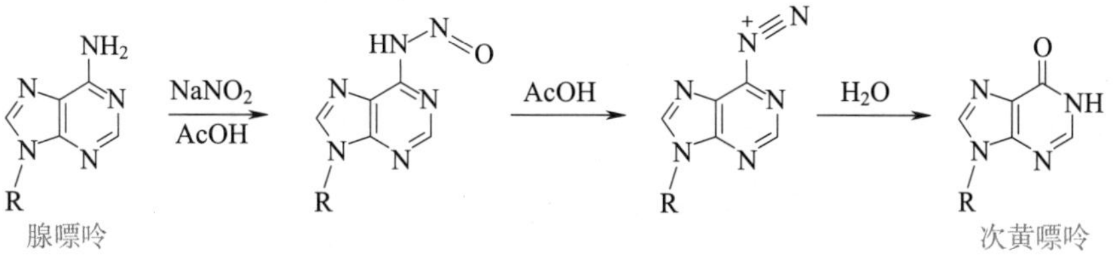

图 16-2　亚硝酸盐的脱氨基作用[1]

胺（cyclophosphamide，CTX）为例，它的体内活性代谢产物与核酸发生修饰或交联引发 DNA 损伤，产生细胞毒性用于肿瘤化疗（图 16-3）。

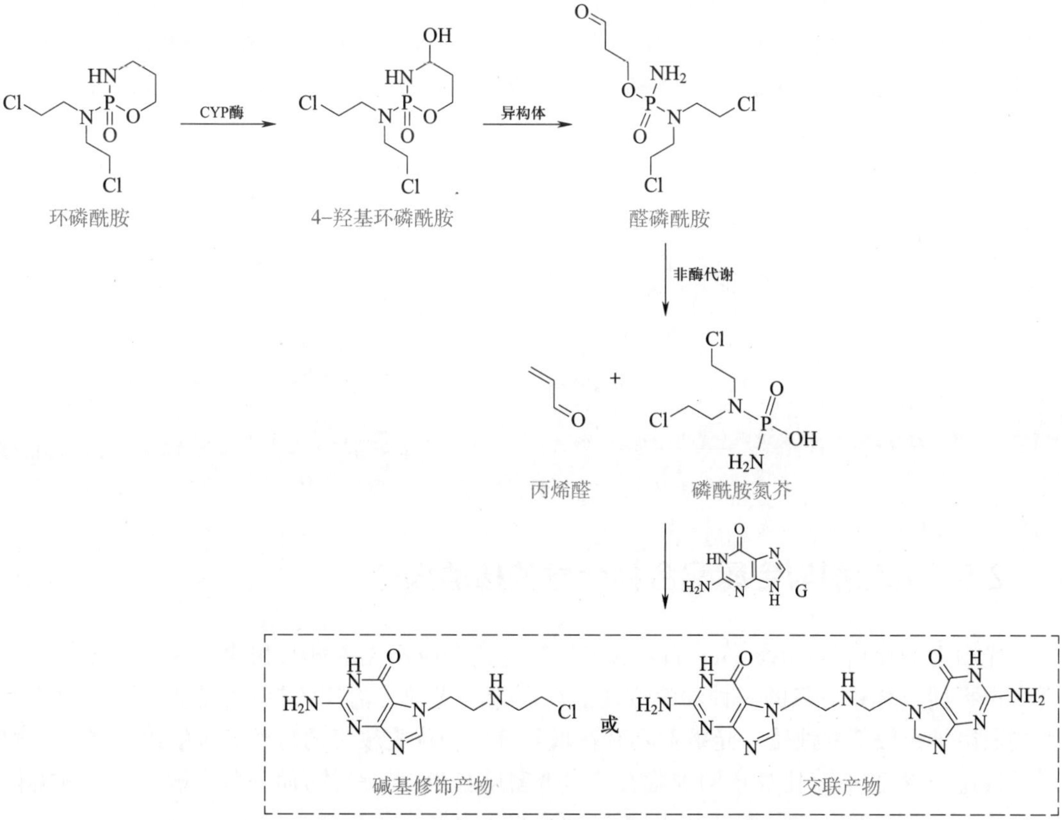

图 16-3　环磷酰胺烷化剂的作用机制[2]

（4）光敏剂。光敏剂是指在特定波长的光照作用下，一些化合物可以产生活性氧（例如单线态氧和自由基），这些活性氧可以引起核酸损伤（详见实验背景 2.5 部分）。

（5）嵌插剂。嵌插剂是指一类能够插入 DNA 或 RNA 双螺旋之间碱基对的平面区域的化合物，它常常利用非共价相互作用，如疏水作用、范德华力和 π-π 堆积等，与 DNA 结合导致 DNA 局部结构扭曲，影响核酸的正常生物学功能，如复制、转录和修复等。例如抗癌药物阿霉素（doxorubicin）、DNA 检测染料溴化乙锭均为 DNA 嵌插剂（图 16-4）。

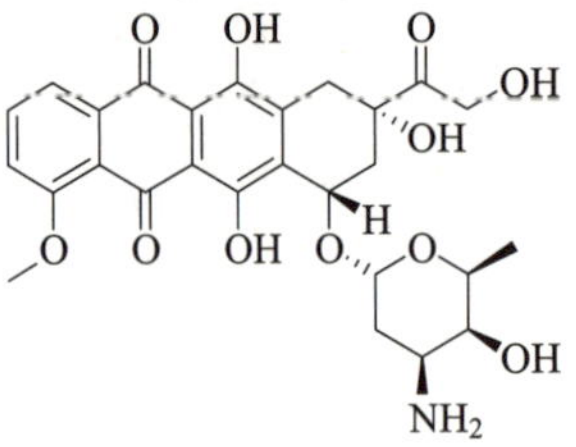

阿霉素(doxorubicin) 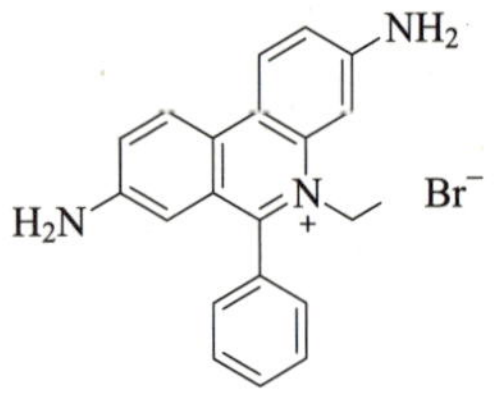　　　　　　溴化乙锭(ethidium bromide)

图 16-4　DNA 嵌插剂示例

（6）拓扑异构酶抑制剂。拓扑异构酶抑制剂是间接造成核酸损伤的化学分子代表，它的作用位点是拓扑异构酶（topoisomerase）。拓扑异构酶是负责维持 DNA 结构的酶，在复制和转录过程中暂时改变其拓扑状态，避免双螺旋的超螺旋和缠结。而拓扑异构酶抑制剂可通过抑制拓扑异构酶的活性，阻断 DNA 复制和转录过程。例如 DNA 拓扑异构酶 Ⅰ（TOP1）抑制剂伊立替康（irinotecan）、DNA 拓扑异构酶 Ⅱ（TOP2）抑制剂米托蒽醌（mitoxantrone）均为常用抗肿瘤药物（图 16-5）。

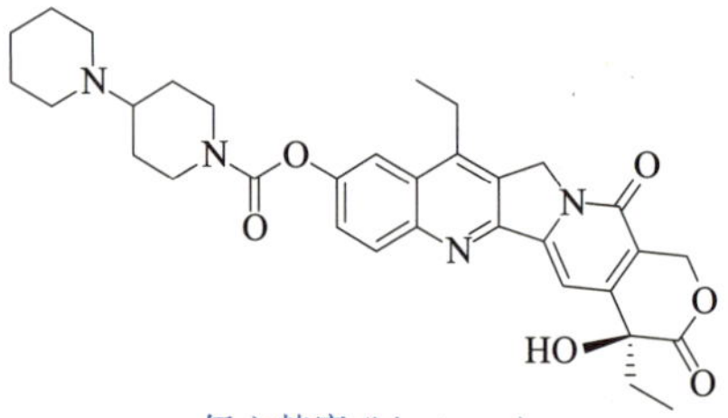

伊立替康 (irinotecan) 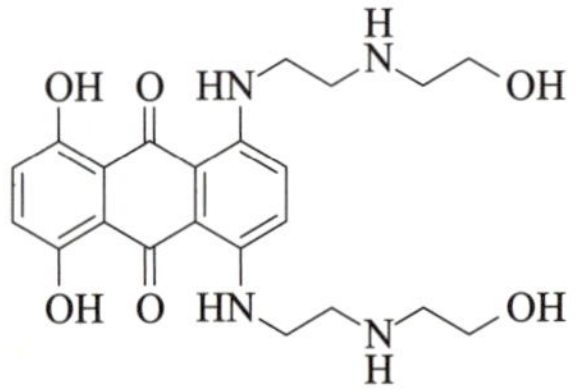　　　　　　米托蒽醌 (mitoxantrone)

图 16-5　拓扑异构酶抑制剂示例

2.5　光敏剂与金属配合物介导的核酸损伤

光动力治疗（photodynamic therapy，PDT）是联合应用光敏剂及相应光源通过光动力学反应选择性破坏靶组织的一种治疗方法。光敏剂是光动力治疗的核心，光动力治疗的效果直接取决于光敏剂的性质。光敏剂具有在增殖细胞中优先聚集的特性。肿瘤组织作为一种可以快速分裂的细胞，比静止期细胞有更多低密度脂蛋白的受体，而一些光敏剂如卟啉类化合物易于附着在低密度脂蛋白上，因而在肿瘤组织上此类化合物容易富集。此外，配合一定波长的激光也是光敏剂所需要的，由于生物体内红细胞的存在和光散射等原因，不同波长的光对组织的穿透深度是不同的，在一定范围内（可见光附近），波长越长对组织的穿透越深，因此为了使较深部位的病变得到治疗，光敏剂需要对较长的波长有良好吸收。金属配合物具有光稳定性强、抗光漂白性能好、生物相容性高、进细胞能力强、双光子吸收截面大等显著特点，近些年来在光动力治疗领域获得大量应用。以金属配合物作为光敏剂，产生的活性氧化物可以氧化 DNA 的核糖环及碱基，直接引起 DNA 的单链或双链发生断裂，从而造成核酸损伤。

2.6　核酸损伤的几种常见分析方法

2.6.1　琼脂糖凝胶电泳

以琼脂糖凝胶为支持电解质的电泳技术,为 DNA 分子及其片段的分子量测定和 DNA 分子构象提供了一个重要分析手段,它具有操作简便、快速、灵敏的优势。DNA 分子在高于其等电点的 pH 缓冲液中带负电荷,在电场的作用下,DNA 分子向正极移动。不同分子量的 DNA 分子在凝胶中的迁移速率不同,一般情况下,分子量较小的 DNA 迁移速率较快。对于不同构型的 DNA 分子,即使分子量相同,在电泳中迁移率也是 不同的(详见实验原理 3.2 部分)。因此,可以通过观察小分子化合物与 DNA 相互作用后 DNA 迁移位置的变化,了解小分子化合物与 DNA 之间的相互作用的特点。这使得凝胶电泳成为分析 DNA 结 构变化和小分子–DN A 相互作用的理想技术。图 16-6 为琼脂糖凝胶电泳结果示意图。

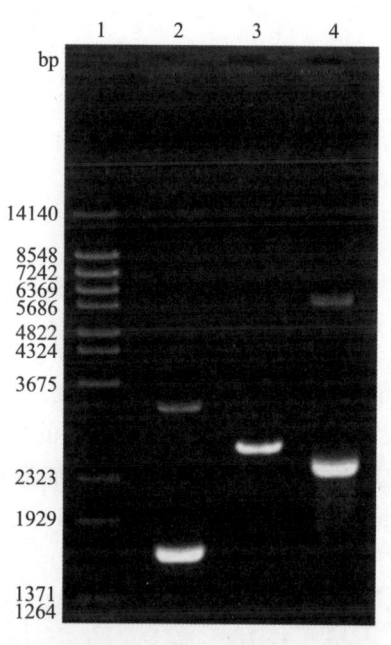

条带 1: Marker; 条带 2: 闭环形 pUC19 质粒; 条带 3: 线性化 pUC19 质粒; 条带 4: 开环缺刻形 pUC19 质粒。[3]

图 16-6　琼脂糖凝胶电泳结果示意图

2.6.2　彗星实验

彗星实验(Comet assay)也被称为单细胞凝胶电泳实验(single cell gel electrophoresis,SCGE),是一种可直接定量检测单细胞 DNA 损伤的灵敏技术。它将细胞包埋于载玻片上的低熔点琼脂糖中,然后将细胞裂解,最后把 DNA 解旋并进行电泳,经过染色后可以在显微镜下观察到受损的 DNA 比未受损的 DNA 更容易迁移,头部由完整的 DNA 组成,而尾部由单链(SS)或双链(DS)的受损 DNA 组成,图像形似"彗星",因而得名。彗星实验中常用的指标为尾长(tail length)、尾部 DNA 含量及尾矩(tail moment),用于衡量 DNA 损伤的严重程度。该方法可提供 DNA 损伤水平的定量信息,帮助研究人员评估细胞受损的程度及修复能力。其优点包括对 DNA 损伤的高灵敏度、可在单细胞水平上进行分析等。图 16-7 为彗星实验结果示意图。

2.6.3　荧光原位杂交技术

荧光原位杂交(fluorescence in situ hybridization,FISH)主要用于检测和定位特定的核酸序列在细胞或组织中的位置。它用已知的荧光标记的单链核酸为探针,根据核酸碱基互补配对原理,与未知的单链核酸进行特异性结合,形成可被检测的杂交双链核酸,最后利用荧光显微镜直接观察目标序列在细胞核、染色体或切片组织中的分布情况。在核酸损伤检测中,该技术可用于进行染色体断裂检测、DNA 复制异常检测、基因组不稳定性检测等。

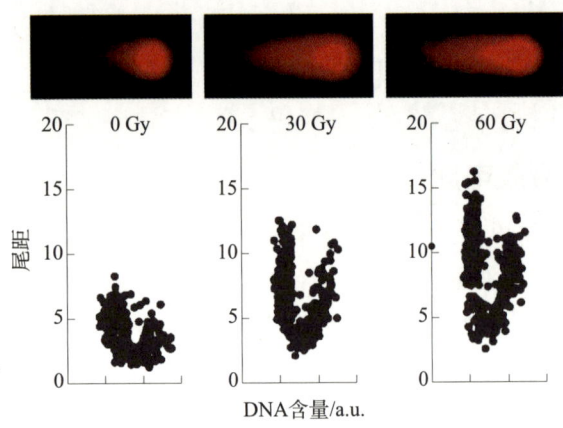

图 16-7   彗星实验结果示意图[4]

2.6.4   标志物检测方法

这是一类基于核酸损伤后形成的产物进行标志物检测的方法,主要包括:基于 DNA 双链断裂的早期标志——组蛋白 H2AX 的磷酸化形式(γ-H2AX)而发展的磷酸化 H2AX 检测法,基于氧化 DNA 损伤的标志物——8-羟基脱氧鸟苷(8-OHdG)而发展的 8-OHdG DNA 损伤定量分析法,基于细胞凋亡过程中出现的 DNA 3′-OH 末端而发展的原位末端标记法(TdT-mediated dUTP nick end labeling,TUNEL)等。

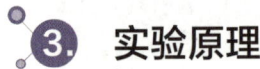

3.   实验原理

3.1   金属配合物断裂核酸链的化学原理

金属配合物作为 DNA 的结构和构象探针成为近几年的研究热点。由于其具有良好的反应活性及丰富的谱学性质,故为探测配合物与 DNA 的反应提供了方便的研究手段。配合物与 DNA 的反应大致可分为以下三类:

(1)与糖环反应。直接氧化断裂 DNA 链。许多 DNA 的降解试剂是通过在键合位点邻近处的糖环去掉氢原子的机理进行的。如 $[Rh(phen)_2phi]^{3+}$(phi 为 9,10-菲二亚胺)在紫外光照射下,发生了金属与配体的电荷转移,使 phi 上产生了自由基。配体上的自由基可从邻近处的脱氧核糖环上去掉 C3′ 氢原子,使得糖环降解,DNA 链发生断裂。

(2)与 DNA 碱基的氧化反应。氧化损伤 DNA 碱基一般发生在 DNA 碱基中具有最低氧化电势的鸟嘌呤上。金属配合物在一定条件下,如有光照射或还原剂存在时,进攻 DNA 的碱基部位,通过产生单线态氧分子、配体自由基或光电子转移等,引起一系列消除反应,使 DNA 链发生断裂,如金属卟啉、配合物 $[Ru(bpy)_3]^{2+}$ 等均可对 DNA 碱基造成氧化。

(3)水解反应。水解使得磷酸二酯键断裂比氧化还原造成的裂解更有优越性,因为这样不破坏碱基,可以保持遗传信息,也比较容易使裂解产物重新组合起来。金属离子和配合物对促进磷酸二酯键水解能够发挥的有效作用,在于它们具有 Lewis 酸的功能,可以使磷氧键激化,有利于其断裂,也可以提供已配位的亲核配体给磷,形成五配位的磷酸酯中间产物。例如 Co(Ⅲ)–乙二胺–磷酸酯等模型系统。

3.2 凝胶电泳检测 DNA 氧化断裂的原理

凝胶电泳是研究核酸和蛋白质等生物大分子的一项重要的实验技术,操作简便、快速、灵敏,是分离、鉴定和提纯核酸的首选方法。以琼脂糖凝胶为支持电解质的电泳技术,为 DNA 分子及其片段的分子量测定和 DNA 分子构象提供了一个重要手段。DNA 分子在高于其等电点的 pH 缓冲液中带负电荷,在电场的作用下,DNA 分子向正极移动。由于不同分子量的 DNA 在凝胶中的迁移率的差异,分子量越小,迁移率越大。对于不同构型的 DNA 分子,即使分子量相同,在电泳中迁移率也是不同的。常见的质粒 DNA 存在三种构型:共价闭环形(Form Ⅰ)、开环缺刻形(Form Ⅱ)和线形(Form Ⅲ)。共价闭环形的超螺旋 Form Ⅰ 的结构最为紧密,迁移速率最快,电泳时跑在最前面。线形的 Form Ⅲ 其次。开环缺刻形的 Form Ⅱ 由于结构松散,跑在最后。这样,可以通过在小分子化合物与 DNA 作用后,观察 DNA 迁移位置的变化,来了解小分子化合物与 DNA 作用的特点。

3.3 单线态氧的测定原理

活性氧指氧的某些中间代谢产物或含氧的衍生物质具有比氧更强的氧化能力。活性氧类型主要有:超氧阴离子(O_2^-)、过氧化氢(H_2O_2)、羟基自由基($\cdot OH$)、单线态氧($^1O_2$)和脂质过氧化自由基($ROO\cdot$)等。单线态氧分子与通常呼吸的氧气不同,它是一种处于激发态的氧分子的存在形式,其化学性质更活泼。通常所说的单线态氧一般指的是在自然界中广泛存在的第一激发态的单线态氧($^1O_2$)。

单线态氧($^1O_2$)可以用 1,3–二苯基异苯并呋喃(1,3-diphenylbenzofuran,DPBF)作为探针分子进行测量。DPBF 可与单线态氧($^1O_2$)反应产生更稳定的邻二苯甲酰基苯,使体系在 418 nm 处的吸光度下降。通过监测 DPBF 在 400 nm 处的紫外可见吸收光强度的变化,可以检测光敏剂产生单线态氧的能力。

4. 实验操作

4.1 仪器、耗材与试剂

4.1.1 仪器

- 电子天平
- 控温磁力搅拌电热套
- 真空泵
- 布氏漏斗

- 抽滤瓶
- 移液器
- 恒温水浴锅
- 微波炉
- 电泳仪
- 水平电泳槽
- 凝胶成像仪
- 紫外–可见分光光度计
- 手提式紫外灯或 LED 灯（365 nm）

4.1.2　常规耗材

- 100 mL 圆底烧瓶
- 滤纸
- 1.5 mL 离心管
- PCR 管
- 1000 mL 试剂瓶
- 250 mL 锥形瓶
- 移液器吸头
- 手套

4.1.3　试剂

- $Cu(ClO_4)_2 \cdot 6H_2O$
- 1,10–邻菲咯啉
- 无水甲醇
- 五氧化二磷
- $CuCl_2$ 溶液（25 mmol/L）
- 35% 过氧化氢溶液（使用时将其配制为 2.5 mmol/L 溶液）
- 抗坏血酸溶液（使用时将其配制为 100 mmol/L 溶液）
- Tris 缓冲液（含 50 mmol/L Tris，18 mmol/L NaCl，pH=7.2）
- N,N–二甲基甲酰胺（DMF）
- 1% 琼脂糖凝胶
- 50× TAE 缓冲液（含 2 mol/L Tris 醋酸盐，50 mmol/L EDTA，pH=8.0）
- 10× DNA 上样缓冲液
- GelSafe 核酸染料（10000× 水溶液）
- Trans8K DNA Marker
- 亚甲基蓝（无水甲醇溶液，1 mmol/L）
- 1,3–二苯基异苯并呋喃（无水甲醇溶液，1 mmol/L）
- MilliQ 水

4.2 实验步骤

时间	步骤
10:10—10:50	讲解实验背景和原理
10:50—11:40	［Cu（phen）$_2$（H$_2$O）］（ClO$_4$）$_2$ 的制备
11:40—13:40	化学分子和 DNA 的相互作用
12:10—13:30	午饭
13:30—14:30	琼脂糖凝胶的配制
14:30—15:30	琼脂糖凝胶电泳
14:30—15:30	金属配合物单线态氧产率（Φ_Δ）的测定
15:30—16:00	分析胶图结果并记录

实验流程如图 16-8 所示。

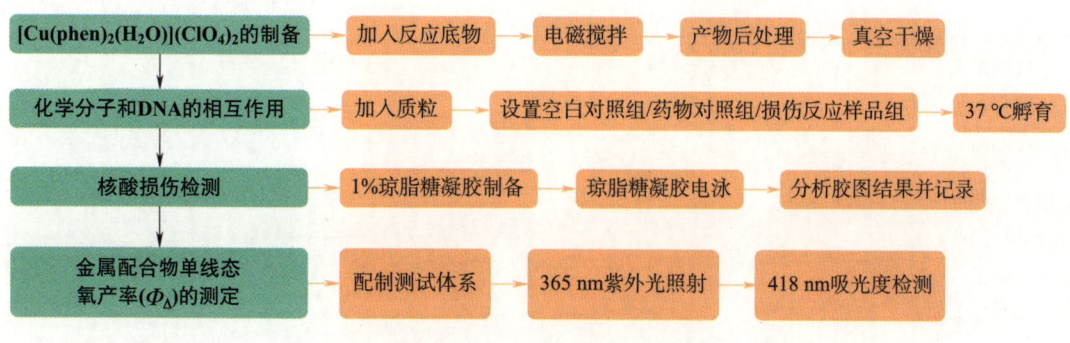

图 16-8 化学分子诱导的核酸损伤与检测流程图

4.2.1 从大肠杆菌中提取目的质粒 DNA

实验步骤详见基础实验一 质粒的提取。

4.2.2 ［Cu（phen）$_2$（H$_2$O）］（ClO$_4$）$_2$ 的制备（用时 50 min）

该配合物的结构如图 16-9 所示。

（1）将 Cu（ClO$_4$）$_2$·6H$_2$O（270 mg，1.0 mmol）和 1,10-邻菲咯啉（phen）（360 mg，2.0 mmol/L）加入 15 mL 甲醇中，25 ℃下电磁搅拌 30 min。

（2）产生的绿色沉淀经减压抽滤并用少量的冷甲醇淋洗后，再用 P$_2$O$_5$ 真空干燥。

（3）用 Tris 缓冲液配置［Cu（phen）$_2$（H$_2$O）］（ClO$_4$）$_2$ 溶液（200 μmol/L，为使样品

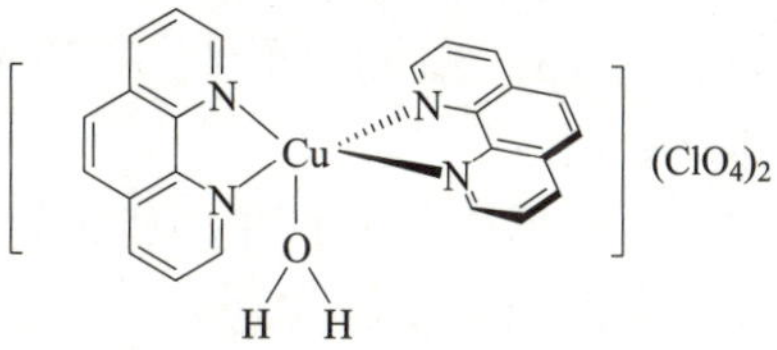

图 16-9 配合物［Cu（phen）$_2$（H$_2$O）］（ClO$_4$）$_2$ 的结构示意图[5]

溶解,可加入不超过总体积 10% 的 DMF)。

4.2.3 CuCl₂-H₂O₂ 及 [Cu(phen)₂(H₂O)](ClO₄)₂-抗坏血酸与 DNA 的相互作用(用时 1 h)

$CuCl_2\text{-}H_2O_2$ 及 $[Cu(phen)_2(H_2O)](ClO_4)_2$-抗坏血酸与 DNA 的相互作用(用时 1 h)

(1)取出灭菌的离心管或 PCR 管,在排列固定好的样品管里,按照表 16-1 依次加入(+表示加入该组分),最后将所有样品用 Tris 缓冲液补齐到 10 μL。共设六组实验,其中 a 为仅含目的质粒的空白对照组,b~e 为药物对照组,f~g 为损伤反应样品组。

(2)盖上离心管盖子,将管内溶液混匀,将离心管放入 37 ℃ 孵育 2 h。

(3)反应结束后,将所有离心管快速离心 5 s 后再打开管盖。

表 16-1 实验加样表

组分	空白对照组	药物对照组				损伤反应样品组	
编号	a	b	c	d	e	f	g
		$CuCl_2$ (1 mmol/L)	[Cu(phen)₂ (H₂O)] (ClO₄)₂	H₂O₂ (1 mmol/L)	抗坏血酸 (1 mmol/L)	CuCl₂-H₂O₂ (1 mmol/L)	[Cu(phen)₂ (H₂O)](ClO₄)₂-抗坏血酸 (1 mmol/L)
目的质粒 (2~3 μg)	+	+	+	+	+	+	+
CuCl₂		+				+	
[Cu(phen)₂ (H₂O)](ClO₄)₂			+				+
H₂O₂				+		+	
抗坏血酸					+		+
Tris 缓冲液	+	+	+	+	+	+	+
电泳加样顺序	1	2	3	4	5	6	7
超螺旋占比/%							
缺口占比/%							
线性占比/%							

4.2.4 1% 琼脂糖凝胶的制备(用时 1 h)

(1)1× TAE 缓冲液的配制:取 20 mL 的 50× TAE 缓冲液加入 1 L 的试剂瓶中,加 MilliQ 水至终体积为 1 L。

(2)用天平称量 1.0 g 的琼脂糖置于锥形瓶中(尽量不要沾到瓶壁上),加入 100 mL 的 1× TAE 缓冲液(不要振荡混匀)。

(3)置于微波炉内进行加热,其间可取出进行振荡混匀。加热至琼脂糖完全溶解,溶液变澄清为止。

（4）待琼脂糖凝胶冷却至 60 ℃ 左右时，加入 10 μL 的 10000×GelSafe 核酸染料，摇匀。

（5）安装水平制胶槽，待琼脂糖溶液温度稍微降低（5 min 以内均可），倒入制胶槽，插上梳子。

（6）待琼脂糖凝胶完全凝固后，小心拔去梳子，即可进行上样。

4.2.5　制备电泳样品并进行琼脂糖凝胶电泳（用时 1 h）

（1）孵育完成后，向每个样品管中加入 2 μL 的 10× DNA 上样缓冲液，2 μL 的 10× GelSafe 核酸染料，加 MilliQ 水至终体积为 20 μL，使用移液器吹打几次将液体混匀。

（2）将制作的琼脂糖凝胶连同胶槽放入水平电泳槽。

（3）倒入 1× TAE 缓冲液，使液面少许超出胶面，缓冲液没过凝胶孔。

（4）将 10 μL 的 Marker（已加入 10× GelSafe 核酸染料）及 10 μL 制备好的 DNA 样品依次加入加样孔内，加样顺序见表 16-1。

（5）盖上电泳槽盖并通电，进行 120 V 恒压电泳，使 DNA 向阳极方向移动，电泳 30 min。

（6）在凝胶成像仪上成像，标出 Marker 中各个条带的大小，分析产物长度是否正确，以及各种形式质粒的占比。

4.2.6　金属配合物单线态氧产率（Φ_{Δ}）的测定（用时 1 h）

（1）配制配合物 1 和 2（如图 16-10 所示）、亚甲基蓝（methylene blue）和探针分子 1,3-二苯基苯并呋喃（1,3-diphenylbenzofuran，DPBF）的母液，浓度为 1 mmol/L，溶剂为无水甲醇。

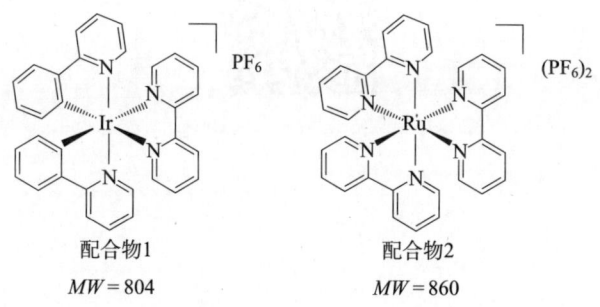

配合物1　　　　　　　　　配合物2
$MW = 804$　　　　　　　　$MW = 860$

图 16-10　配合物 1 和配合物 2

（2）在无水甲醇中，配制一定浓度的配合物和亚甲基蓝溶液，用紫外-可见分光光度计调整上述溶液的最大吸收峰的吸光度，365 nm 处为 0.15 左右。

（3）配制测试体系，其中配合物的浓度为步骤（2）中确定的合适浓度，DPBF 的浓度为 50 μmol/L，反应体积为 3 mL，将体系充分混合均匀。

（4）用 365 nm 的紫外光照射，每次光照 2 s，测试体系在 418 nm 处的吸光度的变化。单线态氧产率（Φ_{Δ}）的计算公式是

$$\Phi_{\Delta}^{\text{complex}} = \Phi_{\Delta}^{\text{ME}} \cdot (s^{\text{complex}} \cdot F^{\text{ME}}) / (s^{\text{ME}} \cdot F^{\text{complex}})$$

其中 s 是 418 nm 处吸光度随照射时间变化的线性拟合斜率，F 是吸收校正系数（$F = 1-10^{-\text{OD}}$，OD 为照射波长下的光密度）。

5. 思考题

（1）鉴定质粒 DNA 的构型有哪几种方法？这些方法各自的优势是什么？

（2）根据实验结果，解释三种构型的质粒 DNA 在琼脂糖凝胶上的不同位置的原因。

（3）请简述实验中所用两种不同试剂对 DNA 产生损伤的机理，DNA 断裂除了氧化断裂途径外，其他途径还有哪些？

（4）DNA 损伤反应的分组是按照什么原则进行的，这样分组的原因是什么？如果要设置浓度梯度实验，应该如何设置？

（5）H_2O_2 或抗坏血酸在实验中起什么作用？类似的还有哪些化合物？

（6）根据你的理解，为了使金属钌配合物和金属铱配合物在临床上获得应用，配合物需要做怎样的性能改进？

（7）根据实验结果，判断作为光动力治疗的试剂配合物 1 和 2 哪一种更好一些？还可以用什么方法检测单线态氧的产率？

6. 参考文献

化学调控 CRISPR-Cas9 系统与基因编辑研究

田沺　谢敏　周翔（武汉大学）

1. 实验目的

（1）学习 CRISPR-Cas9 系统工作原理，了解其在现代化学生物学中的重要应用；

（2）探索如何通过化学小分子修饰 guide RNA 来调控 CRISPR-Cas9 系统，并了解此类调控的基本原理；

（3）了解 2-（叠氮甲基）烟酸酰基咪唑［2-（Azidomethyl）Nicotinate Imidazole，NAI-N$_3$］的化学性质，掌握使用 NAI-N$_3$ 对 guide RNA 的 2′-羟基进行笼化修饰的技术，以及该修饰对 CRISPR-Cas9 系统活性的影响；

（4）学习如何通过添加 2-（二苯基膦基）乙胺［2-（diphenylphosphine）ethylamine，DPPEA］来实现施陶丁格还原反应，解除对 guide RNA 和 CRISPR-Cas9 系统的化学笼化，恢复其正常功能；

（5）掌握如何综合运用有机化学、化学生物学和细胞生物学的技术进行基因编辑中可调控 CRISPR-Cas9 系统的实验研究。

2. 实验背景

2.1 CRISPR-Cas9 系统的基本原理

如图 17-1 所示，成簇规律间隔短回文重复序列（clustered regularly interspaced short palindromic repeats，CRISPR）技术，是一种革命性的基因编辑工具，近年来在生物技术领域取得了重大进展。CRISPR 系统起源于细菌和古菌的免疫防御机制，用于识别和清除入侵的外源遗传元素，如病毒和质粒。该技术主要依赖于简短的引导 RNA（guide RNA，gRNA）和 Cas9（CRISPR-associated protein 9，Cas9）酶或其他类似的核酸酶。gRNA 能够精确地识别和结合目标 DNA 序列，而 Cas9 酶则在 gRNA 指导下在特定 DNA 位点产生双链断裂，从而实现对基因的编辑。

CRISPR-Cas9 技术的出现为基因组修改提供了前所未有的精确性和灵活性。与早期的基因编辑技术相比，如锌指核酸酶（Zinc finger nucleases，ZFNs）和转录激活因子样效应核酸酶（transcription activator like effect nuclease，TALENs），CRISPR-Cas9 系统的设计更

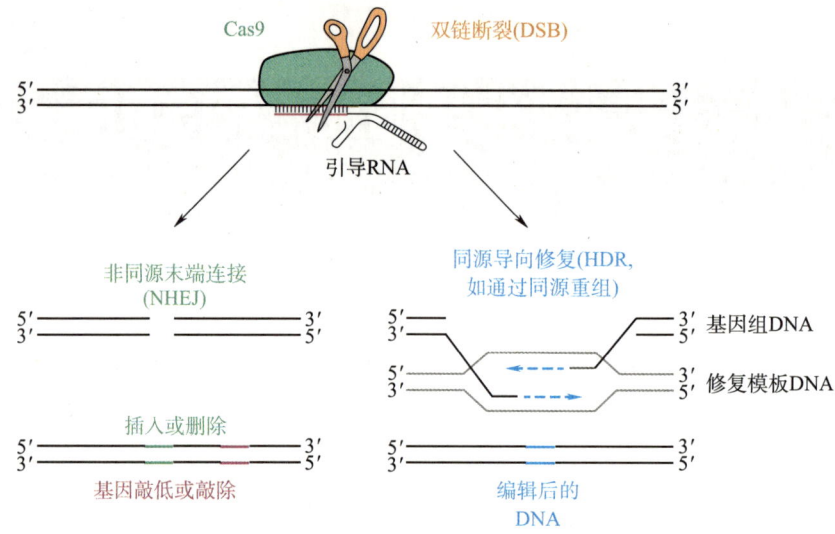

图 17-1　CRISPR-Cas9 系统用于细胞基因编辑

为简单,成本更低,且可在多个位点同时进行编辑。这些特性使 CRISPR-Cas9 成为在基因治疗、遗传研究、作物改良和生物技术等多个领域的首选工具。

此外,CRISPR-Cas9 技术不仅限于基因敲除,还可以通过各种方式进行改造和扩展,用于基因激活、抑制、表观遗传修饰等。例如,通过禁用 Cas9 酶的切割活性创建的"死"Cas9(dCas9),可以用作基因表达调控的平台,而不引起 DNA 断裂。这为精确控制基因表达和研究基因功能提供了新的可能性。

2.2　CRISPR-Cas9 系统调控的挑战

CRISPR-Cas9 技术虽然在基因编辑领域带来了革命性的变化,但其精确控制和潜在风险管理仍面临重大挑战,包括:如何减少脱靶效应、提高编辑精度、保证编辑的安全性和可逆性等。

2.2.1　脱靶效应的挑战

脱靶效应指的是 CRISPR-Cas9 系统在非目标位点引发的 DNA 切割,这可能导致基因组不稳定和意外的基因改变。脱靶效应的发生与 gRNA 的设计和 Cas9 酶的特异性密切相关。虽然通过优化 gRNA 设计和使用高保真 Cas9 变体可以在一定程度上减少脱靶,但如何在保证编辑效率的同时彻底消除脱靶风险,仍是一个未解决的问题。

2.2.2　提高编辑精度的挑战

编辑精度不仅涉及目标位点的正确选择,还包括确保基因编辑的结果符合预期。例如,在一些疾病治疗中,需要非常精准的基因修复或突变引入,任何非预期的突变都可能导致治疗失败甚至产生新的风险。目前,提高 CRISPR 系统编辑精度的方法仍在探索阶段,如使用同源重组增强剂、优化 gRNA 结构等。

2.2.3 安全性和可逆性的考虑

在特定的临床应用中,如基因治疗,CRISPR 系统的安全性尤为重要。不仅要防止脱靶效应,还要确保编辑后的细胞不引发不良免疫反应或其他长期健康风险。此外,特别是在开发治疗性应用时,编辑的可逆性也成为一个重要考虑因素。目前,如何在细胞内可控地激活或抑制 CRISPR 系统,实现可逆的基因编辑,是研究的热点。

2.2.4 依赖于遗传工程及固相合成 RNA 的调控方法的局限性

目前对 CRISPR 系统的调控主要依赖于遗传工程手段,已经有科学家通过对 Cas 蛋白进行光调控化学分子连接的方式,实现对 CRISPR 系统的光调控。然而对蛋白进行修饰的方式需要复杂的蛋白表达过程,而且使用光敏感化学小分子时对环境要求较高,正常有光的环境可能对该分子产生额外的影响。国外科学家报道了一种光降解的化学小分子作为核酸合成过程中的 linker,使用该方法设计一段 gRNA 的互补 DNA 单链,该互补 DNA 单链由多段 linker 连接的短 DNA 小片段组成。在体系中加入该互补链后,gRNA 与靶标位点(target DNA)的结合位点被占据从而失去活性,紫外光照后 linker 断裂的互补链成为分离的小片段 DNA 单链,从 gRNA 上脱落,gRNA 恢复活性。使用该方法,针对每一个不同的 gRNA 都需要重新设计合成对应的互补链。

因此,开发新型的、易于操作和可逆的 CRISPR-Cas9 调控策略,如化学调控方法,成了研究的新方向。这些研究不仅将推动基因编辑技术的发展,也对实现其在临床治疗等领域的应用具有重要意义。

2.3 有机化学、化学生物学和细胞生物学技术的综合交叉

本实验的成功实施依赖于有机化学、化学生物学和细胞生物学技术的相互融合与应用,这种学科交叉的研究方法对于深化我们对 CRISPR-Cas9 调控机制的理解及其在生物医学领域的应用至关重要。

2.3.1 有机化学的作用

有机化学在本实验中主要负责 NAI-N$_3$ 等关键化合物的合成。通过精确设计和合成特定的化学结构,有机化学为 gRNA 的笼化修饰提供了基础。这不仅涉及合成路线的选择和优化,还包括反应条件的精确控制、产物的纯化和表征等技术。有机化学的应用确保了实验中所需化合物的有效性和稳定性,为后续生物学实验奠定了基础。

2.3.2 化学生物学的角色

化学生物学在本实验中承担了将化学修饰应用于生物分子的任务。通过化学修饰 gRNA,同学们可以探索和解析 CRISPR-Cas9 系统的新调控策略。此外,化学生物学技术还涉及对化学修饰效果的评估,例如通过生物化学方法检测 gRNA 的活性变化,以及通过分子生物学技术评估 CRISPR-Cas9 系统的编辑效率和特异性。

2.3.3   细胞生物学的应用

细胞生物学技术在实验中用于研究经过化学修饰的 CRISPR-Cas9 系统在细胞内的行为和效果。通过将修饰后的 gRNA 引入细胞并观察 CRISPR 系统的功能变化,同学们能够评估化学修饰对 CRISPR-Cas9 介导的基因编辑活性的影响。此外,细胞生物学技术还用于监测可能的脱靶效应和细胞生理状态的变化,确保实验的安全性和可靠性。

2.3.4   学科交叉的综合意义

通过综合运用有机化学、化学生物学和细胞生物学技术,本实验不仅能够在分子层面实现对 CRISPR-Cas9 系统的精细调控,还能够在细胞层面验证调控策略的有效性和安全性。这种跨学科的综合研究方法为我们提供了深入理解和探索 CRISPR 技术的新视角,同时也推动了基因编辑技术在治疗遗传疾病、癌症治疗和生物医学研究等领域的应用发展。

3. 实验原理

3.1   2-(叠氮甲基)烟酸酰基咪唑(NAI-N$_3$)应用于 gRNA 笼化修饰

2-(叠氮甲基)烟酸酰基咪唑(NAI-N$_3$)的合成是实现 gRNA 笼化修饰的关键步骤,如图 17-2 所示。通过将 NAI-N$_3$ 与 gRNA 的 2′-羟基反应,可以通过温和的反应条件,暂时抑制 gRNA 的活性,从而控制 CRISPR-Cas9 系统的功能。这种方法提供了一种新颖的方式来调节基因编辑过程。

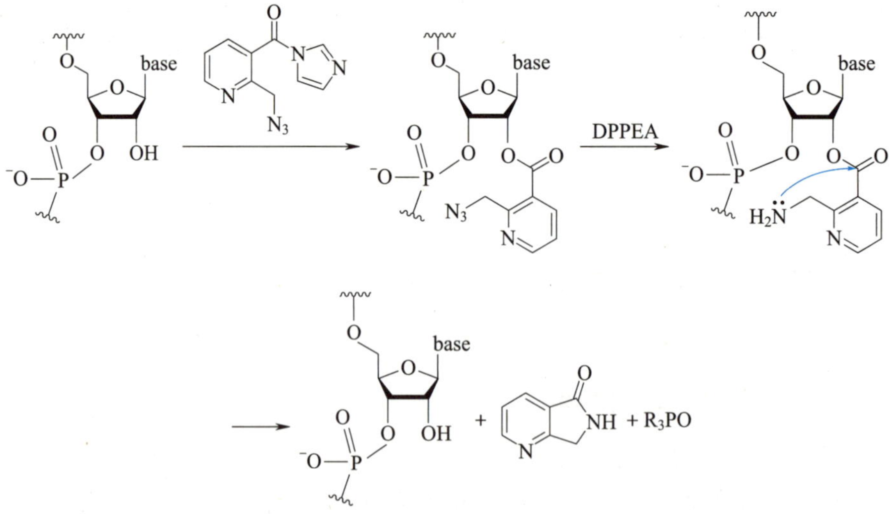

图 17-2   NAI-N$_3$ RNA 笼化修饰及 DPPEA 脱笼反应原理

3.2　施陶丁格还原反应在 CRISPR 系统中的应用

如图 17-2 所示,施陶丁格还原反应是通过添加 2-(二苯基膦基)乙胺(DPPEA)实现的,它能够解除 NAI-N$_3$ 修饰对 gRNA 的影响,恢复 CRISPR-Cas9 系统的正常活性。这为研究人员提供了一种有效的方法来可逆地调控 CRISPR-Cas9 系统,进一步对活细胞内的基因编辑过程进行调控。

3.3　检测和验证化学修饰 gRNA 的效果

为了评估化学修饰对 gRNA 和 CRISPR-Cas9 系统的影响,将采用一系列生物化学和分子生物学技术进行检测和验证。这包括使用凝胶电泳和质谱分析来确认 gRNA 的修饰状态,以及利用荧光标记或 PCR 技术来评估 CRISPR-Cas9 系统的切割效率和特异性。这些实验不仅有助于验证化学修饰的效果,还可以为进一步优化实验条件提供重要数据。

3.4　在细胞模型中应用修饰后的 CRISPR 系统

经过笼化修饰的 CRISPR-Cas9 系统将在细胞模型中进行测试,以评估其在生物体内的有效性和安全性。将通过将修饰后的 gRNA 转染到稳转 Cas9 的细胞中,观察基因编辑的效果。此外,将对细胞的生存率、增殖能力及可能的脱靶效应进行评估,以确保 CRISPR 系统的应用安全性。

3.5　实验数据分析与解读

实验的最后阶段是数据分析和结果解读。将对实验数据进行统计分析,以评估化学修饰对 CRISPR-Cas9 系统活性的影响程度、特异性和可逆性。此外,还将探讨化学修饰对细胞生物学行为的长期影响,如基因表达模式的改变和细胞命运的调控。通过这些分析,可以深入理解化学修饰对 CRISPR-Cas9 系统调控机制的影响,为未来的基因编辑技术提供新的策略和思路。

4. 实验操作

4.1　仪器、耗材与试剂

4.1.1　仪器

• 核酸定量仪:NanoDrop 2000,二氧化碳恒温培养箱:Heracell 1 SOi,美国 Thermo Fisher Scientific 公司

- 纯水仪：RiOs-DI 3：ZRDSOP030，美国 Millipore 公司
- 垂直电泳槽：DYCZ-22A 型、DYCZ-22B 型、DYCZ-24DN 型，电泳仪：DDY-6C 型，DDY-8B型，北京市六一仪器厂
- 凝胶成像系统：ChemiDoc^{TM} Touch Gel Imaging System，美国 Bio-Rad 公司
- 离心机：Centrifuge 5424 R，德国 Eppendorf 公司
- 移液器：PIPETMAN Neo，美国 Gilson 公司
- pH 计：Mettler Toledo，FE20-Five Easy^{TM} pH，瑞士 Mettler Toledo 公司

4.1.2　试剂、耗材

- 无酶水（DNase/RNase-Free Deionized Water）
- Tris 碱、盐酸、HEPES、氨水、KCl、硼酸、EDTA、脲、去离子甲酰胺，上海国药公司
- 40% 丙烯酰胺/甲叉双丙烯酰胺（19∶1），过硫酸铵，四甲基乙二胺（TEMED），美国Bio-Rad 公司
- T7 Endo 酶，Transcript Aid T7 高产率转录试剂盒，琼脂糖，Ribo-Lock RNA 酶抑制剂，6× 上样缓冲液，美国 Thermo Fisher Scientific 公司
- *Bst* DNA 聚合酶，大片段，Cas9 酶，化脓性链球菌，T7 Endo 酶 I，英国 New EnglandBiolabs 公司
- Pyrobest^{TM} DNA 聚合酶，PrimeSTAR HS DNA 聚合酶，日本 TaKaRa Shuzo 有限公司
- DNA Clean & Concentrator^{TM}-5 纯化试剂盒，美国 Zymo Research 公司
- DNeasy Blood & Tissue 提取试剂盒，德国 QIAGEN 公司
- 核酸染料 Super GelRed，苏州 US Everbright 公司
- 杜氏磷酸盐缓冲液（Dulbecco's Phosphate Buffered Saline，DPBS），上海 TCI Development 有限公司
- DMEM、进口胎牛血清、双抗、胰酶、滤头、细胞培养瓶，细胞培养孔板，美国 Gibco公司
- 普通核酸链及荧光标记核苷酸链均购自上海生工科技有限公司，长链核酸链通过转录而来

4.2　实验步骤

本实验分三次完成。

第一次实验

时间	步骤
09:00—10:00	讲解实验背景和原理
10:00—12:00	gRNA 笼化修饰
12:00—13:30	午饭
13:30—16:00	Cas9 酶活性抑制与恢复实验

续表

时间	步骤
14:00—14:30	制备琼脂糖凝胶
16:00—17:00	琼脂糖凝胶电泳
16:50—17:00	数据分析和结果解读

第二次实验

时间	步骤
09:00—10:00	讲解实验背景和原理
10:00—12:00	细胞培养
12:00—13:30	**午饭**
13:30—17:00	细胞转染

第三次实验

时间	步骤
09:00—10:00	讲解实验背景和原理
10:00—10:30	细胞消化与收集
10:30—11:00	使用 DNeasy 试剂盒提取 DNA
11:00—13:00	PCR 扩增
12:00—13:30	**午饭**
14:00—14:30	PCR 产物纯化
14:30—15:30	T7 Endo 酶切实验
15:00—15:30	制备琼脂糖凝胶
15:30—16:30	琼脂糖凝胶电泳
16:30—17:00	数据分析和结果解读

实验流程如图 17-3 所示。

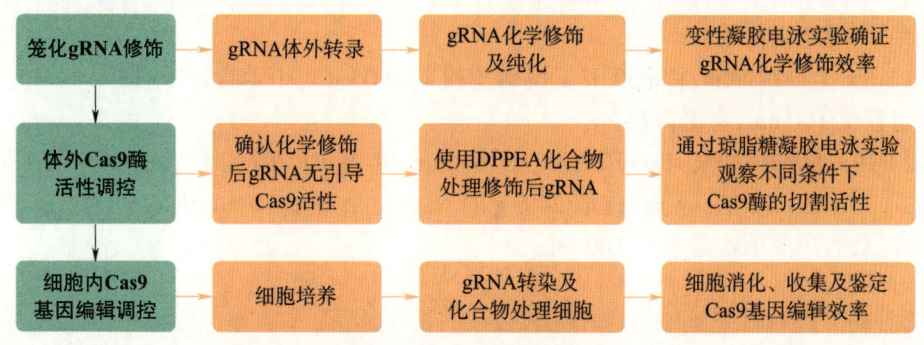

图 17-3　实验流程图

实验前讲解背景和原理,以及主要溶液的配制(用时 1 h)

(1) 1× PBS:将 8 g NaCl,0.2 g KC1,1.44 g Na_2HPO_4 和 0.24 g KH_2PO_4 溶解于 800 mL 的灭菌水中,用盐酸调节 pH 至 7.4,最后继续用灭菌水定容至总体积为 1 L,0.22 μm 滤头过滤后于 4 ℃冰箱保存。

(2) NAI-N_3 化合物母液:称取适量的 NAI-N_3 溶解于 DMSO 中至终浓度为 2 mol/L,存储于–20 ℃冰箱中,一周之内使用。

(3) DPPEA 化合物母液:称取适量的 DPPEA 化合物,溶解于 DMSO 中至终浓度为 1 mol/L,存储于–20 ℃冰箱中,一周之内使用。

(4) 电泳 Tris–硼酸–EDTA 缓冲液(5× TBE):称取 54 g Tris 碱粉末、27.5 g 硼酸粉末及 4.6 g EDTA 超纯水定容至 1 L,磁力搅拌机常温搅拌至完全溶解(终浓度为 Tris 445 mmol/L、硼酸 445 mmol/L、EDTA 10 mmol/L)。配制聚丙烯酰胺凝胶电泳时在体系中稀释成 1× TBE 使用。

(5) 10% 过硫酸铵溶液:称取 5 g 过硫酸铵粉末超纯水定容至 50 mL,可于 4 ℃冰箱存储 1 个月之内。

(6) 20% 变性聚丙烯酰胺凝胶:将 16.8 g 尿素、8 mL 的 5× TBE、20 mL 的 40% 丙烯酰胺/甲叉丙烯酰胺和 8 mL 甲酰胺混合好后置于超声仪上超声至尿素完全溶解,最后加入 300 μL 的 10% AP 溶液及 35 μL 的 TEMED 溶液,快速搅拌混匀并迅速倒入提前准备好的胶板模具中,插入梳子造孔,室温 20 min 左右待凝胶交联好后,将梳子小心拔出,将带有玻璃板的凝胶置于垂直电泳槽上使用 400 V 电压预电泳 15 min,准备上样前将梳孔内析出的尿素吹打出来。

(7) 6% 中性聚丙烯酰胺凝胶:将 6 mL 的 40% 丙烯酰胺/甲叉丙烯酰胺、8 mL 的 5× TBE、26 mL 的 H_2O 混匀,加入 300 μL 的 10% AP 溶液及 35 μL 的 TEMED 溶液,快速搅拌混匀并迅速倒入提前准备好的胶板模具中,插入梳子造孔,室温 20 min 左右待凝胶交联好后将梳子小心拔出。

(8) 琼脂糖凝胶:向 100 mL 的 1× TBE 中加入 1.5 mg 琼脂糖粉,微波炉中加热 2 min,观察到粉末完全溶解,加入 10 μL 的 10000×GelRed 染料,摇晃均匀后倒入模具中,放入梳子造孔,待完全冷却凝固好后拔出梳子待用。

(9) 胰酶消化液:称取 0.25 g 胰酶粉末、0.02 g EDTA 溶解于灭菌 PBS 中,4 ℃放置过夜使其充分溶解,0.22 μm 滤头过滤后于 4 ℃冰箱保存。

(10) 细胞培养基:向高糖 DMEM 基础培养基中加入 10% 胎牛血清和 1% 双抗,于 4 ℃冰箱保存,一周之内使用。

(11) 6× 上样缓冲液:称取 0.05 g 溴酚蓝粉末、0.05 g 二甲苯青粉末,加入 40 mL 甘油,灭菌水定容至 100 mL,室温保存。

(12) 10× 修饰缓冲液:1 mol/L HEPES、60 mmol/L $MgCl_2$、1 mol/L NaCl,调节 pH 至 7.5。

(13) 3 mol/L NaOAc 溶液:称取 24.6 g 的 NaOAc 溶解于 70 mL 灭菌水中,用醋酸调节 pH 至 5.2,最后用灭菌水定容至 100 mL。

第一次实验

4.2.1　gRNA 笼化修饰（用时 2 h）

在 25 ℃ 下，将 1 μg gRNA 加入 1× 修饰缓冲液中（100 mmol/L HEPES、6 mmol/L MgCl$_2$、100 mmol/L NaCl，pH=7.5），置于 PCR 中 95 ℃加热 5 min，取出在冰上快速冷却，加入 1 μL 的 NAI-N$_3$ DMSO 溶液（2 mol/L 母液，反应终浓度为 200 mmol/L），总体积为 10 μL，37 ℃反应不同的时间后加入 1.0 μL 的 NaOAc（3 mol/L）、37.5 μL 的乙醇和 1.0 μL 的糖原（5 mg/mL）淬灭反应混合物，置于 -80 ℃冰箱 1 h 后离心分离，用 75% 的乙醇溶液清洗两次后，置于离心浓缩仪中干燥，得到 NAI-guide RNA（约 2 h），用无酶水溶解成 100 ng/μL 储液，-20 ℃保存，两周内使用，并且避免反复冻融。如无特殊说明，后续实验中 NAI-N$_3$ 修饰的终浓度都为 200 mmol/L。

4.2.2　Cas9 酶活性抑制与恢复实验（用时 2 h 30 min）

将 DPPEA 化合物用 1× NEBuffer^{TM} 3.1 缓冲液（50 mmol/L Tris-HCl、100 mmol/L NaCl、10 mmol/L MgCl$_2$ 和 100 μg/mL BSA，pH= 7.9，25 ℃）稀释成使用终浓度的 2× 浓度，接着将 50 ng 未修饰 gRNA 或不同时间修饰的 NAI-gRNA、100 ng 的 t-GFP、1.0 μg BSA、Cas9（1.0 U）及 2× 浓度 DPPEA 化合物 5 μL 加入 1× NEBuffer^{TM} 3.1 缓冲液中，总体积为 10 μL，37 ℃孵育 2 h。加入上样缓冲液后立即转移至 -20 ℃冰箱等待跑胶。

4.2.3　制备琼脂糖凝胶（用时 30 min）

（1）1× TBE 缓冲液的配制：取 20 mL 的 50× TBE 缓冲液加入 1 L 试剂瓶中，加 MilliQ 水至终体积为 1 L。

（2）用天平称量 1.0 g 的琼脂糖置于锥形瓶中（**尽量不要沾到瓶壁上**），加入 100 mL 的 1× TAE 缓冲液（**不要振荡混匀**）。

（3）置于微波炉内进行加热，其间可取出进行振荡混匀。加热至琼脂糖完全溶解，溶液变澄清为止。

（4）安装水平制胶槽，待琼脂糖溶液温度稍微降低（5 min 以内均可），倒入制胶槽，插上梳子。

（5）待琼脂糖凝胶完全凝固后，小心拔去梳子，即可进行上样。

4.2.4　琼脂糖凝胶电泳（用时 60 min）

（1）将制作的琼脂糖凝胶连同胶槽放入水平电泳槽。

（2）倒入 1× TBE 缓冲液，使液面少许超出胶面，缓冲液没过凝胶孔。

（3）将 10 μL 的 Marker（已加入 10× GelSafe 染料）及 10 μL 制备好的 DNA 样品依次加入加样孔内，加样顺序为：未修饰组（无 DPPEA）、未修饰组（DPPEA 处理）、笼化修饰组（无 DPPEA）、笼化修饰组（DPPEA 处理）。

（4）盖上电泳槽盖并通电，进行 120 V 恒压电泳，使 DNA 向**阳极方向**移动，电泳 30 min。

（5）在凝胶成像仪上成像，标出 Marker 中各个条带的大小，分析 Cas9 酶切产物长度是否正确,以及未修饰组、笼化修饰组分别在 DPPEA 处理前后的位置区别。

4.2.5　数据分析和结果解读(用时 30 min)

实验的最后阶段是数据分析和结果解读。将对实验数据进行统计分析,以评估化学修饰对 CRISPR-Cas9 系统活性的影响程度、特异性和可逆性。

第二次实验

4.2.6　细胞基因编辑调控实验(用时 7 h)

(1)细胞培养:HeLa-OC 细胞使用配制好的高糖培养基,培养条件为 37 ℃,5% CO_2。每个六孔板中铺 $4×10^5$ 个细胞,培养 12 h。

(2)细胞转染:首先将未修饰或笼化修饰(修饰时间为 1 h)的 2.5 μg NAI-gRNA 与 120 μL 的 DMEM 预混合好,将 5.0 μL 的 Lipo3000 溶液与 120 μL 的 DMEM 预混合好,然后将上述两个组分混合后摇匀,静置孵育 10 min,加入六孔板中。将六孔板放置于 37 ℃培养箱中 6 h,将原培养基移除,加入新的细胞培养基(含或不含 DPPEA 化合物)继续培养 24 h。

第三次实验

4.2.7　细胞消化与收集(用时 30 min)

(1)从六孔板中将培养基吸走。

(2)添加足量胰酶(通常为 1~2 mL)至每个孔,使细胞层被完全覆盖。

(3)将六孔板置于 37 ℃的培养箱中,使细胞消化 5~10 min。

(4)观察细胞是否从板底分离,轻轻敲击板边以帮助细胞脱落。

(5)使用移液器轻吸轻吐,使细胞形成单细胞悬液。

(6)将细胞悬液转移到 1.5 mL 的离心管中。

(7)使用离心机在室温下以 300~500 × g 离心 5 min,收集细胞。

(8)去除上清液,留下细胞沉淀。

4.2.8　使用 DNeasy 试剂盒提取 DNA(用时 30 min)

(1)根据 DNeasy 试剂盒说明书添加裂解液至细胞沉淀中,充分裂解细胞。

(2)按照说明书的步骤添加酒精类裂解液,混匀。

(3)将混合液转移到 DNeasy 柱中,按说明书指定的速度离心,以使 DNA 结合到柱上。

(4)用洗涤液清洗柱上的 DNA,去除杂质。

(5)用无菌水或 TE 缓冲液洗脱 DNA。

(6)收集洗脱的 DNA 溶液。

(7)使用纳米光谱光度计测定 DNA 浓度和纯度。

(8)将提取的 DNA 存储于 -20 ℃备用。

4.2.9　PCR 扩增（用时 2 h）

（1）配制 PCR 反应体系

取适量上述基因组 DNA 用 MilliQ 水稀释到 10 ng/μL。在 PCR 管盖上做好标记，加入表 17-1 中所需各种成分至总体积为 50 μL（冰上配置，**请注意所有反应体系中酶均为最后加入**）。使用移液器吹打几次将液体混匀，再用微型离心机短暂离心将管壁上的液体收集到管底。

表 17-1　PCR 反应体系

成分	添加体积/μL	终浓度
基因组模板（10 ng·μL^{-1}）	1	0.2 ng·μL^{-1}
正向引物（10 μmol/L）	2	0.4 μmol/L
反向引物（10 μmol/L）	2	0.4 μmol/L
10× Taq	5	1×
dNTPs（10 mmol/L）	1	0.2 mmol/L
Taq DNA 聚合酶	1	2.5 units
无酶水	38	–

（2）运行 PCR 程序

将加好试剂的 PCR 反应管放入 PCR 仪中，根据表 17-2 设置 PCR 程序，运行 PCR 反应。

表 17-2　PCR 反应程序

		温度/℃	时间（min:s）
预变性		95	3:00
扩增（30 循环）	变性	95	0:20
	退火	55	0:20
	延伸	72	1:00
终延伸		72	5:00
保存		4	∞

4.2.10　PCR 产物纯化（用时 30 min）

试剂盒采用硅胶柱纯化技术，可高效地去除各种核苷酸、引物、引物二聚体、盐分子及酶等杂质。

（1）剩余的 47 μL 的 PCR 产物中加入 250 μL 的结合缓冲液，颠倒或涡旋混匀。用微型离心机短暂离心将管壁上液体收集到管底。

（2）将 PCR 柱子套在收集管中，在管盖上做好标记。将混合液转移至柱子中，10000×g 离心 1 min。

（3）倒弃滤液，把柱子套回收集管中。加入 650 μL 的洗涤缓冲液至柱子中，10000×g 离心 1 min。

（4）倒弃滤液，把柱子套回收集管中。10000×g 离心 2 min。

（5）把柱子套在新的 1.5 mL 的离心管中，在管盖上做好标记。加入 30 μL 的 EB2 至柱子膜中央，室温静置 1 min。12000×g 离心 1 min。丢弃柱子，收集纯化好的 DNA。

（6）使用 NanoDrop 测定 DNA 的浓度及 A_{260}/A_{280}、A_{260}/A_{230} 的值，分析 PCR 产物的纯化效果。将剩余样品置于 -20 ℃ 冰箱保存。

4.2.11　T7 Endo 酶切实验（用时 1 h）

（1）将 100 ng PCR 产物与 1 μL T7 Endo 酶在 37 ℃ 条件下孵育 30~60 min。孵育时间可以根据实验需要进行调整。

（2）加热至 65 ℃ 孵育 10 min 终止反应。加入上样缓冲液后立即转移至 -20 ℃ 冰箱等待跑胶。

4.2.12　制备琼脂糖凝胶（用时 30 min）

（1）1× TAE 缓冲液的配制：取 20 mL 的 50× TAE 缓冲液加入 1 L 试剂瓶中，加 MilliQ 水至终体积为 1 L。

（2）用天平称量 1.0 g 的琼脂糖置于锥形瓶中（**尽量不要沾到瓶壁上**），加入 100 mL 的 1× TAE 缓冲液（**不要振荡混匀**）。

（3）置于微波炉内进行加热，其间可取出进行振荡混匀。加热至琼脂糖完全溶解，溶液变澄清为止。

（4）安装水平制胶槽，待琼脂糖溶液温度稍微降低（5 min 以内均可），倒入制胶槽，插上梳子。

（5）待琼脂糖凝胶完全凝固后，小心拔去梳子，即可进行上样。

4.2.13　琼脂糖凝胶电泳（用时 1 h）

（1）将制作的琼脂糖凝胶连同胶槽放入水平电泳槽。

（2）倒入 1× TAE 缓冲液，使液面少许超出胶面，缓冲液没过凝胶孔。

（3）将 10 μL 的 Marker（已加入 10× GelSafe 染料）及 10 μL 制备好的 DNA 样品依次加入加样孔内，加样顺序为：未修饰组（无 DPPEA）、未修饰组（DPPEA 处理）、笼化修饰组（无 DPPEA）、笼化修饰组（DPPEA 处理）。

（4）盖上电泳槽盖并通电，进行 120 V 恒压电泳，使 DNA 向**阳极方向**移动，电泳 30 min。

（5）在凝胶成像仪上成像，标出 Marker 中各个条带的大小，分析细胞基因编辑产物长度是否正确，以及未修饰组、笼化修饰组分别在 DPPEA 处理前后的位置区别。基因编辑效率通过 Image Lab v5.1 软件计算。

4.2.14　数据分析和结果解读（用时 30 min）

实验的最后阶段是数据分析和结果解读。此部分主要关注从先前实验步骤中收集的基因编辑效率数据（参见 4.2.13），进行以下详细的分析过程：

（1）**数据整理与预处理**。对收集的数据进行检查，去除任何可能的异常值或不一致数据；根据实验设计，整理数据以反映不同化学修饰组与控制组之间的比较。

（2）**统计分析**。使用描述性统计分析来总结数据集的中心趋势和离散程度，包括平均值、中位数、标准偏差等；进行方差分析，以确定不同化学修饰对 CRISPR–Cas9 介导的基因编辑效率的影响是否在统计学上有显著性差异。

（3）**结果解读**。基于统计分析，解释化学修饰对基因编辑效率的具体影响；讨论化学修饰对基因编辑特异性和可逆性的潜在作用，分析修饰导致的任何增强或抑制效果；将实验结果与现有文献中的发现进行对比，探讨任何相符或相异的地方。

（4）**图表制作**。制作条形图或箱形图来直观展示不同组别中基因编辑效率的差异。

（5）**结论撰写**。基于数据分析，撰写关于化学修饰对 CRISPR–Cas9 系统基因编辑效果的影响的结论；提出后续研究的建议，例如进一步探讨化学修饰的优化或测试其他潜在修饰的效果。

5. 思考题

（1）请解释 CRISPR–Cas9 系统的工作原理，并讨论它在基因编辑领域的主要应用及其潜在的影响。

（2）在 CRISPR 系统的应用中，脱靶效应是一个主要挑战。请讨论脱靶效应产生的原因和可能的解决策略。

（3）阐述化学小分子如何用于调控 CRISPR 系统的活性，并讨论这种方法相比遗传工程手段的优势和局限性。

（4）解释 2-（叠氮甲基）烟酸酰基咪唑（NAI–N$_3$）如何被用于 gRNA 的笼化修饰，以及这种修饰如何实现对 CRISPR 系统的动态调控。

（5）（选答）本次实验你有什么感想或遇到了什么问题？是否对本次实验有改进建议？

6. 参考文献

邻苯二酚类化合物作为 DNA 交联剂的生物活性研究

田泗　谢敏　周翔(武汉大学)

1. 实验目的

（1）了解和掌握邻苯二酚类化合物的结构和性质；
（2）了解核酸交联的基本知识和生物学意义；
（3）了解和掌握核酸交联的基本表征方法；
（4）了解和掌握酪氨酸酶氧化介导的邻苯二酚产生活性中间体的表征；
（5）掌握琼脂糖和聚丙烯酰胺凝胶电泳。

2. 实验背景

2.1　DNA 交联

DNA 是遗传信息的储存者,是中心法则的源头,因此也是药物设计和疾病诊断的重要靶标。DNA 交联具有重要的生物学意义。组成 DNA 长链的碱基,糖环和磷酸基团中含有大量的富电子的 N,O,P 原子,这些原子容易受到亲电试剂的进攻。利用这一点,在特定的药物小分子上接上亲电基团,由这些亲电基团进攻富含电子的 N,O,P 原子而生成稳定的共价键,进而改变 DNA 的结构组成,达到阻碍 DNA 复制和转录的目的。这样的过程被称为 DNA 的烷基化,而这些小分子就被称为 DNA 的烷基化试剂。

有很多研究表明,生物体中的 DNA 被烷基化后,生物体会有一个自生修复的机制。被烷基化的 DNA 可以通过生物体内的 DNA 修复酶得到部分修复,使得这样的 DNA 损伤不至于影响到生物体内遗传信息的传递和细胞的死亡。但是如果药物分子带的烷基化基团增多,对 DNA 双链烷基化效果更好,也就使 DNA 修复酶对 DNA 的修复作用变弱。通常把这些带有两个或两个以上的烷基化试剂叫作 DNA 交联剂。DNA 交联剂所含的活性位点较多,且都可以和 DNA 发生共价作用,因此可以产生在两条 DNA 双螺旋链之间的链内交联。链内交联完全阻断了 DNA 的复制和转录,因此具有非常高效的治疗癌症的作用。另外,DNA 交联剂也可以用作特定的核酸结构探针,从分子水平上对体内复杂的核酸结构进行研究。

2.2　诱导交联

通过对 DNA 交联剂的结构进行改造,可以寻找具有更小毒副作用的药物分子,当这些本身没有很大毒性的药物小分子到达癌细胞后,通过某种方式的诱导,释放出活性基团再与 DNA 发生交联,从而达到选择性抑制癌细胞生长的目的。诱导的手段可以是化学手段诱导,比如药物分子发生氧化还原,也可以是物理手段诱导,比如通过光或者热的诱导,还可以通过生物手段诱导,比如生物体内某种特定的酶的诱导,等等。

酪氨酸酶被称为多酚氧化酶,被指出和某些疾病及肿瘤有关。酪氨酸酶在恶性肿瘤黑素瘤细胞中高表达。邻苯二酚类化合物在天然产物中普遍存在,这类化合物能通过氧化诱导得到高活性的邻苯二醌中间体,并且能和蛋白质中或者其他生物大分子中富含电子的原子发生共价结合。DNA 中一样也有很多富含电子的原子,如果在一个分子中连入两个邻苯二酚结构,则对应的分子能与 DNA 发生共价结合从而发生 DNA 的交联反应。

除了双螺旋结构,核酸在生物体内的构象是复杂多变的,而且多种不同构象常处于动力学过程,例如核酸的左手螺旋结构、四链体结构等。本实验设计的化合物主要针对核酸 G-四链体,拟实现对这种特殊核酸二级结构的选择性交联。因此实验的活性检测部分既包含对双链核酸的交联活性检测,又包含对 G-四链体的交联活性检测,其中对双链的检测是验证化合物靶向特异性的反面证明。

2.3　可诱导交联剂——邻苯二酚类化合物

邻苯二酚类化合物因其结构的特殊性和多样性,在药物化学和生物医学领域中占据重要位置。这些化合物在自然界中广泛存在,如植物中的多酚类物质,也可通过合成方法获得。邻苯二酚类化合物展现出多种生物活性,包括抗氧化、抗菌、抗炎和抗癌效果。在药物开发中,这类化合物被研究用于治疗包括癌症、心血管疾病和神经退行性疾病等多种健康问题。它们的生物活性主要源于其化学结构,特别是邻位的羟基,使它们能够参与电子转移和自由基清除等化学反应。

邻苯二酚类化合物是一类具有两个羟基的芳香化合物,在氧化剂氧化条件下生成邻苯二醌活性中间体,它可以与碱基发生化学反应,即烷基化作用,两个位点的烷基化作用也就形成核酸交联。这些化合物与核酸的交互作用,特别是与 DNA 的交联作用,使其在基因表达调控和细胞功能研究中具有潜在应用。交联作用可能导致 DNA 双螺旋结构的改变,影响 DNA 复制和转录,从而在细胞内发挥抗癌等作用。这种交联作用也为研究 DNA 损伤修复机制提供了新的途径。

在体内,邻苯二酚类化合物可能通过酪氨酸酶介导的氧化过程发挥作用。在此过程中,邻苯二酚被氧化生成醌类化合物,这些活性中间体与 DNA 形成共价键,导致交联。此机制的研究对于理解这些化合物的药理活性和作用机制至关重要。对邻苯二酚类化合物的深入研究,不仅有助于开发新型抗癌药物,还能加深对 DNA 损伤、修复和基因表达调控的理解。通过这些研究,可以更好地利用这类化合物在生物医学中的潜能,发展新的治疗策略和药物设计。图 18-1 为邻苯二酚类化合物 1、2 的结构。

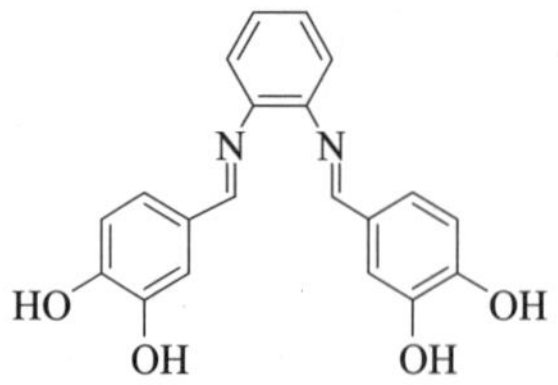

化合物1 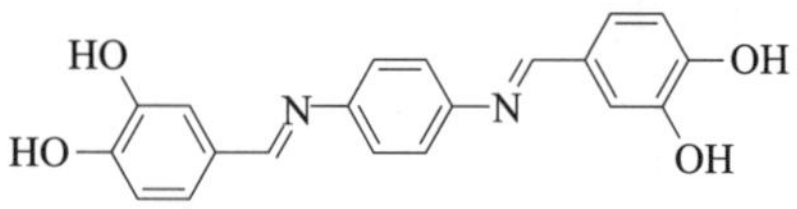   化合物2

图 18-1   邻苯二酚类化合物 1、2 的结构式

2.4   G-四链体交联剂——邻苯二酚类化合物

G-四链体是一种特殊的核酸二级结构,所谓 G-四链体,就是其结构核心部分只由 G (鸟嘌呤)残基构成,四个 G 残基通过 N1—O6 和 N2—N7 之间的协同氢键相互作用有规律排列形成 G-四联体平面,几个 G-四联体平面之间可以通过 O6 上的孤电子对与一些一价金属离子如 K^+,Na^+,NH_4^+ 之间的相互作用而稳定。这种结构可以在富含 G 的环境中形成,它最早发现于 1910 年,但直到 1962 年才被确定。这种 G-四联体中存在大的 π 平面,所以能通过 π-π 作用相互堆积并容纳带正电荷的配体在 G-平面之间与之配位。富含 G 寡聚核苷酸链通过 G-四联体相互堆积并有糖磷酸骨架相连可以形成 DNA 或 RNA 四股螺旋结构,即 G-四链体。这种特殊的核酸二级结构与体内端粒 DNA、端粒酶的表达水平,以及一些重要的原癌基因表达密切相关,因此 G-四链体交联剂的研究具有重要意义。邻苯二酚类化合物是针对 G-四链体的交联剂。

3. 实验原理

3.1   核酸交联作用的评估

使用凝胶电泳技术评估邻苯二酚类化合物对线性 DNA 和 G-四链体结构的交联作用。DNA 分子本身是带负电荷的,在外加电场的作用下会向正极移动。不同的 DNA 分子由于其分子量和构型的差异,因此迁移速率不同,这也是电泳分离 DNA 的基础。聚丙烯酰胺凝胶电泳(polyacrylamide gel electrophoresis,PAGE)是研究核酸和蛋白质时常用的一种分离技术,它是以聚丙烯酰胺作为支撑介质的一种电泳分离技术。和电泳中常用的另外一种支撑介质琼脂糖相比,聚丙烯酰胺的孔径更小,分离度更高,对于 DNA,分子量相差 0.2% 的 DNA 片段(500 bp 相差 1 bp)就可以通过聚丙烯酰胺凝胶电泳进行区分。

聚丙烯酰胺凝胶电泳又可以分为变性聚丙烯酰胺凝胶电泳和非变性聚丙烯酰胺凝胶电泳。变性 PAGE 中,加入了尿素这种变性剂,DNA 的氢键是被破坏的,因此在变性 PAGE 中,DNA 只能以单链形式存在,不存在其他二级结构,其在变性 PAGE 上唯一的区分度就是分子量,分子量小的 DNA 迁移速率快,在胶中的移动速率较快,出现在胶的前边。而分子量较大的 DNA 由于迁移速率慢,因此出现在胶的后边。在 DNA 的交联研究中,常用到变性聚丙烯酰胺凝胶电泳,由于小分子会和 DNA 分子通过共价键结合,DNA 分子量会增大,由于该结合是共价键的形式,因此在变性聚丙烯酰胺凝胶电泳中,小分子不会脱落。交联反应发生后,DNA 和小分子的复合物迁移速率变慢,在原始 DNA 条带的后边会出现一条新的带,这条带就是小分子和 DNA 交联产物的带。

3.2　单细胞电泳实验

单细胞电泳实验也叫彗星实验,该实验可以从单个细胞的水平研究 DNA 的断裂,是研究 DNA 交联常用的手段。通过将单个细胞包埋在琼脂糖中,在裂解液的作用下细胞膜、核膜会被破坏,细胞内的蛋白质等会扩散到琼脂糖中,而 DNA 由于分子量很大,仍然停留在核骨架中。如果细胞的 DNA 没有受到损伤,其 DNA 呈现超螺旋结构,分子量很大,电泳时仍然很紧密,经染色后呈现圆形荧光,无拖尾。如果细胞的 DNA 受到损伤,则 DNA 会断裂成小的片段,在电泳时,不同大小的片段由于分子量不同,迁移速率也不同,因此经染色后会出现拖尾,非常像彗星的形状,因此该实验也称彗星实验。DNA 损伤的程度越严重,DNA 碎片越多,拖尾现象也越严重,因此通过该方法可以很灵敏地观察到单个细胞 DNA 的损伤程度。

4.　实验操作

4.1　仪器与试剂

4.1.1　仪器

- 加热磁力搅拌器
- 两口圆底烧瓶瓶、单口圆底烧瓶
- 回流冷凝管、漏斗、锥瓶
- PHS-3C 型精密 pH 计
- 电热恒温水浴箱
- 台式离心机
- 微型混合器
- 琼脂糖水平电泳槽、小型垂直电泳槽
- 微波炉
- 稳压稳流电泳仪
- 凝胶成像及分析系统
- 圆二色谱

4.1.2　试剂

- 以下试剂直接使用:邻苯二胺(分析纯),对苯二胺(分析纯),3,4-二羟基苯甲醛(分析纯),甲醇(分析纯),乙醇(分析纯)
- 以下试剂经由溶液配制得到:NaOAc 溶液(3 mol/L,pH=5.2),Tris(1 mol/L,pH=7.6),

NaCl 溶液（1.5 mol/L），10× 碱性电泳液（500 mmol/L NaOH，10 mmol/L EDTA），中和溶液（1 mol/L pH=7.6 的 Tris 和 1.5 mol/L NaCl 溶液），6× 碱性上样缓冲液（300 mmol/L NaOH，6 mmol/L EDTA，18% m/V Ficoll 400，0.15% 溴甲酚绿，0.25% 二甲苯氰）

- 琼脂糖凝胶电泳：琼脂糖（分析纯），GelRed 染色剂（10000×，用 0.1 mol/L NaCl 稀释），荧光标记的 Pu27 序列

- 聚丙烯酰胺凝胶电泳：5× TBE 缓冲液，40% 丙烯酰胺/甲叉双丙烯酰胺溶液，10% 过硫酸铵溶液，四甲基乙二胺（TEMED，分析纯），尿素（分析纯），去离子甲酰胺（分析纯）

4.2　实验步骤

本实验共分 2 次完成。

第一次实验

时间	步骤
09:00—10:00	讲解实验背景和原理
10:00—16:00	质粒 pBR322 的酶切
10:00—17:00	细胞处理
12:00—13:30	**午饭**
13:30—14:00	邻苯二酚类化合物溶液的配制
14:00—15:30	MBTH 显色实验表征邻苯二醌活性中间体
16:00—16:30	质粒 pBR322 的乙醇沉淀和回收
16:30—17:00	DNA 的紫外定量
16:30—17:00	数据分析和结果解读

第二次实验

时间	步骤
09:00—10:00	讲解实验背景和原理
10:00—13:00	邻苯二酚类化合物与质粒 DNA 反应
10:00—17:00	邻苯二酚类化合物对 G-四链体 DNA 的交联活性检测
11:30—12:00	制备琼脂糖凝胶、聚丙烯酰胺凝胶
12:30—13:30	**午饭**
13:00—17:00	琼脂糖凝胶电泳
13:00—17:00	聚丙烯酰胺凝胶电泳
13:00—17:00	单细胞彗星电泳
16:30—17:00	数据分析和结果解读

实验流程如图 18-2 所示。

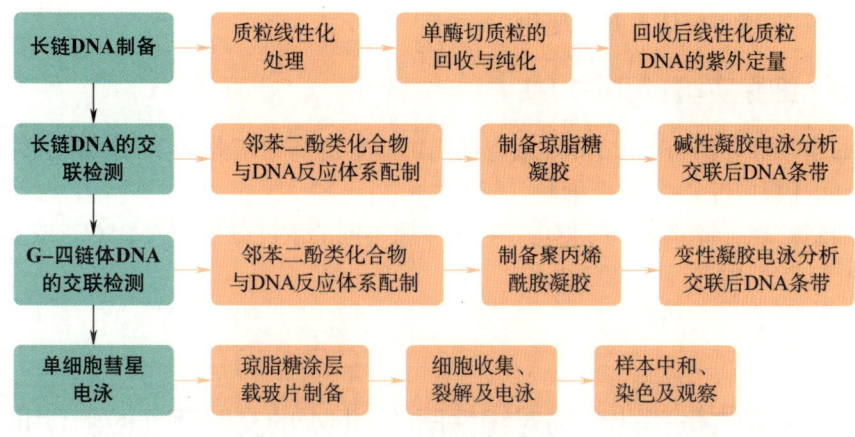

图 18-2　实验流程图

第一次实验

4.2.1　质粒 pBR322 的前处理（用时 7 h）

（1）**质粒 pBR322 的酶切**（用时 6 h）。在 1.5 mL 的 EP 管中依次加入超螺旋质粒 pBR322 DNA（10 μL，10 μg），含有 *Eco*R Ⅰ 缓冲液（10×，20 μL）及乙酰化牛血清白蛋白（BSA，20 μL，1 mg/mL）溶液，振荡混匀溶液之后，随即加入 *Eco*R Ⅰ（10 μL，32-80 U）进行酶切反应，整个反应体系在 37 ℃下反应 6 h 左右。

（2）**质粒 pBR322 的乙醇沉淀和回收**（用时 30 min）。取出 EP 管，往管中加入醋酸钠水溶液（20 μL，3 mol/L）和冰乙醇（750 μL），随后将体系转移至 −20 ℃冰箱中，放置过夜沉淀。从冰箱中取出 EP 管之后，将其放入冷冻离心机中，在温度为 4 ℃时，用 16000 r/min 的转速离心 15~20 min，小心移去上层溶液，留下的线性 DNA 用超纯水（50 μL）溶解，放置在 −20 ℃冰箱中存储待用。

4.2.2　DNA 的紫外定量（用时 30 min）

将上一步离心得到的 DNA，取 1 μL，按 200 倍稀释，测其吸光度。根据朗伯-比尔定律计算其浓度。得到确切浓度后大致稀释成 0.1 μg/μL 备用。

4.2.3　邻苯二酚类化合物溶液的配制（用时 30 min）

分别称取约 2 mg 邻苯二甲胺类化合物 1 和对苯二甲胺类化合物 2，按各自分子量计算出浓度为 10 mmol/L 时所需加入 DMSO 的体积，将化合物配成终浓度为 10 mmol/L 的 DMSO 溶液。

4.2.4　MBTH 显色实验表征邻苯二醌活性中间体（用时 90 min）

3-甲基-2-苯并噻唑酮腙（3-methyl-2-benzothiazolinone hydrazine，MBTH）能和邻苯二醌发生 Michael 加成，生成深红色产物，从而表示邻苯二醌中间体的产生。

将邻苯二酚类化合物,MBTH,及酪氨酸酶的浓度分别固定在 500 μmol/L,1 mmol/L,40 U。分别配制加化合物和不加化合物的体系,在 37 ℃条件下培育 1 h;另外配制不加酶加化合物的体系作为对照,观察各个体系颜色变化。

4.2.5　细胞实验(用时 7 h)

(1)细胞培养。B16F1 和 HeLa 细胞使用配制好的高糖培养基,培养条件为 37 ℃,5% CO_2。每个六孔板中铺 4×10^5 个细胞,培养 12 h。

(2)细胞处理。将邻苯二酚类化合物 1 按照不同的浓度分别加入 B16F1 或 HeLa 细胞中,37 ℃孵育 72 h 后进行单细胞电泳。

第二次实验

4.2.6　邻苯二酚类化合物对线性质粒 DNA 的交联活性检测(用时 7 h)

判断化合物与 DNA 是否交联,采用碱性凝胶电泳的方法。在碱性条件下,通过氢键作用形成的 DNA 双螺旋结构会被打开变成单链 DNA。如果化合物和 DNA 双螺旋结构有共价键交联,双螺旋结构就不能被打开,DNA 仍然保持双链结构。在电泳的时候,DNA 的交联产物的分子量大约是单链 DNA 的 2 倍。在碱性凝胶电泳中的迁移速率就比单链 DNA 的迁移速率更慢。

4.2.6.1　邻苯二酚类化合物与 DNA 反应体系的配制

总体积 10 μL 的反应体系,其中 DNA 和酪氨酸酶的量分别固定在 10 pmol 和 40 U,体系中 Tris-HCl 终浓度 10 mmol/L,两个化合物分别按终浓度 0,1 mmol/L,2 mmol/L 加入体系中。反应在 37 ℃恒温水箱里培育 3 h。

4.2.6.2　制备琼脂糖凝胶

(1)1× TAE 缓冲液的配制:取 20 mL 的 50× TAE 缓冲液加入 1 L 试剂瓶中,加 MilliQ 水至终体积为 1 L。

(2)用天平称量 1.0 g 的琼脂糖置于锥形瓶中(**尽量不要沾到瓶壁上**),加入 100 mL 的 1× TAE 缓冲液(**不要振荡混匀**)。

(3)置于微波炉内进行加热,其间可取出进行振荡混匀。加热至琼脂糖完全溶解,溶液变澄清为止。

(4)安装水平制胶槽,待琼脂糖溶液温度稍微降低(5 min 以内均可),倒入制胶槽,插上梳子。

(5)待琼脂糖凝胶完全凝固后,小心拔去梳子,即可进行上样。

4.2.6.3　琼脂糖凝胶电泳

(1)将制作的琼脂糖凝胶连同胶槽放入水平电泳槽。

(2)倒入 1× TAE 缓冲液,使液面少许超出胶面,缓冲液没过凝胶孔。

(3)将 10 μL Marker(已加入 10× GelSafe 染料)及 10 μL 制备好的 DNA 样品依次加入加样孔内:分别从前面 5 个含有不同浓度化合物培育反应体系中取 10 μL,加入染料缓冲液(6×,2 μL),混合均匀后,将 EP 管中的溶液加进琼脂糖凝胶的胶孔中。另外加入一个未酶切的超螺旋 DNA 样品和一个 DNA Marker 样品,一共 7 个样品。

（4）盖上电泳槽盖并通电，在 3 V/cm 的固定电压条件下电泳 2.5~3 h，使 DNA 向**阳极方向**移动。

（5）电泳完毕之后，加过 GelRed 的凝胶直接用成像仪成像。未加入 Gel Red 的凝胶将其转入装有中和溶液（1 mol Tris pH=7 和 1.5 mol/L NaCl 溶液）的池子里，中和 30 min 后取出凝胶，随即转入含有 GelRed 溶液（3× GelRed 的 0.1 mol/L NaCl 溶液）的池中染色 0.5~1 h。取出后，用清水漂洗凝胶，采用凝胶成像系统观察和调整凝胶电泳分离图像，并记录结果。比较前染和后染两种操作的染色效果，以及分析线形、超螺旋和交联 DNA 条带的迁移率。

4.2.7　邻苯二酚类化合物对 G-四链体 DNA 的交联活性检测（用时 7 h）

4.2.7.1　荧光标记 DNA 的稀释

将公司合成的 DNA 按所给 nmol 数的 10 倍用纯水稀释，得到的 DNA 链浓度约为 100 μmol/L。

4.2.7.2　两个化合物与 DNA 反应体系的配制

总体积 10 μL 的反应体系，其中 DNA 和酪氨酸酶的量分别固定在 10 pmol 和 40 U，体系中 Tris-HCl 终浓度 10 mmol/L，两个化合物分别按终浓度 0、1 mmol/L、2 mmol/L 加入体系中。反应在 37 ℃恒温水箱里培育 1 h。

4.2.7.3　聚丙烯酰胺凝胶电泳

由于 G-四链体是短链 DNA 形成的二级结构，因此尺寸较小，不适用琼脂糖凝胶的分离，而需要用聚丙烯酰胺分离。本实验用的是 20% 的变性聚丙烯酰胺凝胶，其配方为：16.8 g 的尿素，20 mL 的丙烯酰胺（40%，19∶1），8 mL 的 5× TBE，360 μL 的过硫酸铵（10%），40 μL 的 TEMED，加水补至 40 mL。

胶凝后用电泳液将梳孔内尿素吹净，预电泳 30 min，将化合物与 DNA 反应后的体系中加入 10 μL 去离子甲酰胺，混合均匀后上样。160 V 电压下电泳 3~4 h。电泳结束后用激光扫描仪成像。

4.2.8　单细胞彗星电泳（用时 4 h）

（1）准备琼脂糖涂层载玻片：在载玻片上涂上一层正常熔点琼脂糖，制成底层。使之凝固后，再涂上一层含有细胞的低熔点琼脂糖，制成顶层。将载玻片放在 4 ℃下使琼脂糖凝固。

（2）细胞裂解：将准备好的载玻片放入预冷的裂解液中（通常是含有去离子水、NaCl、EDTA、Tris 和洗涤剂的混合液）。在 4 ℃下裂解 1~2 h。

（3）DNA 展开：将载玻片转移到碱性电泳缓冲液中（如含有 NaOH 和 EDTA 的溶液）。在室温下展开 DNA 20~40 min。

（4）电泳：将载玻片置于电泳槽中，加入足够的电泳缓冲液覆盖。在低电压下进行电泳（通常为 25 V，300 mA），时间一般为 20~30 min。

（5）中和和染色：将载玻片从电泳槽中取出，用中和缓冲液（通常为 Tris-HCl）处理。用中性红或乙炔胺蓝染色。

（6）显微镜观察：在荧光显微镜下观察并拍摄彗星图像。根据彗星的形状和尾部的长度分析 DNA 损伤程度。

5. 思考题

（1）以核酸为靶标的药物设计与以其他受体为靶标的药物设计相比有何优势？

（2）小分子在化学生物学中起何作用？

（3）本实验中哪些不当操作会导致化合物对 DNA 的交联作用减弱？

6. 参考文献

DNA 的固相合成及其热稳定性探究

朱志　吴丽娜　杨朝勇（厦门大学）

1. 实验目的

（1）学习并掌握 DNA 固相合成及 DNA 杂交的相关基本原理；
（2）学习 DNA 合成仪的基本操作及原理；
（3）学习用紫外分光光度法测定 DNA 热稳定性的方法。

2. 实验背景

2.1　DNA 的化学合成

DNA 的化学合成是分子生物学和生物化学的重要技术之一，其研究始于 20 世纪 40 年代末。科学家们明确了核酸是由许多核苷酸通过 $3' \rightarrow 5'$ 磷酸二酯键连接而成的长链大分子。这一发现为核酸的人工合成奠定了基础[1]。1955 年，英国剑桥大学 Todd 实验室在经过十年努力后，首次合成了具有天然 DNA $3' \rightarrow 5'$ 磷酸二酯键结构的 TpT 和 pTpT，从而拉开了人工合成核酸的序幕，并获得了 1957 年诺贝尔化学奖。此后，哥伦比亚大学的印度籍美国科学家 Khorana 等对基因的人工合成作出了划时代的贡献，他们创建了基因合成的磷酸二酯法，并发展了多种核苷酸上活性基团的保护基团，如糖基上的羟基、碱基上的氨基和磷酸基，同时还改进了合成产物的分离和纯化方法。到目前为止，磷酸三酯法、亚磷酸酯法和亚磷酰胺法是几种主要的 DNA 合成方法[2]。上述三种方法有着其各自的优缺点（详见表 19-1），亚磷酰胺法凭借其高偶联效率（>98%）、长链合成能力（可达 200 nt）及与自动化设备的兼容性，已成为现代 DNA 合成的"黄金标准"，广泛应用于基因合成、PCR 引物制备及高通量测序等领域。相比之下，磷酸三酯法和亚磷酸酯法因效率或毒性限制，仅用于特殊需求场景，如合成硫代磷酸酯修饰的 DNA 短链或早期实验室研究。实际应用中，合成效率、链长需求与成本是选择方法的核心权衡点。总体而言，DNA 合成技术的演进（从磷酸三酯法到亚磷酰胺法）反映了对精准度、效率和规模化生产的持续追求。同时，DNA 化学合成技术在生物化学和分子生物学研究中发挥了至关重要的作用，并推动了基因工程、药物开发和其他生物技术领域的进步[3]。

表 19-1　磷酸三酯法、亚磷酸酯法和亚磷酰胺法的对比

对比维度	磷酸三酯法	亚磷酸酯法	亚磷酰胺法（主流方法）
原理	通过磷酸三酯键逐步连接核苷酸	通过亚磷酸酯中间体形成磷酸二酯键	使用亚磷酰胺单体进行固相合成
反应步骤	偶联→氧化	偶联→硫化（或氧化）	脱保护→偶联→盖帽→氧化
偶联效率	较低（90%~95%）	中等（95%~98%）	高（98%~99.5%）
适用链长	短链（<20 nt）	中短链（<50 nt）	长链（可达 100~200 nt）
关键试剂	二环己基碳二亚胺（DCC）	四唑活化剂	四唑活化剂、固相载体（CPG）
优点	早期方法，成本低	毒性较低，反应条件温和	高效、自动化兼容、适合长链合成
缺点	副反应多，产率低	反应速率慢，偶联效率有限	单体成本高，需严格无水条件
应用场景	早期实验室小规模合成	短链合成或特殊修饰核苷酸	现代商业合成（如基因合成、引物）

2.2　DNA 的杂交

　　DNA 的杂交（DNA hybridization）是指不同来源的 DNA 的两个单链互相结合形成双链的过程。这种结合通常是通过互补配对的碱基对之间形成的。DNA 的杂交通常用于确定两个不同 DNA 序列之间的相似性或差异性，以及在生物学实验室中进行 DNA 序列的分析和检测。

　　如图 19-1 所示，这个过程是可逆的，可以看作结合/解离或复性/变性的过程。这种双链分子对于热变性的稳定程度取决于如下因素：

　　（1）碱基对的种类。在双链分子中，碱基对的种类会影响稳定性。例如，DNA 中的碱基对包括腺嘌呤-胸腺嘧啶（A-T）和胞嘧啶-鸟嘌呤（C-G）。C-G 对通过三重氢键连接，比 A-T 对（双重氢键）更稳定。因此，含有更多 C-G 对的双链分子通常在热变性时更稳定。

　　（2）链间氢键的数量。双链分子中的氢键数量越多，稳定性通常越高[4]。这是因为氢键在维持双链结构的完整性方面起着重要作用。

　　（3）双链长度。双链的长度越长，碱基之间通过氢键和空间堆积方式形成的相互作用力越强，双链越稳定（每个氢键 3~6 kcal/mol）。

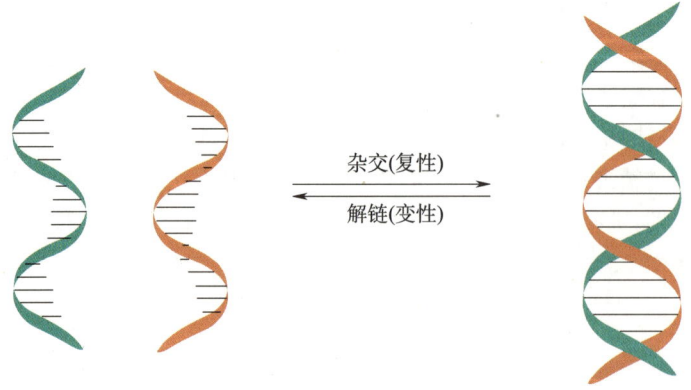

图 19-1　DNA 杂交与解链示意图

（4）阳离子浓度。核酸的磷酸二酯键骨架带有大量负电荷,属于多聚阴离子,要形成双链,两条链必须相互靠近[5]。因此,库仑斥力会阻碍杂交的进行。而阳离子能够平衡核酸所带的负电荷,因此双链在高盐环境中稳定性增加。

（5）温度。杂交双链在高温下发生解离或变性。使双链解离 50% 的温度称为解链温度,又称为熔解温度(melting temperature,T_m)。T_m 值是双链热稳定性的重要指标。显然,影响 T_m 大小的因素有 DNA 的序列组成,以及是否有变性剂的存在。此外,阳离子的种类、DNA 链上带的修饰、溶剂化作用、杂质的存在也能影响 T_m 值的大小。

DNA 双螺旋中,相邻碱基的跃迁偶极矩会发生相互作用和偶联,导致整体的摩尔吸光系数低于各个游离碱基之和。这种偶联效应被称为"叠堆"(stacking)作用,是 DNA 双螺旋结构稳定性的重要因素之一。在 DNA 双链发生热变性(解链)过程中,碱基间的堆积作用减弱,使得吸收光谱发生蓝移和吸光度增加。这种温度诱导的吸光度增加现象,被称为"增色效应"(hyperchromic effect)。DNA 双链的热变性过程通常呈现 S 形的"解链"曲线(图 19-2)。曲线的拐点对应"解链温度"T_m,是 DNA 双链开始解链的关键温度点。由于"增色效应",可以利用 DNA 在 260 nm 左右的吸收峰来监测其热变性过程。随着温度升高,吸光度的增加反映了双链的解离程度。绘制吸光度与温度的关系曲线,即可获得完整的"解链"曲线。这些光学性质为利用紫外分光光度法研究 DNA 的结构、稳定性和动态变化提供了重要的实验依据。通过监测 DNA 解链过程,可以获得关键的热力学和结构信息,在分子生物学研究中广泛应用。

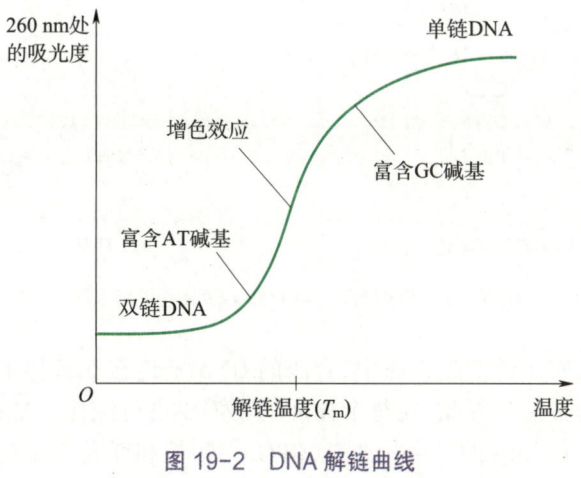

图 19-2　DNA 解链曲线

3. 实验原理

DNA 化学合成的基本目标是通过将核苷上的活性 3′–磷酸基团与另一核苷的 5′–羟基偶联,按照特定的碱基顺序来构建具有天然 DNA 分子生物学活性的寡核苷酸链。这种合成过程与生物体内的 DNA 合成方向相反,即从 3′ 到 5′ 的方向进行。在固相合成过程中,首先将要合成的寡核苷酸的末端核苷或核苷酸共价连接到一个不溶性的高聚物载体上。随后,按照需要的碱基顺序,依次延伸寡核苷酸链。每一个碱基的添加通过一个化学反应循环完成,包括脱保护、偶联、加帽和氧化等步骤。由于核苷酸是多官能团的化合物,在连接反应中除了目标反应外,其他官能团如核糖和磷酸羟基、碱基上的氨基等也可能发生反应,导致产率降低和产物纯化困难。因此,在 DNA 化学合成中,必须对暂时不需要的官能团进行保护,然后在合成过程的适当时机选择性地去除这些保护基团,以确保特定核苷酸排列的 3′→5′ 磷酸二酯键的形成。当整条链合成完成后,寡核苷酸的粗产品需要从载体上切下,并去除保护基团,以得到最终的 DNA 合成产物。图 19-3 列出了亚磷酰胺方法中常见的四种碱基的单体,其中,A 和 C 单体的保护基是苯甲酰基,G 单体的保护基是异丁酰基,T 因为没有活性环外氨基而不需要保护基团。

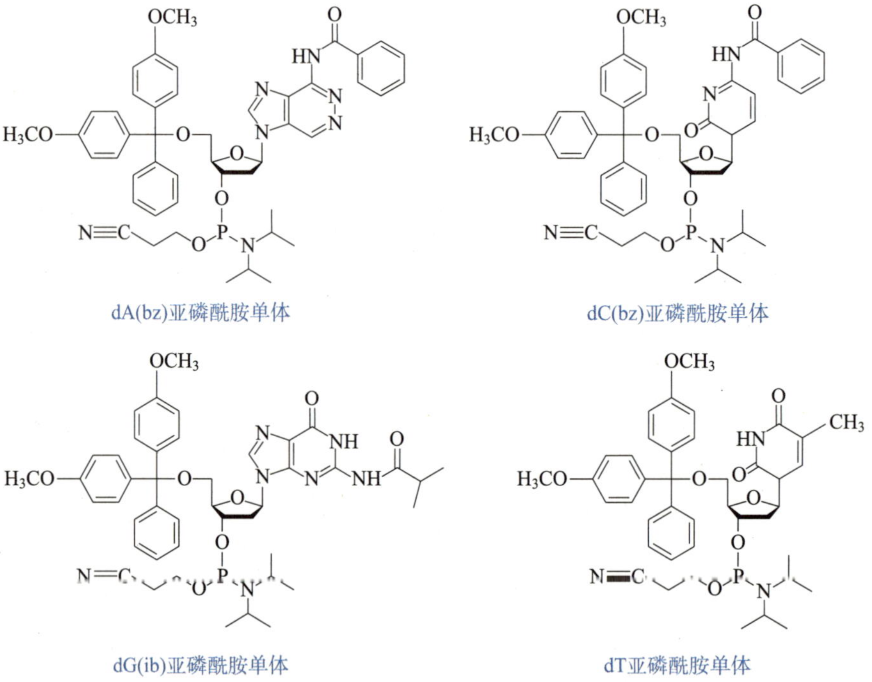

dA(bz)亚磷酰胺单体

dC(bz)亚磷酰胺单体

dG(ib)亚磷酰胺单体

dT亚磷酰胺单体

图 19-3 DNA 合成中的四种单体结构示意图

在寡核苷酸合成的亚磷酰胺方法中,合成的 DNA 链连接在载体上,液相中过量的试剂可以通过简单的过滤去掉。因此,在每个循环间不需要进行纯化。这种载体是一种硅胶形式的可控微孔玻璃珠(controlled pore glass,CPG)。颗粒和微孔大小都已被优化,液体传输及其机械强度为最佳。起始物质是与固相载体结合的核苷,它将成为核苷酸的 3′–OH 末端。核苷通过一个连接臂以 3′–OH 与载体相连。5′–OH 被 DMT(二甲氧基三苯甲基)基团封闭保护。

如图 19-4 所示,合成循环的第一步为脱保护(detritylation 或 deprotection),是合成 DNA 过程中的一个重要步骤。该步骤的目的是去除连接在核苷酸单体上的保护基团,通常是 DMT 基团,露出每个新连接的核苷酸单体的 5′–OH 末端。这一步骤使得新合成的核苷酸单体可以继续参与下一轮的合成反应,完成 DNA 链的延伸。

第二步是偶联反应(coupling),偶联的主要目的是确保核苷酸之间形成稳定的磷酸二酯键。偶联反应通常在碱性条件下进行,使用活化剂(如环二硫酸酯)和稳定剂(如碘化五

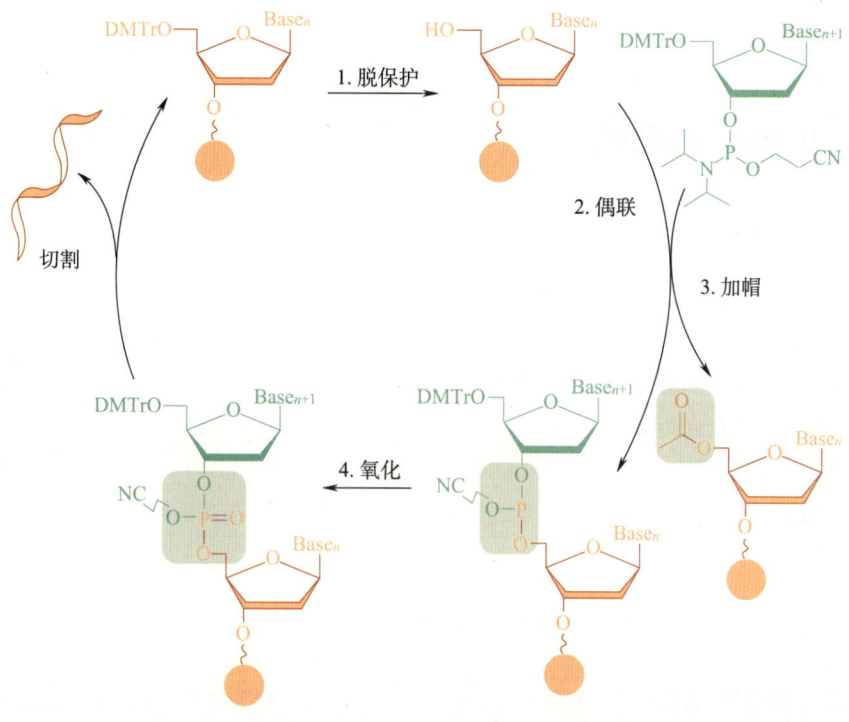

图 19-4　固相亚磷酰胺法合成寡聚核苷酸的循环示意图

环磷酸二苯酯)来促进反应。同时加入亚磷酰胺核苷单体和弱酸四唑到反应柱中,产生活性的中间体,与前一个核苷的 5′–OH 反应。这一中间体非常活泼,偶联在 30 s 内就可以完成。此时,第二个亚磷酰胺的 5′–OH 同样被 DMT 基团封闭保护。

第三步称为加帽反应(capping),旨在确保合成的 DNA 链的完整性和质量。加帽反应主要用于处理那些在合成过程中可能未能成功偶联的核苷酸,以防止其对后续反应产生干扰。加帽反应通常使用特定的试剂,如乙酸酐或苯甲酸酰氯,与未偶联的 5′–OH 反应。这些试剂与未偶联的 5′–OH 反应,形成非反应性的“帽子”结构,防止这些未偶联的末端在后续步骤中参与不期望的反应。尽管封闭对于 DNA 合成并不是必需的,但是它的存在缩短了杂质的长度,使杂质很容易从最后产物中分离,因此加帽在 DNA 合成循环中仍然是重要的一步。

最后一步是氧化反应(oxidation),每次核苷酸单体连接后,通过氧化剂(如碘或类似物)进行氧化,促使不稳定的亚磷酯键(磷为三价)转化为更稳定的磷酸酯键(五价)。这个步骤需要非常精确的反应条件,以确保生成的磷酸二酯键的稳定性和特异性。

以上步骤循环重复,直到合成所需长度的完整 DNA 链。每一轮合成都需要严格控制,确保每个核苷酸的正确连接顺序和高纯度。合成完成后,DNA 链仍连接在固相载体上,并带有各种保护基团。用浓氨水处理可以将寡核苷酸从载体上切下。浓氨水或其他试剂可以去除核苷酸上的保护基团,如氰乙基磷酸酯保护基和碱基上的保护基。最后,通过排阻色谱等手段,将寡核苷酸与小分子副产物分离,达到纯化目的。

4. 实验操作

4.1 仪器、耗材与试剂

4.1.1 仪器

- Polygen 12 Column DNA 自动合成仪
- 干式恒温器
- Agilent UV 8453 紫外分光光度计
- NanoDrop 分光光度计
- 旋涡混合器
- 离心机
- 高纯氩
- 普氮
- 移液器

4.1.2 常规耗材

- 移液器吸头
- 离心管
- 离心管架
- 常量石英比色皿
- Nap-10(或 Nap-5)排阻色谱柱

4.1.3 试剂

- 甲胺和氨水 1∶1 混合液
- 3 mol/L NaCl 溶液
- 无水乙醇
- 20× PBS

4.2 实验步骤

时间	步骤
08:30—09:30	讲解实验背景和原理
09:30—11:30	DNA 的合成
11:30—12:30	**午饭**
12:30—14:30	DNA 的纯化及定量
14:30—15:00	解链温度的测定

实验流程如图 19-5 所示。

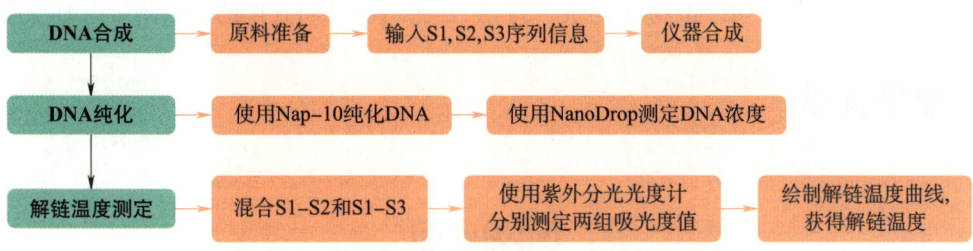

图 19-5   DNA 的化学合成及解链温度测定流程图

4.2.1   DNA 的合成（用时 2 h）

使用 DNA 合成仪, 合成下面三条寡聚核苷酸。

S1:5′–GGT TGG TGT GGT TGG–3′

S2:5′–CCA ACC ACA CCA ACC –3′

S3:5′–CCA ACC ACA CCA AAC –3′

4.2.2   DNA 的纯化及定量（用时 2 h）

（1）合成完成后, 将 CPG 转移至 2 mL 的离心管中, 加 400 μL 的甲胺和氨水 1:1 混合液, 干式恒温器 65 ℃ 孵育 30 min。

（2）加入 40 μL 的 3 mol/L NaCl 溶液和 1 mL 的无水乙醇, –20 ℃ 孵育 30 min 以上。

（3）15000 × g 离心 10 min, 弃上清。

（4）500 μL 的二次去离子水溶解沉淀, 过滤膜后用 Nap-10（或 Nap-5）柱纯化。

（5）收集洗脱液, 使用 NanoDrop 测定纯化后 DNA 的浓度。

4.2.3   解链温度的测定（用时 1 h）

（1）步骤 4.2.1 中合成了三条寡聚核苷酸链, 其中, S1 和 S2 是完全匹配的序列, 而 S1 和 S3 则是单碱基错配的序列。向编号为 a 和 b 两个 600 μL 的离心管中分别加入 S1 和 S2、S1 和 S3 DNA 母液（浓度已预先测定）, 加入 20 μL 的 20× PBS 后, 加超纯水至总体积 400 μL, 双链终浓度为 2 μmol/L。

（2）分别移取上述溶液至常量石英比色皿中, 在 Agilent UV 8453 紫外分光光度计上测其吸光值。测定温度范围为 25~70 ℃, 步距为 2.5 ℃, 平衡时间为 1 min。

（3）以吸光度对温度作解链曲线, 即可得到解链温度。

5. 思考题

（1）本实验中利用排阻色谱法对合成的 DNA 进行了纯化, 除此以外, 还可以利用哪些方法对 DNA 进行分离纯化？

（2）你认为实验中影响DNA合成产率的因素有哪些？如果每一个碱基的偶联效率为99%，请计算合成一条25个碱基的寡核苷酸链的理论产率为多少？

（3）除了本实验中用到的紫外分光光度法，是否可以利用其他的方法测定解链温度？

6. 参考文献

G-四链体的过氧化物酶活性测定

朱志　吴丽娜　杨朝勇（厦门大学）

1. 实验目的

（1）了解 G-四链体的结构及功能；
（2）学习酶标仪的使用方法；
（3）学习酶与底物结合解离常数的测定方法。

2. 实验背景

G-四链体（G-quadruplex）是一种特殊的 DNA 或 RNA 结构，在这种结构中，多个鸟嘌呤（guanine，G）核苷酸通过氢键相互作用形成平面结构，其特点是由 Hoogsteen 氢键连接 4 个 G 形成环状平面，两层或以上的四分体通过 π–π 堆积形成的"四联体"结构[1]。G-四链体有三种典型的拓扑：平行、反平行和混合（图 20-1），这取决于序列和实验条件（例如共存的金属离子、金属离子浓度和分子拥挤程度）。

G-四链体作为一种特殊结构，在生物学中具有重要的生物学意义和潜在的应用价值。G-四链体常出现在基因启动子区域、染色质结构和端粒中，参与调控基因的表达和染色质的稳定性。它可以通过影响转录复合物的结合和 DNA 的解旋来调节基因的转录活性。在细胞信号传递过程中，G-四链体可以作为细胞外信号的响应元件，参与调节相关基因的表

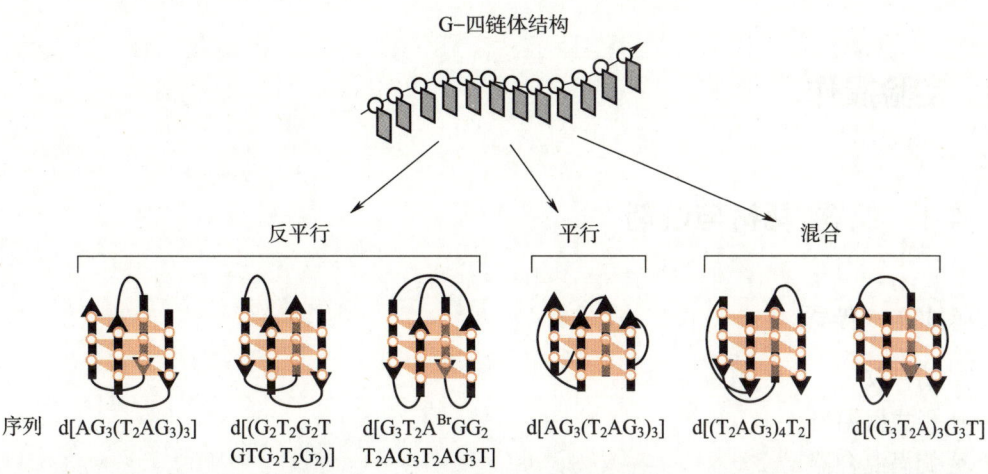

图 20-1　G-四链体结构式意图[2]

达和细胞功能。G–四链体在端粒(染色体末端的保护结构)的形成和稳定性中发挥关键作用。它们帮助维持端粒的完整性,防止染色体末端的损伤和异常。此外,一些研究表明,G–四链体与细胞周期的调控有关,特别是在细胞分裂过程中可能起到重要的调节作用。总体来说,G–四链体的研究不仅有助于我们理解基因调控和疾病发生机制,还为开发新的生物医学、药物和生物技术应用提供了理论基础。随着对其结构、功能和相互作用机制进一步深入地研究,G–四链体在生物学领域的重要性和应用潜力将得到更广泛的认知和应用。

③ 实验原理

富含鸟嘌呤的 DNA 寡核苷酸折叠形成 G–四链体(绿色平面),并与氯高铁血红素(hemin)结合(灰色圆盘),形成 G–四链体–hemin DNA 酶[2](图 20-2)。hemin 是病理状态下的血红细胞释放的亚铁血红素(heme)的氧化形式,也是生物体内多种过氧化物酶的催化活性中心,具有较低的过氧化物酶活性[3]。由此产生的 G–四链体–hemin DNA 酶复合物却具有较高的过氧化物酶活性,可以催化活性物催化 H_2O_2 氧化 2,2′–氨基–二(3–乙基–苯并噻唑啉–6–磺酸)[2,2′–Azinobis–(3–ethylbenzthiazoline–6–sulphonate),ABTS]生成在波长 $\lambda=418$ nm 处有特征吸收的绿色产物 ABTS·+[4]。本实验着重探讨了 G–四链体对 hemin 催化反应的促进作用。

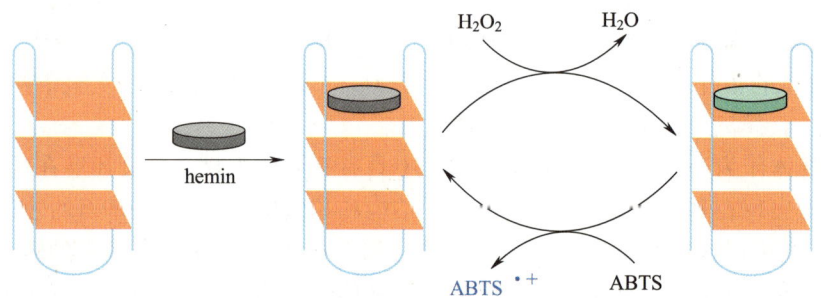

图 20-2   G–四链体–hemin 复合物催化 ABTS 与 H_2O_2 反应[5]

④ 实验操作

4.1   仪器、耗材与试剂

4.1.1   仪器

- 酶标仪
- 干式恒温器
- 旋涡混合器
- 移液器

- pH 计
- 离心机

4.1.2　常规耗材

- 1.5 mL 离心管
- 离心管架
- 移液器吸头
- 96 孔板
- 手套

4.1.3　试剂

- 40 μmol/L hemin 溶液,4 ℃保存
- 40 mmol/L ABTS 溶液,4 ℃保存
- 20 mmol/L H_2O_2 溶液,室温保存
- 0.1 mol/L Tris-HCl 缓冲液(pH=6.5),室温保存
- 20 μmol/L c-Myc 溶液,−20 ℃保存

4.2　实验步骤

时间	步骤
08:30—09:30	讲解实验背景和原理
09:30—10:30	利用 DNA 合成仪合成 c-Myc
10:30—11:30	c-Myc 退火
11:30—13:00	午饭
13:00—14:00	G-四链体-hemin 复合物的酶活性测定
14:00—15:00	G-四链体与 hemin 的结合解离常数测定

实验流程如图 20-3 所示。

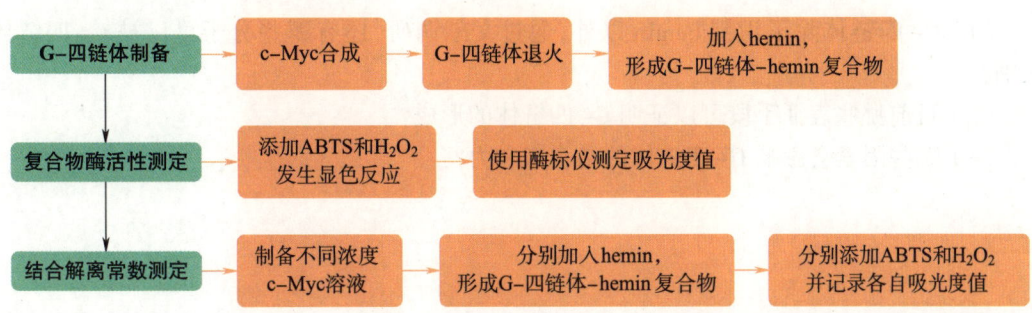

图 20-3　G-四链体对 hemin 催化活性的促进实验流程图

4.2.1   c-Myc 的合成与退火（用时 2 h）

此部分实验步骤参见实验十九。

4.2.2   G-四链体-hemin 复合物的过氧化物酶活性测定（用时 1 h）

（1）G-四链体-hemin 反应体系的配制。向 120 μL 的 Tris-HCl 缓冲液中加入 40 μL 的 c-Myc（G-四链体，人类癌基因）溶液，终浓度为 4 μmol/L，干浴器 95 ℃孵育 10 min，室温孵育 20 min。向上述溶液中加入 10 μL 的 hemin（终浓度 2 μmol/L），混合均匀，室温孵育 40 min。向溶液中加入 10 μL 的 ABTS（终浓度 2 mmol/L）与 20 μL 的 H_2O_2（终浓度 2 mmol/L）。体系总体积 200 μL。

（2）复合物酶活性测定。使用酶标仪测定溶液在 414 nm 处的吸光度，进行时间扫描 5 min，每间隔 30 s 测一次。不加 c-Myc 的溶液作为对照。作出吸光度（A）随时间（t）变化图。

4.2.3   G-四链体与 hemin 的结合解离常数测定（用时 1 h）

（1）G-四链体-hemin 反应体系的配制。向 Tris-HCl 缓冲液中加入 c-Myc 溶液，使其终浓度分别为 0.1 μmol/L、0.2 μmol/L、0.4 μmol/L、0.8 μmol/L、1.5 μmol/L、3.5 μmol/L、4.0 μmol/L、5.5 μmol/L，干浴器 95 ℃孵育 10 min，室温孵育 20 min。向溶液中加入 hemin（终浓度 2 μmol/L），混合均匀，室温孵育 40 min。向溶液中加入 ABTS（终浓度 2 mmol/L）与 H_2O_2（终浓度 2 mmol/L）。体系总体积 200 μL。

（2）结合解离常数的测定。用酶标仪测定上述溶液在 414 nm 处的吸光度。Tris-HCl 缓冲液作为空白对照。

根据方程式进行拟合得到结合解离常数 K_d 值[6]。

$$[DNA]_0 = K_d(A-A_0)/(A_\infty-A) + [P_0](A-A_0)/(A_\infty-A_0)$$

其中，$[DNA]_0$ 是 DNA 样品的初始浓度；$[P_0]$ 是 hemin 的初始浓度；A_0 是自由 hemin 的吸光度；A_∞ 是 DNA 与 hemin 结合达到饱和时的吸光度；A 是不同浓度的 DNA 与 hemin 结合后的吸光度。

5. 思考题

（1）G-四链体除了识别 hemin 以外，通过文献调研，还有哪些分子可以被 G-四链体识别？

（2）目前哪些表征手段可以证明 G-四链体的形成？

（3）哪些因素会影响 G-四链体的结合亲和力？

6. 参考文献

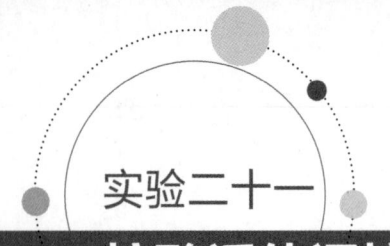

实验二十一
核酸适体调控凝血酶活性的抑制实验

朱志　吴丽娜　杨朝勇（厦门大学）

1. 实验目的

（1）了解核酸适体的基本信息、性质和功能；
（2）了解核酸适体对凝血酶抑制的原理及 IC_{50} 的概念；
（3）学习酶活性抑制的 IC_{50} 的测定方法。

2. 实验背景

2.1 核酸适体

核酸适体（aptamer）是一种能够特异性结合目标分子的单链或双链核酸分子（通常是 DNA 或 RNA）。它们类似于抗体，但由核酸构成，通过体外筛选技术——指数富集配体系统进化（systematic evolution of ligands by exponential enrichment，SELEX）获得。SELEX 技术基于自然选择和进化的原理，通过重复的选择和扩增循环，逐步富集能够特异性结合目标分子的核酸分子。该过程模拟了生物进化中的选择压力，使得高亲和力的适体在循环中得以筛选和富集[1]。SELEX 方法针对的靶物质领域非常广泛，大至完整的细胞、病原菌、病毒颗粒，小至酶、生长因子、抗体、基因调节因子、细胞黏附分子、植物凝集素等，甚至是小分子和金属离子[2]。目前所获得的核酸适体与靶标间的亲和力（解离常数在 pmol/L 和 nmol/L 之间）通常可以匹配抗原抗体之间的亲和力。核酸适体本质是一条核酸，与普通的核酸序列无异，可以与其互补序列杂交形成 DNA 双链。这一性质赋予了人们一种利用 cDNA 杂交调控核酸适体活性的方法。

2.2 凝血酶及其作用机理

血液凝固是维持血液流动性和防止出血的重要生理过程。凝血酶（thrombin）作为这一过程中的核心酶类，扮演着重要的角色。其通过催化纤维蛋白原的转化及激活多种凝血因子，促进血液凝块的形成。深入理解凝血酶的作用机制对于疾病治疗、药物开发及血液疾病的研究具有重要意义。凝血酶分子量约 33.8 kDa，由两个多肽链通过二硫键连接而成。其前体凝血酶原通过内源性或外源性途径被激活，通常由组织因子（TF）和第 VII 因子（FVIIa）或第 X 因子（FXa）共同作用激活凝血酶原，形成具有生物学活性的凝血酶。凝血酶在血液凝固中发挥多重功能。首先,它将溶解在血液中的纤维蛋白原水解成纤维蛋白单体,后者进一步聚合形成稳定的血块。其次,凝血酶激活第 V 因子(FV)和第Ⅷ因子(FⅧ),通过促进凝血级联反应放大凝固信号。最后,凝血酶还激活纤维蛋白稳定化因子(FXⅢ),增强纤维蛋白凝块的稳定性,并抑制纤溶酶原激活物,减少过度纤溶现象。凝血酶的活性受到多种机制的调控。内源性抑制剂如抗凝血酶Ⅲ(ATⅢ)和蛋白 C 系统通过与凝血酶结合可抑制其下游活性来调节其活性。血管内皮细胞分泌的各种调节因子也参与凝血酶的抑制,以维持凝血平衡。此外,凝血酶的过度活化可能导致病理性血栓形成或出血倾向,因此,精确调控其活性对疾病预防和治疗至关重要。

③ 实验原理

底物 S-2238 是一种常用的合成底物,用于检测凝血酶的活性。S-2238 的全名是 N-2-[(苯基甲氧基)羰基]-D-精氨酰基甘氨酰-N-(4-硝基苯基)-L-精氨酰胺二盐酸盐[N-(2-hydroxy-5-nitrobenzoyl)-Phe-Pro-Arg-pNA],其中包含一个可被凝血酶特异性水解的氨基酸序列,其结构如图 21-1 所示。脯氨酸-精氨酸序列是凝血酶的特异性识别位点,其中精氨酸部分能够被凝血酶切割,切割后释放的对硝基苯胺在 405 nm 处显示强吸收,可以通过测量其吸光度或荧光强度来量化凝血酶的活性。

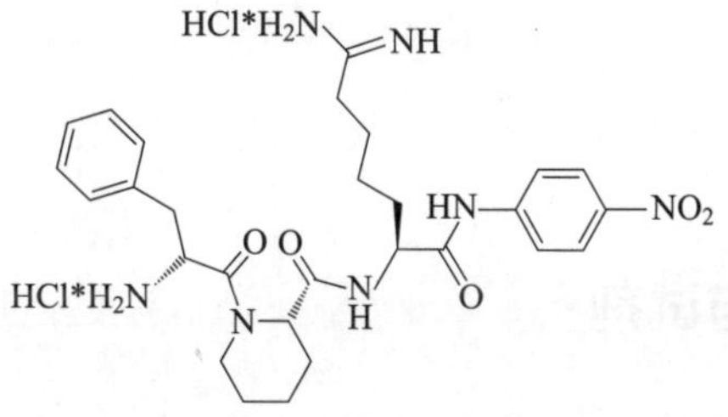

图 21-1　生色底物 S-2238

通过测量吸光度的增加即可测定反应的速率常数,其原理如下:

$$凝血酶 + 抑制剂 \rightleftharpoons 凝血酶-抑制剂$$

$$\text{H-D-Phe-Pip-Arg-pNA} + H_2O \xrightarrow{凝血酶} \text{H-D-Phe-Pip-Arg} + \text{pNA}$$

如果抑制剂结合于凝血酶的活性位点,使酶活性降低,将导致反应速率常数降低[3]。

反应抑制剂活性的标尺(criterion)就是 IC_{50} 值(50% 抑制浓度)。IC_{50} 是评估凝血酶抑制活性的一个重要参数。它反映了抑制剂使凝血酶活性降低 50% 所需的浓度,可以直观地体现出抑制剂的活性强弱。IC_{50} 越小,表示抑制剂越有效,对凝血酶的抑制作用越强。一般认为,$IC_{50} < 1$ μmol/L 为优秀的抑制活性,1 μmol/L $< IC_{50} < 10$ μmol/L 为良好的抑制活性。通常采用体外酶活性测定的方法,将不同浓度的抑制剂与凝血酶反应,测定酶活性的抑制百分比。在不同浓度抑制存在的情况下测定如图 21-2 中的反应动力学。根据抑制百分比与抑制剂浓度的关系曲线,计算出 IC_{50} 值。

目前报道较多的凝血酶的适体有两条[4,5],序列如下:

15mer:5'-GGT TGG TGT GGT TGG-3' (K_d~100 nmol/L)

29mer:5'-AGT CCG TGG TAG GGC AGG TTG GGG TGA CT-3' (K_d~0.5 nmol/L)

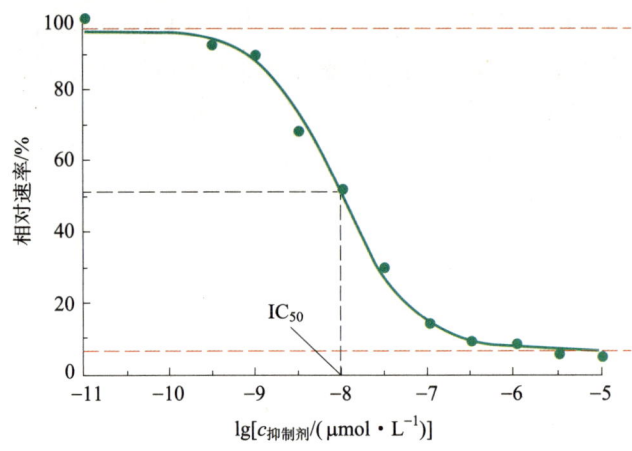

图 21-2 基于反应速率的 IC$_{50}$ 值测定

以上两条核酸适体均能与凝血酶进行高特异性地结合,其中 15mer 适体会占据其用于凝血的活性位点,因而可以将通过 DNA 合成仪合成的 15mer 适体用作凝血酶的活性抑制剂进行研究。

 **4. 实验操作**

4.1 仪器、耗材与试剂

4.1.1 仪器

- Polygen 12 Column DNA 自动合成仪
- 酶标仪
- 干式恒温器
- 旋涡混合器
- 微型离心机
- 高速冷冻离心机
- 普氮
- 移液器
- 电子天平

4.1.2 常规耗材

- 1.5 mL 离心管
- 离心管架
- 移液器吸头

- 96 孔板
- 手套

4.1.3　试剂

- Tris-HCl 缓冲液,室温保存
- 凝血酶生色底物 S-2238 溶液,避光储存在 -20 ℃冰箱
- 凝血酶溶液,用 Tris-HCl 缓冲液配制 2 μmol/L 的酶溶液,储存在 -20 ℃冰箱

4.2　实验步骤

时间	步骤
08:30—09:30	讲解实验背景和原理
09:30—11:30	凝血酶核酸适体的合成、纯化及定量
11:30—12:30	午饭
12:30—13:30	核酸适体与酶混合溶液配制
13:30—14:00	酶标仪检测溶液吸光度
14:00—15:00	核酸适体互补 cDNA 对核酸适体抑制作用的调控实验

实验流程如图 21-3 所示。

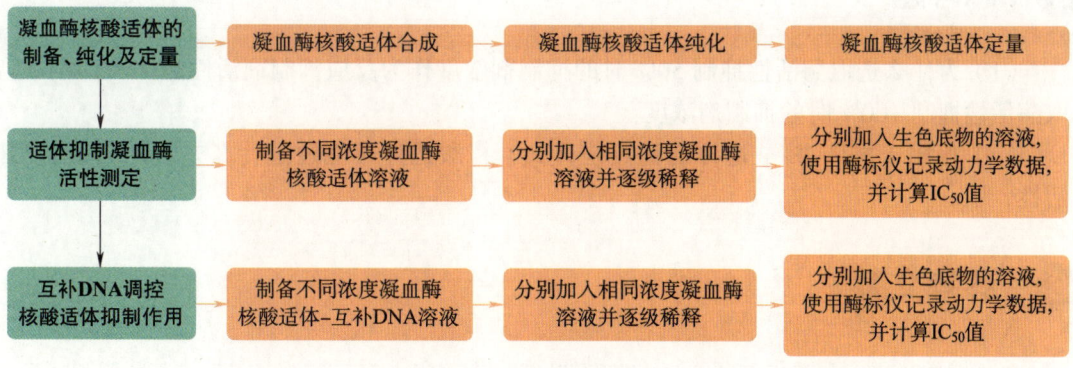

图 21-3　核酸适体对凝血酶活性抑制实验流程图

4.2.1　凝血酶核酸适体的合成、纯化及定量(用时 2 h)

此部分实验步骤参见实验十九。

4.2.2　核酸适体对凝血酶活性的抑制的 IC_{50} 的测定(用时 1 h 30 min)

本实验在 96 孔板上进行生色法测定,这样可使用酶标仪记录酶反应进程。在 405 nm 测定吸光度对反应进程进行监测。

（1）配制核酸适体与凝血酶混合溶液(用时 60 min)。测定 IC_{50} 要制备一系列不同稀释

浓度的核酸适体抑制剂溶液。对 96 孔板进行设计，每列代表不同浓度的核酸适体抑制剂，每行 5 个平行样本。A 行作为对照，B~H 行添加不同浓度的适体。每个孔中加入 80 μL 的缓冲液和 10 μL 的凝血酶溶液。H 行的每个孔中加入双倍量的缓冲液和酶溶液（例如 160 μL 的缓冲液和 20 μL 的酶溶液）。将 2 μL 的核酸适体溶液加入 H 行的每个孔中。从 H 行的每个孔中取 90 μL 溶液转移到 G 行的孔中（此时 H 行的浓度减半），并混匀。继续将 G 行的 90 μL 溶液转移到 F 行，以此类推直到 B 行。上述溶液室温培育 30 min。

（2）酶标仪检测溶液吸光度（用时 30 min）。上述溶液室温培育后，加入 10 μL 的生色底物的溶液，将微孔板放到酶标仪中，并对动力学进行记录（通常情况下，每 60 s 应进行 60~80 次测定）。以表格形式记录动力学数据，从中很容易得到探针分子的吸收曲线，每条曲线在开始几分钟几乎是线性的，测算其速率即得反应速率。用这些数值对每种底物浓度的对数作图，从这些 S 形曲线就可求出 IC_{50} 值。

4.2.3　核酸适体互补 cDNA 对核酸适体抑制作用的调控实验（用时 1 h）

核酸适体和其互补 cDNA 等比例混合在缓冲液中，置于干浴器上 95 ℃ 孵育 5 min。放置于室温下杂交。按照 4.2.2（1）的操作方法，配制一系列浓度的反应液，将核酸适体溶液改为前一步配制的核酸适体/cDNA 溶液。

上述溶液室温孵育 30 min 后，加入 10 μL 的生色底物的溶液，将微孔板放到酶标仪中，并对动力学进行记录。以表格形式记录动力学数据，用这些数值对每种底物浓度的对数作图，求出 IC_{50} 值。对比加入 cDNA 前后核酸适体对凝血酶的抑制作用有什么变化。

5. 思考题

（1）为什么选取酶活性抑制 50% 时的抑制剂浓度作为反应抑制剂活性的标尺，而不选取酶活性抑制 100% 时的抑制剂浓度？

（2）相比于抗体，核酸适体的优点是什么？核酸适体可能通过什么方式抑制凝血酶活性？

6. 参考文献

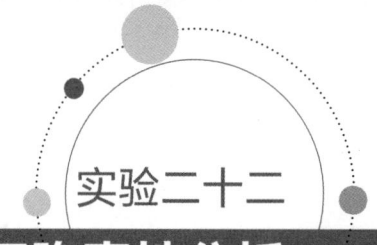

核酸适体-药物偶联物制备及细胞毒性分析

赵子龙　谭蔚泓(湖南大学)

1. 实验目的

（1）了解核酸适体的基本信息、性质和功能；

（2）了解靶向药物基本概念和功能；

（3）了解紫外分光光度计、高效液相色谱、酶标仪等仪器，学习其操作流程步骤；

（4）了解点击化学的反应条件与机理；

（5）掌握核酸适体（DNA）浓度的测定方法；

（6）掌握核酸适体-药物偶联物的纯化方法；

（7）掌握细胞培养及药物对细胞毒性的检测方法。

2. 实验背景

2.1 化学药物治疗

随着人口老龄化加剧，我国的癌症发病率持续增长。到目前为止，癌症是仅次于心脑血管疾病的第二大死亡诱因。新兴治疗方式（如光动力学治疗、光热治疗、化学动力学治疗等）推动着肿瘤治疗进程的不断发展。然而，化学药物治疗（下简称"化疗"）仍然是当今肿瘤治疗的主要手段。小分子药物的系统毒性和易诱导产生耐药性的不足限制了化疗疗效。因此，如何提升小分子药物在肿瘤中富集和保留，减少其对正常组织的毒副作用是急需解决的关键问题。基于肿瘤细胞特异性分子识别工具构建的靶向药物有望解决小分子药物在肿瘤细胞富集效率低的难题，从而提高其疗效。

2.2 核酸适体

作为一种特异性分子识别工具，核酸适体（aptamer）是一种由指数富集配体系统进化技术（systematic evolution of ligands by exponential enrichment，SELEX）的体外定向进化技术从核酸文库中筛选得到与靶分子特异性结合的寡核苷酸序列[1,2]。如图 22-1 所示，以肿瘤细胞作为靶标的细胞筛选法（cell-SELEX）能从核酸文库筛选得到特异性识别肿瘤细胞的核酸适体，为特异性识别肿瘤的靶向药物发展提供了基础[3]。通过折叠形成特定的空间结构，核酸适体可以精准高效地识别各种生物靶标分子，其解离常数可低至皮摩尔数量级。

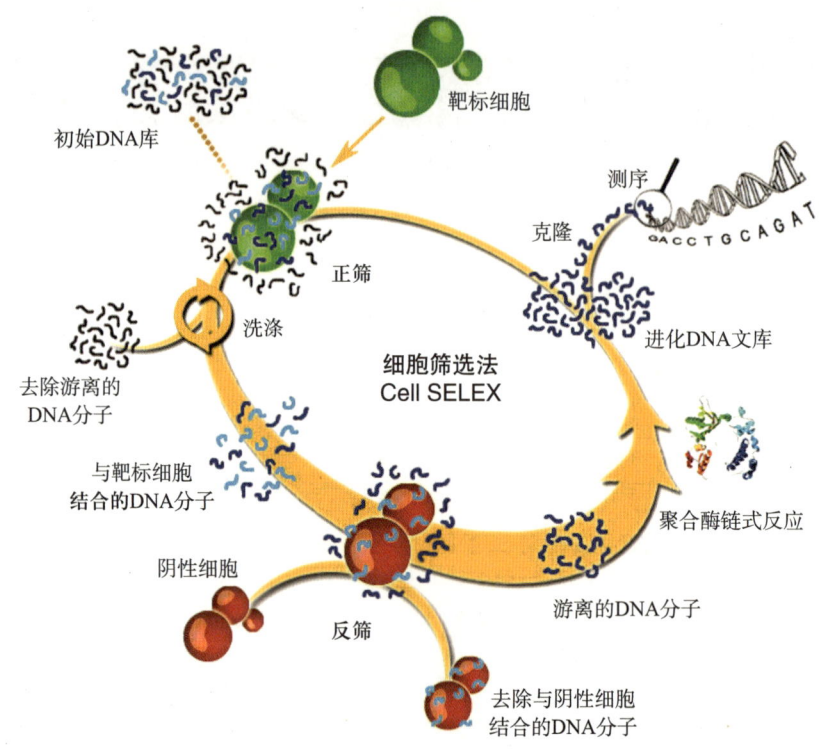

图 22-1   cell-SELEX 示意图[3]

同时,核酸适体可以通过固相合成技术精准合成,且可以在不同位置修饰化学活性基团,从而实现与各种抗肿瘤药物的结合。基于上述优点,核酸适体可以作为一种化学抗体,在肿瘤靶向治疗中发挥重要作用。

2.3   核酸适体–药物偶联物

核酸适体–药物偶联物(ApDCs)指核酸适体与小分子药物通过合适的化学键桥联得到的一种核酸——小分子偶联物[4]。如图 22-2 所示,ApDCs 由三部分组成:核酸适体、药物,以及核酸适体与药物部分之间的连接子,与抗体–药物偶联物类似。ApDCs 具有多种独特的优势:ApDCs 分子量较小,具有更好的组织穿透能力;化学修饰的精准性,能在任何位点引入相同或不同种类的药物分子,同时也能精准控制不同药物分子量比[5]。ApDCs 的构建和应用涉多种化学基础知识和多种实验仪器。因此掌握 ApDCs 的制备和应用能培养学生掌握、运用知识的能力。

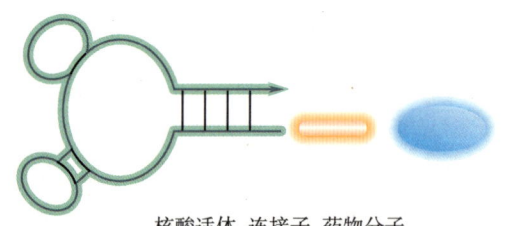

核酸适体–连接子–药物分子

图 22-2   ApDCs 示意图[4]

2.4　实验基本步骤

喜树碱通过抑制拓扑异构酶活性,干扰 DNA 结构和功能,从而诱导细胞凋亡。因此,喜树碱用来构建核酸适体–喜树碱偶联物。其制备、纯化及其细胞毒性分析包括两个阶段:核酸适体–药物偶联物制备、纯化;细胞毒性分析。基本实验步骤如下:

（1）偶联药物分子和连接子:根据喜树碱具有羟基活性官能团,因此选择桥联官能团（Azide–PEG$_3$–COOH）,并配置成一定浓度溶液。根据反应条件进行小分子药物和连接子反应,且利用色谱和质谱等技术对产物进行纯化和分离。

（2）制备核酸适体–喜树碱偶联物:根据点击化学反应条件将核酸适体与已偶联连接子的喜树碱分子混合、反应;然后利用高效液相色谱进行纯化,利用质谱对其分子量进行测定,利用紫外可见吸收光谱测定核酸适体–喜树碱偶联物浓度。

（3）根据转铁蛋白受体（transferrin receptor 1,TfR1,核酸适体 XQ–2d 的靶标）,选择合适细胞系。在本实验中,以人前列腺癌 DU145 细胞（TfR 阳性）和人支气管上皮（human bronchial epithelial,HBE）细胞（TfR1 阴性）作为研究对象。将一定数目的细胞培养过夜后与不同浓度的核酸适体–喜树碱偶联物孵育,然后利用酶标仪分析核酸适体–喜树碱偶联物对细胞的毒性,最终计算核酸适体–喜树碱偶联物及对照组对不同细胞的毒性。

3.　实验原理

3.1　反相高效液相色谱原理

反相高效液相色谱法是以表面非极性载体为固定相,以比固定相极性强的溶剂为流动相的一种液相色谱分离模式。在核酸分析、分离过程中,常采用反相液相色谱进行分离,固定相常用 C18 色谱柱,TEAA–无水乙腈作为流动相,通过梯度洗脱,实现组分分离。反相高效液相色谱是生化实验中常用的分离、分析技术。

3.2　紫外可见分光光度计的策略

紫外可见分光光度法是通过测定被测物质在特定波长处或一定波长范围内光的吸光度,实现对被测物质定性或定量分析的一种方法。该方法以朗伯–比尔（Lambert–Beer）定律为基础,依据该定律可知吸光度 A 与溶液的浓度呈线性关系,因此可根据测量的吸光度 A 和标准曲线,计算得到未知样品对应的浓度。紫外可见分光光度计具有灵敏度高、操作简便、快速便捷等优点,是生化实验中常用的实验方法之一。

3.3　单溶液细胞增殖检测试剂细胞毒性分析原理

单溶液细胞增殖检测试剂（MTS）是一种检测细胞存活和生长的试剂。其检测原理为活细胞的代谢产物能将浅黄色 MTS 还原为棕色溶液,而死细胞无此功能。在一定细胞数范围内,棕色溶液形成的量与细胞数成正比。根据测量的吸光度和核酸适体–药物偶联物浓度,可绘制细胞增殖曲线或生长抑制曲线,从而计算得到核酸适体–药物偶联物的细胞毒性。MTS 方法已广泛用于一些生物活性因子的活性检测、大规模的抗肿瘤药物筛选、细胞毒性试验,以及肿瘤放射敏感性测定等,是生化实验中常用的分析方法之一。

4. 实验操作

4.1 仪器、试剂及实验前准备

4.1.1 仪器

- 超纯水仪
- 紫外可见分光光度计
- 1 mL、200 μL、10 μL 移液器
- 反相高效液相色谱
- 酶标仪
- 冰箱(4 ℃)
- 冰箱(–20 ℃)
- 真空离心浓缩仪

4.1.2 试剂

- 核酸适体(XQ–2d)
- 喜树碱(camptothecin,CPT)
- Azide–PEG$_3$–COOH
- N–(3–二甲基氨基丙基)–N'–乙基碳二亚胺盐酸盐(EDC·HCl)
- 4–二甲氨基吡啶(DMAP)
- N,N–二甲基甲酰胺(DMF)
- 二氯甲烷
- 单溶液细胞增殖检测试剂盒(MTS)
- 冰醋酸
- 三乙胺
- 冰乙醇
- 3 mol/L 氯化钠溶液
- 杜氏磷酸盐缓冲液(DPBS)
- 超纯水
- 乙腈
- 氮气瓶

4.1.3 核酸适体和对照 DNA 序列

如表 22-1 所示。

表 22-1 实验所需的核酸适体和对照 DNA 序列

名称	序列和修改（5'-3'）
XQ-2d	GCT CAT AGG GTT AGG GGC TGC TGG CCA GAT ACT CAG ATG GTA GGG TTA CTA TGA GC
XQ-2d-DBCO	GC TCA TAG GGT（DBCO）TAG GGG CTG CTG GCC AGA TAC TCA GAT GGT AGG GTT ACT ATG AGC
conDNA	AGC TCA TAG GGT TTA TTA TTA TTA TTA TTA TTA TTA ATG AGC

4.1.4 TEAA 溶液配制

（1）2 mol/L TEAA 溶液配制：在通风橱中，用量筒依次移取 120 mL 的冰醋酸、605 mL 的超纯水、274 mL 的三乙胺于 1 L 的玻璃瓶中；然后敞口置于磁力搅拌器上搅拌 5 min，搅拌速度为 400~600 rpm。搅拌均匀后，盖上瓶盖，保存备用。

（2）0.1 mol/L TEAA 溶液配制：取 50 mL 的 2 mol/L TEAA 溶液、950 mL 的超纯水混合即可。

4.1.5 细胞培养

人前列腺癌 DU145 细胞和人支气管上皮（human bronchial epithelial，HBE）细胞均用添加 10% 胎牛血清（Gibco）和 1% 抗生素（Gibco）的 RPMI-1640（Gibco）培养基孵育，然后置于细胞培养箱进行培养。

4.2 实验步骤

本实验共分 3 次进行。

第一次实验

时间	步骤
08:30—09:15	讲解实验背景和原理
09:30—10:00	喜树碱、连接子称量及其溶液配制
10:15—11:00	喜树碱与连接子偶联；HPLC 使用方法讲解
11:10—12:00	喜树碱与连接子偶联；紫外可见使用方法讲解
12:00—13:30	午饭
13:30—14:15	喜树碱与连接子偶联；细胞培养知识讲解
14:30—15:15	喜树碱与连接子偶联物纯化
15:30—16:30	喜树碱与连接子偶联物质谱和核磁表征

续表

时间	步骤
16:45—17:30	喜树碱与连接子偶联干燥、谱图分析
17:30—18:30	**晚餐**
18:30—19:15	核酸适体溶液配制
19:30—20:30	偶联核酸适体和喜树碱（过夜）、0.1 mol/L TEAA 溶液配制

第二次实验

时间	步骤
08:30—09:00	沉淀核酸适体-药物偶联物
09:00—11:00	使用 HPLC 纯化核酸适体-药物偶联物
11:00—12:00	核酸适体-药物偶联物干燥
12:00—13:30	**午饭**
13:30—14:15	定量核酸适体-药物偶联物，配制母液
14:30—15:30	配制不同浓度 ApDC 药物浓度并与细胞孵育
15:45—16:30	孵育细胞和 ApDC，讲解细胞增殖分析原理和酶标仪使用事项
16:30—17:30	更换培养基，细胞过夜培养 20 h

第三次实验

时间	步骤
13:30—14:30	细胞更换 MTS 溶液
14:30—15:30	细胞毒性测量
15:30—16:30	数据分析

实验流程如图 22-3 所示。

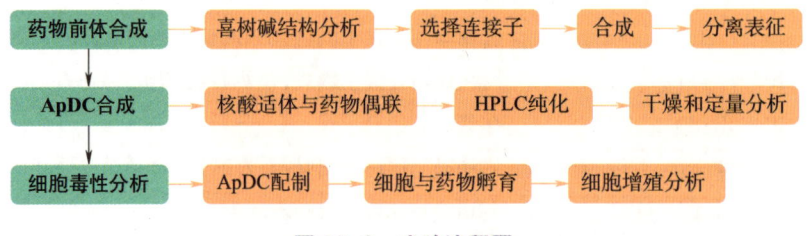

图 22-3　实验流程图

4.2.1　喜树碱-连接子偶联物（Azide-PEG$_3$-CPT）合成（用时 12 h）

喜树碱-连接子偶联物 Azide-PEG$_3$-CPT 的合成路线如图 22-4 所示。

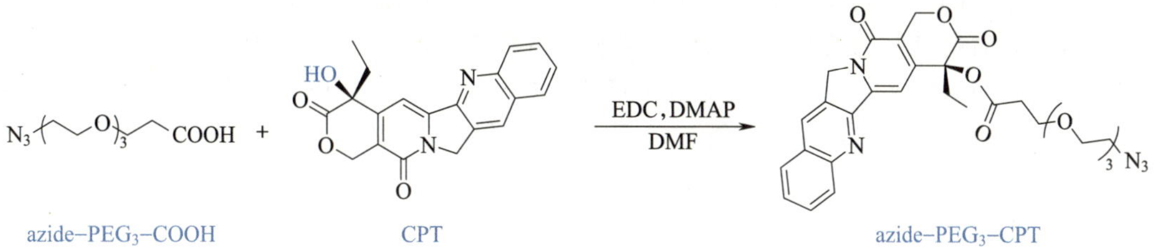

图 22-4　喜树碱-连接子偶联物 Azide-PEG$_3$-CPT 的合成路线

（1）分别将 0.1 mmol 的药物（CPT）与 Azide-PEG$_3$-COOH（0.2 mmol）、N-（3-二甲基氨基丙基）-N'-乙基碳二亚胺盐酸盐（EDC·HCl）和 4-二甲氨基吡啶（DMAP）溶解于 5 mL 的反应溶剂二氯甲烷中，并在氮气保护下室温搅拌反应 4~5 h。

（2）将反应溶液真空旋干后，通过硅胶柱提纯，即可获得相应的目标化合物。

4.2.2　ApDC 制备及纯化（用时 9 h）

（1）DBCO 修饰的核酸适体（1 OD）和过量的 Azide-PEG$_3$-drug 混合加入 200 μL 的 DPBS 中，在 37 ℃的温度条件下振荡过夜。

（2）混合物中加入 500 μL 的冰乙醇和 20 μL 的氯化钠溶液（3 mol/L），置于-20 ℃ 30 min。

（3）14000 rpm 离心 15 min，获得 DNA 沉淀；DNA 沉淀用 100 μL 的 TEAA 溶解后，通过高效液相色谱（HPLC，Agilent 1260 Infinity 系统）纯化。纯化过程按照表 22-2 所示程序进行。

（4）使用真空离心浓缩仪核酸适体-药物偶联物，并通过紫外可见吸收分光光度计进行定量分析。

表 22-2　核酸适体-喜树碱偶联物反相高效液相色谱纯化条件

时间/min	A（0.1 mol/L TEAA）	B（乙腈）
0	95%	5%
4	95%	5%
4.01	90%	10%
30	35%	65%
30.01	5%	95%
40	5%	95%

4.2.3　细胞毒性分析（用时 3 h）

（1）细胞以每孔 3×10^3 个 DU145 细胞和 HBE 细胞的密度接种到 96 孔板上。孵育过夜后，重新加入 200 μL 的含有不同浓度的药物组别的 RPMI-1640 细胞培养基并孵育 2 h。到达预定时间后，吸出细胞培养基，用 200 μL 的 DPBS 洗涤，再加入 200 μL 的新鲜细胞培养基继续孵育 18 h。

（2）使用 MTS 进行实验时，首先用 100 μL 的已预热的新鲜细胞培养基替代旧的细胞培养基，然后每孔加入 20 μL 的 MTS 溶液。孵育 30 min 后，将 96 孔板直接置于酶标仪（Bio-Tek，Winooski，VT）中测定孔中培养基与 MTS 混合溶液在 490 nm 波长下的吸光度。

（3）数据用 GraphPad 软件分析核酸适体–药物偶联物的细胞毒性结果。

5. 思考题

（1）在沉淀核酸适体–药物偶联物时，加入冰乙醇和氯化钠溶液（3 mol/L）分别起什么作用？

（2）核酸适体–药物偶联物为什么对 DU145 细胞和 HBE 细胞具有选择性毒性？

（3）在实验中怎样精准定量核酸适体–药物偶联物？

6. 参考文献

新型溶酶体荧光探针的设计、合成与评估

林泓域　吴丽娜　韩守法(厦门大学)

1. 实验目的

（1）了解溶酶体的结构特征与生理功能；
（2）学习和掌握细胞溶酶体荧光染色的原理；
（3）学习和掌握新型溶酶体荧光探针的合成方法与性能评估；
（4）掌握细胞溶酶体荧光染色的实验技能。

2. 实验背景

2.1 细胞器及其成像研究

细胞器是高等生物细胞内具有膜的微结构,因其与细胞质隔离开来,一般具有独特的微环境与生物功能,如溶酶体、线粒体、高尔基体、内质网和细胞核等[1](图23-1)。作为细胞的结构单元,细胞器对细胞的正常运作至关重要。一方面,研究表明,多种疾病的发生是由细胞器的功能异常引起的;另一方面,细胞器的外在结构、内在成分及生物功能常常受到疾病或应激状态的影响而发生变化[2]。调控细胞器功能已经成为当前生物学和医学研究的一个重要领域,如通过对细胞器的调控来延缓衰老的进程和发展细胞器靶向的癌症治疗方法。因此,发展能够实时、精准监测特定细胞器变化的分析方法对于细胞器的生物学和医学研究具有重要意义。

目前已经发展了多种针对不同细胞器的成像方法,这些方法各有其优缺点。未来研究趋势是从生理状态下的细胞器分析,逐步转向应激或受损细胞器的成像研究,并进一步拓展到活体内特定组织细胞器的应激或受损监测。

2.2 溶酶体及其成像研究

溶酶体(lysosome)是真核细胞中一种重要的细胞器,含有多种水解酶,内部环境呈弱酸性(pH为4~6)。除了具有细胞内的消化功能,溶酶体还与细胞凋亡、自噬、免疫、发炎乃至癌化都有直接的关联,因此开发和应用能够标记并追踪活细胞中溶酶体的分子探针对于研究溶酶体的生物功能,厘清溶酶体与其他细胞生物过程的关系具有重要的意义。目前已经发展了多种可以选择性标记溶酶体的分子探针。这些探针大多含有弱碱性的取代基团,可以选择

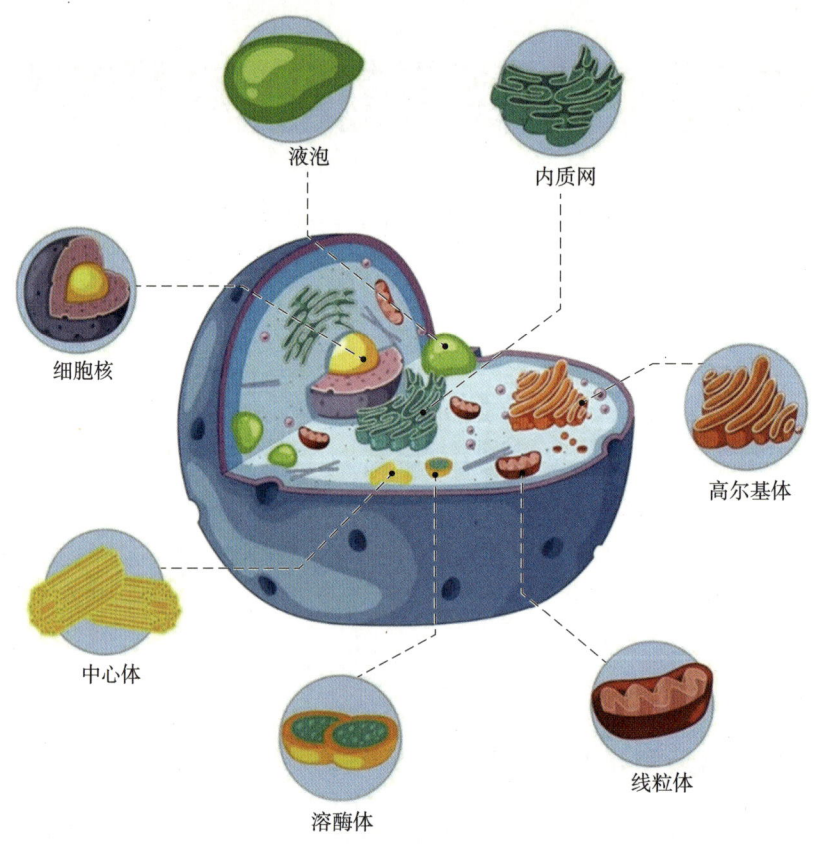

图 23-1 细胞与细胞器结构示意图

（图中标注：液泡、内质网、细胞核、高尔基体、中心体、溶酶体、线粒体）

性聚集在低 pH 的溶酶体内,如最常用的向酸性荧光探针(如 Invitrogen 开发的 LysoTracker Green DND-26 等)。但该类探针也具有一些缺点,包括(1)背景信号比较高,导致非特异性标记;(2)稳定性低,容易被光淬灭,丧失荧光性能;(3)在细胞内的保留期短,随时间的延长,细胞内探针容易流失;(4)难以定位或跟踪酸度降低乃至丧失的溶酶体。

3. 实验原理

3.1 溶酶体探针的设计思路

本实验旨在设计、合成及评估一种新型的高效溶酶体标记探针。该探针在进入细胞溶酶体后,在溶酶体内的弱酸性环境作用下发生异构化,成为可以发荧光的分子。与商业化的溶酶体探针一样,本实验设计的新型溶酶体探针分子也具有一个氨基的侧链,这使得探针可以被质子化并长时间聚集在弱酸性的溶酶体内。更重要的是,该探针的荧光强度随着溶酶体内 pH 的改变而发生变化,即具有酸敏感性,可以用来追踪溶酶体的酸度变化。除此之外,该探针还具有背景低、稳定性高和保留时间长等优点。

3.2　dRB-EDA 探针的合成

罗丹明 B(rhodamine B)是一种常见的荧光染料,又称玫瑰红 B 或者玫瑰精 B。基于罗丹明 B 的结构,本实验在其上引入酸响应基团——乙二胺来构建溶酶体靶向的荧光探针 dRB-EDA(图 23-2)。探针的具体合成步骤如下:首先将罗丹明 B 与乙二胺进行缩合反应,得到 RB-EDA。RB-EDA 虽然具有一定的荧光性质和酸响应性能,但不够理想,因此在其基础上继续用 LiAlH$_4$ 还原羰基得到 dRB-EDA。dRB-EDA 具有较好的荧光性质,并且随着 pH 变化其荧光性质发生较大变化,因此可以作为溶酶体靶向的荧光探针。

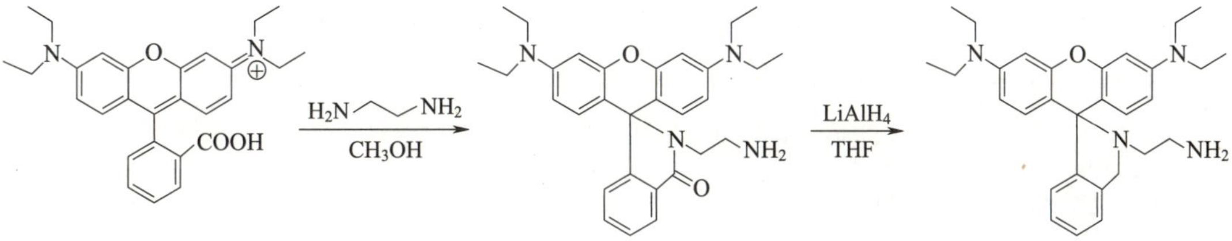

图 23-2　荧光探针 RB-EDA 和 dRB-EDA 的合成路线

3.3　荧光定位探针

在进行细胞荧光成像时,通常需要对细胞器进行荧光定位。常用的定位方法是利用商业化的荧光探针对细胞进行染色,不同的荧光探针可以标记相应的细胞器,从而在荧光图像上实现细胞器的定位[3]。如 4′,6-二脒基-2-苯基吲哚(4′,6-diamidino-2-phenylindole, DAPI)在水溶液中携带较多正电荷,与 DNA 结合较为紧密,是一种常见的 DNA 染料,可以用来对细胞核进行染色,从而实现细胞核的定位,并作为细胞定位的参考。LysoTracker Green DND-26 携带氨基,可被溶酶体酸性环境质子化而富集,是一种常用的细胞溶酶体靶向荧光探针,可以用来作为溶酶体的荧光定位并进行成像监测。

3.4　细胞溶酶体成像性能评估

在评估细胞器靶向荧光探针的时候,通常使用一种荧光探针实现细胞的定位,而使用另一种作用相同的已知荧光探针作为成像对照。通过分析荧光图像上两种相同作用探针的荧光共定位效果,考察新荧光探针的成像性能。本实验欲评估新合成的 dRB-EDA 探针对细胞溶酶体的荧光成像效果,就可以利用 DAPI 作为细胞(核)的定位对照,使用 LysoTracker Green DND-26 作为溶酶体的成像对照。

3.5　细胞溶酶体酸度变化

巴佛洛霉素 A1(bafilomycin A1,BFA1)是一种细胞自噬抑制剂。它可以作用于一种膜分布质子泵蛋白(Vacuolar H$^+$-ATPase,V-ATPase),从而使得细胞溶酶体的 pH 上升。因此,经 BFA 预处理的细胞溶酶体会丧失原本的弱酸性环境。未经 BFA 处理的细胞与 dRB-EDA 探针进行孵育时,其溶酶体的弱酸性会激活探针发出荧光;而经 BFA 处理后的细胞与 dRB-EDA 探针进行孵育时,由于其溶酶体弱酸性的丧失,dRB-EDA 探针无法被激活而发出荧光。通过这一变化,即可评估 dRB-EDA 探针对正常或受损溶酶体的选择性成像能力。

4. 实验操作

4.1 仪器、耗材与试剂

4.1.1 仪器

- 50 mL 及 100 mL 反应瓶
- 玻璃层析柱
- 三通阀
- 加压泵
- 水浴锅
- 荧光比色皿
- 台式 pH 计
- 恒温水浴锅
- 生物安全柜
- 离心机
- 移液器(5 mL、1 mL、200 μL、10 μL)

4.1.2 常规耗材

- 2 mL 和 5 mL 离心管
- 移液器吸头(5 mL、1 mL、200 μL、10 μL)
- 手套
- 薄层层析板

4.1.3 试剂

- 有机合成实验试剂:二氯甲烷(1 L)、甲醇(10 mL)、三乙胺(50 mL)、乙二胺(5 mL)、罗丹明 B(1.0 g)、硅胶(100~200 目,100 g)、正丁醇(1 mL)、无水硫酸钠(20 g)、无水四氢呋喃(5 mL)、氢化锂铝(0.2 g)
- pH 滴定实验试剂:磷酸二氢钠(0.5 g)、磷酸氢二钠(0.5 g)、二甲亚砜(DMSO,5 mL)
- 细胞培养基:DMEM 培养基,0.22 μm 滤膜过滤,加入胎牛血清(fetal bovine serum,FBS)使其终浓度为 10%(体积分数),加入双抗(青链霉素混合液)使其终浓度为 1%(质量分数)
- PBS 溶液:将 NaCl 8.0 g,KCl 0.2 g,Na_2HPO_4 1.44 g,KH_2PO_4 0.24 g 用 1 L 的去离子水溶解,高压灭菌

- Lyso Tracker Green DND-26 储备液
- DAPI 储备液
- RB-EDA 和 dRB-EDA 储备液（均为 10 mmol/L DMSO 溶液）
- 巴佛洛霉素 A1（BFA1）储备液
- MilliQ 水

4.2　实验步骤

本实验共分 2 次进行。

第一次实验

时间	步骤
08:10—08:50	讲解实验背景和原理
08:50—12:00	探针 RB-EDA 的合成
12:00—13:30	午饭
13:30—17:20	探针 dRB-EDA 的 pH 滴定

第二次实验

时间	步骤
08:10—08:50	讲解实验背景和原理
08:50—12:00	探针 dRB-EDA 对细胞溶酶体的染色及表征
12:00—13:30	午饭
13:30—17:30	探针 dRB-EDA 对细胞溶酶体染色的 pH 依赖性评估

实验流程如图 23-3 所示。

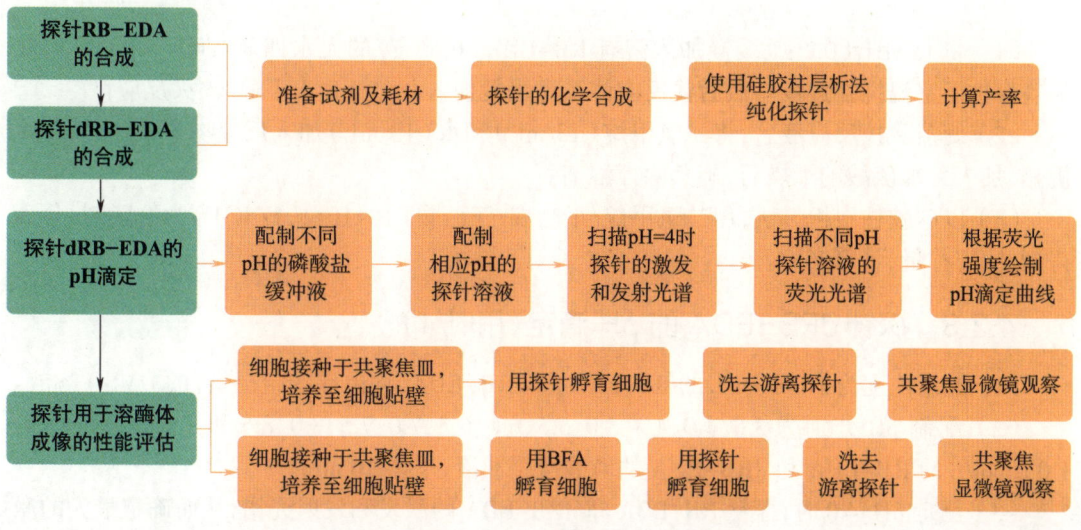

图 23-3　实验流程图

4.2.1　探针 RB-EDA 的合成（用时 3 h 10 min）

RB-EDA 的合成如图 23-4 所示。

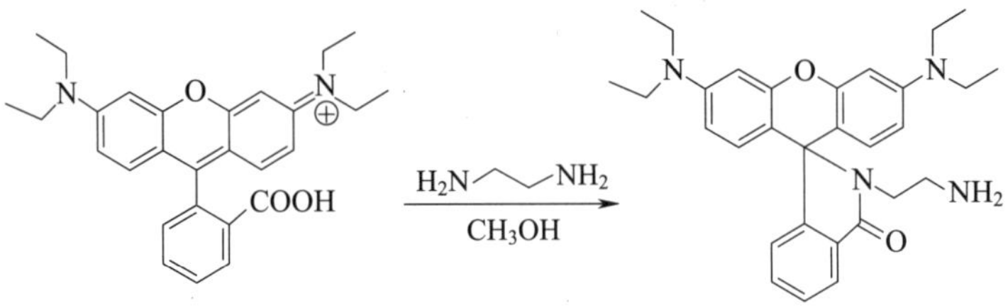

图 23-4　RB-EDA 的合成

（1）将罗丹明 B（1.0 g）和乙二胺（2.5 mL）加入 7 mL 的甲醇中，80~90 ℃搅拌直至罗丹明 B 的颜色消失，旋蒸除掉溶剂。

（2）以硅胶柱层析方法，用二氯甲烷/三乙胺（10∶1，V/V）为洗脱剂，分离得到纯品共约 0.65 g（产率约 60%）。

4.2.2　探针 dRB-EDA 的合成（选做）

dRB-EDA 的合成如图 23-5 所示。

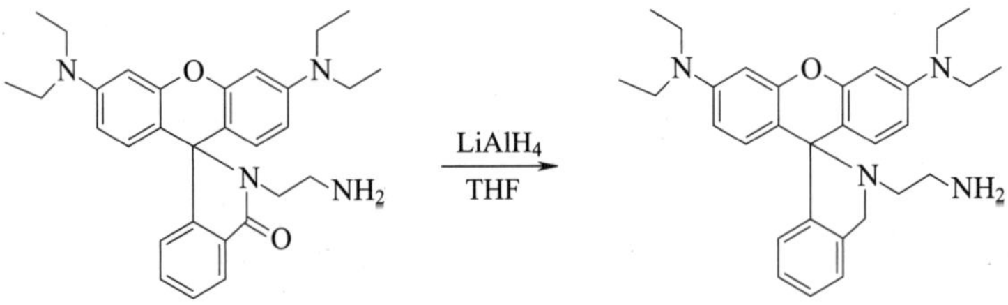

图 23-5　dRB-EDA 的合成

（1）将 $LiAlH_4$（0.2 g）缓慢加入溶有 RB-EDA（0.65 g）的无水四氢呋喃（3 mL）里，在氮气保护下室温搅拌过夜。然后往反应体系里缓慢加入 0.65 mL 正丁醇，淬灭反应。

（2）旋蒸除掉反应液后，将二氯甲烷（13 mL）和水（13 mL）加入反应物中，萃取收集有机相，加入无水硫酸钠干燥后，旋蒸除掉溶剂。

（3）以硅胶柱层析方法，用二氯甲烷/正己烷/三乙胺（10∶10∶1，$V/V/V$）为洗脱剂，分离得到纯品，称量，计算产率。

4.2.3　探针 dRB-EDA 的 pH 滴定（用时 4 h）

（1）配制浓度为 10 mmol/L 的 RB-EDA 和 dRB-EDA（均由课题组提供）的 DMSO 溶液。

（2）配制 pH 分别为 3.5、4.0、4.5、5.0、5.5、6.0、6.5、7.0、7.5、8.0、8.5 和 9.0 的终浓度为 1.0 μmol/L 的 RB-EDA 和 dRB-EDA 的磷酸盐缓冲液，平衡 10 min。

（3）测定 pH=4.0 时，探针 RB-EDA 和 dRB-EDA 的激发和发射光谱，从而确定最大的激发波长和发射波长。（参考滤光设置：激发光谱为激发波长 500~570 nm，发射波长 590 nm；发射光谱为激发波长 560 nm,发射波长 580~650 nm。因使用的荧光分光光度计可能存在差别,激发光强度和检测器灵敏度需根据实际情况进行设置)

(4)分别测试两探针在不同 pH 的荧光发射光谱。

4.2.4 探针 dRB-EDA 对细胞溶酶体的染色及表征(用时 3 h 10 min)

(1)在 37 ℃,5% CO_2 培养箱中,用含 10% FBS 的培养基培养 HeLa 细胞或者 L929 细胞。将细胞分盘于 35 mm 的共聚焦培养皿中,一共分成 A、B、C 三组,分别孵育 24 h。

(2)对细胞进行染色标记:A、B、C 组中的细胞核均用 DAPI 染色。A 组中的溶酶体用 Lyso Tracker Green DND-26 染色;B 组中的溶酶体用 dRB-EDA 染色;C 组中的溶酶体用 Lyso Tracker Green DND-26 和 dRB-EDA 同时染色。各探针的使用浓度为 Lyso Tracker Green DND-26(1 μmol/L),dRB-EDA(1 μmol/L),DAPI(1 μmol/L),加入探针后孵育 30 min。

(3)移去培养基,PBS 洗三次,更换不含血清的新培养基,然后将细胞置于共聚焦显微镜下观察(各个探针的参考滤光设置如下:DAPI 激发波长 405 nm,发射波长 410~480 nm;LysoTracker Green DND-26 激发波长 488 nm,发射波长 510~530 nm;dRB-EDA 激发波长 561 nm,发射波长 580~650 nm。因使用的荧光共聚焦显微镜可能存在差别,激发光强度和检测器灵敏度需根据实际情况进行设置)。

4.2.5 探针 dRB-EDA 对细胞溶酶体染色的 pH 依赖性(用时 4 h)

(1)在 37 ℃,5% CO_2 培养箱中,用含 10% FBS 的培养基培养 HeLa 细胞或者 L929 细胞。将细胞分盘于 35 mm 共聚焦培养皿中,一共分成 A、B 两组,分别孵育 24 h。

(2)将其中一盘细胞用 50 nmol/L 的巴佛洛霉素 A1(BFA1)孵育 4 h,另一盘细胞不做处理。

(3)之后两盘细胞均更换含有 dRB-EDA(1 μmol/L)和 Lyso Tracker Green DND-26(1 μmol/L)的新鲜培养基,继续孵育 30 min。

(4)移去培养基,PBS 洗三次,更换不含血清的新培养基,然后将细胞置于共聚焦显微镜下观察(仪器设置参考本实验 4.2.4)。

5. 思考题

(1)列举几种常用荧光成像小分子探针的生色团。

(2)查阅文献,画出 Lyso Tracker Green DND-26 的化学结构并简述其标记酸性溶酶体的机制。在此基础上,列举更多细胞溶酶体荧光探针,画出其结构,并指明生色团。

(3)画出生成 RB-EDA 的反应机理和氢化锂铝还原 RB-EDA 的反应机理。

(4)简述 dRB-EDA 在溶酶体中显色的原因。如何证明?如何证明该探针是 pH 响应?该探针是否能够标记 pH 升高的溶酶体(如 pH=7)的溶酶体?

(5)细胞生物学研究中常将用荧光蛋白标记的溶酶体特异蛋白(如 Green fluorescent protein-tagged lysosome associated membrane protein-1,GFP-LAMP1)用于溶酶体的荧光定位成像。讨论该类生物大分子探针与向酸性小分子探针在溶酶体成像中的优缺点。

(6)当前研究中有用荧光纳米颗粒实现溶酶体成像。该类纳米颗粒探针靶向溶酶体的机制是什么？讨论该类纳米颗粒探针与向酸性小分子溶酶体探针在溶酶体成像中的优缺点。

（7）在疾病或应激条件下,溶酶体膜受到损伤引发膜通透,这将导致溶酶体内荧光探针被释放入胞浆中。如何发展新方法,实现对膜通透溶酶体的荧光定位跟踪？

6. 参考文献

最小抑菌浓度及细菌耐药性进化测定

尹姿淇　陈沛任　冯欣欣(湖南大学)

1. 实验目的

（1）了解常见致病性细菌及其耐药性产生的机制；
（2）掌握最小抑菌浓度的测试方法；
（3）理解药物压力下细菌耐药性进化的概念；
（4）掌握96孔板、排枪及酶标仪的使用方法。

2. 实验背景

2.1 耐药性细菌简介

耐药性细菌的出现对医疗体系和公共卫生构成了巨大挑战,这些病原细菌极大地限制了传统抗生素的治疗效果,使得原本可以控制的感染变得难以治愈,加重患者的病情,增加了其死亡风险[1]。

其中,ESKAPE 病原体是一组由六种常见且对抗生素耐药性较强的病原体组成的缩写（*Enterococcus faecium*、*Staphylococcus aureus*、*Klebsiella pneumoniae*、*Acinetobacter baumannii*、*Pseudomonas aeruginosa*、*Enterobacter species*）,是特别引起关注的耐药性细菌组合,它们对多种抗生素表现出强烈的耐药性,导致严重的医院获得性感染[2]。这些细菌的耐药性机制复杂,包括对抗生素的降解、靶点的改变、外排泵的表达等,使得对它们的治疗变得异常困难。因此,为维护患者的健康和全球公共卫生的安全,开展对耐药性细菌的研究、加强感染控制和合理使用抗生素成为当务之急。对 ESKAPE 病原体的简介如表 24-1 所示。

表 24-1　ESKAPE 病原体简介

细菌病原体	描述	耐药性
肠球菌 （*Enterococcus faecium*）	肠球菌是一种革兰氏阳性细菌,通常存在于人和动物的肠道中。它能够引起多种感染,包括尿路感染和血流感染	肠球菌对多种抗生素表现出耐药性,包括青霉素和万古霉素
金黄色葡萄球菌 （*Staphylococcus aureus*）	金黄色葡萄球菌是一种常见的革兰氏阳性细菌,可在人体的皮肤和黏膜中找到。它是多种感染的常见病原体,包括皮肤感染、呼吸道感染等	MRSA(耐甲氧西林金黄色葡萄球菌)是一种对常规抗生素,如甲氧西林,表现出耐药性的金黄色葡萄球菌

续表

细菌病原体	描述	耐药性
克雷伯菌 （*Klebsiella pneumoniae*）	克雷伯菌是革兰氏阴性细菌，通常存在于肠道。它可以引起多种感染，包括肺炎、尿路感染等	克雷伯菌对β-内酰胺类抗生素（如第三代头孢菌素）的耐药性较强
鲍曼不动杆菌 （*Acinetobacter baumannii*）	鲍曼不动杆菌是一种革兰氏阴性细菌，广泛存在于自然环境中。在医疗机构中，它常导致医院获得性感染	鲍曼不动杆菌对多种抗生素表现出耐药性，包括碳青霉烯类抗生素
铜绿假单胞菌 （*Pseudomonas aeruginosa*）	铜绿假单胞菌是一种革兰氏阴性细菌，广泛分布在自然环境中，也可以在医疗环境中引起感染	铜绿假单胞菌对多种抗生素表现出耐药性，包括氨基糖苷类和喹诺酮类抗生素
肠杆菌属 （*Enterobacter species*）	肠杆菌属包括多种革兰氏阴性细菌，是人体和环境中的一部分。某些种类可以引起医院获得性感染	肠杆菌属中的一些菌株对多种抗生素表现出耐药性

2.2　细菌对抗生素的主要耐药机制[3,4]

细菌耐药性，又称抗药性，是指细菌对抗生素（抗菌药物）的耐受性。耐药性分为内源性耐药和获得性耐药两大类。内源性耐药指由于细菌本身的结构而天然具有的对某些抗菌药物的耐药性。例如，革兰氏阴性菌的外膜形成屏障，阻止抗生素进入，产生屏障性耐药性。获得性耐药则是通过染色体突变或外源可移动遗传元件的水平转移引起的。这会导致药物的灭活、药物结合位点/靶点的改变、细胞内药物蓄积的减少及生物膜的形成等现象，从而产生耐药性。细菌对抗生素的主要耐药机制如图24-1所示。引发获得性耐药的原因具体介绍如下：

（1）酶介导的抗生素降解或修饰。许多细菌能产生不可逆地修饰和/或灭活抗菌药物的酶，如β-内酰胺酶、氨基糖苷修饰酶、红霉素酯化酶及氯霉素乙酰转移酶等。β-内酰胺酶是临床最常见的抗菌药物灭活酶，作用于β-内酰胺类抗菌药物所共有的β-内酰胺环，通过切断内肽键使抗菌药物失活。

（2）靶点修饰、改变或保护。抗菌药物与细菌靶点的作用通常是特异的。细菌可以通过改变靶位或保护靶位，导致其与抗菌药物亲和力降低而产生耐药性。例如，青霉素结合蛋白（PBPs）的修饰可影响其与β-内酰胺类抗菌药物的亲和力。

（3）减少细胞内抗菌药物积累。抗菌药物需要进入细菌体内并达到一定的浓度，才能作用于靶位发挥其杀菌作用。细菌膜通透性的改变和主动外排机制都会减少细胞内的药物浓度，从而产生耐药性。

• 细菌膜通透性降低：脂多糖是革兰氏阴性菌外膜的主要组成成分，对细菌的渗透障碍起着一定的作用。脂多糖被修饰或减少可能导致某些药物无法进入细胞内而产生耐药性。

• 细菌主动外排泵：细菌外膜存在多种主动外排泵，可以排出细菌代谢产物、毒素、信息素等，也可以排出进入菌体的抗菌药物。这类机制在临床菌株中表现为低水平耐药，与其他耐药机制协同可能产生高水平的耐药性。

（4）目标旁路。目标旁路是一种策略，包括产生一种替代途径，通过使原始目标冗余来

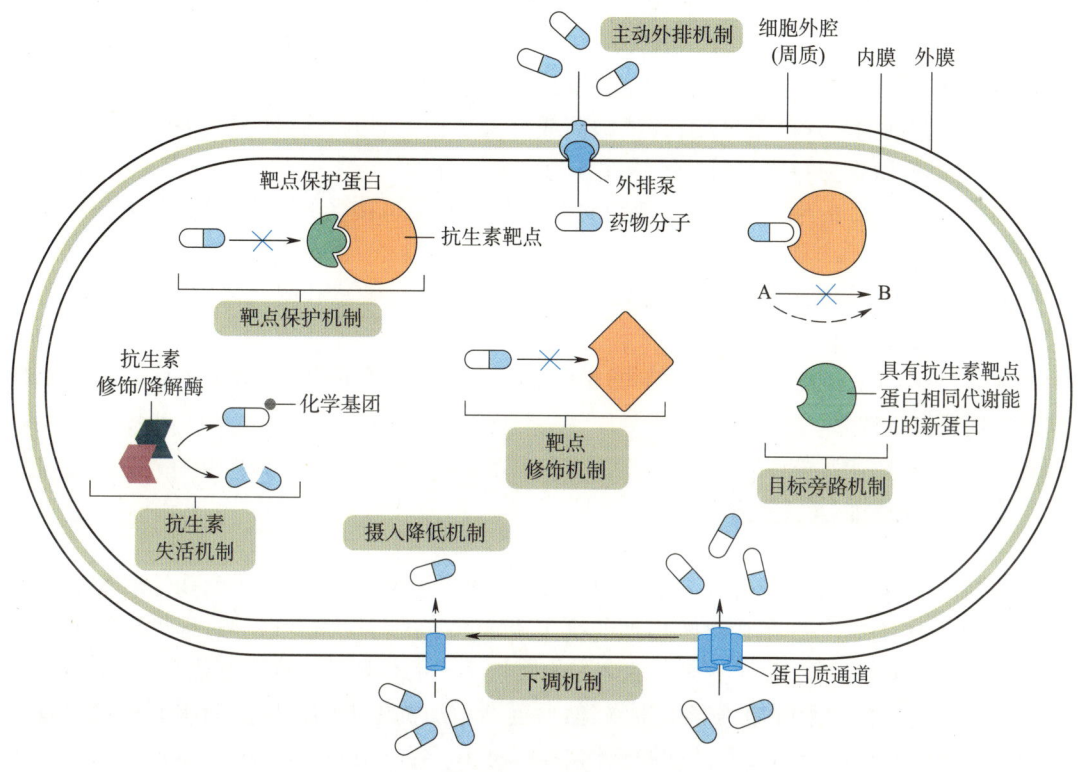

图 24-1　细菌对抗生素主要耐药机制示意图

绕过抗生素。这可以通过获得替代基因来实现,该基因可以赋予细胞所需的特性,但不能被原始抗生素有效抑制。

（5）形成生物膜[5]。细菌生物膜由细菌分泌的多糖物、藻酸盐等组成。生物膜基质的渗透性低,能够阻挡抗菌分子的渗入。此外,细菌在生物膜内代谢缓慢,对抗菌药物、恶劣环境及宿主免疫有很强的抗性。当细菌经历营养缺乏时,可能对抗菌药物产生耐受,这在金黄色葡萄球菌、铜绿假单胞菌、鲍曼不动杆菌和肺炎克雷伯菌等细菌中都可观察到。

3. 实验原理

抗菌表型测试的基础是化合物的最小抑菌浓度（minimum inhibitory concentration, MIC）测试。利用 MIC 测试,可以进行抗菌药物的有效性评估,确定药物在不同浓度下对细菌的杀菌效果。此外,利用 MIC 测试的原理可以进行棋盘实验,测定两个化合物分子之间的协同抗菌作用。更进一步地,利用 MIC 测试的原理,还可以评估细菌对抗菌分子产生耐药性进化的速度,通过连续暴露细菌于亚致死浓度的抗菌剂,可以模拟细菌在药物压力下的进化过程。

3.1　最小抑菌浓度

最小抑菌浓度（MIC）是一种用于评估抗菌剂对微生物（通常是细菌或真菌）抑制作用

的标准化方法。MIC 通常通过在不同浓度的抗菌剂溶液中培养微生物,并观察对照组(无抗菌剂)的生长情况来确定。通常,MIC 被定义为导致与对照组相比明显减少或完全抑制微生物生长的最低药物浓度,以微克/毫升(μg/mL)或毫克/升(mg/L)为单位报告。MIC 的确定对于确定抗菌剂的治疗剂量,以及评估细菌或真菌对抗菌剂的敏感性至关重要。根据 MIC 的结果,可以将微生物对抗菌剂的敏感性分为三个等级:

敏感(susceptible):微生物对抗菌剂的 MIC 低于临床可接受的浓度,预示着该抗菌剂可能有效。

中度敏感(intermediate):微生物对抗菌剂的 MIC 介于敏感和耐药之间,治疗可能需要更高的剂量或者更长的治疗时间。

耐药(resistant):微生物对抗菌剂的 MIC 高于临床可接受的浓度,表明该微生物可能对该抗菌剂产生抗性。

3.2　细菌耐药性进化

如图 24-2 所示,逐步细菌耐药性进化是一种常用于观察、研究细菌耐药性演变的实验方法。在这种方法中,细菌在逐步增加的抗生素浓度下进行培养。这种过程可以模拟出抗生素在自然环境中的作用,促使细菌逐渐产生对抗生素的耐药性。在逐步进化法中,实验者通常从低浓度的抗生素开始培养微生物,然后逐渐增加抗生素的浓度。使用上一轮实验半数最小抑菌浓度(sub-MIC)菌液配制工作溶液,每 16~48 h 进行一轮实验(根据受试细菌选

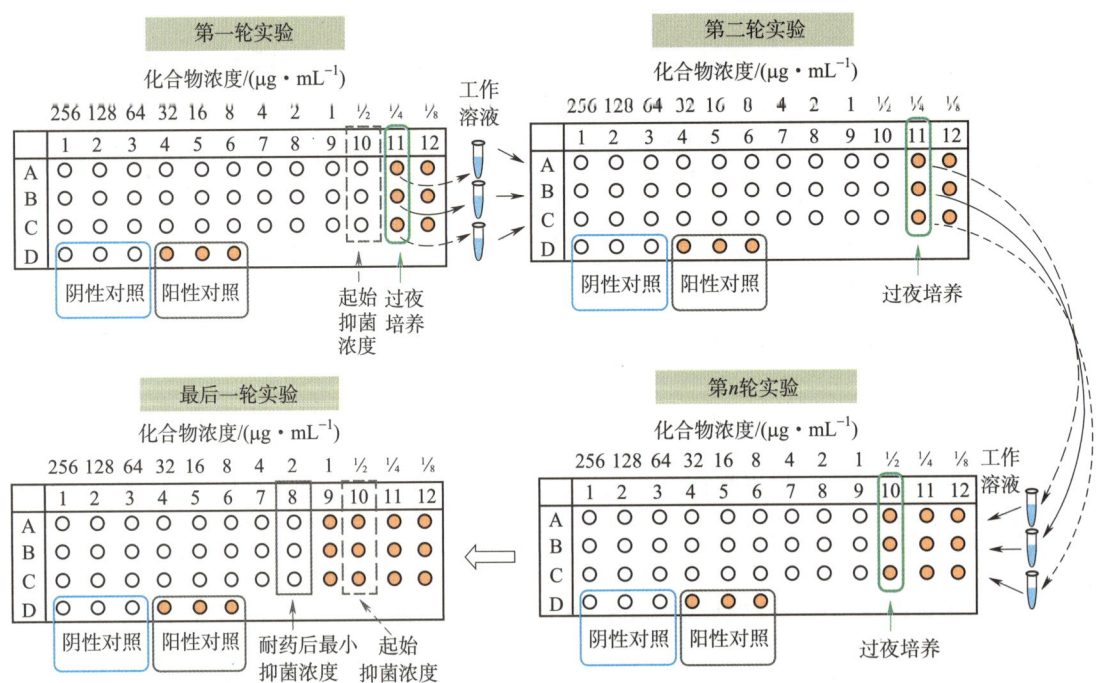

阳性对照:有细菌生长;阴性对照:仅有培养基,没有细菌生长

图 24-2　耐药性进化流程示意图

择培养时间),持续至少 14 轮。微生物在这种逐渐变化的环境中会经历不断的选择压力,导致那些具有耐药性的个体在种群中逐渐增多。记录每一轮实验的 MIC 数值,并计算其与初轮实验 MIC 数值的倍数,将大于 4×MIC 的实验轮数定义为菌株产生耐药性。根据受试细菌在实验培养基中的翻倍速度,可以将实验轮数转化为细菌生长代数。

4. 实验操作

4.1　仪器、耗材与试剂

4.1.1　仪器

- 移液器
- 超净工作台
- 酶标仪
- 恒温摇床

4.1.2　常规耗材

- 96 孔板
- 摇菌管
- 50 mL 的离心管
- 1.5 mL 的离心管
- 吸头
- 手套
- 10 cm 培养皿
- 75% 乙醇
- 自封袋

4.1.3　试剂

- 大肠杆菌(*E. coli*)琼脂糖平板
- 抗生素储备液(庆大霉素、万古霉素、多黏菌素,10.24 mg/mL,纯水为溶剂)
- 抗生素储备液(利福平、利奈唑胺,10.24 mg/mL,DMSO 为溶剂)
- CAMHB 培养基

4.2　实验步骤

共四次实验。

第一次实验

时间	步骤
08:00—10:00	整体实验原理讲解
10:00—11:00	培养基配制
11:00—12:00	过夜菌培养

第二次实验

时间	步骤
08:00—10:00	96孔板加样

第三次实验

时间	步骤
08:00—09:00	酶标仪测定及数据处理
09:00—10:00	下一轮96孔板加样

第四次实验

时间	步骤
08:00—09:00	酶标仪测定及数据处理

实验流程如图24-3所示。

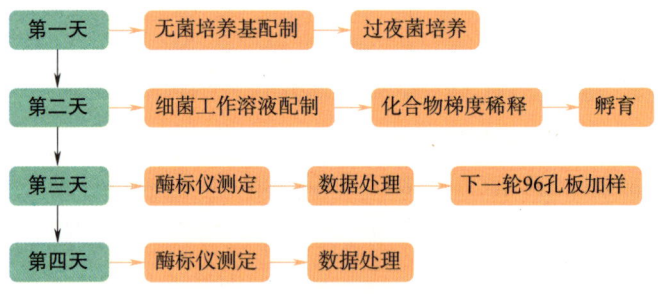

图24-3　实验流程示意图

第一次实验

4.2.1　无菌培养基配制,过夜菌培养(用时4 h)

称取22克CAMHB肉汤培养基直接溶解于1000 mL的蒸馏水中,然后倒入耐高温的

1000 mL 的玻璃瓶中。将配好的培养基、配套吸头和离心管放入高压灭菌锅中，121 ℃灭菌 15 min，放置冷却到室温后使用。96 孔板在超净台或生物安全柜中紫外杀菌 30 min。

挑取待测菌株的单克隆点接种至装有 5 mL 的 CAMHB 培养基的摇菌管中，同时在另一个摇菌管内加 5 mL 无菌 CAMHB 培养基（作为对照，不需要加菌），随后将两个摇菌管放在 37 ℃摇床中以 220 r/min 的转速孵育过夜。

第二次实验

4.2.2　96 孔板加样（用时 2 h）

4.2.2.1　受试细菌工作溶液配制

测定第一次实验中过夜菌的 OD_{600nm}。细菌工作溶液的密度为 $5×10^5$ CFU/mL，通过受试细菌 OD_{600nm} 与 CFU/mL 转换关系、所需的工作溶液体积及第一次实验中过夜菌的 OD_{600nm} 计算得出实验所需量取过夜菌液的体积。在 15 mL 或 50 mL 的离心管中倒入一定量无菌 CAMHB 培养基（培养基的量根据孔板数量确定），随后将菌液用移液器加入装有 CAMHB 培养基的离心管中，上下颠倒混合均匀配成工作菌液。

具体公式如下：

$$V_{菌} = \frac{5×10^5\ \text{CFU/mL} × V_{工作} × \text{ODCFU 转换关系}}{OD_{600nm}}$$

式中，$V_{菌}$ 即从过夜菌液中所需要吸取的液体体积；$V_{工作}$ 为需要配制的工作菌液的总体积；OD~CFU 转换关系是待测细菌的 OD 值与 CFU/mL 的转换关系（为常数，由授课教师根据细菌特性提供）；OD_{600nm} 为使用酶标仪测得其 600 nm 处的吸光度。

4.2.2.2　加药与 2 倍梯度稀释

（1）将稀释好的工作菌液用移液器添加到无菌 96 孔板中，每孔 100 μL，接着再多加 100 μL 的菌液至第一排的每孔，并设置阳性对照组（即稀释好的工作菌液）和阴性对照组（即 CAMHB 培养基）。

（2）在第一排每孔中加入 2.5 μL 的抗生素储备液（第一排孔的抗生素终浓度为 128 μg/mL），每个抗生素设置两行平行组。

（3）将 8 道移液器设置到 100 μL 的量程，用其将第一排孔中的抗生素混合均匀，随后吸取第一排孔中的 100 μL 的液体与第二排的每孔进行混合稀释，随即再吸取第二排孔中的 100 μL 的液体与第三排孔的液体进行混合稀释，以此重复操作，直到最后一排，待最后一排稀释完毕，将多余的 100 μL 的菌液弃去加到消毒液中，每孔菌液终体积为 100 μL。稀释完毕后，用封口膜缠住 96 孔板的边缘。

4.2.2.3　孵育

置于 37 ℃摇床中以 220 r/min 的转速培养 16~20 h。

第三次实验

4.2.3　酶标仪测定、数据处理及下一轮 96 孔板加样（用时 2 h）

在波长 600 nm 下，用酶标仪读取每孔菌液的 OD 值，以获取本次实验的 MIC 值。为了进行后续的耐药性进化实验,需取该轮实验中的亚 MIC 孔中的菌液作为过夜菌,重复第二天及第三天的步骤,以完成耐药性进化中第二轮的 MIC 实验。

第四次实验

4.2.4　酶标仪测定及数据处理(用时 1 h)

在波长 600 nm 下,用酶标仪读取每孔菌液的 OD 值,以获取本次实验的 MIC 值。

5. 思考题

(1)MIC 值的含义是什么? 如何通过实验测定?

(2)设置阳性对照和阴性对照的目的分别是什么?

(3)摇菌这一步中,为什么另一个摇菌管不需要加细菌? 如果两个摇菌管都出现浑浊现象说明了什么? 出现该情况需如何操作?

(4)如何确认细菌对抗生素产生了耐药性?

(5)如果细菌对抗生素产生了耐药性,那么可能的机制是什么?

6. 参考文献

抗菌分子的作用机制研究

罗苗苗　王梦倩　冯欣欣（湖南大学）

1. 实验目的

（1）了解抗生素的常见机制；
（2）掌握等温滴定量热、竞争性置换、酶活性抑制、细胞膜渗透实验原理；
（3）掌握等温滴定量热、荧光仪、酶标仪、流式细胞仪的使用；
（4）掌握剂量效应数据处理的方法。

2. 实验背景[1]

抗生素（antibiotics），又称抗菌素，是由微生物（包括细菌、真菌、放线菌属）或高等动植物在其生命过程中产生的一类具有抗病原体或其他生物活性的次级代谢产物。这些化合物具有干扰其他生物细胞发育功能的特性。临床上常用的抗生素来源于微生物培养液中的提取物，或者是通过化学方法合成或半合成得到的化合物。

抗生素大多数通过抑制病原菌的生长来治疗各类细菌感染性疾病（图 25-1）。根据其化学结构（图 25-2）、靶标及主要作用机制，抗生素主要可以分为以下几大类别（表 25-1）：

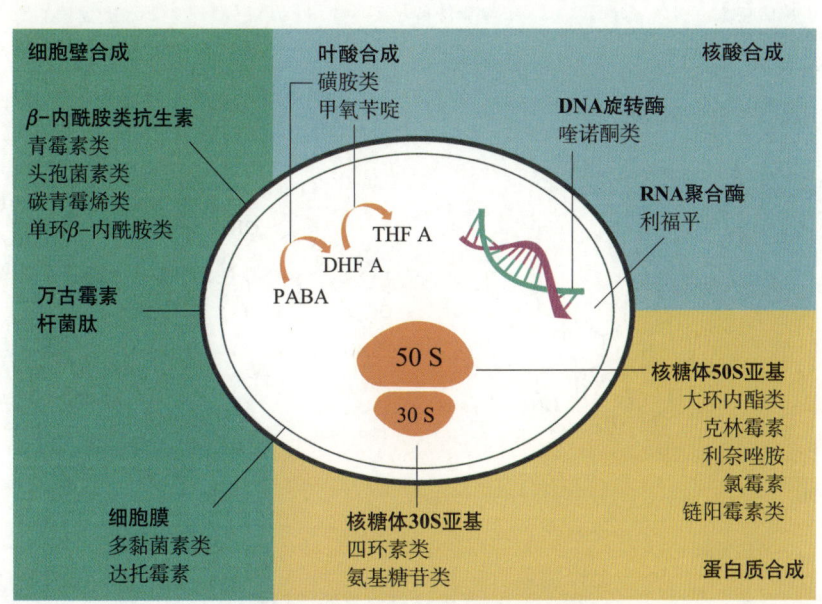

图 25-1　抗生素主要抗菌机制示意图

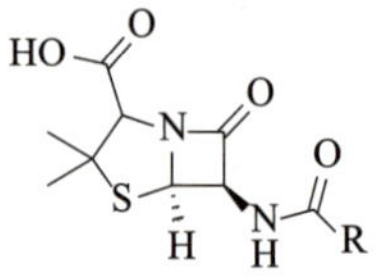

青霉素类

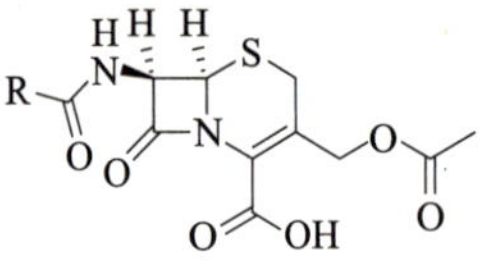

头孢菌素类

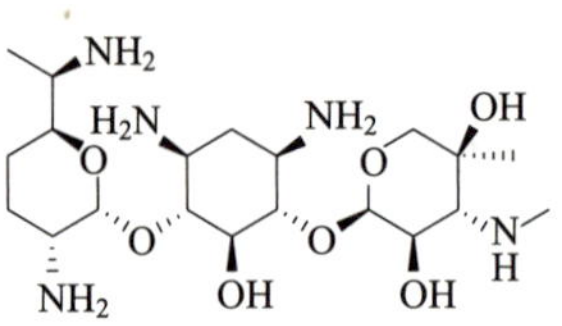

庆大霉素

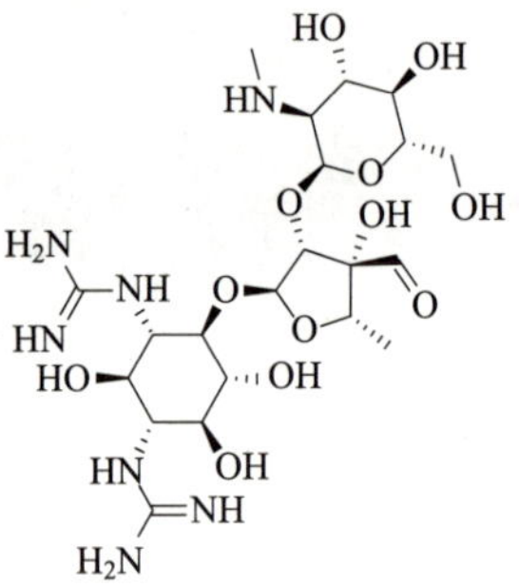

链霉素

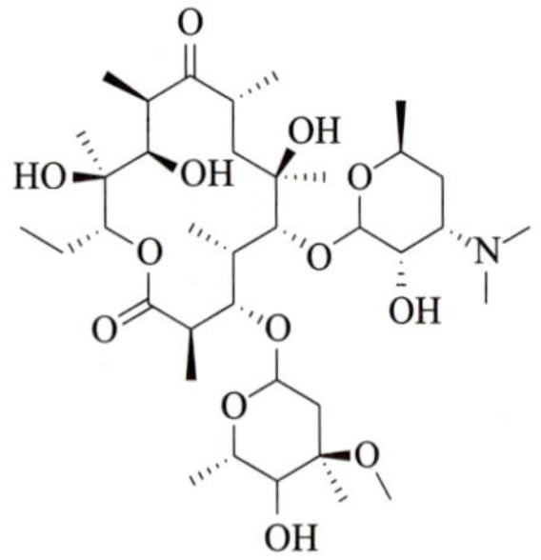

红霉素

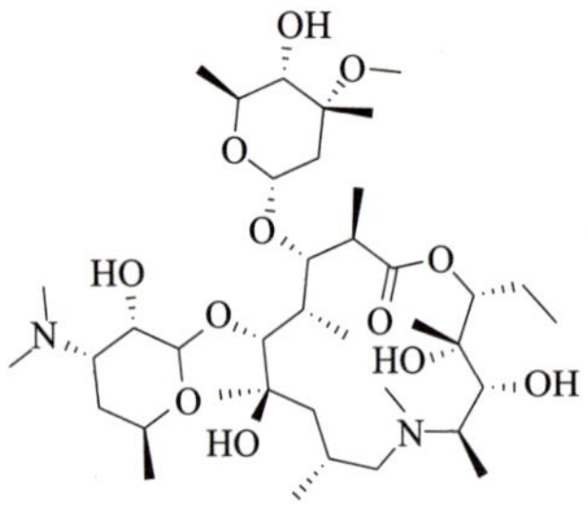

阿奇霉素

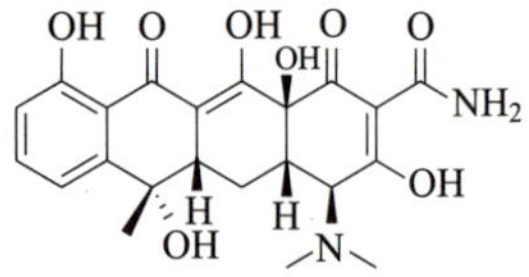

四环素

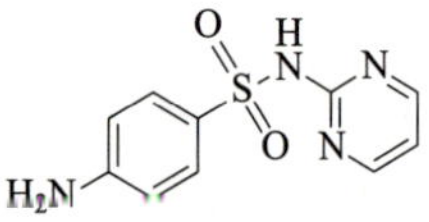

磺胺嘧啶

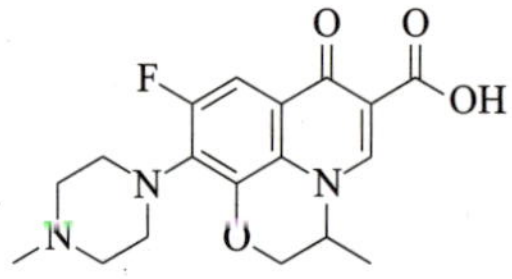

氧氟沙星

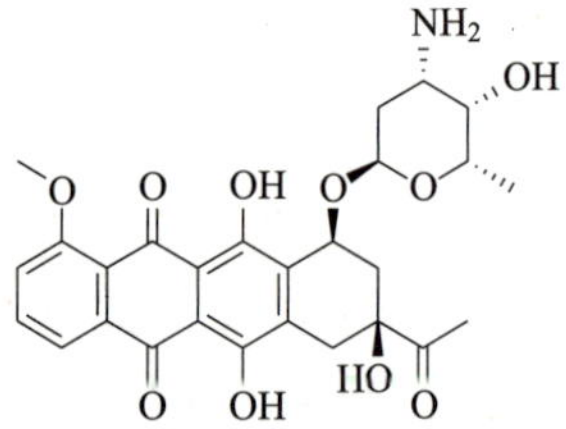

柔红霉素

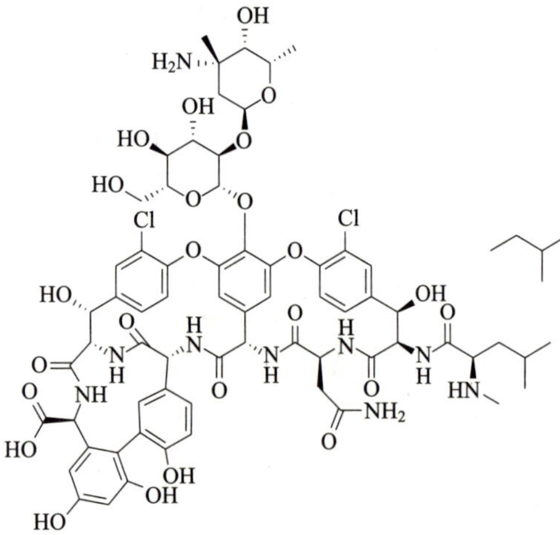

万古霉素

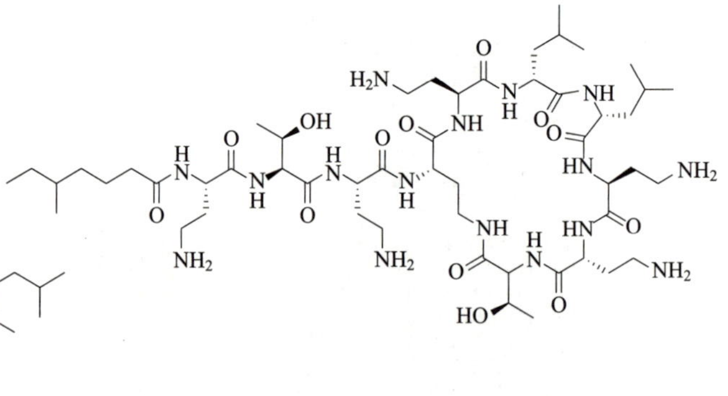

黏菌素

图 25-2   代表性抗生素的结构式

表 25-1　抗生素的主要类别及其靶标

类别	靶标	例子
β-内酰胺类抗生素	细菌细胞壁合成中的靶点,主要作用于细菌的PBP(青霉素结合蛋白)	青霉素、头孢菌素
氨基糖苷类抗生素	细菌蛋白质合成中的 30S 和 50S 亚基,影响蛋白质合成	庆大霉素、链霉素
大环内酯类抗生素	细菌蛋白质合成中的 50S 亚基,阻止蛋白质的合成	红霉素、阿奇霉素
四环素类抗生素	细菌蛋白质合成中的 30S 亚基,阻止蛋白质的合成	四环素、氧四环素
磺胺类抗生素	细菌的二氢叶酸合成途径,干扰细菌的代谢	磺胺嘧啶
喹诺酮类抗生素	细菌 DNA 代谢中的 DNA 旋转酶和 DNA 拓扑异构酶,阻止 DNA 的合成和拓扑结构的维持	氧氟沙星、左氧氟沙星
糖肽类抗生素	细菌细胞壁合成中的靶点,主要作用于革兰氏阳性菌	万古霉素
多肽类抗生素	一般为细菌的细胞膜脂质(如磷脂或脂多糖)	黏菌素(靶标为革兰氏阴性菌外膜中的脂多糖),达托霉素(靶标为革兰氏阳性菌膜脂质磷脂酰甘油)
DNA 结合类抗生素	DNA,一般以插层、沟槽结合、静电作用、共价结合等方式结合到 DNA 的双螺旋结构上	柔红霉素、丝裂霉素、甲硝唑、呋喃妥因

3.　实验原理

　　药物的作用机制是指药物在生物体内产生作用的详细过程和原理。这涉及药物与生物体内的分子、细胞、组织或器官之间的相互作用,包括药物如何与生物体内的受体结合、调节生物化学过程、改变细胞信号传导、影响代谢途径等。了解药物的作用机制对于理解药物的效果、副作用及其合理使用具有重要意义。本实验的目的是直接或间接测定抗菌活性分子与细菌细胞中生物大分子的亲和作用(3.1 及 3.2)、对生物大分子功能的抑制(3.3)及对细胞整体功能的影响(3.4)。

3.1　利用等温滴定量热法进行亲和力测定

　　等温滴定量热法(isothermal titration calorimetry,ITC)是一种广泛应用于生物化学和生物物理学研究中的实验技术[2]。它主要用于研究生物分子之间的相互作用,例如蛋白质与蛋白质、蛋白质与小分子、核酸与蛋白质等。在等温滴定量热法中,两种溶液通过自动滴定装置加入一个反应池中,其中一种溶液包含被测物质(通常是配体),另一种溶液是配体的受体(例如蛋白质)。通过持续加热,使反应池中的温度保持恒定,从而测量和记录每次滴定过程中的热量变化。ITC 测定可提供有关分子相互作用的多种信息,包括结合常数(K_d)、反应热(ΔH)、反应熵(ΔS)及反应中涉及的物质的量比等。这些数据能够揭示分子间结合的亲和力、热力学性质,以及可能的结合模式。等温滴定量热法的优点包括不需要标记分子、无须事先了解分子的结构,适用于各种类型的相互作用研究。然而,该方法也存在一些限制,如对样品的要求比较高,实验时间较长,数据解释可能相对复杂等。

3.2 DNA 竞争性置换实验[3]

DNA 的结构和化学成分决定了化合物可以通过多种机制与 DNA 结合。这种结合可以分为可逆的非共价结合和不可逆的共价结合两类。非共价结合包括静电相互作用、大沟槽结合、小沟槽结合及嵌入结合,而共价结合则主要包括氧化修饰和烷基化修饰等。

碘化丙啶(propidium iodide,PI)染料与 DNA 结合后会发出荧光。具有 DNA 结合能力的化合物会影响 PI 与 DNA 的结合,使 PI 荧光下降。在荧光仪或酶标仪中,通过激光照射样品,激发 PI 染料的荧光信号,然后通过荧光探测器收集并记录荧光信号。根据 PI 染料的荧光强度,可以确定化合物与 DNA 结合的强弱。

3.3 肽脱甲酰基酶活性抑制实验

肽脱甲酰基酶(peptide deformylase,PDF)是细菌生长过程中蛋白质合成所必需的一种酶,它的活性位点高度保守并且存在于大多数细菌中,其中耐药菌种的 PDF 活性都可以被其抑制剂抑制。在体外实验中,利用 PDF 酶催化模拟底物 F-MAHA 上甲酰胺基的水解,反应后生成 $H_2N-Ala-His-Ala$,产物暴露的伯胺基团能与荧光胺(fluorescamine)形成稳定的荧光化合物(最大激发波长为 381 nm,最大发射波长为 470 nm),从而指示 PDF 酶的活性[4]。通过测定不同化合物处理后,PDF 酶促反应荧光强度的变化,可以定量分析 PDF 酶的活力及待测化合物抑酶活性(图 25-3)。

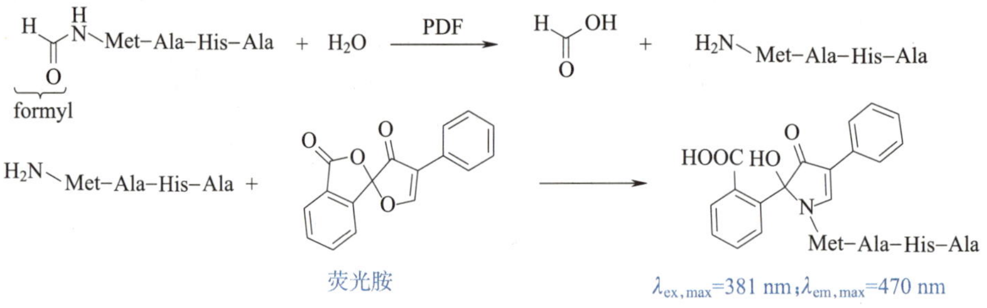

图 25-3 PDF 酶活性测试的化学反应示意图

3.4 细胞膜渗透性测试

抗菌药物的膜靶向机制涉及药物通过作用于微生物细胞膜来发挥其抗菌活性的机制。这些药物可以通过多种方式实现,包括破坏细菌细胞膜完整性、阻断细菌细胞膜合成,以及干扰细菌细胞膜的功能等。具体而言,一些药物可能直接破坏细菌细胞膜的结构,导致其渗透性增加或内容物外溢,而其他药物则通过抑制细菌细胞膜的合成途径或干扰细菌细胞膜上的生物分子功能来发挥作用。

利用碘化丙啶（PI）进行细菌细胞膜渗透性测试的原理是基于其对细菌细胞膜的透过性[5]。作为一种荧光染料，碘化丙啶在正常情况下无法穿过完整的细菌细胞膜。然而，当细菌细胞膜受损或渗透性增加时，碘化丙啶便可以进入细菌内并与 DNA 结合，产生荧光信号。因此，通过测量碘化丙啶的荧光强度，可以间接评估细菌细胞膜的完整性和通透性的变化，为验证化合物的膜靶向机制提供了一种简单、快速的方法。

4. 实验操作

4.1　仪器、耗材与试剂

4.1.1　仪器

4.1.1.1　利用等温量热滴定法进行亲和力测定
- 等温滴定量热仪（TA Nano ITC）
- 移液器
- 台式离心机
- 电子天平
- 分光光度计

4.1.1.2　DNA 竞争性置换
- 37 ℃生化培养箱
- 酶标仪

4.1.1.3　PDF 酶活性抑制
- 分析天平
- 旋涡混合器
- 台式 pH 计
- 移液器
- 多功能酶标仪

4.1.1.4　细胞膜渗透性测试
- 振荡培养箱
- 电子天平
- 移液器
- 台式离心机
- 生化培养箱
- 流式细胞仪

4.1.2　常规耗材

4.1.2.1　利用等温量热滴定法进行亲和力测定
- 1.5 mL、50 mL 的离心管

- 吸头
- 手套

4.1.2.2　DNA 竞争性置换

- 吸头
- 手套
- 50 mL 的离心管
- 1.5 mL 的棕色尖底连盖离心管
- 384 孔板或 96 孔板

4.1.2.3　PDF 酶活性抑制

- 吸头
- 手套
- 离心管
- 黑色 96 孔荧光板
- 普通 96 孔板

4.1.2.4　细胞膜渗透性测试

- 摇菌管
- 吸头
- 手套
- 1.5 mL 的离心管

4.1.3　试剂

4.1.3.1　利用等温量热滴定法进行亲和力测定

- 1× PBS 缓冲液（0.01 mol/L）
- 0.027 mmol/L 氯己定（PBS 溶解，至少 2 mL）
- 0.13 mmol/L LPS（PBS 溶解，至少 2 mL）

4.1.3.2　DNA 竞争性置换

- PI 溶液（2 mg/mL，超纯水为溶剂）
- 短链 DNA 溶液（2 mg/mL，超纯水为溶剂）
- 1× PBS 缓冲液（0.01 mol/L）
- 1.25 mmol/L 氯己定（DMSO 为溶剂）
- Selleck FDA 获批药物库（1.25 mmol/L 储备液）

4.1.3.3　PDF 酶活性抑制

- N,N-二甲基亚砜（DMSO）
- 超纯水
- HEPES 缓冲液（20 mmol/L，pH=7.4）
- PDF 酶抑制剂（如 actinonin，10 mmol/L 储备液，DMSO 溶解）
- 肽脱甲酰基酶（PDF 酶，1 μmol/L 储备液）
- F-MAHA 底物（1 mmol/L 储备液，HEPES 缓冲液溶解）
- 荧光胺溶液（1 mg/mL 储备液，DMSO 溶解）

4.1.3.4　细胞膜渗透性测试

- 大肠杆菌菌液（*E. coli*）
- 黏菌素（5.12 mg/mL，超纯水溶解）
- 氯己定（5.12 mg/mL，DMSO 溶解）
- PI（10 mmol/L，超纯水溶解）
- CAMHB 培养基
- 1× PBS 缓冲液（0.01 mol/L）

4.2　实验步骤

共两次实验。

第一次实验

时间	步骤
08:00—08:30	清洗仪器
08:30—09:00	仪器准备
09:00—11:00	测试
11:00—12:00	数据处理
12:00—13:00	**午饭**
13:00—14:00	样品准备
14:00—15:00	384/96 孔板加样
15:00—16:00	37 ℃生化培养箱孵育
16:00—17:00	读数及数据处理

第二次实验

时间	步骤
08:00—09:00	准备实验材料
09:00—10:00	抑制剂与蛋白避光孵育
10:00—11:00	蛋白与底物避光孵育
11:00—12:00	加荧光胺，酶标仪测定荧光值
12:00—13:00	**午饭**
13:00—16:00	细菌与化合物孵育
16:00—16:30	洗涤细菌
16:30—17:00	流式细胞仪分析与数据处理

实验流程如图 25-4 所示。

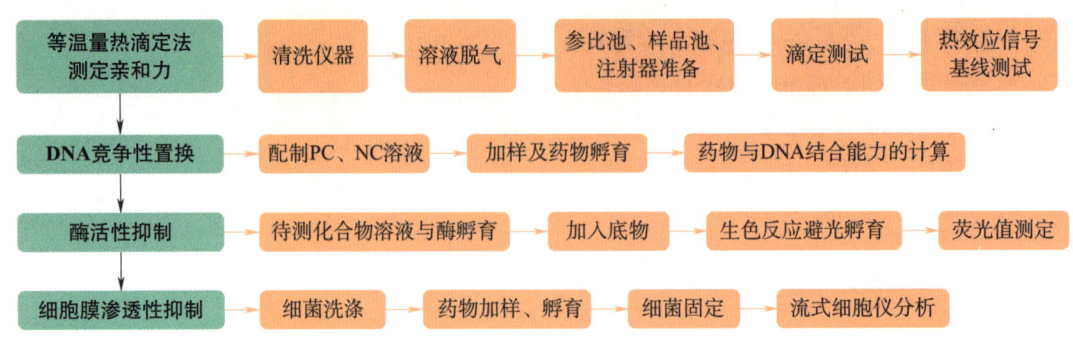

图 25-4   实验流程图

第一次实验

4.2.1   利用等温量热滴定法进行亲和力测定

4.2.1.1   清洗仪器（用时 30 min）

等温滴定量热仪结构如图 25-5 所示。使用清洁套具清洗仪器，先以 100 mL 的 1% SDS，300 mL 的蒸馏水清洗样品池；参比池用蒸馏水清洗至少 3 次，用注射器吸干池中残留液体，保证样品池和参比池无液体残留。

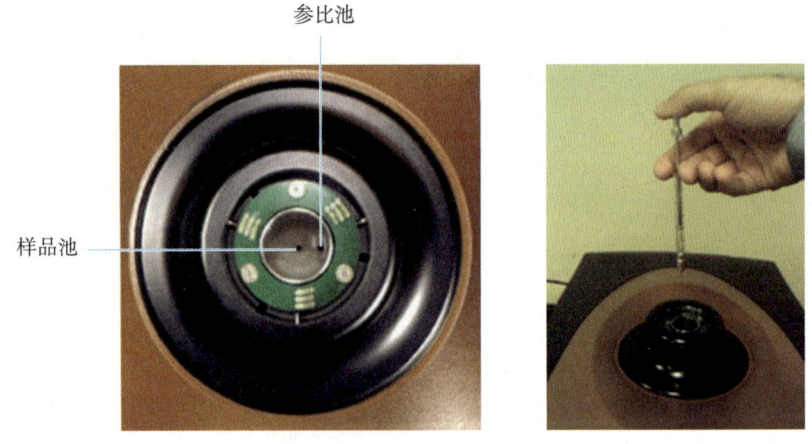

图 25-5   等温滴定量热仪结构示意图

4.2.1.2   溶液脱气

配制好所需测试的氯己定和 LPS 的溶液，以及配制样品所用的缓冲液，放置于抽气泵上，至少脱气 0.5 h。

4.2.1.3   参比池准备

微量热计必须使这两个池保持完全相同的温度。热敏装置检测发生结合时两个池之间的温差，并反馈给加热器，由加热器来补偿该温差并使两个池恢复到相同的温度。

（1）往参比池中加入配制试剂所用的脱气的纯净水（300 μL）。

（2）将参比插入参比池内。

4.2.1.4　样品池准备

将完成脱气的 0.027 mmol/L 氯己定溶液用注射器缓慢地加入样品池中,确认无任何气泡产生。

4.2.1.5　注射器准备

(1)将完成脱气的样品 0.13 mmol/L LPS 溶液吸入注射器中,注意将注射器内气泡排尽。

(2)将装有 0.13 mmol/L LPS 溶液的注射器放入 ITC 仪器中,并将温度控制在恒定的温度下。

4.2.1.6　滴定测试

(1)操作计算机,设置好参数,使得仪器能保持较好的平衡状态。

(2)仪器平衡完成,即可操作计算机使 0.13 mmol/L LPS 自动加入 0.027 mmol/L 氯己定中,录下热效应信号的变化值。

(3)重复上述步骤,直到测量结束。

(4)根据测量结果计算热力学参数,如热力学平衡常数、焓变和熵变。(计算方式见附录。)

4.2.1.7　热效应信号基线测试

将步骤 4.2.1.4 中的 0.027 mmol/L 氯己定溶液替换成配制 0.027 mmol/L 氯己定溶液的缓冲液,其他步骤不变,即可记录下热效应信号的基线值,绘制热效应信号基线。

4.2.1.8　实验参数

1.96 μL/次注射,间隔 200 s,一共 25 次。在 25 ℃下,以 300 rpm 的转速连续搅拌反应池。实验进行两次重复。利用 NanoAnalyze 3_8_0 软件处理数据。

4.2.2　DNA 竞争性置换

4.2.2.1　配制 PC 溶液

在 50 mL 的离心管外包裹锡纸,在其中依次加入 50 mL 的 PBS 缓冲液、250 μL 的短链 DNA 溶液及 100 μL 的 PI 溶液。配制好的溶液放入 37 ℃生化培养箱孵育 30 min。(PC 溶液中,短链 DNA 终浓度为 10 μg/mL,PI 终浓度为 4 μg/mL。)

4.2.2.2　配制 NC 溶液

在 1.5 mL 的离心管中依次加入 1 mL 的 PBS 缓冲液和 2 μL 的 PI 溶液。(NC 溶液中,PI 终浓度为 4 μg/mL。)

4.2.2.3　加样及药物孵育(以 384 孔板为例)

(1)用移液器吸取 1.2 μL 的药物溶液于 384 孔板中(终浓度为 50 μmol/L),每种药物四组平行,药物加入后,每孔再加入 30 μL 的 PC 溶液(具体加入方法如表 25-2 所示)。

阳性对照:1.2 μL 的 DMSO + 30 μL 的 PC

阴性对照:1.2 μL 的 DMSO + 30 μL 的 NC

对照药物:1.2 μL 的氯己定 + 30 μL 的 PC

(2)使用锡纸包裹铺好的 384 孔板,放入 37 ℃生化培养箱中孵育 1 h。

(3)孵育结束后,使用酶标仪进行测试。(参数设置:E_x=535 nm,E_m=635 nm)

4.2.2.4　药物与 DNA 结合能力的计算

(1)定义 PI 荧光残留比例 $= \dfrac{\text{各个药物的平均荧光强度} - \text{阴性对照平均荧光强度}}{\text{阳性对照平均荧光强度} - \text{阴性对照平均荧光强度}}$

表 25-2   DNA 竞争性置换 384 孔板实验加药示例

1	2	···	23	24
1.2 μL 的药物 1 +30 μL 的 PC	1.2 μL 的药物 1 +30 μL 的 PC	···	1.2 μL 的 DMSO +30 μL 的 PC	1.2 μL 的 DMSO +30 μL 的 NC
1.2 μL 的药物 1 +30 μL 的 PC	1.2 μL 的药物 1 +30 μL 的 PC	···	1.2 μL 的 DMSO +30 μL 的 PC	1.2 μL 的 DMSO +30 μL 的 NC
1.2 μL 的药物 2 +30 μL 的 PC	1.2 μL 的药物 2 +30 μL 的 PC	···	1.2 μL 的 DMSO +30 μL 的 PC	1.2 μL 的 DMSO +30 μL 的 NC
1.2 μL 的药物 2 +30 μL 的 PC	1.2 μL 的药物 2 +30 μL 的 PC	···	1.2 μL 的 DMSO +30 μL 的 PC	1.2 μL 的 DMSO +30 μL 的 NC
1.2 μL 的氯己定 +30 μL 的 PC	1.2 μL 的氯己定 +30 μL 的 PC	···	1.2 μL 的 DMSO +30 μL 的 PC	1.2 μL 的 DMSO +30 μL 的 NC
1.2 μL 的氯己定 +30 μL 的 PC	1.2 μL 的氯己定 +30 μL 的 PC	···	1.2 μL 的 DMSO +30 μL 的 PC	1.2 μL 的 DMSO +30 μL 的 NC
···	···	···	···	···

（2）计算出每种药物对应的平均荧光强度,根据公式,计算出每种药物对应的 PI 荧光残留比例。定义:当 PI 荧光残留比例≤0.5 时,该药物能与 PI 竞争,具有良好的 DNA 结合能力。

第二次实验

4.2.3   PDF 酶活性抑制

4.2.3.1   实验组的测定

如表 25-3 所示,在 96 孔板孔中,加入 95 μL 的缓冲液,25 μL 的不同浓度的待测化合物溶液与 15 μL 的 1 μmol/L PDF 酶液室温下避光预孵育 1 h,而后每孔加入 45 μL 的 1 mmol/L 底物,混合均匀后室温避光孵育 1 h。孵育完成后,取 85 μL 的上述混合液转移至含 15 μL 1 mg/mL 荧光胺的黑色 96 孔荧光板中,混匀后测定样品的荧光值（ 381 nm/470 nm ）。

表 25-3   PDF 酶活抑制性实验加药示例

分组	缓冲液	待测化合物	PDF 酶液	底物
实验组	95 μL	25 μL	15 μL	45 μL
100% 酶活性组	120 μL	无	15 μL	45 μL
对照组 1	180 μL			
对照组 2	165 μL		15 μL	
对照组 3	135 μL			45 μL

4.2.3.2   100% 酶活性组的测定

如表 25-3 所示,在 96 孔板中,加入 120 μL 的缓冲液,15 μL 的 PDF 酶液室温下避光预孵育 1 h,而后每孔加入 45 μL 的底物,混合均匀后室温避光孵育 1 h。孵育完成后,取 85 μL

的上述混合液转移至含 15 μL 的 1 mg/mL 荧光胺的黑色 96 孔荧光板中,混匀后测定样品的荧光值(381 nm/470 nm)。

4.2.3.3　对照组 1 的测定

如表 25-3 所示,在 96 孔板中,加入 180 μL 的缓冲液,室温避光孵育 2 h。孵育完成后,取 85 μL 的上述混合液转移至含 15 μL 的 1 mg/mL 荧光胺的黑色 96 孔荧光板中,混匀后测定样品的荧光值(381 nm/470 nm)。

4.2.3.4　对照组 2 的测定

如表 25-3 所示,在 96 孔板中,加入 165 μL 的缓冲液,15 μL 的 PDF 酶液室温下避光孵育 2 h。孵育完成后,取 85 μL 的上述混合液转移至含 15 μL 的 1 mg/mL 荧光胺的黑色 96 孔荧光板中,混匀后测定样品的荧光值(381 nm/470 nm)。

4.2.3.5　对照组 3 的测定

如表 25-3 所示,在 96 孔板中,加入 135 μL 的缓冲液,预孵育 1 h,而后每孔加入 45 μL 的底物室温下避光孵育 1 h。孵育完成后,取 85 μL 的上述混合液转移至含 15 μL 的 1 mg/mL 荧光胺的黑色 96 孔荧光板中,混匀后测定样品的荧光值(381 nm/470 nm)。

4.2.3.6　抑制率及 IC$_{50}$ 值的计算

根据实验组、100% 酶活性组和对照组 3(即空白)的荧光值,运用下列公式计算待测化合物单浓度抑制率;再用 Graphpad Prism 7 软件拟合量效曲线,计算化合物 IC$_{50}$ 值。

$$抑制率 = \frac{100\%组荧光值 - 实验组荧光值}{100\%组荧光值 - 空白组荧光值} \times 100\%$$

4.2.4　细胞膜渗透性测试

4.2.4.1　菌液离心

将摇菌管中的菌液加入离心管中,每管 1 mL,在 2340 rcf 转速下离心 5 min。

4.2.4.2　PBS 洗涤

离心后大肠杆菌(E. coli)用 PBS 洗涤三次,然后重新悬浮至工作浓度(OD$_{600nm}$= 0.1~0.3),加入适量 PI 溶液至终浓度为 100 μmol/L。

4.2.4.3　药物加样

(1)将稀释好的工作菌液用移液器添加到无菌 96 孔板中,每孔 100 μL,并设置阳性对照组(即对 E. coli 有破膜效果的抗生素,如黏菌素和氯己定)和阴性对照组(即空白对照)。

(2)在第一排每孔中加入一定体积的抗生素(第一排孔的抗生素终浓度为 128 μg/mL),每个抗生素设置两行平行组。

(3)将 8 道移液器设置到 100 μL 的量程,用其将第一排孔中的抗生素混合均匀,随后吸取第一排孔中的 100 μL 的液体与第二排的每孔进行混合稀释,随即再吸取第二排 100 μL 的液体与第三排孔的液体进行混合稀释,以此重复操作,直到最后一排,待最后一排稀释完毕,将多余的 100 μL 的菌液弃去加到消毒液中,每孔菌液终体积为 100 μL。

4.2.4.4　孵育

样品在 37 ℃孵育 3 h。

4.2.4.5　固定

2340 rcf 5 min 离心,用 4% 多聚甲醛固定液固定 1 h。用 PBS 洗涤 1~2 次,然后重新悬浮。

4.2.4.6　流式细胞仪分析

通过流式细胞仪（Accuri C6 Plus，Becton Dickinson）对细菌样品进行分析，使用 488 nm 激光源。通过 FL2-PE 检测 PI 发出的红色荧光记录并统计 10000 个事件的数据，并利用 FlowJo 软件分析。

5. 思考题

（1）除了本实验中介绍的等温滴定量热法外，还有什么其他的体外结合能力的测定方式？请列举并说明原理。

（2）在 DNA 竞争性置换实验过程中加入 DMSO 的作用是什么？

（3）影响小分子对蛋白质抑制效力的因素都有哪些？

（4）除了流式细胞仪，还有哪些分析方法可以检测 PI 荧光？

6. 参考文献

小型化合物库对革兰氏阴性菌的增敏抗菌筛选

李友智　张琳　冯欣欣（湖南大学）

1. 实验目的

（1）了解常用的高通量抗菌分子筛选方法及其原理；

（2）了解革兰氏阴性菌和阳性菌的细胞膜结构差异，以及黏菌素增敏原理；

（3）掌握基于小型化合物库对革兰氏阴性菌的增敏抗菌筛选方法；

（4）掌握棋盘实验和FICI值计算分析方法。

2. 实验背景

2.1 高通量抗菌分子筛选[1,2]

高通量药物筛选是药物开发中的一种重要方法，旨在快速有效地筛选大量化合物，以寻找具有特定生物活性的潜在药物分子。这种方法利用自动化技术和高效的实验设计，使得在相对短的时间内可以对大量化合物进行评估，大大提高了药物开发的效率。高通量药物筛选一般分为基于表型的筛选和基于靶标的筛选。

（1）**基于表型的筛选**。这种筛选方法是根据化合物在生物系统中表现出的实际效果进行的。通过暴露细胞、组织或整个生物体与化合物，观察它们的生物学响应，如细胞增殖、代谢活性、表型改变等。这种方法可以捕捉到药物的广泛效应，有助于发现新的药物作用机制和治疗靶点，但可能也会产生一些非特异性的效应。

（2）**基于靶标的筛选**。这种筛选方法是根据已知生物靶点或疾病相关蛋白质的结构和功能，设计化合物来干预这些靶点的活性。通过高通量的生物化学或生物物理实验，评估化合物与靶标的结合亲和性和选择性，以及对靶标活性的影响。这种方法能够更直接地干预特定生物过程，但可能会忽略一些未知的药物作用机制。

本实验的目的是利用美国食品药品监督管理局（FDA）获批药物库进行联合增敏抗菌表型的筛选，即利用黏菌素作为增敏剂，筛选在其作用下能对革兰氏阴性菌产生抗菌活性的分子，探索FDA药物潜在的"老药新用"价值。随后，对获得的先导化合物进行协同抗菌能力的验证。

2.2　小型化合物库对革兰氏阴性菌的增敏抗菌筛选

根据细胞壁结构的不同,细菌可分为革兰氏阳性菌与革兰氏阴性菌。革兰氏阳性菌的细胞壁较厚,主要由一个厚层的肽聚糖构成;而革兰氏阴性菌的细胞壁相对较薄,含有一个较薄的肽聚糖层,并额外具有外膜。革兰氏阴性菌的外膜含有脂多糖和蛋白质,作为一个渗透性屏障,能够抵御外界压力和毒素的侵袭。此外,外膜还能阻碍部分抗生素分子的渗透,使得革兰氏阴性菌相对于阳性菌具有更强的抗药性[3]。如图 26-1 所示,解决阴性菌外膜渗透性问题的一个方法是利用一个外膜干扰试剂扰动外膜结构,从而增强其对抗生素分子的渗透性,这种外膜干扰试剂通常称为增敏剂[4]。临床上常用的"最后一道防线抗生素"黏菌素是一个有效的增敏剂[5]。本实验中计划通过高通量筛选,获得与黏菌素具有协同抗菌作用的抗生素。

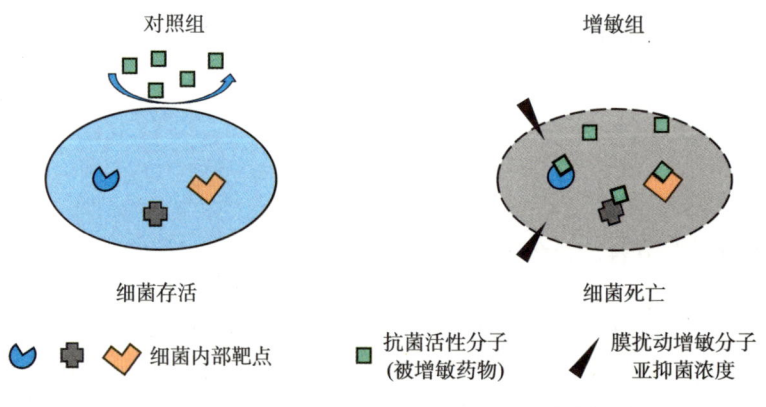

图 26-1　膜干扰增敏革兰氏阴性菌示意图

3.　实验原理

药物相互作用(drug interaction)是指在同时使用时,药物的有效性受到另一种物质(通常是另一种药物)的影响。药物联合使用所引起的结果包括:使原有的效应增强,即协同作用;使原有的效果减弱,即拮抗作用;产生毒性等不良反应,即毒副作用。在实际临床用药中,特别是针对耐药菌的感染,常常使用联合用药策略中的协同作用。对于抗菌作用而言,药物联合作用的效果常常通过棋盘实验(checkerboard assay)测定,并且用 FICi 值(fractional inhibitory concentration index)量化,如图 26-2 所示。

FICi 值计算两种化合物在一起使用时的 MIC 与单独使用时的 MIC 之间的比值。对于测试的每种药物组合,FICi 定义为两种药物的分数抑制浓度(FIC)之和。每种药物的FIC 是该药物在组合中的有效浓度除以单独使用该药物时的有效浓度。不同的药物浓度组合有不同的 FICi 值的时候,取其最小值为该组合的 FICi 值。FICi 值可以指示药物之间的协同作用(FICi≤0.5)、加成作用(0.5<FICi≤1)、无关作用(1<FICi≤4)或拮抗作用(FICi > 4)。

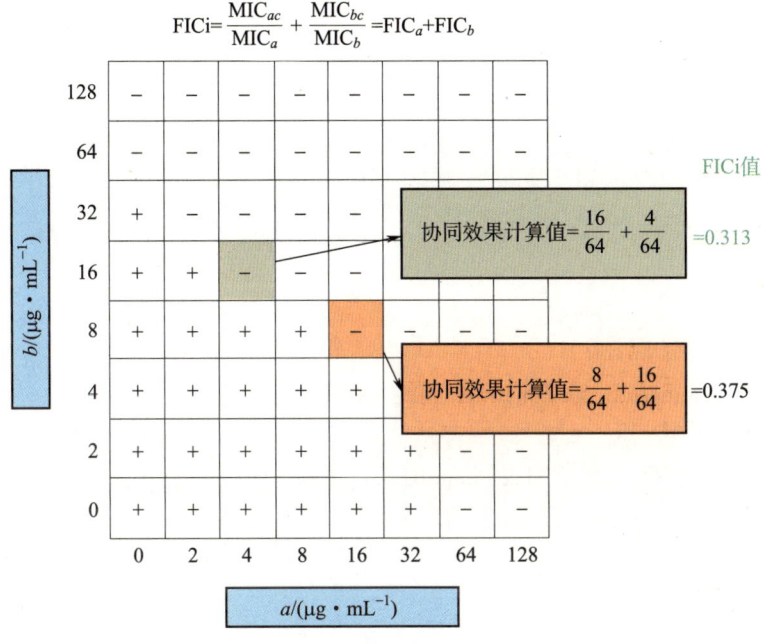

图 26-2　棋盘实验数据分析示意图（＋代表该孔有细菌生长）

4. 实验操作

4.1 仪器、耗材与试剂

4.1.1 仪器

- 移液器（单道及 8 道）
- 药匙
- 电子天平
- 恒温摇床
- 超净工作台/生物安全柜
- 酒精灯
- 高压灭菌锅
- 干燥箱
- 酶标仪
- 细菌培养箱

4.1.2 常规耗材

- 离心管（1.5 mL、15 mL、50 mL）

- 培养皿
- 无菌手套
- 耐高温移液器吸头（10 μL、200 μL、1 mL）
- 96 孔板、384 孔板
- 摇菌管
- 接种环

4.1.3 试剂

- 大肠杆菌菌液（*E. coli*）
- 黏菌素（1.28 mg/mL、5.12 mg/mL，超纯水溶解）
- CAMHB 培养基
- Selleck FDA 获批药物库（1.25 mmol/L 储备液）
- 万古霉素（10.24 mg/mL，超纯水溶解）

4.2 实验步骤

共两次实验。

第一次实验

时间	步骤
08:00—09:00	样品准备
09:00—09:30	工作菌液的配制
09:30—12:00	孔板加样、孵育

第二次实验

时间	步骤
08:00—09:00	棋盘实验讲解
09:00—11:00	孔板加样
11:00—12:00	孔板读数、数据处理

实验流程如图 26-3 所示。

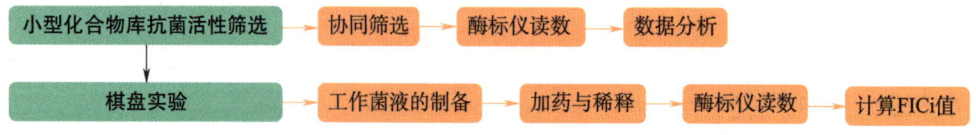

图 26-3　实验流程图

第一次实验

4.2.1　小型化合物库对革兰氏阴性菌的增敏抗菌筛选

黏菌素对大肠杆菌 MIC 为 0.25 μg/mL。将大肠杆菌菌液稀释至 5×10^5 CFU/mL，并在 CAMHB 培养基中准备两个系列的工作菌液。工作菌液 A 不含有 1/4 MIC 的黏菌素，为对照组；工作菌液 B 含有 1/4 MIC 的黏菌素，为增敏组。将 30 μL 的工作菌液 A、B 分别分配到无菌 384 孔板中的每个孔中，并加入 1.2 μL 的药物储备液，药物终浓度为 50 μmol/L。

将板在 37 ℃、220 r/min 下孵育 16~24 h，之后使用酶标仪测定每个孔的 OD_{600nm}，并按照图 26-4 所示规则分析数据。（如果无法次日读值，也可由工作人员提供事先准备好的孔板用于最后一步的学习。）

高通量的筛选结果分析：由于使用的增敏剂的用量是它的亚抑菌浓度，因此可以通过在有无增敏剂时被筛选药物表现出的抗菌差异性来判断被筛选药物是否具有潜在抗菌能力
以第一列为例，对比对照组和增敏剂的细菌生长情况(蓝色格子表示有细菌生长，白色格子表示无细菌生长)

A A 筛选的药物既没有抗菌能力，也没有被增敏能力

B B 筛选的药物没有抗菌能力，但是有被增敏的能力

C C 筛选的药物有抗菌能力，也可能有被增敏能力

D D 筛选的药物有抗菌能力，但与增敏剂拮抗

图 26-4　高通量筛选实验分析示意图

第二次实验

4.2.2　棋盘实验

4.2.2.1　工作菌液的制备

使用 CAMHB 培养基将大肠杆菌菌液稀释至 5×10^5 CFU/mL，得到工作菌液。

4.2.2.2　加药与稀释

（1）将工作菌液添加到无菌 96 孔板的 8×8 阵列中，每孔 100 μL 的菌液，将 5 μL 的 10.24 mg/mL 万古霉素（梯度稀释后终浓度为 256 μg/mL）添加至第一排，第八列第一个孔额外再加 5 μL 的 10.24 mg/mL 万古霉素，然后使用 8 道移液器吸取 100 μL 的工作菌液以 2

倍梯度从上向下依次进行梯度稀释至第七排。

（2）在第八列的每个孔加入 1.25 μL 的 0.16 mg/mL 黏菌素（梯度稀释后终浓度为 1 μg/mL），然后使用 8 道移液器吸取 100 μL 的工作菌液至第八列，以 2 倍梯度从右向左依次进行梯度稀释至第二列。

（3）稀释完毕，在 37 ℃摇床中以 220 r/min 培养 16~24 h。

4.2.2.3 酶标仪读数

在波长 600 nm 下，用酶标仪读取每孔菌液的 OD 值，以获取每孔吸光度值。（如果无法次日读值，也可由工作人员提供事先准备好的孔板用于该步骤的学习。）

4.2.2.4 计算 FICi 值

通过计算万古霉素和黏菌素的最低抑菌浓度（MIC）与联合使用这两个药物时的 MIC 的比值从而得出两药联用的 FICi 值。具体 FICi 的计算公式如下：

$$FICi = \frac{MIC_{万古霉素（联用）}}{MIC_{万古霉素（自身）}} + \frac{MIC_{黏菌素（联用）}}{MIC_{黏菌素（自身）}}$$

5. 思考题

（1）在小型化合物库抗菌活性筛选实验操作中，为什么要使用 1/4 MIC 黏菌素的环境来筛选小分子化合物库？

（2）阅读背景后，请查阅文献黏菌素作为增敏剂的优势和劣势。

（3）在棋盘实验中，为何第一次稀释前，最后一列第一个孔中药物浓度为后几个孔中药物浓度的 2 倍？

（4）如何通过 FICi 值判断两种药物拮抗或协同？

（5）请计算图 26-5 中两药物的 FICi 值并判断两药是否有协同作用。（利福平以 16 μg·mL⁻¹ 从右向左 2 倍梯度稀释，黏菌素以 2 μg·mL⁻¹ 从上往下 2 倍梯度稀释。）

黏菌素/(μg·mL⁻¹)

2	0.133	0.151	0.151	0.147	0.153	0.151	0.152	0.174
1	0.143	0.151	0.152	0.143	0.140	0.146	0.154	0.160
0.5	0.142	0.148	0.140	0.152	0.146	0.140	0.147	0.161
0.25	0.139	0.147	0.181	0.143	0.152	0.150	0.152	0.166
0.125	1.251	0.142	0.147	0.149	0.144	0.151	0.154	0.157
0.0625	1.230	1.065	0.142	0.146	0.141	0.150	0.152	0.156
0.03125	1.222	1.138	1.090	0.902	0.227	0.145	0.149	0.155
0	1.164	1.087	1.089	1.083	1.009	0.744	0.277	0.160
	0	0.25	0.5	1	2	4	8	16

利福平/(μg·mL⁻¹)

图 26-5 两种药物的梯度稀释图

6. 参考文献

郑重声明

高等教育出版社依法对本书享有专有出版权。任何未经许可的复制、销售行为均违反《中华人民共和国著作权法》，其行为人将承担相应的民事责任和行政责任；构成犯罪的，将被依法追究刑事责任。为了维护市场秩序，保护读者的合法权益，避免读者误用盗版书造成不良后果，我社将配合行政执法部门和司法机关对违法犯罪的单位和个人进行严厉打击。社会各界人士如发现上述侵权行为，希望及时举报，我社将奖励举报有功人员。

反盗版举报电话　（010）58581999　58582371
反盗版举报邮箱　dd@hep.com.cn
通信地址　北京市西城区德外大街4号
　　　　　高等教育出版社知识产权与法律事务部
邮政编码　100120

读者意见反馈

为收集对教材的意见建议，进一步完善教材编写并做好服务工作，读者可将对本教材的意见建议通过如下渠道反馈至我社。

咨询电话　400-810-0598
反馈邮箱　hepsci@pub.hep.cn
通信地址　北京市朝阳区惠新东街4号富盛大厦1座
　　　　　高等教育出版社理科事业部
邮政编码　100029

防伪查询说明

用户购书后刮开封底防伪涂层，使用手机微信等软件扫描二维码，会跳转至防伪查询网页，获得所购图书详细信息。

防伪客服电话　（010）58582300

化学"101 计划"核心教材目录

1.《普通化学》　　　　　　　　　杨　娟

2.《无机化学(上册)》　　　　　　朱亚先　匡　勤　蔡　苹　邱晓航

3.《无机化学(下册)》　　　　　　朱亚先　匡　勤　胡　涛　王颖霞

4.《有机化学(上册)》　　　　　　张丹维　王彦广　裴　坚

5.《有机化学(下册)》　　　　　　张丹维　王彦广　裴　坚

6.《分析化学》　　　　　　　　　蒋健晖　宦双燕　李攻科　李　娜　谭蔚泓

7.《物理化学教程》　　　　　　　彭笑刚

8.《物理化学:一种分子途径》　　Donald A. McQuarrie　John D. Simon 著
　　　　　　　　　　　　　　　　侯文华　李　伟　吴　强　彭路明　黎书华　译

9.《结构化学》　　　　　　　　　庄　林

10.《高分子化学与物理》　　　　　张　希　刘世勇

11.《化学生物学(上册)》　　　　　刘　磊　陈　鹏

12.《化学生物学(中册)》　　　　　刘　磊　陈　鹏

13.《化学生物学(下册)》　　　　　刘　磊　陈　鹏

14.《基础化学实验》　　　　　　　张剑荣　章文伟　邓顺柳　李维红　任艳平
　　　　　　　　　　　　　　　　李一峻　李厚金　淳　远　马　荔

15.《化学实验基本操作规范建议》　张剑荣　李厚金　淳　远　任艳平　李一峻
　　　　　　　　　　　　　　　　张树永

16.《合成化学实验(上册)》　　　　苏成勇　陈洪燕　郭玉鹏　惠新平

17.《合成化学实验(下册)》　　　　苏成勇　陈洪燕　陈思翀

18.《化学测量学实验(上册)》　　　任　斌

19.《化学测量学实验(中册)》　　　任　斌

20.《化学测量学实验(下册)》　　　任　斌

21.《化学生物学实验》　　　　　　王　初　贾桂芳　邹　鹏

详细信息